科学版数学研究生教学丛书

常微分方程定性理论基础

韩茂安　杨俊敏　编著

U0263318

科学出版社

北京

内 容 简 介

本书比较系统地论述常微分方程定性理论的基本知识, 既有经典理论, 又有现代新方法. 全书共有五章, 分别是微分方程基本定理、稳定性基本理论、周期微分方程、自治系统定性理论、分支理论初步. 各章的每一节均配有适量的习题.

本书可作为高等学校数学专业高年级本科生与低年级研究生的常微分方程定性理论课程的教材, 也可作为物理、计算机等理工科专业相关课程的教学参考书.

图书在版编目(CIP)数据

常微分方程定性理论基础/韩茂安, 杨俊敏编著. —北京:科学出版社, 2023.2 (科学版数学研究生教学丛书)
ISBN 978-7-03-074279-7

I. ①常… Ⅱ. ①韩… ②杨… Ⅲ. ①常微分方程–定性理论–高等学校–教材 Ⅳ. ①O175.12

中国版本图书馆 CIP 数据核字(2022)第 240889 号

责任编辑: 张中兴 梁 清 孙翠勤 / 责任校对: 杨聪敏
责任印制: 张 倩 / 封面设计: 蓝正设计

科 学 出 版 社 出版
北京东黄城根北街 16 号
邮政编码: 100717
http://www.sciencep.com
北京中石油彩色印刷有限责任公司印刷
科学出版社发行 各地新华书店经销
*
2023 年 2 月第 一 版 开本: 720 × 1000 1/16
2024 年 6 月第三次印刷 印张: 19
字数: 383 000
定价: 79.00 元
(如有印装质量问题, 我社负责调换)

前　言

本书作者多年来为数学专业硕士研究生开设常微分方程定性理论课程, 所用教材是《微分方程基本理论》(赵爱民, 李美丽, 韩茂安, 科学出版社, 2011). 最近几年, 微分方程理论和方法有许多新的发展, 为保障新形势下研究生的培养质量, 需要对教学内容进行调整, 因此我们编写了本书, 以便更好地适用于硕士研究生常微分方程定性理论课程一个学期的教学需要. 本书初稿曾于 2021 年和 2022 年先后在河北师范大学、上海师范大学和浙江师范大学作为应用数学专业研究生的相关课程教材试用过, 并于 2022 年 5 月完成终稿. 全书共有五章, 现将各章主要内容分别介绍如下.

第 1 章论述微分方程基本定理, 包括微分方程的初值问题解的存在性与唯一性、解的延拓以及解对初值与参数的连续性与可微性等方面的定理, 这些定理是研究微分方程的基本工具. 在大学本科课程常微分方程中有这方面的内容, 但由于课时不够等原因, 很多大学在开设这个课程时并没有系统地学习这部分内容. 由于这些基本定理十分重要, 数学专业的研究生是应该掌握或至少了解这些定理的, 因此, 本书第 1 章比较系统地论述这些定理, 以便读者更好地掌握和运用它们. 本章在内容上主要参考了文献 [1] 的第四章, 补充了高维微分方程的有关结果.

第 2 章论述常微分方程稳定性基本理论, 基本框架沿用了文献 [2] 的第 3 章稳定性理论基础的前 4 节, 包括稳定性的基本概念、李雅普诺夫基本定理、线性系统的稳定性和常系数线性微分方程及其扰动. 这一章对文献 [2] 中的有关定理的内容和证明都做了改述, 使之更便于应用, 此外还补充了三个基本定理, 这三个定理并不是李雅普诺夫本人获得的, 但其证明思路源于李雅普诺夫所创立的方法, 因此, 我们仍把这些定理称为李雅普诺夫基本定理.

第 3 章论述周期微分方程, 主要内容涉及高维周期微分方程的 Poincaré 映射与周期解的存在性、改进的泰勒公式与隐函数定理、光滑与分段光滑周期系统的平均法和一维周期系统等. 周期解问题是周期微分方程的基本问题, 有其自身的研究需要, 有关理论又可以应用于自治系统的周期解研究. 限于篇幅, 本章没有引入诸如周期微分方程的积分流形理论、混沌理论等重要内容. 3.3 节详细论证了改进的泰勒公式和隐函数定理, 它们是 3.4 节 (平均法) 的预备定理, 又在以后章节很频繁地用到.

第 4 章论述自治系统定性理论, 涉及高维自治系统、平面极限集结构、平面奇点分析、焦点与中心判定、极限环基本理论、Liénard 系统等, 这一章可以认为是文献 [2] 的第 4 章定性理论基础的修订与扩充, 例如补充了经典的李雅普诺夫中心定理及其证明、Liénard 系统的奇点与极限环等.

第 5 章论述分支理论的基本方法, 内容涉及预备知识、基本分支问题研究、近哈密顿系统的极限环分支、分支理论新进展等, 这一章保留了文献 [2] 5.2 节和 5.3 节中的一些定理, 并对这些定理的证明做了较多的改动, 又补充了两节新内容.

本书力求以比较小的篇幅介绍常微分方程定性理论与分支方法的基本内容, 既有经典理论, 又有新的发展, 全书以介绍理论与方法为主, 辅以简单的应用例子, 对个别例子我们还给出了运用计算机制作的二维相图以及推导某些量的 Maple 程序. 限于篇幅, 也考虑到当今网络信息便捷性, 对一些平面系统等的很多应用研究都没有收入本书.

本人是文献 [2] 的作者之一, 本书约半数内容是在文献 [2] 的有关内容的基础上改编与修订的, 在此向该书的另两位作者赵爱民教授和李美丽教授表示感谢. 本书作者感谢浙江师范大学数学与计算机科学学院对本书写作与出版的大力支持, 也感谢田云教授、戴燕飞博士以及博士后郝朋秒、蔡梅兰和研究生陈江彬、可爱、刘义叶、耿伟、刘姗姗、侯文文、叶艳与周夏羽等对初稿中一些笔误的纠正, 特别感谢科学出版社张中兴编辑和梁清编辑在本书出版过程中的辛勤付出.

由于编者水平有限, 书中难免存在不当及疏漏之处, 恳请专家、同行及读者不吝赐教.

本教材获浙江师范大学研究生教材建设基金立项资助.

韩茂安

2022 年 5 月于浙江师范大学

目　录

第1章 微分方程基本定理

常微分方程基本定理主要是指论述微分方程的初值问题解的存在性与唯一性、解的延拓以及解对初值与参数的连续性与可微性等方面的定理, 这些定理是研究微分方程的基本工具. 这部分内容应该是数学专业本科生常微分方程课程的重要内容, 也是这个课程学习的难点. 由于这些基本定理的重要性, 本章比较系统地给予论述, 以便读者更好地掌握和运用它们.

1.1 存在与唯一性定理

为便于理解, 本节先来考虑一维常微分方程的初值问题解的存在与唯一性.

设有二元函数 $f: G \subset \mathbf{R}^2 \to \mathbf{R}$, 其中 G 为一平面区域, 则该函数确定了定义在 G 上的一维微分方程

$$\frac{\mathrm{d}y}{\mathrm{d}x} = f(x, y). \tag{1.1.1}$$

设 (x_0, y_0) 为 G 的任一内点 (因此 (x_0, y_0) 必有一个完全位于 G 内的开邻域). 考虑初值问题

$$\begin{cases} \dfrac{\mathrm{d}y}{\mathrm{d}x} = f(x, y), \\ y(x_0) = y_0. \end{cases} \tag{1.1.2}$$

关于该初值问题的解的存在性与唯一性, 我们有下述基本定理.

定理 1.1.1 设 $f(x, y)$ 满足下列两个条件:

(1) 函数 f 在区域 G 中连续;

(2) 偏导数 f_y 在 G 内存在且连续,

则对 G 中任一内点 (x_0, y_0), 必存在 $h > 0$, 使初值问题 (1.1.2) 存在唯一的定义于区间 $[x_0 - h, x_0 + h]$ 上的解 $y = \varphi(x)$, 且当 $|x - x_0| \leqslant h$ 时点 $(x, \varphi(x))$ 位于 G 内.

下面我们对定理的条件与结论及其证明作一些说明.

首先, 初值问题 (1.1.2) 存在唯一的定义于区间 $[x_0 - h, x_0 + h]$ 上的解是说:

(1) (1.1.2) 必存在解 $y = \varphi(x)$, 定义于区间 $[x_0 - h, x_0 + h]$, 且满足 $\varphi(x_0) = y_0$;

(2) 若 (1.1.2) 另有解 $y = \psi(x)$, 定义于区间 $[x_0 - h, x_0 + h]$, 且满足 $\psi(x_0) = y_0$, 则对一切 $x \in [x_0 - h, x_0 + h]$ 有 $\varphi(x) = \psi(x)$.

其次, 由于 (x_0, y_0) 为 G 的内点, 故必存在 $a > 0, b > 0$, 使下列矩形区域

$$R : |x - x_0| \leqslant a, \quad |y - y_0| \leqslant b \tag{1.1.3}$$

含于 G 内. 于是由定理的条件知, 函数 f 与 f_y 均在 R 上存在且连续, 从而函数 $|f_y|$ 在闭矩形 R 上必有上界, 记

$$L = \max\{|f_y| \,|\, (x, y) \in R\},$$

则由微分中值定理知

$$|f(x, y_1) - f(x, y_2)| \leqslant L \,|y_1 - y_2|, \quad \forall (x, y_1), (x, y_2) \in R. \tag{1.1.4}$$

此时, 我们称函数 f 在 R 上关于 y 满足利普希茨条件, 同时称 L 为 f 在 R 上的利普希茨常数. 因此, 定理 1.1.1 的第二个条件保证了函数 f 在 G 内的任一点的某一矩形邻域上满足利普希茨条件. 我们称这样的 f 满足局部利普希茨条件. 于是为证明定理 1.1.1 , 只需证明以下定理.

定理 1.1.2 设函数 $f(x, y)$ 定义于由 (1.1.3) 给出的矩形域 R 上, 且满足下列两个条件:

(1) 函数 f 在 R 中连续;

(2) 函数 f 在 R 中关于 y 满足利普希茨条件, 即存在常数 $L > 0$ 使 (1.1.4) 成立, 则初值问题 (1.1.2) 存在唯一的定义于区间 $[x_0 - h, x_0 + h]$ 上的解, 其中

$$h = \min\left\{a, \frac{b}{M}\right\}, \quad M = \max\{|f(x, y)| \,|\, (x, y) \in R\}.$$

证明 利用 Picard 逼近法, 分 5 步给出详细证明.

第 1 步 将微分方程转化为积分方程. 直接验证易见, 给定函数 $y = \varphi(x)$ 是 (1.1.2) 的定义于区间 $[x_0 - h, x_0 + h]$ 上的解当且仅当它是下列积分方程

$$y(x) = y_0 + \int_{x_0}^{x} f(u, y(u)) \mathrm{d}u \tag{1.1.5}$$

的定义于区间 $[x_0 - h, x_0 + h]$ 上的解.

因此, 我们只需证明积分方程 (1.1.5) 存在唯一的定义于区间 $[x_0 - h, x_0 + h]$ 上的解 $y = \varphi(x)$.

第 2 步 构造 Picard 迭代序列.

取 $\varphi_0(x)$ 为常值 y_0, 则显然 $\varphi_0(x)$ 在 $[x_0-h,x_0+h]$ 上连续. 定义 $\varphi_1(x)$ 如下:

$$\varphi_1(x) = y_0 + \int_{x_0}^{x} f(u,\varphi_0(u))\mathrm{d}u, \quad |x-x_0| \leqslant h.$$

因为 f 在 R 上连续, 故 φ_1 在 $[x_0-h,x_0+h]$ 上连续, 且对一切 $x\in[x_0-h,x_0+h]$ 有

$$|\varphi_1(x)-y_0| \leqslant \left|\int_{x_0}^{x}|f(u,y_0)|\mathrm{d}u\right|$$

$$\leqslant M|x-x_0|$$

$$\leqslant Mh \leqslant b.$$

因此, 对一切 $x\in[x_0-h,x_0+h]$, 函数 $f(x,\varphi_1(x))$ 有定义且连续. 假设已有定义于 $[x_0-h,x_0+h]$ 上的连续函数 $\varphi_{n-1}(x)$(其中 $n\geqslant 1$), 且满足 $|\varphi_{n-1}(x)-y_0|\leqslant b$, 现定义 φ_n 如下:

$$\varphi_n(x) = y_0 + \int_{x_0}^{x} f(u,\varphi_{n-1}(u))\mathrm{d}u. \tag{1.1.6}$$

则显然 $\varphi_n(x)$ 在 $[x_0-h,x_0+h]$ 上有定义且连续, 而且在该区间上满足

$$|\varphi_n(x)-y_0| \leqslant \left|\int_{x_0}^{x}|f(u,\varphi_{n-1}(u))|\mathrm{d}u\right|$$

$$\leqslant M|x-x_0|$$

$$\leqslant Mh \leqslant b.$$

这样, 我们用归纳法定义了一函数序列 $\{\varphi_n(x)\}, n\geqslant 0$, 且对任一 $n\geqslant 0$, $\varphi_n(x)$ 在 $[x_0-h,x_0+h]$ 上有定义且满足

$$|\varphi_n(x)-y_0| \leqslant b, \quad n\geqslant 0. \tag{1.1.7}$$

第 3 步　证明 $\{\varphi_n(x)\}$ 在 $[x_0-h,x_0+h]$ 上一致收敛于某函数 $\varphi(x)$. 首先注意到

$$\varphi_n(x) = \varphi_0(x) + \sum_{k=1}^{n}(\varphi_k(x)-\varphi_{k-1}(x)),$$

只需证明函数项级数

$$\sum_{k\geqslant 1}(\varphi_k(x)-\varphi_{k-1}(x))$$

在 $[x_0 - h, x_0 + h]$ 上一致收敛. 为此, 令 $u_k(x) = \varphi_k(x) - \varphi_{k-1}(x)$. 利用数学分析中的优级数判别法, 只需证明存在收敛的常数项级数 $\sum\limits_{k \geqslant 1} a_k$, 使对一切 $x \in$ $[x_0 - h, x_0 + h]$ 成立

$$|u_k(x)| \leqslant a_k, \quad k \geqslant 1. \tag{1.1.8}$$

取 $a_k = \dfrac{M}{Lk!}(Lh)^k$, 为证 (1.1.8) 对所取 a_k 成立, 只需证

$$|u_k(x)| \leqslant \frac{ML^{k-1}}{k!}|x - x_0|^k, \quad |x - x_0| \leqslant h, \; k \geqslant 1. \tag{1.1.9}$$

我们用归纳法来证明 (1.1.9) 对一切 $k \geqslant 1$ 成立. 事实上, 对 $k = 1$, 由 (1.1.6) 知

$$|u_1(x)| = \left| \int_{x_0}^{x} f(u, y_0) \mathrm{d}u \right| \leqslant M|x - x_0|,$$

即 (1.1.9) 对 $k = 1$ 成立. 设 (1.1.9) 对 $k = m \; (\geqslant 1)$ 成立, 即

$$|u_m(x)| \leqslant \frac{ML^{m-1}}{m!}|x - x_0|^m, \quad |x - x_0| \leqslant h, \tag{1.1.10}$$

要证 (1.1.9) 对 $k = m + 1$ 成立. 由 (1.1.6) 及 u_k 的定义, 我们有

$$|u_{m+1}(x)| = \left| \int_{x_0}^{x} [f(u, \varphi_m(u)) - f(u, \varphi_{m-1}(u))] \mathrm{d}u \right|.$$

而由 (1.1.7) 及 (1.1.4) 知

$$|f(u, \varphi_m(u)) - f(u, \varphi_{m-1}(u))| \leqslant L \, |\varphi_m(u) - \varphi_{m-1}(u)|$$
$$= L \, |u_m(u)|.$$

从而由 (1.1.10) 知

$$|u_{m+1}(x)| \leqslant \left| \int_{x_0}^{x} L \cdot \frac{ML^{m-1}}{m!}|u - x_0|^m \mathrm{d}u \right|$$
$$= \frac{ML^m}{(m+1)!}|x - x_0|^{m+1}.$$

由此即知 (1.1.9) 对 $k = m + 1$ 成立, 从而 (1.1.8) 对 $a_k = \dfrac{M}{Lk!}(Lh)^k$ 成立. 由于

$$\sum_{k \geqslant 1} a_k = \frac{M}{L} \sum_{k \geqslant 1} \frac{(Lh)^k}{k!} = \frac{M}{L}(\mathrm{e}^{Lh} - 1),$$

故由优级数判别法知无穷项级数

$$\varphi_0(x) + \sum_{k \geqslant 1}(\varphi_k(x) - \varphi_{k-1}(x))$$

在 $|x - x_0| \leqslant h$ 上一致收敛. 记其和函数为 $\varphi(x)$, 则

$$\varphi(x) = \lim_{n \to \infty}[\varphi_0(x) + \sum_{k=1}^{n}(\varphi_k(x) - \varphi_{k-1}(x))]$$
$$= \lim_{n \to \infty} \varphi_n(x),$$

且由一致收敛级数的性质知 $\varphi(x)$ 在 $[x_0 - h, x_0 + h]$ 上连续. 进一步由 (1.1.6) 与 (1.1.7) 知成立

$$\varphi(x_0) = \lim_{n \to \infty} \varphi_n(x_0) = y_0, \quad |\varphi(x) - y_0| \leqslant b. \tag{1.1.11}$$

第 4 步　证明 $\varphi(x)$ 为 (1.1.5) 之解. 由条件 (1.1.4) 及 (1.1.7) 与 (1.1.11) 知

$$|f(x, \varphi_n(x)) - f(x, \varphi(x))| \leqslant L|\varphi_n(x) - \varphi(x)|, \quad n \geqslant 1, \ x \in [x_0 - h, x_0 + h].$$

由于 $\varphi_n(x)$ 一致收敛于 $\varphi(x)$, 故 $f(x, \varphi_n(x))$ 一致收敛于 $f(x, \varphi(x))$, 从而由一致收敛函数列的性质知, 当 $n \to \infty$ 时在 $[x_0 - h, x_0 + h]$ 上一致有

$$\int_{x_0}^{x} f(u, \varphi_{n-1}(u))\mathrm{d}u \to \int_{x_0}^{x} f(u, \varphi(u))\mathrm{d}u.$$

于是, 在 (1.1.6) 两边取极限得

$$\varphi(x) = y_0 + \int_{x_0}^{x} f(u, \varphi(u))\mathrm{d}u, \quad x \in [x_0 - h, x_0 + h].$$

这即表示 $\varphi(x)$ 为 (1.1.5) 之解.

第 5 步　证明 $\varphi(x)$ 为 (1.1.5) 之唯一解. 设 (1.1.5) 另有解 $y = \psi(x)$, 定义于区间 $[x_0 - h, x_0 + h]$, 则 $\psi(x)$ 满足

$$\psi(x) = y_0 + \int_{x_0}^{x} f(u, \psi(u))\mathrm{d}u, \quad |\psi(x) - y_0| \leqslant b, \quad x \in [x_0 - h, x_0 + h].$$

要证对一切 $x \in [x_0 - h, x_0 + h]$ 有 $\varphi(x) = \psi(x)$, 为证此只需证

$$\lim_{n \to \infty} \varphi_n(x) = \psi(x), \quad x \in [x_0 - h, x_0 + h].$$

事实上, 与 (1.1.9) 完全类似利用归纳法可证 (请读者给出)

$$|\varphi_n(x) - \psi(x)| \leqslant \frac{ML^n}{(n+1)!}|x - x_0|^{n+1} \leqslant \frac{ML^n h^{n+1}}{(n+1)!}. \tag{1.1.12}$$

此即为所证. 定理证毕.   □

我们把由 (1.1.6) 定义的 $\varphi_n(x)$ 称为 (1.1.2) 的**第 n 次近似解**. 由 (1.1.12) 知该近似解与 (精确) 解 $\varphi(x)$ 之间的误差估计为

$$|\varphi_n(x) - \varphi(x)| \leqslant \frac{ML^n}{(n+1)!}h^{n+1}.$$

由微分中值定理知, 如果 f_y 在矩形域 R 上存在且连续, 则满足 (1.1.4) 的最小的利普希茨常数 L 为

$$L = \max\{|f_y(x,y)| \,|\, (x,y) \in R\}.$$

上面的定理 1.1.1 的结论有明显的几何意义: 对 G 的任一内点 (x_0, y_0), 初值问题 (1.1.2) 的解确定唯一一条通过点 (x_0, y_0) 的积分曲线. 换句话说: G 内两条不同的积分曲线必不能相交.

又由定理 1.1.2 之前的说明知, 定理 1.1.1 的条件 (2) 可以减弱为 "函数 f 在 G 内关于 y 满足局部利普希茨条件", 即有下述推论.

推论 1.1.1 设 $f(x,y)$ 满足下列两个条件:

(1) 函数 f 在区域 G 中连续;

(2) 函数 f 在区域 G 内关于 y 满足局部利普希茨条件,

则对 G 中任一内点 (x_0, y_0), 必存在 $h > 0$, 使初值问题 (1.1.2) 存在唯一的定义于区间 $[x_0 - h, x_0 + h]$ 上的解 $y = \varphi(x)$, 且当 $|x - x_0| \leqslant h$ 时点 $(x, \varphi(x))$ 位于 G 内.

上面推论中的 "区域" G 的意思是: G 是某一个连通开集 G_0 与这个开集之部分边界的并, 即

$$G = G_0 \cup L, \quad L \subset \partial G_0.$$

因此, 区域 G 可能是开集, 可能是闭集, 也可能非开非闭.

我们今后把定理 1.1.1、定理 1.1.2 与推论 1.1.1 都称为解的存在与唯一性定理. 需要指出的是, 这些命题中的条件仅是充分的.

例 1.1.1 试证明初值问题

$$\frac{\mathrm{d}y}{\mathrm{d}x} = y^{\frac{2}{3}}, \quad y(0) = 0 \tag{1.1.13}$$

有无穷多个解.

证明　首先, 方程 $\dfrac{\mathrm{d}y}{\mathrm{d}x} = y^{\frac{2}{3}}$ 有特解 $y = 0$ 及通解 $y = \left(\dfrac{x}{3} + c\right)^3$. 其次, 该通解与 x 轴之交点为 $(-3c, 0)$. 构造解 φ_c 如下:

$$\varphi_c(x) = \begin{cases} 0, & x \leqslant -3c, \\ \left(\dfrac{x}{3} + c\right)^3, & x > -3c. \end{cases}$$

只要任意常数 c 满足 $c \leqslant 0$, 就有 $\varphi_c(0) = 0$. 因此当 $c \leqslant 0$ 时 $y = \varphi_c(x)$ 为所述初值问题的解. 如图 1.1.1 所示.

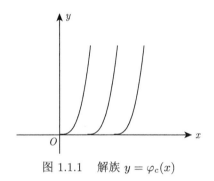

图 1.1.1　解族 $y = \varphi_c(x)$

于是初值问题 (1.1.13) 有无穷多个解.　　　　　　　　　　　　　　□

我们指出, 除了 φ_c 之外, 例 1.1.1 中的初值问题还有其他形式的解, 请读者给出.

由例 1.1.1 及定理 1.1.1 易知, 对任一点 $(x_0, y_0) \in \mathbf{R}^2$, 存在以 (x_0, y_0) 为心的矩形使初值问题

$$\frac{\mathrm{d}y}{\mathrm{d}x} = y^{\frac{2}{3}}, \quad y(x_0) = y_0$$

在该矩形中有唯一解当且仅当 $y_0 \neq 0$. 换句话说, 方程 $\dfrac{\mathrm{d}y}{\mathrm{d}x} = y^{\frac{2}{3}}$ 分别在区域 $y > 0$ 与 $y < 0$ 上满足解的存在与唯一性条件.

例 1.1.2　求解初值问题

$$\frac{\mathrm{d}y}{\mathrm{d}x} = 1 - |y|, \quad y(0) = 0.$$

解　易见, 这个方程的右端函数是

$$f(x, y) = 1 - |y|,$$

它在整个平面上关于 y 满足利普希茨条件, 故由推论 1.1.1 知, 上述初值问题有唯一解, 记为 $y = \varphi(x)$, 则 $\varphi(0) = 0$. 我们的任务是求出这个解.

首先注意到 f 有根 $y = \pm 1$, 因此, 方程有常数解 $y = \pm 1$. 由解的唯一性知, 所有其他解都不能与 $y = \pm 1$ 相交, 从而, 注意到 $\varphi(0) = 0$, 可知 $y = \varphi(x)$ 只能介于两直线 $y = 1$ 与 $y = -1$ 之间, 即 $|\varphi(x)| < 1$, 于是 $\varphi'(x) = 1 - |\varphi(x)| > 0$, 故函数 $\varphi(x)$ 是严格增加的, 特别地成立 $x\varphi(x) > 0$, $x \neq 0$. 于是, 当 $x \geqslant 0$ 时, 函数 $\varphi(x)$ 满足线性方程

$$\frac{\mathrm{d}y}{\mathrm{d}x} = 1 - y, \quad y(0) = 0,$$

由此可求得 $\varphi(x) = 1 - \mathrm{e}^{-x}$, $x \geqslant 0$. 同理, 当 $x \leqslant 0$ 时函数 $\varphi(x)$ 满足线性方程

$$\frac{\mathrm{d}y}{\mathrm{d}x} = 1 + y, \quad y(0) = 0,$$

于是可得 $\varphi(x) = -1 + \mathrm{e}^x$, $x \leqslant 0$. 从而

$$\varphi(x) = \begin{cases} 1 - \mathrm{e}^{-x}, & x \geqslant 0, \\ -1 + \mathrm{e}^x, & x < 0. \end{cases}$$

下面我们论述高维微分方程的存在唯一性定理. 为此, 先给出有关矩阵范数和向量范数的预备知识.

设有 n 阶实矩阵 $A = (a_{ij})$ 与 n 维实向量 $x = (x_1, \cdots, x_n)^{\mathrm{T}}$, 定义它们的范数如下:

$$\|A\| = \sum_{i,j=1}^{n} |a_{ij}|, \quad \|x\| = \sum_{i=1}^{n} |x_i|.$$

它们各自满足一些基本性质, 例如

(1) **正定性** $\|A\| \geqslant 0$, 且 $\|A\| = 0$ 当且仅当 $A = 0$;

(2) **正齐次性** 对任何常数 k, 都成立 $\|kA\| = |k|\|A\|$;

(3) **三角不等式** $\|A + B\| \leqslant \|A\| + \|B\|$.

事实上, 这三条性质也正好是范数的定义. 进一步可证 (提示: 利用标准正交基), 上述矩阵范数和向量范数满足下述两条性质, 即

$$\|Ax\| \leqslant \|A\| \cdot \|x\|, \quad \|AB\| \leqslant \|A\| \cdot \|B\|,$$

其中第一个不等式表示所定义的矩阵范数和向量范数具有相容性. 事实上可证成立:

$$\|A\| = \sup_{x \neq 0} \frac{\|Ax\|}{\|x\|},$$

因此, 我们又说向量范数 $\|x\|$ 诱导出矩阵范数 $\|A\|$. 范数概念是我们十分熟悉的绝对值概念在高维情况的推广, 而且绝对值所满足的基本性质都能保留下来, 例如, 对定义于区间 $[a,b]$ 上的任何连续向量函数 $f(x) = (f_1(x),\cdots,f_n(x))^{\mathrm{T}}$, 均有

$$\left\|\int_a^b f(x)\mathrm{d}x\right\| = \left\|\left(\int_a^b f_1(x)\mathrm{d}x,\cdots,\int_a^b f_n(x)\mathrm{d}x\right)^{\mathrm{T}}\right\| \leqslant \int_a^b \|f(x)\|\,\mathrm{d}x.$$

定义范数的方式不是唯一的, 例如, 向量范数也可以定义为

$$\|x\|_1 = \sqrt{x_1^2 + x_2^2 + \cdots + x_n^2}\ (\text{称为欧氏范数}),$$

此时, 相应的相容的矩阵范数不再是上面给出的那个, 而是

$$\|A\|_1 = \left(\sum_{i,j=1}^n |a_{ij}|^2\right)^{\frac{1}{2}}.$$

进一步还可证, 上面定义的两个向量范数 $\|x\|$ 与 $\|x\|_1$ 是等价的, 即必有正常数 C 与 C_1, 使得下述两个不等式成立:

$$\|x\| \leqslant C_1\|x\|_1, \quad \|x\|_1 \leqslant C\|x\|.$$

一般地可证同一空间上的任意两个范数都是等价的.

利用矩阵范数或向量范数, 可定义矩阵序列或向量序列的收敛性. 例如, 设有矩阵序列 $\{A_k\} = \{(a_{ij}^k)\}$, 如果存在矩阵 A, 使得数列 $\|A_k - A\|$ 趋于零 (当 k 趋于无穷大时), 则说矩阵序列 $\{A_k\}$ 收敛于 A.

因为矩阵级数的前 n 项和构成一个矩阵序列, 因此利用矩阵序列的敛散性就可以来定义矩阵级数的敛散性. 完全类似地可定义向量级数的敛散性, 以及向量级数的绝对收敛性.

由以上定义易见, 有关数项级数绝对收敛的优级数判别法对矩阵级数和向量级数仍类似成立. 详之, 以矩阵级数为例, 设有矩阵级数 $\sum\limits_{k=0}^{\infty} A_k$, 如果存在 $a_k \geqslant 0$ 使得 $\|A_k\| \leqslant a_k$, $k \geqslant 0$, 并且数项级数 $\sum\limits_{k=0}^{\infty} a_k$ 是收敛的, 那么矩阵级数 $\sum\limits_{k=0}^{\infty} A_k$ 一定是收敛的.

如同绝对收敛的数项级数可以重排其项而不改变其值, 绝对收敛的矩阵级数与向量级数也是在任何重排之后其值不变. 这是绝对收敛的重要性质.

有了以上预备知识, 利用 Picard 逼近法, 与定理 1.1.2 完全类似可证下述高维线性微分方程和高维一般微分方程解的存在唯一性定理.

定理 1.1.3 如果 $n \times n$ 矩阵函数 $A(x)$ 与 n 维列向量函数 $f(x)$ 均在区间 $[a,b]$ 上连续, 则对任意 $x_0 \in [a,b]$ 及任意 n 维常列向量 y_0, 初值问题

$$\begin{cases} \dfrac{\mathrm{d}y}{\mathrm{d}x} = A(x)y + f(x), \\ y(x_0) = y_0 \end{cases}$$

有定义于区间 $[a,b]$ 上的唯一解 $y = y(x)$.

定理 1.1.4 设 $n+1$ 元向量函数 $f : G \to \mathbf{R}^n$ 在区域 $G \subset \mathbf{R}^{n+1}$ 上连续, 且在 G 上关于 y 满足局部利普希茨条件, 即对 G 的任一内点 (x_0, y_0), 都存在以其为中心且含于 G 的矩形邻域 R, 以及某常数 $L > 0$, 使得

$$\|f(x, y_1) - f(x, y_2)\| \leqslant L \|y_1 - y_2\|, \quad \forall (x, y_1), (x, y_2) \in R.$$

则对 G 的任意内点 (x_0, y_0), 都存在 $h > 0$, 使得初值问题

$$\begin{cases} \dfrac{\mathrm{d}y}{\mathrm{d}x} = f(x, y), \\ y(x_0) = y_0 \end{cases}$$

有定义于区间 $[x_0 - h, x_0 + h]$ 上的唯一解 $y = y(x)$.

与一维函数类似, 如果偏导数 f_y(这是一个 $n \times n$ 矩阵) 在 G 内存在且连续, 则函数 f 在 G 上关于 y 必满足局部利普希茨条件.

事实上, 对 G 的任一内点 (x_0, y_0), 必有以它为中心且含于 G 的闭矩形邻域 $R = I \times J$, 其中

$$I = \{x \in \mathbf{R} | \ |x - x_0| \leqslant a\}, \quad J = \{y \in \mathbf{R}^n | \ \|y - y_0\| \leqslant a\}, \quad a > 0.$$

对 R 中任意两点 (x, y_1) 与 (x, y_2), 其中 $x \in I$, $y_1, y_2 \in J$, 可证下列向量函数的微分中值公式:

$$f(x, y_1) - f(x, y_2) = K(x, y_1, y_2)(y_1 - y_2), \tag{1.1.14}$$

其中矩阵函数 K 在紧区域 $I \times J \times J$ 上连续, 且

$$K(x, y_1, y_2) = \int_0^1 f_y(x, ty_1 + (1-t)y_2)\mathrm{d}t.$$

事实上, 令 $F(t) = f(x, ty_1 + (1-t)y_2)$, 则注意到当 $t \in [0,1]$ 时, $ty_1 + (1-t)y_2 \in J$, 因此 F 在 $[0,1]$ 上为连续可微的, 且

$$f(x, y_1) - f(x, y_2) = F(1) - F(0), \quad F'(t) = f_y(x, ty_1 + (1-t)y_2)(y_1 - y_2),$$

于是, 由一元函数的牛顿–莱布尼茨公式可知

$$f(x, y_1) - f(x, y_2) = \int_0^1 F'(t)\mathrm{d}t = K(x, y_1, y_2)(y_1 - y_2).$$

由含参量积分的性质知, K 在紧区域 $I \times J \times J$ 上连续, 故

$$L = \max\{\|K(x, y_1, y_2)\| \mid (x, y_1, y_2) \in I \times J \times J\}$$

为一正数, 且成立

$$\|f(x, y_1) - f(x, y_2)\| \leqslant L \|y_1 - y_2\|.$$

即为所证.

注 1.1.1　我们指出, 如果只假设函数 f 在区域 G 上连续, 则可证定理 1.1.4 中的初值问题存在至少一个解, 这一结论称为佩亚诺 (Peano) 存在定理, 证明可见文献 [2,3] 等.

注 1.1.2　由大学常微分方程课程的知识, 定理 1.1.3 中的解 $y(x)$ 有下述表达式 (称其为常数变易公式):

$$y(x) = \Phi(x, x_0)\left[y_0 + \int_{x_0}^x \Phi^{-1}(u, x_0)f(u)\mathrm{d}u\right], \quad x \in [a, b],$$

其中 $\Phi(x, x_0)$ 为线性齐次微分方程

$$\frac{\mathrm{d}y}{\mathrm{d}x} = A(x)y$$

满足初值条件 $\Phi(x_0, x_0) = I_n$ (n 阶单位矩阵) 的基本解矩阵. 利用这一常数变易公式易证, 如果定理 1.1.4 中的函数 f 和其定义域 G 分别具有形式 $f(x, y) = A(x)y + f_1(x, y)$, $G = [a, b] \times G_1, G_1 \subset \mathbf{R}^n$, 则该定理中的解 $y(x)$ 在其定义域中满足

$$y(x) = \Phi(x, x_0)\left[y_0 + \int_{x_0}^x \Phi^{-1}(u, x_0)f_1(u, y(u))\mathrm{d}u\right],$$

称上式为非线性微分方程的常数变易公式.

习　题　1.1

1. 求解初值问题

$$\frac{\mathrm{d}y}{\mathrm{d}x} = 1 - |y|, \quad y(0) = y_0.$$

(提示: 对 y_0 的取值范围进行讨论.)

2. 试讨论初值问题

$$\frac{\mathrm{d}y}{\mathrm{d}x} = f(x, y), \quad y(0) = 0$$

解的存在唯一性, 其中

$$f(x, y) = \begin{cases} 0, & y = 0, \\ y \ln|y|, & y \neq 0. \end{cases}$$

3. 讨论初值问题

$$\frac{\mathrm{d}y}{\mathrm{d}x} = x^{\frac{1}{2}} y^{\frac{1}{3}}, \quad y(1) = y_0.$$

4. 用 Picard 逼近法证明: 如果连续函数 $f : \mathbf{R} \to \mathbf{R}$ 满足

$$|f(x_1) - f(x_2)| \leqslant \lambda |x_1 - x_2|, \quad 0 < \lambda < 1$$

(其中 λ 为常数), 则 f 有唯一的不动点, 即存在唯一的 $x^* \in \mathbf{R}$ 使 $f(x^*) = x^*$.

5. 证明注 1.1.2 中非线性微分方程的常数变易公式.

1.2 解 的 延 拓

在微分方程解的存在唯一性定理中给出的解的存在区间是小范围的, 而实际上解的存在范围要大得多, 于是一个自然的问题是: 如何从理论上获得解的 "最大" 存在区间? 为了研究这一问题, 先引入解的延拓等概念.

定义 1.2.1 考虑一维微分方程 (1.1.1). 设其有两个解 $\varphi(x)$ 与 $\psi(x)$, 分别定义于区间 I 与 J. 如果 $I \subset J$ 且 $I \neq J$, 且当 $x \in I$ 时 $\varphi(x) = \psi(x)$, 则称 ψ 为 φ 的**延拓**, 同时称 φ 为 ψ 的**限制**.

例 1.2.1 考虑初值问题

$$\frac{\mathrm{d}y}{\mathrm{d}x} = |x| \operatorname{sgn}(x + 1) y, \quad y(1) = 1 \tag{1.2.1}$$

的解, 其中

$$\operatorname{sgn}(x + 1) = \begin{cases} 1, & x + 1 > 0, \\ 0, & x + 1 = 0, \\ -1, & x + 1 < 0. \end{cases}$$

解 由于上述方程为线性方程, 易求得该初值问题有解

$$y = \mathrm{e}^{\frac{1}{2}(x^2 - 1)} \equiv \varphi(x), \quad x \geqslant 0.$$

注意到 $\varphi(0) = \mathrm{e}^{-\frac{1}{2}}$, 而下列初值问题

$$\frac{\mathrm{d}y}{\mathrm{d}x} = -x y, \quad y(0) = \mathrm{e}^{-\frac{1}{2}}$$

在 $-1 < x \leqslant 0$ 上有解

$$y = \mathrm{e}^{-\frac{1}{2}(x^2+1)}, \quad -1 < x \leqslant 0.$$

若令

$$\psi(x) = \begin{cases} \mathrm{e}^{\frac{1}{2}(x^2-1)}, & x \geqslant 0, \\ \mathrm{e}^{-\frac{1}{2}(x^2+1)}, & -1 < x < 0, \end{cases}$$

则 $y = \psi(x)$ 也是 (1.2.1) 的解. 按定义 1.2.1, 解 ψ 是解 φ 的延拓, 而解 φ 是解 ψ 的限制.

上述方法可用来讨论一般方程 (1.1.1) 的解的延拓. 现设 $f(x, y)$ 满足定理 1.1.1 的条件, 又设 (x_0, y_0) 为 G 的任一内点, 则由定理 1.1.1 知, 存在 $h > 0$, 使初值问题 (1.1.2) 有定义于 $[x_0 - h, x_0 + h]$ 上的唯一解 $y = \varphi(x)$. 令 $x_1 = x_0 + h$, $y_1 = \varphi(x_1)$. 则 (x_1, y_1) 为 G 的内点. 于是, 再次应用定理 1.1.1 知, 必存在 $h_1 > 0$, 使得方程 (1.1.1) 有满足 $y(x_1) = y_1$ 且定义于区间 $[x_1 - h_1, x_1 + h_1]$ 上的解 $\varphi_1(x)$. 我们定义函数 $\psi(x)$ 如下

$$\psi(x) = \begin{cases} \varphi(x), & x \in [x_0 - h, x_1], \\ \varphi_1(x), & x \in (x_1, x_1 + h_1]. \end{cases}$$

注意到

$$\varphi(x_1) = y_1 = \varphi_1(x_1), \quad \varphi'(x_1-) = f(x_1, y_1) = \varphi_1'(x_1+), \quad \psi(x_0) = y_0.$$

因此 $y = \psi(x)$ 为初值问题 (1.1.2) 的定义于区间 $[x_0 - h, x_1 + h_1]$ 上的解. 由定义 1.2.1, ψ 为 φ 的延拓, 称之为 φ 的右行延拓. 同理, 可继续考虑 ψ 的右行延拓. 又可考虑 φ 的左行延拓. 按照上述方法, 对初值问题 (1.1.2) 的一个解, 一般可以向左、右方向进行不断的延拓. 那么初值问题 (1.1.2) 的解能否有这样一个延拓, 使得该延拓的定义区间已达到最大而无法进行进一步的延拓? 在回答这一问题之前, 先给出下列概念.

定义 1.2.2　设初值问题 (1.1.2) 有解 $\widetilde{\varphi}(x)$, 定义于区间 $\widetilde{I}$. 如果初值问题 (1.1.2) 的任何其他解 φ 都是 $\widetilde{\varphi}$ 的限制, 则称 $\widetilde{\varphi}$ 为初值问题 (1.1.2) 的**饱和解** (或**不可延拓解**), 而 $\widetilde{\varphi}$ 的定义域 $\widetilde{I}$ 称为该解的**饱和区间**.

根据解的定义, 对一切 $x \in \widetilde{I}$ 均有 $(x, \widetilde{\varphi}(x)) \in G$. 然而这一性质在 $\widetilde{I}$ 的端点处未必成立.

现设 f 满足定理 1.1.1 的条件. 那么, 对 G 的任一内点 (x_0, y_0), 初值问题 (1.1.2) 存在解, 进一步从此解出发可获得其许多这样的右行与左行延拓: 它们的

定义区间都是有界的. 我们把所有这种解的定义区间的左端点集中在一起构成一点集 E_-, 右端点集中在一起构成集合 E_+. 令

$$\alpha = \inf E_-, \quad \beta = \sup E_+.$$

显然有 $x_0 \in (\alpha, \beta)$, 又可能有 $\alpha = -\infty$ 或 $\beta = +\infty$. 下面我们来构造 (1.1.2) 的饱和解 $\widetilde{\varphi}(x)$, 其定义区间 $\widetilde{I}$ 是以 α, β 为左、右端点的区间.

首先, 对任一 $\bar{x} \in (\alpha, \beta)$, 存在 (1.1.2) 的某解 $\varphi(x)$, 其定义区间为有限区间 $I_\varphi \subset (\alpha, \beta)$, 使得 $\bar{x} \in I_\varphi$, 于是我们定义 $\widetilde{\varphi}(\bar{x}) = \varphi(\bar{x})$. 由定理 1.1.1 知, 方程 (1.1.1) 满足初值条件 $y(\bar{x}) = \varphi(\bar{x})$ 的解在 $\bar{x}$ 的小邻域内是存在唯一的, 故对任一 $\bar{x} \in (\alpha, \beta)$, 函数 $\widetilde{\varphi}$ 都有定义.

其次, 我们再考虑 $\widetilde{\varphi}$ 在 α 或 β 是否可能有定义. 我们规定: 若 $\alpha > -\infty$, $\widetilde{\varphi}(\alpha+)$ 存在且 $(\alpha, \widetilde{\varphi}(\alpha+)) \in G$, 则定义 $\widetilde{\varphi}(\alpha) = \widetilde{\varphi}(\alpha+)$. 同理, 若 $\beta < +\infty$, $\widetilde{\varphi}(\beta-)$ 存在且 $(\beta, \widetilde{\varphi}(\beta-)) \in G$, 则定义 $\widetilde{\varphi}(\beta) = \widetilde{\varphi}(\beta-)$. 这样补充定义之后的函数仍记为 $\widetilde{\varphi}(x)$, 则 $\widetilde{\varphi}$ 的定义域为以 α, β 为端点的区间 $\widetilde{I}$(可能开也可能不开).

按照上述方法所构造的 $\widetilde{\varphi}$ 就是 (1.1.2) 的饱和解, 而 $\widetilde{I}$ 就是其饱和区间. 此外, 由构造过程易见, 这样得到的饱和解是唯一存在的. 进一步, 若 G 为开区域, 则由 α 与 β 的定义, 当 $\alpha > -\infty$ 且 $\widetilde{\varphi}(\alpha+)$ 存在时必有 $(\alpha, \widetilde{\varphi}(\alpha+)) \notin G$, 当 $\beta < +\infty$ 且 $\widetilde{\varphi}(\beta-)$ 存在时必有 $(\beta, \widetilde{\varphi}(\beta-)) \notin G$. 因此, 如果 G 为开区域, 则饱和解 $\widetilde{\varphi}$ 的饱和区间为开区间 (α, β). 但若 G 不是开区域, 则饱和区间未必为开区间 (例如, 定义于区域 $x \geqslant 0$ 上的线性方程解的饱和区间就是 $x \geqslant 0$).

下面我们再讨论饱和解的性质. 我们证明当 x 趋于 α 或 β 时, 点 $(x, \widetilde{\varphi}(x))$ 必可任意接近 G 的边界 (除非无界). 更确切地说, 对位于 G 内部的任一紧集 V(即 V 为有界闭集), 必存在充分小的 $\varepsilon > 0$, 使

$$(\alpha + \varepsilon, \widetilde{\varphi}(\alpha + \varepsilon)) \notin V, \quad (\beta - \varepsilon, \widetilde{\varphi}(\beta - \varepsilon)) \notin V.$$

若不然, 则存在位于 G 内部的紧集 V, 使对任意小的 $\varepsilon > 0$ 有

$$(\alpha + \varepsilon, \widetilde{\varphi}(\alpha + \varepsilon)) \in V, \quad \text{或} \quad (\beta - \varepsilon, \widetilde{\varphi}(\beta - \varepsilon)) \in V.$$

为确定计, 不妨设前者成立, 则存在充分小的 $\varepsilon_0 > 0$ 使对一切 $x \in (\alpha, \alpha + \varepsilon_0]$ 有 $(x, \widetilde{\varphi}(x)) \in V$. 考虑到 V 为紧集, 必有 $\alpha > -\infty$. 令

$$M = \max\{|f(x, y)| \,|\, (x, y) \in V\},$$

则

$$|\widetilde{\varphi}'(x)| = |f(x, \widetilde{\varphi}(x))| \leqslant M, \quad x \in (\alpha, \alpha + \varepsilon_0].$$

由微分中值定理知, $\widetilde{\varphi}$ 在 $(\alpha, \alpha + \varepsilon_0]$ 上是一致连续的, 从而

$$\lim_{x \to \alpha+} \widetilde{\varphi}(x) = \widetilde{\varphi}(\alpha+)$$

必存在有限, 且 $(\alpha, \widetilde{\varphi}(\alpha+)) \in V$ (因为 V 为紧集). 又因为 V 位于 G 内, 故点 $(\alpha, \widetilde{\varphi}(\alpha+))$ 为 G 的内点. 于是, 由定理 1.1.1 知, $\widetilde{\varphi}$ 在 $x = \alpha$ 可进行左行延拓, 这与 $\widetilde{\varphi}$ 为饱和解矛盾. 于是我们证明了下述延拓定理.

定理 1.2.1 设函数 $f(x, y)$ 满足定理 1.1.1 的条件, 则对 G 的任一内点 (x_0, y_0), 初值问题 (1.1.2) 必存在唯一的饱和解 $y = \widetilde{\varphi}(x), x \in \widetilde{I}$. 此外, 当 x 趋于饱和区间 $\widetilde{I}$ 的端点时点 $(x, \widetilde{\varphi}(x))$ 可任意接近 G 的边界. 换言之, 对位于 G 内的任何紧集 V, 当 x 趋于 $\widetilde{I}$ 的端点时必有 $(x, \widetilde{\varphi}(x)) \notin V$.

由上述定理知, 若 $G = \mathbf{R}^2$ 为整个平面, 则 (1.1.2) 的饱和解 $\widetilde{\varphi}$ 的饱和区间必为开区间 $\widetilde{I} = (\alpha, \beta)$, 且不论 α, β 是否有限, 当 $x \to \alpha$ 或 $x \to \beta$ 时量 $|x| + |\widetilde{\varphi}(x)|$ 必无界.

例 1.2.2 求初值问题

$$\frac{\mathrm{d}y}{\mathrm{d}x} = \sqrt{1 + x}\, y^2, \quad y(0) = 1 \tag{1.2.2}$$

的饱和解, 其中 $x \geqslant -1$.

解 初值问题 (1.2.2) 等价于

$$\int_1^y y^{-2} \mathrm{d}y = \int_0^x (1 + x)^{\frac{1}{2}} \mathrm{d}x,$$

可求得

$$1 - \frac{1}{y} = \frac{2}{3}[(1 + x)^{\frac{3}{2}} - 1]$$

或

$$y = \frac{3}{5 - 2(1 + x)^{\frac{3}{2}}} \equiv \varphi(x), \quad x \in [-1, \beta),$$

其中 $\beta = \left(\frac{5}{2}\right)^{\frac{2}{3}} - 1$. 易见当 $x \to -1$ 时 $\varphi(x) \to \frac{3}{5}$, 而当 $x \to \beta$ 时 $\varphi(x) \to +\infty$; 即当 $x \to -1$ 时点 $(x, \varphi(x))$ 到达 G 的边界, 而当 $x \to \beta$ 时点 $(x, \varphi(x))$ 趋于无穷远. 如图 1.2.1 所示.

例 1.2.3 讨论初值问题

$$\frac{\mathrm{d}y}{\mathrm{d}x} = \frac{1}{x^2} \sin \frac{1}{x}, \quad y(1) = 0 \tag{1.2.3}$$

的饱和解, 其中 $x > 0$.

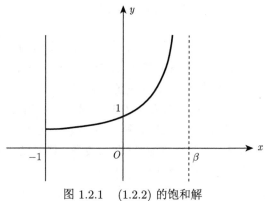

图 1.2.1　(1.2.2) 的饱和解

解　易求出初值问题 (1.2.3) 有解 $\varphi(x) = \cos\dfrac{1}{x} - \cos 1$, $x > 0$. 当 $x \to 0+$ 时点 $(x, \varphi(x))$ 可任意接近 y 轴上的线段

$$\{(0, y) \mid -1 - \cos 1 \leqslant y \leqslant 1 - \cos 1\}.$$

此线段位于区域 $G = \{(x, y) \mid x > 0\}$ 的边界 $x = 0$ 上, 但点 $(x, \varphi(x))$ 却永远不能到达该线段. 如图 1.2.2 所示.

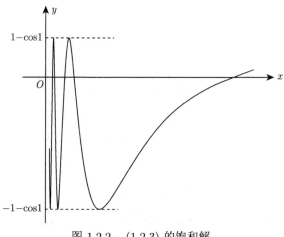

图 1.2.2　(1.2.3) 的饱和解

对一般方程 (1.1.1) 来说, 很难或求不出饱和区间, 但对一些特殊的函数 f, 我们可以确定饱和区间. 即有下述命题.

命题 1.2.1　设 $G = \{(x,y) \mid a < x < b,\ |y| < +\infty\}$, 又设 f 在 G 上满足定理 1.1.1 的条件. 如果存在 (a,b) 上的非负连续函数 $g(x)$ 及 $[0,+\infty)$ 上的正连续函数 $h(r)$, 满足

$$\int_1^{+\infty} \frac{\mathrm{d}r}{h(r)} = +\infty,$$

使对一切 $(x,y) \in G$ 成立 $|f(x,y)| \leqslant g(x)h(|y|)$, 则对任意的 $(x_0, y_0) \in G$, 初值问题 (1.1.2) 的饱和解的饱和区间为 (a,b).

证明　因为 G 为开集, 故 (1.1.2) 的饱和解 $\varphi(x)$ 的饱和区间 I 必为开区间, 即 $I = (\alpha, \beta)$. 要证 $\alpha = a$, $\beta = b$. 下面以 $\beta = b$ 为例证之. 用反证法, 如果 $\beta < b$, 则由定理 1.2.1 知, 当 $x \to \beta -$ 时 $\varphi(x)$ 无界. 不妨设存在单调增加的点列 $x_n \to \beta$, 且 $x_n < \beta$ 使

$$\lim_{n \to \infty} \varphi(x_n) = -\infty.$$

注意到

$$|\varphi'(x)| = |f(x, \varphi(x))| \leqslant g(x)h(|\varphi(x)|),$$

可得

$$-g(x) \leqslant \frac{\varphi'(x)}{h(|\varphi(x)|)} \leqslant g(x), \quad x \in [x_0, \beta).$$

设 $m > n$, 对上式在 $[x_n, x_m]$ 上积分可得

$$-\int_{x_n}^{x_m} g(x)\mathrm{d}x \leqslant \int_{\varphi(x_n)}^{\varphi(x_m)} \frac{\mathrm{d}r}{h(|r|)} \leqslant \int_{x_n}^{x_m} g(x)\mathrm{d}x.$$

现取 n 充分大使 $\varphi(x_n) < -1$, 且令 $m \to +\infty$, 可得

$$-\int_{x_n}^{\beta} g(x)\mathrm{d}x \leqslant \int_{\varphi(x_n)}^{-\infty} \frac{\mathrm{d}r}{h(|r|)} \leqslant \int_{x_n}^{\beta} g(x)\mathrm{d}x,$$

即

$$\left| \int_{\varphi(x_n)}^{-\infty} \frac{\mathrm{d}r}{h(|r|)} \right| = \int_{|\varphi(x_n)|}^{+\infty} \frac{\mathrm{d}r}{h(r)} \leqslant \int_{x_n}^{\beta} g(x)\mathrm{d}x.$$

由此得

$$\int_1^{+\infty} \frac{\mathrm{d}r}{h(r)} < +\infty.$$

矛盾.　　　　　　　　　　　　　　　　　　　　　　　　　　□

由上述命题知, 对任一点 (x_0, y_0), 只要 $x_0 > 0$, 则初值问题

$$\frac{\mathrm{d}y}{\mathrm{d}x} = \frac{y}{x(2 + \sin y)}, \quad y(x_0) = y_0$$

的饱和解的饱和区间为 $(0, +\infty)$.

注 1.2.1 类似可证, 若 (1.1.1) 与 (1.1.2) 为向量方程, 则定理 1.2.1 仍成立, 这里不再详细给出论证, 读者可参考文献 [2,4].

<h3 style="text-align:center">习　题　1.2</h3>

1. 考虑初值问题

$$\frac{\mathrm{d}y}{\mathrm{d}x} = y^2, \quad y(0) = y_0,$$

其中 $y_0 > 0$, 所涉及的微分方程的定义域分别取为 $G_1 : -2 \leqslant x \leqslant 2, |y| < \infty$, 与 $G_2 : -2 < x < 2, -2 < y < 2$, 试分别求初值问题的饱和解与饱和区间.

2. 设 f 与 f_y 在平面上任一点存在且连续, 又设 $f(x, \pm 1) \equiv 0$. 试证明对任意点 (x_0, y_0), 只要 $|y_0| < 1$, 则初值问题 (1.1.2) 的饱和解的饱和区间必是 $(-\infty, +\infty)$.

3. 试证微分方程

$$\frac{\mathrm{d}y}{\mathrm{d}x} = y \sin \frac{y}{x}, \quad x > 0$$

的任一解的饱和区间为 $(0, +\infty)$.

4. 考虑微分方程

$$\frac{\mathrm{d}y}{\mathrm{d}x} = y^\alpha, \ \alpha > 1, \ y > 0.$$

试证对任一点 (x_0, y_0), 其中 $y_0 > 0$, 该方程满足 $y(x_0) = y_0$ 的解的饱和区间为 $I = (-\infty, \beta)$, 其中 $\beta < +\infty$.

5. 设函数 f 在 $y > 0$ 上连续且 f_y 存在连续, 又设 $f(x, 0) = 0$, 且存在 $\varepsilon > 0, \alpha > 1$ 使对一切 $x \in \mathbf{R}$ 及 $y > 0$ 成立 $f(x, y) \geqslant \varepsilon y^\alpha$, 则对任一点 (x_0, y_0), 且 $y_0 > 0$, 初值问题 (1.1.2) 的解的饱和区间为 $I = (-\infty, \beta)$, 其中 $\beta < +\infty$.

1.3　解对初值和参数的连续性与可微性

本节仍考虑初值问题 (1.1.2). 由上一节的讨论知, 在一定条件下初值问题 (1.1.2) 有唯一饱和解 φ. 其实这里的唯一性是针对点 (x_0, y_0) 而言的, 即解 φ 是由 (x_0, y_0) 唯一确定的, 因此它是依赖于 (x_0, y_0) 的. 而点 (x_0, y_0) 是可以在 G 内任意取的, 于是当点 (x_0, y_0) 在 G 内变化时解 φ 必也随之而变. 因此该解可记为 $y = \varphi(x, x_0, y_0)$, 即可视 φ 为三元函数. 同时 φ 的饱和区间也与点 (x_0, y_0) 有关,

记其为 $I(x_0, y_0)$. 于是就出现这样一个问题: 函数 φ 如何依赖于初值点 (x_0, y_0)? 更一般地, 若假设函数 f 含有一个参数 λ, 即 $f = f(x, y, \lambda)$, 此时初值问题

$$\begin{cases} \dfrac{\mathrm{d}y}{\mathrm{d}x} = f(x, y, \lambda) \\ y(x_0) = y_0 \end{cases} \tag{1.3.1}$$

有与 (x_0, y_0, λ) 有关的解, 即 $y = \varphi(x, x_0, y_0, \lambda)$, 于是我们又需要考虑解 φ 关于 (x_0, y_0, λ) 的连续性与可微性等问题.

例 1.3.1　讨论线性方程

$$\frac{\mathrm{d}y}{\mathrm{d}x} = \lambda|x|y$$

的初值解关于 (x_0, y_0, λ) 的依赖性.

解　由常数变易公式, 上述方程满足条件 $y(x_0) = y_0$ 的解为

$$y = y_0 \mathrm{e}^{\lambda \int_{x_0}^x |u|\mathrm{d}u} \equiv \varphi(x, x_0, y_0, \lambda).$$

显然 φ 关于 y_0 为线性的, 关于 λ 为连续可微的, 关于 x_0 也是连续可微的, 且有

$$\frac{\partial \varphi}{\partial y_0} = \mathrm{e}^{\lambda \int_{x_0}^x |u|\mathrm{d}u},$$

$$\frac{\partial \varphi}{\partial \lambda} = y_0 \int_{x_0}^x |u|\mathrm{d}u \cdot \mathrm{e}^{\lambda \int_{x_0}^x |u|\mathrm{d}u},$$

$$\frac{\partial \varphi}{\partial x_0} = y_0 \mathrm{e}^{\lambda \int_{x_0}^x |u|\mathrm{d}u}(-\lambda|x_0|).$$

在讨论一般方程 (1.3.1) 的解关于 (x_0, y_0, λ) 的连续性等问题以前, 先给出一个引理.

引理 1.3.1 (Bellman 不等式)　设 $u(x)$ 与 $g(x)$ 为闭区间 $[a, b]$ 上的非负连续函数. 如果存在常数 $M \geqslant 0$, $x_0 \in [a, b]$ 使有

$$u(x) \leqslant M + \left|\int_{x_0}^x u(s)g(s)\mathrm{d}s\right|, \quad a < x < b,$$

则有

$$u(x) \leqslant M\mathrm{e}^{|\int_{x_0}^x g(s)\mathrm{d}s|}, \quad a \leqslant x \leqslant b.$$

证明　今以 $x \geqslant x_0$ 为例证之. 令 $h(x) = M + \int_{x_0}^x u(s)g(s)\mathrm{d}s$, 则由条件知

$$h'(x) = u(x)g(x) \leqslant h(x)g(x), \quad x_0 \leqslant x < b.$$

上式等价于

$$e^{-\int_{x_0}^{x} g(s)\mathrm{d}s}[h'(x) - h(x)g(x)] \leqslant 0, \quad x_0 \leqslant x < b,$$

或

$$[h(x)e^{-\int_{x_0}^{x} g(s)\mathrm{d}s}]' \leqslant 0, \quad x_0 \leqslant x < b.$$

对上述不等式在 $[x_0, x]$ 上积分可得

$$h(x)e^{-\int_{x_0}^{x} g(s)\mathrm{d}s} \leqslant h(x_0) = M, \quad x_0 \leqslant x < b.$$

故有

$$u(x) \leqslant h(x) \leqslant Me^{\int_{x_0}^{x} g(s)\mathrm{d}s}, \quad x_0 \leqslant x \leqslant b.$$

证毕. □

至于一般方程 (1.3.1) 的解 φ 关于 (x_0, y_0, λ) 的连续性问题, 我们有下述定理.

定理 1.3.1 设 G 为平面区域, J 为某区间. 又设函数 $f(x, y, \lambda)$ 在 $G \times J$ 中连续, 且 $f_y(x, y, \lambda)$ 在 $G \times J$ 内存在且连续. 如果存在集 $G \times J$ 的内点 $(x_0^*, y_0^*, \lambda_0)$ 使 $\varphi^*(x) = \varphi(x, x_0^*, y_0^*, \lambda_0)$ 在内含 x_0^* 的闭区间 $[a, b]$ 上有定义, 且当 $x \in [a, b]$ 时点 $(x, \varphi^*(x))$ 在 G 的内部, 则任给 $\varepsilon > 0$, 存在 $\delta = \delta(\varepsilon) > 0$, 使当 $|x_0 - x_0^*| + |y_0 - y_0^*| + |\lambda - \lambda_0| < \delta$ 时解 $\varphi(x, x_0, y_0, \lambda)$ 对 $x \in [a, b]$ 有定义, 且

$$|\varphi(x, x_0, y_0, \lambda) - \varphi^*(x)| < \varepsilon, \quad x \in [a, b].$$

从而对 $x \in [a, b]$ 一致成立

$$\lim_{\substack{x_0 \to x_0^* \\ y_0 \to y_0^* \\ \lambda \to \lambda_0}} \varphi(x, x_0, y_0, \lambda) = \varphi^*(x).$$

证明 因为 $x_0^* \in (a, b)$ 且当 $x \in [a, b]$ 时点 $(x, \varphi^*(x))$ 在 G 的内部, 故存在充分小的 $\varepsilon_0 > 0$ 使当 $|x_0 - x_0^*| \leqslant \varepsilon_0$ 时 $x_0 \in (a, b)$, 且

$$V(\varepsilon_0) = \{(x, y) \mid |y - \varphi^*(x)| \leqslant \varepsilon_0, x \in [a, b]\} \subset G.$$

如图 1.3.1 所示.

令

$$M = \max\{|f(x, \varphi^*(x), \lambda_0)| \,|\, x \in [a, b]\},$$

$$L = \max\{|f_y(x, y, \lambda)| \,|\, (x, y) \in V(\varepsilon_0), |\lambda - \lambda_0| \leqslant \varepsilon_0\},$$

$$N(\lambda) = \int_a^b |f(x, \varphi^*(x), \lambda) - f(x, \varphi^*(x), \lambda_0)|\mathrm{d}x.$$

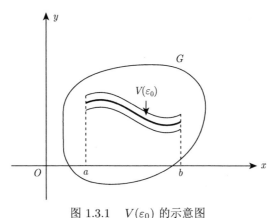

图 1.3.1 $V(\varepsilon_0)$ 的示意图

由含参量积分的连续性知 $N(\lambda)$ 关于 λ 连续且 $N(\lambda_0) = 0$. 故任给 $\varepsilon > 0$(可设 $\varepsilon < \varepsilon_0$), 存在 $\delta > 0$ 使当 $|\lambda - \lambda_0| < \delta$ 时

$$[(1 + M)\delta + N(\lambda)]e^{L(b-a)} < \varepsilon. \tag{1.3.2}$$

下证当 $|x_0 - x_0^*| < \delta$, $|y_0 - y_0^*| < \delta$, $|\lambda - \lambda_0| < \delta$ 时必有

$$|\varphi(x, x_0, y_0, \lambda) - \varphi^*(x)| < \varepsilon, \quad x \in I(x_0, y_0, \lambda) \cap [a, b], \tag{1.3.3}$$

其中 $I(x_0, y_0, \lambda)$ 表示 $\varphi(x, x_0, y_0, \lambda)$ 的饱和区间.

我们有

$$\varphi(x, x_0, y_0, \lambda) = y_0 + \int_{x_0}^{x} f(u, \varphi(u, x_0, y_0, \lambda), \lambda)\mathrm{d}u, \quad x \in I(x_0, y_0, \lambda),$$

$$\varphi^*(x) = y_0^* + \int_{x_0^*}^{x} f(u, \varphi^*(u), \lambda_0)\mathrm{d}u, \quad x \in [a, b].$$

于是当 $x \in I(x_0, y_0, \lambda) \cap [a, b]$ 时

$$|\varphi(x, x_0, y_0, \lambda) - \varphi^*(x)| \leqslant |y_0 - y_0^*| + \left| \int_{x_0^*}^{x_0} f(u, \varphi^*(u), \lambda_0)\mathrm{d}u \right|$$

$$+ \left| \int_{x_0}^{x} (f(u, \varphi(u, x_0, y_0, \lambda), \lambda) - f(u, \varphi^*(u), \lambda))\mathrm{d}u \right|$$

$$+ \left| \int_{x_0}^{x} (f(u, \varphi^*(u), \lambda) - f(u, \varphi^*(u), \lambda_0))\mathrm{d}u \right|.$$

因此由 M 及 $N(\lambda)$ 的定义知, 当 $|x_0 - x_0^*| < \delta$, $|y_0 - y_0^*| < \delta$, $|\lambda - \lambda_0| < \delta$ 时有

$$|\varphi(x, x_0, y_0, \lambda) - \varphi^*(x)|$$

$$\leqslant (1 + M)\delta + N(\lambda)$$

$$+ \left| \int_{x_0}^{x} (f(u, \varphi(u, x_0, y_0, \lambda), \lambda) - f(u, \varphi^*(u), \lambda)) \mathrm{d}u \right|. \tag{1.3.4}$$

由 (1.3.4) 与 (1.3.2) 知当 $|x - x_0| \ll 1$ 时 (1.3.3) 成立. 现设 $\bar{x} > x_0$, $\bar{x} \in I(x_0, y_0, \lambda) \cap [a, b]$ 使当 $x_0 \leqslant x < \bar{x}$ 时 (1.3.3) 成立, 往证 (1.3.3) 必对 $x = \bar{x}$ 成立. 事实上, 因为当 $x_0 \leqslant x < \bar{x}$ 时 (1.3.3) 成立, 则由 L 的定义及微分中值定理知, 当 $x_0 \leqslant x < \bar{x}$ 时

$$|f(x, \varphi(x, x_0, y_0, \lambda), \lambda) - f(u, \varphi^*(u), \lambda)| \leqslant L\,|\varphi(x, x_0, y_0, \lambda) - \varphi^*(x)|.$$

故由 (1.3.4) 知, 当 $x_0 \leqslant x < \bar{x}$ 时

$$|\varphi(x, x_0, y_0, \lambda) - \varphi^*(x)| \leqslant (1 + M)\delta + N(\lambda) + L \int_{x_0}^{x} |\varphi(u, x_0, y_0, \lambda) - \varphi^*(u)| \mathrm{d}u.$$

因此由引理 1.3.1 得

$$|\varphi(x, x_0, y_0, \lambda) - \varphi^*(x)| \leqslant [(1 + M)\delta + N(\lambda)]\mathrm{e}^{L(x - x_0)}$$

$$\leqslant [(1 + M)\delta + N(\lambda)]\mathrm{e}^{L(b - a)}, \quad x_0 \leqslant x < \bar{x}.$$

于是由 (1.3.2) 知

$$|\varphi(\bar{x}, x_0, y_0, \lambda) - \varphi^*(\bar{x})| < \varepsilon,$$

即 (1.3.3) 对 $x = \bar{x}$ 成立. 同理可证, 若 $\tilde{x} < x_0$, $\tilde{x} \in I(x_0, y_0, \lambda) \cap [a, b]$ 使当 $\tilde{x} < x \leqslant x_0$ 时 (1.3.3) 成立, 那么当 $x = \tilde{x}$ 时 (1.3.3) 也成立. 由此利用反证法即得 (1.3.3). 由 (1.3.3) 进一步得当 $x \in I(x_0, y_0, \lambda) \cap [a, b]$ 时有 $(x, \varphi(x, x_0, y_0, \lambda)) \in V(\varepsilon)$, 因为 $V(\varepsilon)$ 为 G 内的紧集, 故由延拓定理知 $I(x_0, y_0, \lambda)$ 必包含区间 $[a, b]$, 从而由 (1.3.3) 即得定理结论. 证毕. □

我们指出, 上述定理中关于 f_y 的条件比较容易验证, 实际上这一条件可减弱为 f 在 $G \times J$ 上关于 y 满足局部利普希茨条件.

上述定理描述了初值问题 (1.3.1) 的解 $\varphi(x, x_0, y_0, \lambda)$ 在给定解 $\varphi^*(x)$ 附近关于 (x_0, y_0, λ_0) 的连续性质. 事实上, φ 作为 (x, x_0, y_0, λ) 的函数在其定义域上也是连续的. 如前, 用 $I(x_0, y_0, \lambda)$ 表示 $\varphi(x, x_0, y_0, \lambda)$ 关于 x 的饱和区间, 则 φ 作为 (x, x_0, y_0, λ) 函数, 其定义域如下:

$$D_{G,J} = \{(x, x_0, y_0, \lambda) | x \in I(x_0, y_0, \lambda), (x_0, y_0, \lambda) \in G \times J\},$$

那么仿定理 1.3.1 可证, 在定理 1.3.1 的条件下, φ 在 $D_{G,J}$ 上是连续的. 进一步, 还可证明 φ 存在连续的偏导数, 即有下述定理.

定理 1.3.2　在定理 1.3.1 的条件下, 函数 φ 在其定义域 $D_{G,J}$ 之内部有连续偏导数 $\dfrac{\partial \varphi}{\partial x_0}$, $\dfrac{\partial \varphi}{\partial y_0}$. 若进一步设 f_λ 在 $G \times J$ 内存在且连续, 则 φ 有连续偏导数 $\dfrac{\partial \varphi}{\partial \lambda}$.

证明　今以 $\dfrac{\partial \varphi}{\partial y_0}$ 为例证之. 设 (x_0, y_0) 与 $(x_0, \bar{y}_0)$ 均为 G 的内点且 $y_0 \neq \bar{y}_0$. 为方便计, 令

$$\varphi(x) = \varphi(x, x_0, y_0, \lambda), \quad \bar{\varphi}(x) = \varphi(x, x_0, \bar{y}_0, \lambda),$$

则它们满足

$$
\begin{aligned}
\varphi(x) &= y_0 + \int_{x_0}^{x} f(u, \varphi(u), \lambda)\mathrm{d}u, \\
\bar{\varphi}(x) &= \bar{y}_0 + \int_{x_0}^{x} f(u, \bar{\varphi}(u), \lambda)\mathrm{d}u.
\end{aligned}
\tag{1.3.5}
$$

注意到由微积分基本定理知

$$f(x, \varphi(x), \lambda) - f(x, \bar{\varphi}(x), \lambda) = \bar{f}(x, \lambda)(\varphi(x) - \bar{\varphi}(x)),$$

其中

$$\bar{f}(x, \lambda) = \int_0^1 f_y(x, \bar{\varphi}(x) + s(\varphi(x) - \bar{\varphi}(x)), \lambda)\mathrm{d}s. \tag{1.3.6}$$

由 (1.3.5) 可得

$$\frac{\varphi(x) - \bar{\varphi}(x)}{y_0 - \bar{y}_0} = 1 + \int_{x_0}^{x} \bar{f}(u, \lambda) \frac{\varphi(u) - \bar{\varphi}(u)}{y_0 - \bar{y}_0}\mathrm{d}u.$$

由此知量 $\dfrac{\varphi(x) - \bar{\varphi}(x)}{y_0 - \bar{y}_0}$ 是初值问题

$$\frac{\mathrm{d}z}{\mathrm{d}x} = \bar{f}(x, \lambda)z, \quad z(x_0) = 1$$

的解. 故应用常数变易公式可解得

$$\frac{\varphi(x) - \bar{\varphi}(x)}{y_0 - \bar{y}_0} = \mathrm{e}^{\int_{x_0}^{x} \bar{f}(u, \lambda)\mathrm{d}u}.$$

由于 f_y 连续, 由 (1.3.6) 及含参量积分之连续性知

$$\lim_{y_0 \to \bar{y}_0} \bar{f}(x, \lambda) = \int_0^1 \lim_{y_0 \to \bar{y}_0} f_y(x, \bar{\varphi}(x) + s(\varphi(x) - \bar{\varphi}(x)), \lambda)\mathrm{d}s$$

$$= \int_0^1 f_y(x, \bar{\varphi}(x), \lambda) \mathrm{d}s$$

$$= f_y(x, \bar{\varphi}(x), \lambda).$$

故由 (1.3.6) 得

$$\lim_{y_0 \to \bar{y}_0} \frac{\varphi(x) - \bar{\varphi}(x)}{y_0 - \bar{y}_0} = \mathrm{e}^{\int_{x_0}^x f_y(u, \bar{\varphi}(u), \lambda) \mathrm{d}u},$$

即

$$\frac{\partial \varphi}{\partial y_0} = \mathrm{e}^{\int_{x_0}^x f_y(u, \varphi(u), \lambda) \mathrm{d}u}. \tag{1.3.7}$$

同理可证

$$\frac{\partial \varphi}{\partial x_0} = -f(x_0, y_0, \lambda) \mathrm{e}^{\int_{x_0}^x f_y(u, \varphi(u), \lambda) \mathrm{d}u},$$

$$\frac{\partial \varphi}{\partial \lambda} = \mathrm{e}^{\int_{x_0}^x f_y(u, \varphi(u), \lambda) \mathrm{d}u} \int_{x_0}^x \mathrm{e}^{-\int_{x_0}^u f_y(s, \varphi(s), \lambda) \mathrm{d}s} f_\lambda(u, \varphi(u), \lambda) \mathrm{d}u. \tag{1.3.8}$$

证毕.   □

上述证明不但推得了定理的结论, 而且还求出了各偏导数所满足的等式. 下面我们用一种较简易的方法推出公式 (1.3.7) 与 (1.3.8). 今以 (1.3.8) 第二式为例推之. 设 f, f_y 与 f_λ 均在区域 $G \times J$ 内存在且连续. 则由定理 1.3.2 知 $\frac{\partial \varphi}{\partial \lambda}$ 存在且连续. 于是由 (1.3.5) 得

$$\frac{\partial \varphi}{\partial \lambda} = \int_{x_0}^x [f_y(u, \varphi(u), \lambda) \frac{\partial \varphi}{\partial \lambda} + f_\lambda(u, \varphi(u), \lambda)] \mathrm{d}u,$$

即

$$\begin{cases} \dfrac{\mathrm{d}}{\mathrm{d}x} \left(\dfrac{\partial \varphi}{\partial \lambda} \right) = f_y(x, \varphi(x), \lambda) \dfrac{\partial \varphi}{\partial \lambda} + f_\lambda(x, \varphi(x), \lambda), \\ \left. \dfrac{\partial \varphi}{\partial \lambda} \right|_{x=x_0} = 0, \end{cases}$$

解之即得 (1.3.8) 第二式.

我们指出, 上述推导不能作为定理 1.3.2 的证明 (请读者思考原因). 然而由公式 (1.3.7) 与 (1.3.8), 利用归纳法及第 3 章引理 3.3.1 之结论, 可得下述推论.

推论 1.3.1   设函数 f 在 $G \times J$ 内关于 (x, y, λ) 为 C^r ($1 \leqslant r \leqslant +\infty$) 的 (即 f 存在所有直到 r 阶的偏导数, 且这些偏导数均在 $G \times J$ 内连续), 则解

$\varphi(x, x_0, y_0, \lambda)$ 在其定义域内关于 (x, x_0, y_0, λ) 为 C^r 的 (即 φ 有所有直到 r 阶的连续偏导数).

进一步还可证明, 如果 f 在其定义域 $G \times J$ 内为解析函数, 则解 $\varphi(x, x_0, y_0, \lambda)$ 在其定义域内关于 (x, x_0, y_0, λ) 也为解析的. 这里, 函数 f 在 $G \times J$ 内是解析的, 记为 $f \in C^\omega(G \times J)$, 意思是, 对该区域内的任一点, 它都在该点的某一邻域内可以展开成收敛的幂级数.

注 1.3.1 利用向量函数的微分中值公式 (1.1.14) 等, 与以上结果类似可证, 本节定理 1.3.1、定理 1.3.2 与推论 1.3.1 对高维方程仍成立. 此外, 方程 (1.3.1) 中 λ 又可以是向量参数. 读者可参考文献 [2].

作为定理 1.3.1 的一个简单应用, 我们给出一阶标量微分方程的比较定理.

设有两个微分方程

$$\frac{\mathrm{d}y}{\mathrm{d}x} = f_1(x, y) \tag{1.3.9}$$

与

$$\frac{\mathrm{d}y}{\mathrm{d}x} = f_2(x, y), \tag{1.3.10}$$

其中 f_1 与 f_2 均在某平面区域 G 中连续. 取点 $(x_0, y_0) \in G$, 考虑 (1.3.9) 与 (1.3.10) 满足 $y(x_0) = y_0$ 的解, 分别记为 $y = y_1(x)$ 与 $y = y_2(x)$. 设它们在区间 $I \equiv [x_0, x_1)$ 内有定义, 则有下面的比较定理.

定理 1.3.3 设存在区间 J, 使当 $x \in I$ 时 $y_1(x), y_2(x) \in J$.

(1) 如果对一切 $(x, y) \in (I \times J) \cap G$ 有 $f_1(x, y) < f_2(x, y)$, 则对一切 $x \in (x_0, x_1)$ 有 $y_1(x) < y_2(x)$.

(2) 如果对一切 $(x, y) \in (I \times J) \cap G$ 有 $f_1(x, y) \leqslant f_2(x, y)$, 且 $\dfrac{\partial f_1}{\partial y}$ 与 $\dfrac{\partial f_2}{\partial y}$ 之一在 $(I \times J) \cap G$ 上存在且连续, 则对一切 $x \in (x_0, x_1)$ 有 $y_1(x) \leqslant y_2(x)$.

证明 (1) 由条件知 $f_1(x_0, y_0) < f_2(x_0, y_0)$. 由此知 $y_1'(x_0) < y_2'(x_0)$, 故当 $x > x_0$ 且 $x - x_0$ 充分小时有

$$y_1(x) < y_2(x).$$

因此, 如果结论不成立, 则必存在 $\bar{x} \in (x_0, x_1)$ 使 $y_1(\bar{x}) = y_2(\bar{x}) \equiv \bar{y}$, 且当 $x \in (x_0, \bar{x})$ 时 $y_1(x) < y_2(x)$. 从而必有 $y_1'(\bar{x}) \geqslant y_2'(\bar{x})$, 即 $f_1(\bar{x}, \bar{y}) \geqslant f_2(\bar{x}, \bar{y})$. 矛盾. 故结论 (1) 得证.

(2) 为确定计, 设 $\dfrac{\partial f_1}{\partial y}$ 在 $(I \times J) \cap G$ 内存在且连续. 考虑下列含参数的微分方程:

$$\frac{\mathrm{d}y}{\mathrm{d}x} = f_1(x, y) - \varepsilon, \tag{1.3.11}$$

其中 $\varepsilon > 0$ 充分小. 任取 $x^* \in [x_0, x_1)$, 则函数 $y_1(x)$ 在 $[x_0, x^*]$ 上有定义, 由定理 1.3.1 知, 当 $\varepsilon > 0$ 充分小时方程 (1.3.11) 有满足 $y(x_0) = y_0$ 的唯一解 $y = \widetilde{y}_1(x, \varepsilon)$, 也在 $[x_0, x^*]$ 上有定义, 且成立

$$\lim_{\varepsilon \to 0^+} \widetilde{y}_1(x, \varepsilon) = \widetilde{y}_1(x, 0) = y_1(x).$$

因为

$$f_1(x, y) - \varepsilon < f_2(x, y), \quad (x, y) \in I \times J,$$

故由结论 (1) 当 $\varepsilon > 0$ 充分小时,

$$\widetilde{y}_1(x, \varepsilon) < y_2(x), \quad x \in [x_0, x^*].$$

令 $\varepsilon \to 0^+$, 可得

$$y_1(x) \leqslant y_2(x), \quad x \in [x_0, \ x^*].$$

由 x^* 的任意性即知结论 (2) 成立. □

与上述经典的比较定理几乎完全一样可证下列更常用的改进的比较定理.

推论 1.3.2 (改进的比较定理)　设存在区间 J, 使当 $x \in I$ 时 $y_1(x), y_2(x) \in J$.

(1) 如果对 $j = 1$ 或 $j = 2$, 当 $x \in I$ 时有 $f_1(x, y_j(x)) < f_2(x, y_j(x))$, 则对一切 $x \in (x_0, x_1)$ 有 $y_1(x) < y_2(x)$.

(2) 如果 (i) $\dfrac{\partial f_1}{\partial y}$ 在 $(I \times J) \cap G$ 内存在且连续, 且当 $x \in I$ 时有 $f_1(x, y_2(x)) \leqslant f_2(x, y_2(x))$, 或 (ii) $\dfrac{\partial f_2}{\partial y}$ 在 $(I \times J) \cap G$ 内存在且连续, 且当 $x \in I$ 时有 $f_1(x, y_1(x)) \leqslant f_2(x, y_1(x))$, 则对一切 $x \in (x_0, x_1)$ 有 $y_1(x) \leqslant y_2(x)$.

上述推论给出了在 x_0 右侧解 $y_1(x)$ 与 $y_2(x)$ 的可以比较的条件, 同样可给出在 x_0 左侧此两解可以比较的条件, 也可以令 $u = x_0 - x$ 直接利用推论 1.3.2 而得.

比较定理常用来用一个已知解来控制或估计一个无法求出的解. 下面给出一个简单应用.

考虑微分方程

$$\frac{\mathrm{d}y}{\mathrm{d}x} = -ay + g(x, y), \tag{1.3.12}$$

其中 $a > 0$ 为常数, g 与 g_y 对 $x \in \mathbf{R}, |y| < 1$ 存在且连续, 又存在常数 $b > 0, \delta > 0, \alpha > 1$ 使

$$|g(x, y)| \leqslant b|y|^\alpha, \quad x \in \mathbf{R}, \quad |y| \leqslant \delta,$$

则当 $|y_0|$ 充分小时方程 (1.3.12) 满足 $y(0) = y_0$ 的解 $y = y(x, y_0)$ 必满足

$$\lim_{x \to +\infty} y(x, y_0) = 0.$$

今以 $y_0 > 0$ 为例证之.

令 $f_1(x,y) = -ay + g(x,y)$, 则由 g 满足的条件知, 必存在 $\varepsilon > 0$, 使当 $x \geqslant 0, 0 \leqslant y \leqslant \varepsilon$ 时

$$-\frac{a}{2}y + g(x,y) \leqslant y\left(-\frac{a}{2} + by^{\alpha-1}\right) \leqslant 0,$$

即 $f_1(x,y) \leqslant -\frac{a}{2}y \equiv f_2(y)$.

易知微分方程初值问题

$$\frac{\mathrm{d}y}{\mathrm{d}x} = f_2(y), \quad y(0) = y_0$$

有解

$$y_2(x) = \mathrm{e}^{-\frac{a}{2}x}y_0, \quad x \geqslant 0.$$

故由比较定理知, 如果 $y(x,y_0)$ 在 $[0,x_1)$ 上有定义, 则必有

$$y(x,y_0) \leqslant y_2(x), \quad x \in [0,x_1).$$

又易见 $y(x,0) \equiv 0$. 从而由解的存在唯一性知有

$$0 < y(x,y_0) \leqslant \mathrm{e}^{-\frac{a}{2}x}y_0, \quad x \in [0,x_1).$$

进而由延拓定理知 $y(x,y_0)$ 对一切 $x \geqslant 0$ 有定义, 且上面不等式对一切 $x > 0$ 成立, 即知结论成立.

本节最后给出高维微分方程的一个性质. 设有向量函数 $f : G \to \mathbf{R}^n, (x,y) \to f(x,y)$, 其中 $G \subset \mathbf{R} \times \mathbf{R}^n$ 为某一区域, $n \geqslant 1$, 考虑 n 维微分方程

$$\frac{\mathrm{d}y}{\mathrm{d}x} = f(x,y), \quad (x,y) \in G. \tag{1.3.13}$$

假设 f 与 f_y 均在 G 内连续, 则任取 G 的内点 $(x_0,y_0) \in G$. 方程 (1.3.13) 有满足 $y(x_0) = y_0$ 的唯一解, 记为 $y(x,x_0,y_0)$, 设其关于 x 的定义域为 $I = I(x_0,y_0)$. 这样就有多元函数 $y = y(x,x_0,y_0)$, 其关于 (x,x_0,y_0) 的定义域为 $\Omega = \{(x,x_0,y_0)| (x_0,y_0) \in G^\circ, x \in I(x_0,y_0)\}$, 其中 G° 表示 G 的内部. 由解对初值的可微性定理以及 $y(x_0,x_0,y_0) = y_0$ 知导函数 $\dfrac{\partial y}{\partial y_0}$ 存在且满足下述微分方程

$$\frac{\mathrm{d}z}{\mathrm{d}x} = f_y(x,y(x,x_0,y_0))z \tag{1.3.14}$$

和初值条件

$$z(x_0) = I_n, \tag{1.3.15}$$

此处 I_n 表示 n 阶单位矩阵. 换句话说, n 阶矩阵函数 $\dfrac{\partial y}{\partial y_0}$ 是 z 的线性微分方程 (1.3.14) 的满足 (1.3.15) 的矩阵解. 可证成立

$$\det \frac{\partial y}{\partial y_0} = \mathrm{e}^{\int_{x_0}^{x} \mathrm{tr} f_y(t, y(t, x_0, y_0)) \mathrm{d}t}, \quad x \in I(x_0, y_0), \tag{1.3.16}$$

其中 $\det$ 与 tr 分别表示矩阵的行列式与矩阵的迹.

事实上, 公式 (1.3.16) 是下列刘维尔定理的直接推论.

定理 1.3.4 (刘维尔定理)　考虑 n 维线性微分方程

$$\frac{\mathrm{d}y}{\mathrm{d}x} = A(x)y, \tag{1.3.17}$$

其中 A 为 n 阶矩阵函数, 在某区间 I 上连续, $y \in \mathbf{R}^n$. 又设 $y_j(x), x \in I, j = 1, \cdots, n$ 为 (1.3.17) 的任意 n 个解. 令 $\Psi(x) = (y_1(x), \cdots, y_n(x))$, 则

$$\det \Psi(x) = \det \Psi(x_0) \cdot \mathrm{e}^{\int_{x_0}^{x} \mathrm{tr} A(t) \mathrm{d}t}, \quad x_0, x \in I.$$

证明　设 $\Phi(x, x_0)$ 为 (1.3.17) 的基本解矩阵, 且满足 $\Phi(x_0, x_0) = I_n (n$ 阶单位矩阵). 由解的存在唯一性知

$$\Psi(x) = \Phi(x, x_0)\Psi(x_0), \quad x, x_0 \in I,$$

由此知

$$\Psi(x + \varepsilon) = \Phi(x + \varepsilon, x)\Psi(x), \quad x, x + \varepsilon \in I.$$

上式两边取行列式可得

$$W(x + \varepsilon) = \det \Phi(x + \varepsilon, x) W(x), \quad x, x + \varepsilon \in I. \tag{1.3.18}$$

其中 $W(x) = \det \Psi(x)$. 由牛顿–莱布尼茨公式知

$$\Phi(x, x_0) = \Phi(x_0, x_0) + \int_{x_0}^{x} \frac{\partial \Phi}{\partial x}(t, x_0) \mathrm{d}t$$

$$= I_n + \int_{x_0}^{x} A(t)\Phi(t, x_0) \mathrm{d}t.$$

于是

$$\Phi(x+\varepsilon,x) = I_n + \int_x^{x+\varepsilon} A(t)\Phi(t,x)\mathrm{d}t = I_n + B(x,\varepsilon)\varepsilon, \qquad (1.3.19)$$

其中 $B(x,\varepsilon) = \int_0^1 A(x+s\varepsilon)\Phi(x+s\varepsilon,x)\mathrm{d}s.$

易见当 $x, x+\varepsilon \in I$ 时 B 为连续矩阵, 且 $B(x,0) = A(x)$. 由线性代数知识,

$$\det(\lambda I_n - B(x,\varepsilon)) = \lambda^n - (\mathrm{tr}B)\lambda^{n-1} + \cdots + (-1)^n \det B.$$

另一方面,

$$\det(\lambda I_n - B) = \lambda^n \det\left(I_n - \frac{1}{\lambda}B\right),$$

取 $\lambda = -\varepsilon^{-1}, \varepsilon \neq 0$, 则由以上两式可知, 当 $|\varepsilon| > 0$ 充分小时, 有

$$\det(I_n + \varepsilon B(x,\varepsilon)) = 1 + \varepsilon\mathrm{tr}B(x,\varepsilon) + O(\varepsilon^2),$$

于是由 (1.3.18) 与 (1.3.19) 知

$$W(x+\varepsilon) = (1 + \varepsilon\mathrm{tr}B(x,\varepsilon) + O(\varepsilon^2))W(x).$$

由此知

$$\begin{aligned}
W'(x) &= \lim_{\varepsilon \to 0} \frac{W(x+\varepsilon) - W(x)}{\varepsilon} \\
&= \lim_{\varepsilon \to 0} \mathrm{tr}B(x,\varepsilon)W(x) \\
&= \mathrm{tr}A(x)W(x).
\end{aligned}$$

这是关于 W 的一阶微分方程, 求解即得

$$W(x) = W(x_0)\mathrm{e}^{\int_{x_0}^x \mathrm{tr}(A(t))\mathrm{d}t}.$$

即为所证. □

刘维尔定理给出的公式常称为刘维尔公式, 它至少有三种证法, 见文献 [5–7] 等, 上面的证法取自文献 [7], 不过这里补充了一些细节.

习　题　1.3

1. 试对 $a < x < x_0$ 的情况证明引理 1.3.1.

2. 仿 (1.3.7) 的证明给出 (1.3.8) 之证明.

3. 设 f 在 G 内为 C^2 函数, 试给出 $\dfrac{\partial^2 \varphi}{\partial y_0^2}$ 所满足的公式.

4. 证明推论 1.3.1.

5. 利用行列式函数的求导公式和行列式的性质, 给出定理 1.3.4 的另一证明.

第 2 章 稳定性基本理论

2.1 基本概念

2.1.1 稳定性定义

考虑 n 维空间中的微分方程

$$y' = g(t, y), \tag{2.1.1}$$

其中 $g \in C(G)$ 且满足解的唯一性条件, 例如, g 关于 y 满足局部利普希茨条件, $G = I \times D$, $D \subset \mathbf{R}^n$, $I = [\tau, \infty)$, $\tau \in \mathbf{R}$. 设 $y = \varphi(t)$ 是方程 (2.1.1) 的一个给定解, 在区间 I 上有定义. 由解关于初值的连续性知, 对区间 I 的任意闭子区间 $[a, b] \subset I$, 有这样的事实: $\forall \varepsilon > 0$, $t_0 \in [a, b]$, $\exists \delta = \delta(\varepsilon, t_0) > 0$, 使得

$$|y_0 - \varphi(t_0)| < \delta \Longrightarrow |y(t, t_0, y_0) - \varphi(t)| < \varepsilon, \ t \in [a, b],$$

其中 $|\cdot|$ 表示某一个向量范数. 但是连续依赖性不能保证上述结果在区间 I 上成立, 因为 I 是一个无穷区间.

考虑一给定解的稳定性, 就是讨论当初始状态发生微小扰动时, 对应初始问题的解 $y(t)$ 与给定解 $\varphi(t)$ 之间的改变 $|y(t) - \varphi(t)|$ 在整个区间 I 上是否可以任意小. 为了理论上对讨论的问题进行统一, 作变换

$$x = y - \varphi(t),$$

则方程 (2.1.1) 变为

$$x' = f(t, x), \tag{2.1.2}$$

其中 $f(t, x) = g(t, x + \varphi(t)) - \varphi'(t)$, 显然有 $f(t, 0) = 0$. 此时, 方程 (2.1.1) 的解 $\varphi(t)$ 对应于方程 (2.1.2) 的零解. 于是, 我们只需讨论 (2.1.2) 的零解的稳定性.

考虑方程 (2.1.2) , 其中 $f \in C(I \times D, \mathbf{R}^n)$, 并假设它能够保证方程 (2.1.2) 满足初始条件的解的唯一性. 又设 $f(t, 0) = 0 \in D$, 从而方程有零解. 方程 (2.1.2) 满足初始条件 $x(t_0) = x_0$ 的解记为 $x(t, t_0, x_0)$.

定义 2.1.1　方程 (2.1.2) 的零解称为**稳定的**, 如果对任意的 $\varepsilon > 0$, 任意的 $t_0 \in I$, 存在 $\delta = \delta(\varepsilon, t_0) > 0$, 使当 $|x_0| < \delta$ 时, 方程 (2.1.2) 的解 $x(t, t_0, x_0)$ 在 $[t_0, \infty)$ 上有定义且满足

$$|x(t, t_0, x_0)| < \varepsilon, \quad t \in [t_0, \infty). \tag{2.1.3}$$

如果方程 (2.1.2) 的零解不是稳定的, 则称其为**不稳定的**.

易知, 方程 (2.1.2) 的零解是不稳定的当且仅当存在 $\varepsilon_0 > 0$ 与 $t_0 \in I$, 使对任意 $\delta > 0$, 都存在 x_0 与 t_1, 满足 $|x_0| < \delta$, $t_1 > t_0$ 使得 $|x(t_1, t_0, x_0)| \geqslant \varepsilon_0$.

易见, 定义 2.1.1 中的量 δ 不可能大于量 ε. 该定义也有明显的几何意义, 很容易给出图示.

定义 2.1.2　方程 (2.1.2) 的零解称为**一致稳定的**, 如果定义 2.1.1 中的 δ 与 t_0 无关, 即对任意的 $\varepsilon > 0$, 存在 $\delta = \delta(\varepsilon) > 0$, 使对任意的 $t_0 \in I$, 当 $|x_0| < \delta$ 时, 解 $x(t, t_0, x_0)$ 在 $[t_0, \infty)$ 上有定义且满足 (2.1.3) .

定义 2.1.3　方程 (2.1.2) 的零解称为**吸引的**, 如果对任意的 $t_0 \in I$, 存在 $\sigma = \sigma(t_0) > 0$, 使当 $|x_0| < \sigma$ 时解 $x(t, t_0, x_0)$ 在 $[t_0, \infty)$ 上有定义且满足

$$\lim_{t \to \infty} x(t, t_0, x_0) = 0. \tag{2.1.4}$$

即对任意的 $\varepsilon > 0$, 任意的 $t_0 \in I$, 存在 $\sigma = \sigma(t_0) > 0$, $T = T(\varepsilon, t_0, x_0) > 0$, 使当 $|x_0| < \sigma$ 时, 解 $x(t, t_0, x_0)$ 在 $[t_0, \infty)$ 上存在且满足

$$|x(t, t_0, x_0)| < \varepsilon, \quad t \in [t_0 + T, \infty). \tag{2.1.5}$$

定义 2.1.4　方程 (2.1.2) 的零解称为**一致吸引的**, 如果定义 2.1.3 中的 σ 不依赖于 t_0, T 不依赖于 t_0, x_0, 仅依赖于 ε.

定义 2.1.5　如果定义 2.1.3 和定义 2.1.4 对 $\sigma = \infty$ 成立, 则方程 (2.1.2) 的零解分别称为**全局吸引**, **全局一致吸引的**.

定义 2.1.6　方程 (2.1.2) 的解称为**渐近稳定的**, 如果它既是稳定的, 又是吸引的. 称为**一致渐近稳定的**, 如果它既是一致稳定的, 又是一致吸引的. 称为**全局渐近稳定的**, 如果它既是稳定的, 又是全局吸引的. 称为**全局一致渐近稳定的**, 如果它既是一致稳定的, 又是全局一致吸引的.

定义 2.1.7　方程 (2.1.2) 的零解称为**指数渐近稳定的** (简称**指数稳定**), 如果存在正数 $\alpha > 0$, 对任意的 $\varepsilon > 0$, 存在 $\delta = \delta(\varepsilon) > 0$, 使当 $|x_0| < \delta$, $t_0 \in I$ 时, $x(t, t_0, x_0)$ 在 $[t_0, \infty)$ 上存在且满足

$$|x(t, t_0, x_0)| < \varepsilon \mathrm{e}^{-\alpha(t-t_0)}, \quad t \in [t_0, \infty).$$

上述稳定性的定义是李雅普诺夫意义下的稳定性定义, 其特点是:

(1) 稳定是一个局部概念 (全局渐近稳定除外), 只在解的一个邻域内研究扰动的影响;

(2) 稳定是在同步意义下讨论, 即在同一时刻比较零解和扰动解的差异;

(3) 稳定性涉及区间是无穷区间, 即要求不等式对所有 $t \geqslant t_0$ 成立;

(4) 稳定性仅考虑初始值对解的影响, 不考虑方程右端函数或参数的变化对解的影响.

由定义不难看出, 零解指数渐近稳定时必是一致渐近稳定的; 零解一致渐近稳定时必是渐近稳定、一致稳定和一致吸引的; 零解一致稳定时必是稳定的; 零解一致吸引时必是吸引的, 反之则不一定成立. 下面通过一些例子来进一步熟悉稳定性概念并了解各种稳定性概念之间的差异.

例 2.1.1 (一致稳定但非渐近稳定)   考虑方程组

$$\begin{cases} x' = -y, \\ y' = x. \end{cases}$$

容易求得方程组满足初始条件

$$x(t_0) = x_0, \quad y(t_0) = y_0$$

的解为

$$\begin{cases} x(t) = x_0 \cos(t - t_0) - y_0 \sin(t - t_0), \\ y(t) = x_0 \sin(t - t_0) + y_0 \cos(t - t_0). \end{cases}$$

从而

$$x^2(t) + y^2(t) = x_0^2 + y_0^2.$$

可见, 任取 $\varepsilon > 0$, 取 $\delta = \varepsilon$, 则当 $\sqrt{x_0^2 + y_0^2} < \delta$ 时, 就有 $\sqrt{x^2(t) + y^2(t)} < \varepsilon$ 对所有 $t \geqslant t_0$ 成立, 故方程组的零解是一致稳定的, 但显然零解不是吸引的, 从而不是渐近稳定的.

例 2.1.2 (渐近稳定但非一致稳定)   考虑方程

$$x' = (6t \sin t - 2t)x,$$

它满足初始条件 $x(t_0) = x_0$ 的解为

$$x(t) = x_0 \exp(6 \sin t - 6t \cos t - t^2 - 6 \sin t_0 + 6t_0 \cos t_0 + t_0^2) = x(t, t_0, x_0).$$

可见有

$$|x(t)| \leqslant |x_0| \exp(12 + 6|t_0| + t_0^2) \exp(-t^2 + 6|t|),$$

显然对任意的 t_0, x_0, 都有 $\lim\limits_{t\to\infty} x(t) = 0$, 从而零解是全局吸引的. 同时, 注意到函数 $\exp(-t^2 + 6|t|)$ 在 $[t_0, \infty)$ 上有界, 即存在 $M > 0$, 使 $\exp(-t^2 + 6|t|) \leqslant M$ 对所有 $t \geqslant t_0$ 成立, 对任意的 $\varepsilon > 0$, 存在 $\delta = \varepsilon \exp(-12 - 6|t_0| - t_0^2) M^{-1} > 0$, 使当 $|x_0| < \delta$ 时有 $|x(t, t_0, x_0)| < \varepsilon$ 对所有 $t \geqslant t_0$ 成立, 说明零解是稳定的, 从而是全局渐近稳定的. 但由于当 $|x_0| \neq 0$ 时,

$$|x((2n+1)\pi, 2n\pi, x_0)| = |x_0| \exp((4n+1)\pi(6-\pi)) \to +\infty \quad (n \to +\infty),$$

可知零解不是一致稳定的.

例 2.1.3 (吸引但非一致吸引) 考虑方程

$$x' = \frac{-x}{t+1}, \quad t \geqslant 0.$$

方程满足初始条件 $x(t_0) = x_0$ 的解为 $x = \dfrac{t_0+1}{t+1} x_0$. 易见方程的零解是全局吸引的, 同时还是一致稳定的. 但对于任意 x_0, 任意 $T > 0$, 都有 $x(T + T + 1, T, x_0) = \dfrac{x_0}{2}$, 可见零解不是一致吸引的.

另有例子表明, 零解吸引但未必稳定, 见本节习题. 还可给出吸引但不稳定的图示.

2.1.2 稳定性的几个等价命题

首先, 我们给出下列关于周期系统的定理.

定理 2.1.1 若 (2.1.2) 是周期系统, 即存在常数 $\omega > 0$, 使得 $f(t + \omega, x) \equiv f(t, x)$, 则 (2.1.2) 的零解稳定与一致稳定等价.

证明 只需证稳定蕴涵一致稳定, 因为反之是显然的. 取 $I = [0, \infty)$. 对任意的 $\varepsilon > 0$, 存在 $0 < \delta_1(\varepsilon) < \varepsilon$, 使对任意的 $t \geqslant \omega$, $|x_0| < \delta_1$, 有

$$|x(t, \omega, x_0)| < \varepsilon. \tag{2.1.6}$$

对 $t_0 \in [0, \omega)$, 由解对初值的连续依赖性, 存在 $\delta = \delta(\varepsilon) > 0$, 使对任意的 $t \in [t_0, \omega]$, $|x_0| < \delta$, 有 $|x(t, t_0, x_0)| < \delta_1$, 特别有 $|x(\omega, t_0, x_0)| < \delta_1$. 注意到 (由解的存在唯一性定理可知)

$$x(t, t_0, x_0) = x(t, \omega, x(\omega, t_0, x_0)),$$

所以由 (2.1.6) 知, 对任意的 $t \geqslant t_0$, x_0 满足 $|x_0| < \delta$, 成立 $|x(t, t_0, x_0)| < \varepsilon$.

对 $t_0 \geqslant \omega$, 存在正整数 k 使得 $k\omega \leqslant t_0 < (k+1)\omega$, 于是由周期性知, $x(t, t_0, x_0) = x(t - k\omega, t_0 - k\omega, x_0) = x(\tau, \tau_0, x_0)$. 因此, 若 $|x_0| < \delta$, 则对任意的 $t_0 \geqslant 0$, $t \geqslant t_0$, 成立 $|x(t, t_0, x_0)| < \varepsilon$, 即方程 (2.1.2) 的零解是一致稳定的. $\quad\square$

如果 (2.1.2) 右边不显含 t, 我们将这种系统写为

$$x' = f(x), \tag{2.1.7}$$

并称它为自治系统, 此时 $f(0) = 0$. 如果 (2.1.2) 右边的确含 t, 则称该系统为非自治系统. 对自治系统来说, 如果其零解 (奇点) 是负向渐近稳定的 (即 t 变号后渐近稳定), 则我们就说该零解 (奇点) 是完全不稳定的.

因为自治系统可视为周期系统的特例, 由定理 2.1.1 即知成立下列结论.

推论 2.1.1   自治系统 (2.1.7) 式的零解稳定与一致稳定等价.

对周期系统, 进一步成立下列定理.

定理 2.1.2   若存在常数 $\omega > 0$, 使得 $f(t + \omega, x) \equiv f(t, x)$, 则 (2.1.2) 的零解渐近稳定与一致渐近稳定等价.

证明   只需证渐近稳定蕴涵一致渐近稳定, 因为反之是显然的. 由定理的假设知, 存在 $\delta_0(t_0) > 0$, 使当 $|x_0| \leqslant \delta_0(t_0)$ 时 $x(t, t_0, x_0) \to 0$ $(t \to \infty)$.

下面分两步证明 (2.1.2) 的零解是一致吸引的. 首先证明, 对任意的 $\varepsilon > 0$ 及 $t_0 \geqslant 0$, 存在 $T(\varepsilon, t_0) > 0$, 使当 $|x_0| < \delta_0(t_0)$, $t \geqslant t_0 + T(\varepsilon, t_0)$ 时, 有

$$|x(t, t_0, x_0)| < \varepsilon.$$

用反证法. 若上述结论不成立, 则存在 t_0^* 和 $\varepsilon_0 > 0$, 以及点列 (τ_k, x_k), 满足 $|x_k| \leqslant \delta_0(t_0^*)$, $\tau_k \to \infty$, 使得 $|x(\tau_k, t_0^*, x_k)| \geqslant \varepsilon_0$. 不妨设 $x_k \to x_0^*$, 则 $|x_0^*| \leqslant \delta_0(t_0^*)$. 从而 $x(t, t_0^*, x_0^*) \to 0$ $(t \to \infty)$.

由定理 2.1.1 知 (2.1.2) 的零解是一致稳定的, 故对上述 $\varepsilon_0 > 0$, 存在 $\delta_1 > 0$, 使得当 $t_0 \geqslant 0$, $t \geqslant t_0$ 且 $|x_0| \leqslant \delta_1$ 时成立 $|x(t, t_0, x_0)| < \varepsilon_0$. 现设 m 为充分大的整数, 使得 $|x(m\omega, t_0^*, x_0^*)| < \delta_1$. 注意到当 $k \to \infty$ 时

$$x(m\omega, t_0^*, x_k) \to x(m\omega, t_0^*, x_0^*),$$

故当 k 充分大时必有 $|x(m\omega, t_0^*, x_k)| < \delta_1$. 于是, 利用

$$x(t, t_0^*, x_k) = x(t - m\omega, 0, x(m\omega, t_0^*, x_k))$$

可知, 当 k 充分大且 $t - m\omega \geqslant 0$ 时必有 $|x(t, t_0^*, x_k)| < \varepsilon_0$, 特别地, 当 k 充分大时必有 $|x(\tau_k, t_0^*, x_k)| < \varepsilon_0$. 这与前面 ε_0 的定义矛盾.

其次证明, 上述的 $T(\varepsilon, t_0)$ 和 $\delta_0(t_0)$ 可取得与 t_0 无关. 由上述第一步的结论, 存在 $\delta_0 > 0$, 使得当 $|x_0| < \delta_0$ 时, 对任给的 $\varepsilon > 0$, 有 $T(\varepsilon) > 0$, 使当 $t \geqslant 0 + T(\varepsilon)$ 时成立 $|x(t, 0, x_0)| < \varepsilon$.

由解对初值的连续依赖性, 存在 $\delta_1 > 0$, 使当 $|x_0| < \delta_1$, $0 \leqslant t_0 < \omega$ 时, 有 $|x(0, t_0, x_0)| < \delta_0$. 从而利用 $x(t, t_0, x_0) = x(t, 0, x(0, t_0, x_0))$, 可知当 $0 \leqslant t_0 < \omega$, $|x_0| < \delta_1$, $t \geqslant t_0 + T(\varepsilon)$ 时 $|x(t, t_0, x_0)| < \varepsilon$.

与前一定理的证明类似, 当 $k\omega \leqslant t_0 < (k+1)\omega$ 时, $x(t, t_0, x_0) = x(t - k\omega, t_0 - k\omega, x_0) = x(\tau, \tau_0, x_0)$. 因此, 若 $|x_0| < \delta_1$, $\tau \geqslant \tau_0 + T(\varepsilon)$ (即 $t \geqslant t_0 + T(\varepsilon)$), 则有 $|x(t, t_0, x_0)| < \varepsilon$. 因此方程 (2.1.2) 的零解是一致吸引的. 即为所证. □

由定理 2.1.2 即得下述推论.

推论 2.1.2　自治系统(2.1.7) 式的零解渐近稳定与一致渐近稳定等价.

上面两个定理及其证明取自 T. Yoshizawa 的文献[8], 此处我们提供的证明略有改动.

习　题　2.1

1. 在相空间 $\mathbf{R}^n$ 中给出 $x' = f(t, x), f(t, 0) = 0$ 的零解稳定、渐近稳定、不稳定的几何解释.

2. 试讨论方程 $x' = -x^2$ 的零解的稳定性.

3. 用定义说明方程 $x' = -x + x^2$ 的零解是指数渐近稳定但非全局渐近稳定.

4. 用定义说明方程组 $\begin{cases} x' = -\alpha x, \\ y' = -\alpha y \end{cases}$ 的零解当 $\alpha > 0$ 时是一致渐近稳定的, 当 $\alpha < 0$ 时是不稳定的.

5*. 用定义说明方程组 $\begin{cases} x' = f(x) + y, \\ y' = -3x \end{cases}$ 的零解是全局吸引的, 但不是稳定的, 其中

$$f(x) = \begin{cases} -8x, & x > 0, \\ 4x, & -1 < x \leqslant 0, \\ -x - 5, & x \leqslant -1. \end{cases}$$

(提示: 将解分段求出.)

2.2　李雅普诺夫基本定理

前面给出了微分方程零解稳定性概念, 并举了一些例子来说明不同稳定性定义之间的区别和联系. 这些例子都是通过求出微分方程解析解的方法来论述零解是否稳定. 下面引入李雅普诺夫第二方法 (或称直接法), 并用来研究零解的稳定性. 这个方法的特点是: 不需要去求方程组解的表达式, 而利用某种所谓李雅普诺夫函数, 直接利用方程组的表达式判定方程组零解的稳定性. 李雅普诺夫 (1857—1918) 是俄国著名的数学家、力学家. 他在 1892 年完成的博士论文《论运动稳定性的一般问题》中开创性地提出了求解非线性常微分方程的一种有效方法, 这种方法被后人称为李雅普诺夫函数法. 由于这个方法有明显的几何直观和简明的分析技巧, 又易于掌握, 在 20 世纪被广泛用于分析力学系统和自动控制系统, 不少学者遵循李雅普诺夫所开辟的研究路线和方向作了许多新的发展. 我们在这一章

介绍的一些定理, 有些是李雅普诺夫本人证明的, 有些是后人在他思想的基础上发展起来的. 为了方便, 我们把这些定理都统称为李雅普诺夫基本定理.

2.2.1 李雅普诺夫函数

考虑非自治系统

$$x' = f(t, x), \tag{2.2.1}$$

其中 $f \in C\,(I \times \Omega, \mathbf{R}^n)$, 且满足解的唯一性条件, $I = [\tau, \infty)$, $\tau \in \mathbf{R}$, $\Omega \subset \mathbf{R}^n$ 是一个开区域, $0 \in \Omega$, $f(t, 0) = 0$. 为了讨论系统 (2.2.1) 零解的稳定性, 先给出一些概念和相关结论.

设 $h \in (0, \infty)$, $B_h = \{x \in \mathbf{R}^n \mid |x| \leqslant h\}$. 始终假设后面出现的 B_h 均满足 $B_h \subset \Omega$. 我们称一个函数 $V : I \times \Omega \to \mathbf{R}$ 是一个 V 类函数, 如果 $V(t, x)$ 在 $I \times \Omega$ 内一阶连续可微 (即所有一阶偏导数都连续), 且 $V(t, 0) = 0$, $t \in I$.

定义 2.2.1 如果存在 $h > 0$ 及 B_h 上的正定函数 $W(x)$, 即在 B_h 上, $W(x)$ 连续, $W(x) \geqslant 0$, 且 $W(x) = 0$ 仅有零解 $x = 0$, 使

$$V(t, x) \geqslant W(x), \quad (t, x) \in I \times B_h,$$

则称 V 类函数 $V(t, x)$ 在 $I \times B_h$ 上是**正定的**. 如果

$$V(t, x) \geqslant 0, \quad (t, x) \in I \times B_h,$$

则称 V 类函数 $V(t, x)$ 在 $I \times B_h$ 上是**半正定的**. 如果 V 类函数 $-V(t, x)$ 是 (半) 正定的, 则称 $V(t, x)$ 是 **(半) 负定的**. 如果

$$|V(t, x)| \leqslant W(x), \quad (t, x) \in I \times B_h,$$

则称 V 类函数 $V(t, x)$ 在 $I \times B_h$ 上**具有无穷小上界**.

例 2.2.1 二元函数

$$W(x, y) = 2x^2 + y^2 + 2xy, \quad 正定;$$

$$W(x, y) = x^2 + y^2 - 2xy, \quad 半正定.$$

V 类函数

$$V(t, x, y) = \mathrm{e}^{-t}(x^2 + y^2), \quad 半正定;$$

$$V(t, x, y) = (1 + \mathrm{e}^{-t})(x^2 + y^2), \quad 正定.$$

例 2.2.2 函数

$$V(t, x) = \sin[(x_1 + x_2 + \cdots + x_n)t], \quad 没有无穷小上界;$$

$$V(t, x) = \frac{x_1^2 + \cdots + x_n^2}{1 + t}\{2 + \sin[(x_1 + \cdots + x_n)t]\}, \; t \geqslant 0, \quad 具有无穷小上界.$$

定义 2.2.2　一个连续纯量函数 $a \in C([0,h], \mathbf{R}^+)$ 或 $a \in C(\mathbf{R}^+, \mathbf{R}^+)$ 称为是 K 类函数 (记为 $a \in K$), 若 $a(0) = 0$, 且它是严格递增的, 其中 $\mathbf{R}^+ = [0, \infty)$.

关于正定函数的性质, 我们有下面的结果.

引理 2.2.1　设 $h > 0$, 则连续函数 $W : B_h \to \mathbf{R}$ 是正定的当且仅当存在 K 类函数 $a, b \in K$, 使

$$a(|x|) \leqslant W(x) \leqslant b(|x|), \quad x \in B_h. \tag{2.2.2}$$

证明　充分性显然. 下面我们证明必要性.

设函数 $W(x)$ 正定. 定义函数 $a, b : [0, h] \to \mathbf{R}^+$ 分别为

$$a(r) = \frac{r}{h} \min_{r \leqslant |x| \leqslant h} W(x), \quad r \in [0, h],$$

$$b(r) = r + \max_{|x| \leqslant r} W(x), \quad r \in [0, h],$$

则 $a, b \in K$ 且 (2.2.2) 成立.

事实上, 易见 $a(0) = 0, b(0) = 0$. 对任意 $r_1, r_2 \in [0, h], r_1 < r_2$, 我们有

$$a(r_1) = \frac{r_1}{h} \min_{r_1 \leqslant |x| \leqslant h} W(x)$$

$$\leqslant \frac{r_1}{h} \min_{r_2 \leqslant |x| \leqslant h} W(x)$$

$$< \frac{r_2}{h} \min_{r_2 \leqslant |x| \leqslant h} W(x) = a(r_2),$$

故 $a(r)$ 严格单调增加. 下面我们证明其连续性. 由于 $W(x)$ 在 B_h 上连续, 从而一致连续, 于是对任意的 $\varepsilon > 0$, 存在 $\delta = \delta(\varepsilon) > 0$, 使当 $x_1, x_2 \in B_h$ 且 $|x_1 - x_2| < \delta$ 时有, $|W(x_1) - W(x_2)| < \varepsilon$. 而当 $r_1, r_2 \in [0, h]$ 且 $0 \leqslant r_2 - r_1 < \delta$ 时, 有

$$0 \leqslant \min_{r_2 \leqslant |x| \leqslant h} W(x) - \min_{r_1 \leqslant |x| \leqslant h} W(x)$$

$$= \min_{r_2 \leqslant |x| \leqslant h} W(x) - W(x_0)$$

$$\leqslant W\left(\frac{\max\{r_2, |x_0|\}}{|x_0|} x_0\right) - W(x_0) < \varepsilon,$$

其中 x_0 是函数 $W(x)$ 在 $r_1 \leqslant |x| \leqslant h$ 上的最小值点, $\frac{\max\{r_2, |x_0|\}}{|x_0|} x_0 \in \{x \in \mathbf{R}^n \mid r_2 \leqslant |x| \leqslant h\}$, 且

$$\left|\frac{\max\{r_2, |x_0|\}}{|x_0|} x_0 - x_0\right| = \max\{r_2, |x_0|\} - |x_0| \leqslant r_2 - r_1 < \delta.$$

可见函数 $\min\limits_{r\leqslant|x|\leqslant h} W(x)$ 在 $[0,h]$ 上连续, 从而 $a(r)$ 在 $[0,h]$ 上连续. 这就证明了 $a\in K$. 同理可证 $b\in K$. 引理证毕. □

结合引理 2.2.1 和定义 2.2.1, 可知成立如下结论.

(1) V 类函数 $V(t,x)$ 是正定的当且仅当存在 $a\in K$ 与 $h>0$, 使

$$V(t,x)\geqslant a(|x|), \quad (t,x)\in I\times B_h.$$

(2) V 类函数 $V(t,x)$ 具有无穷小上界当且仅当存在 $b\in K$ 与 $h>0$, 使

$$|V(t,x)|\leqslant b(|x|), \quad (t,x)\in I\times B_h.$$

2.2.2　基本定理

下面给出李雅普诺夫稳定性的一些基本结果. 为了方便, 我们定义 V 类函数 $V(t,x)$ 沿着系统 (2.2.1) 的全导数, 记为 $V'(t,x)$, 为

$$V'(t,x)\triangleq\left.\frac{\mathrm{d}V}{\mathrm{d}t}\right|_{(2.2.1)}=\frac{\partial V}{\partial t}+\frac{\partial V}{\partial x}\cdot f(t,x).$$

易见, 对方程 (2.2.1) 的任一解 $x(t)$, 都成立

$$[V(t,x(t))]'=V'(t,x(t)).$$

定理 2.2.1　*如果存在正定的 V 类函数 $V(t,x)$, 使对某 $h>0$ 及任意 $(t,x)\in I\times B_h$ 有 $V'(t,x)\leqslant 0$ (全导数半负定), 则系统 (2.2.1) 的零解是稳定的.*

证明　由引理 2.2.1, 不妨设存在 $[0,h]$ 上的 K 类函数 a, 使对 $(t,x)\in I\times B_h$ 有 $V(t,x)\geqslant a(|x|)$. 对任意的 $\varepsilon>0$, $t_0\in I$, 由 V 的连续性及 $V(t_0,0)=0$ 知, 存在 $\delta=\delta(t_0,\varepsilon)>0$, 使当 $|x_0|<\delta$ 时有 $V(t_0,x_0)<a(\varepsilon)$. 而在解 $x(t,t_0,x_0)$ 的右行最大存在区间 $[t_0,\beta)$ 内, 有 $\dfrac{\mathrm{d}V(t,x(t,t_0,x_0))}{\mathrm{d}t}\leqslant 0$, 从而有

$$a(|x(t,t_0,x_0)|)\leqslant V(t,x(t,t_0,x_0))\leqslant V(t_0,x_0)<a(\varepsilon).$$

由 a 的单调性便知在 $[t_0,\beta)$ 内有 $|x(t,t_0,x_0)|<\varepsilon$, 再由延拓定理 (解的饱和性) 知必有 $\beta=\infty$. 故 (2.2.1) 的零解稳定. 定理证毕. □

定理 2.2.2　*如果存在正定的且具有无穷小上界的 V 类函数 $V(t,x)$, 使对某 $h>0$ 及任意 $(t,x)\in I\times B_h$ 有 $V'(t,x)\leqslant 0$, 则系统 (2.2.1) 的零解是一致稳定的.*

证明　由定理的假设及引理 2.2.1, 可设存在 $[0,h]$ 上的 K 类函数 $a,b\in K$, 使对 $(t,x)\in I\times B_h$ 有 $a(|x|)\leqslant V(t,x)\leqslant b(|x|)$.

对任意的 $\varepsilon > 0$, 存在 $\delta = \delta(\varepsilon) > 0$, 使 $b(\delta) < a(\varepsilon)$. 当 $|x_0| < \delta$ 时, 在解 $x(t, t_0, x_0)$ 的右行最大存在区间 $[t_0, \beta)$ 内, 有 $\dfrac{\mathrm{d}V(t, x(t, t_0, x_0))}{\mathrm{d}t} \leqslant 0$, 从而有

$$a(|x(t, t_0, x_0)|) \leqslant V(t, x(t, t_0, x_0)) \leqslant V(t_0, x_0) \leqslant b(|x_0|) \leqslant b(\delta) < a(\varepsilon),$$

由 a 的单调性便知在 $[t_0, \beta)$ 内有 $|x(t, t_0, x_0)| < \varepsilon$, 再由解的饱和性知必有 $\beta = \infty$. 故 (2.2.1) 的零解一致稳定. 定理证毕. □

例 2.2.3　讨论下列方程组零解的稳定性:

$$\begin{cases} x' = -x + y, \\ y' = x \cos t - y. \end{cases}$$

解　取 V 类函数为 $V(x, y) = x^2 + y^2$, 则 V 为正定的, 且具有无穷小上界, 又它沿着系统的全导数为

$$V'(x, y) = 2xx' + 2yy'$$
$$= 2[-x^2 - y^2 + (1 + \cos t)xy]$$
$$\leqslant 2(-x^2 - y^2 + 2|xy|) \leqslant 0,$$

由定理 2.2.2 知系统的零解是一致稳定的.

例 2.2.4　讨论下列方程组零解的稳定性:

$$\begin{cases} x' = y, \\ y' = -(2 + \sin t)x - y. \end{cases}$$

解　取 V 类函数为 $V(t, x, y) = x^2 + \dfrac{y^2}{2 + \sin t}$, 则有

$$\frac{1}{3}(x^2 + y^2) \leqslant V(t, x, y) \leqslant x^2 + y^2,$$

且沿着方程组的导数为

$$V'(t, x, y) = -\frac{(4 + 2\sin t + \cos t)y^2}{(2 + \sin t)^2} \leqslant 0,$$

故由定理 2.2.2 知零解是一致稳定的.

定理 2.2.3　如果存在正定的且具有无穷小上界的 V 类函数 $V(t, x)$, 使对某 $h > 0$ 函数 $V'(t, x)$ 在 $I \times B_h$ 上是负定的, 则系统 (2.2.1) 的零解是一致渐近稳定的.

证明　由定理 2.2.2 知系统 (2.2.1) 的零解是一致稳定的. 我们只需证明零解是一致吸引的. 同前, 可设存在 K 类函数 $a, b, c \in K$, 使对任意 $(t, x) \in I \times B_h$ 有

$$a(|x|) \leqslant V(t, x) \leqslant b(|x|), \quad V'(t, x) \leqslant -c(|x|).$$

取 $\delta > 0$, 使得 $b(\delta) = a(h)$. 令 $B_\delta^0 = \{x \in \mathbf{R}^n | \ |x| < \delta\}$.

首先, 对任意的 $x_0 \in B_\delta^0, t_0 \in I$, 若系统 (2.2.1) 满足初始条件 $x(t_0) = x_0$ 的饱和解 $x(t, t_0, x_0)$ 的存在区间为 $[t_0, \beta)$, 则必有 $\beta = \infty$. 事实上, 由条件有

$$a(|x(t, t_0, x_0)|) \leqslant V(t, x(t, t_0, x_0)) \leqslant V(t_0, x_0) \leqslant b(|x_0|) < b(\delta) = a(h),$$

从而对所有 $t \in [t_0, \beta)$ 有 $|x(t, t_0, x_0)| < h$. 故由饱和解的特征知必有 $\beta = \infty$.

其次, 证明零解的一致吸引性. 对任意的 $\varepsilon > 0$, 存在 $\eta \in (0, \delta)$, 使 $b(\eta) \leqslant a(\varepsilon)$. 再选取 $T > \dfrac{b(\delta)}{c(\eta)}$. 设 $|x_0| < \delta$. 若对所有 $t \in [t_0, t_0 + T]$, 都有 $|x(t)| = |x(t, t_0, x_0)| \geqslant \eta$, 则由条件有

$$a(|x(t_0 + T)|) \leqslant V(t_0 + T, x(t_0 + T))$$
$$\leqslant V(t_0, x_0) - \int_{t_0}^{t_0+T} c(|x(s)|)\mathrm{d}s$$
$$< b(\delta) - c(\eta)T < 0,$$

这是一个矛盾, 故必存在 $t_1 \in [t_0, t_0 + T]$, 使 $|x(t_1)| = |x(t_1, t_0, x_0)| < \eta$. 于是, 当 $t \geqslant t_0 + T$ 时有

$$a(|x(t)|) \leqslant V(t, x(t)) \leqslant V(t_1, x(t_1)) \leqslant b(|x(t_1)|) < b(\eta) \leqslant a(\varepsilon),$$

从而可得

$$|x(t)| < \varepsilon, \quad t \in [t_0 + T, \infty).$$

这就说明系统的零解是一致吸引的. 定理证毕.　　　　　　　　　　□

例 2.2.5　讨论下列方程组零解的稳定性:

$$\begin{cases} x' = -x - \mathrm{e}^{-2t}y, \\ y' = x - y, \end{cases}$$

其中 $t \geqslant 0$.

解　取 V 类函数为 $V(t, x, y) = x^2 + (1 + \mathrm{e}^{-2t})y^2$, 则有

$$x^2 + y^2 \leqslant V(t, x, y) \leqslant x^2 + 2y^2,$$

且沿着方程组的导数为

$$V'(t,x,y) = -2\left[x^2 - xy + (1+2\mathrm{e}^{-2t})y^2\right] \leqslant -(x^2 + y^2),$$

由定理 2.2.3 知方程组的零解是一致渐近稳定的.

定理 2.2.4　若存在 V 类函数 $V(t,x)$ 及正常数 c_1, c_2, c_3 和 σ, 使得对某 $h > 0$ 及任意 $(t,x) \in I \times B_h$ 都满足

$$c_1|x|^\sigma \leqslant V(t,x) \leqslant c_2|x|^\sigma, \quad V'(t,x) \leqslant -c_3|x|^\sigma,$$

则系统 (2.2.1) 的零解是指数稳定的.

证明　由条件知, 存在 $k_1 \in (0,\infty)$, 使得

$$V'(t,x) \leqslant -k_1 V(t,x).$$

对 $(t_0, x_0) \in I \times B_h$, 令 $x(t) = x(t, t_0, x_0)$, 则当 $t \geqslant t_0$ 时

$$c_1|x(t)|^\sigma \leqslant V(t, x(t)) \leqslant V(t_0, x_0)\mathrm{e}^{-k_1(t-t_0)}.$$

于是

$$|x(t)|^\sigma \leqslant \frac{V(t_0, x_0)}{c_1}\mathrm{e}^{-k_1(t-t_0)}, \quad t \geqslant t_0,$$

即

$$|x(t)| \leqslant \left(\frac{V(t_0, x_0)}{c_1}\right)^{\frac{1}{\sigma}} \mathrm{e}^{-\frac{k_1}{\sigma}(t-t_0)}, \quad t \geqslant t_0.$$

这就说明系统的零解是指数稳定的. 定理证毕.　　□

进一步可证

定理 2.2.5　设下列条件之一成立:

(1) 函数 $f(t,x)$ 在区域 $I \times B_h$ 上有界, 且存在正定的 V 类函数 $V(t,x)$, 使全导数 $V'(t,x)$ 是负定的;

(2) 存在正定的 V 类函数 $V(t,x)$ 和 K 类函数 $c \in K$, 使 $V'(t,x) \leqslant -c(V)$, 则系统 (2.2.1) 的零解是渐近稳定的.

证明　第二个结论比较容易证明, 留作习题. 这里我们只证明第一个结论. 首先, 易见零解是稳定的, 因此只需证零解是吸引的. 用反证法. 由零解的稳定性知, $\forall \varepsilon > 0, \forall t_0 \in I, \exists \delta = \delta(\varepsilon, t_0) > 0$, 使当 $|x_0| < \delta, t \geqslant t_0$ 时 $|x(t, t_0, x_0)| < \varepsilon$. 若零解不是吸引的, 则存在 $t_0^* \in I$, 使对任意 $\sigma > 0$, 都存在 $|x_0| < \sigma$ 使当 $t \to \infty$ 时 $|x(t, t_0^*, x_0)|$ 不趋于零. 可设 $|x_0| < \delta(\varepsilon, t_0^*)$, 其中 $\varepsilon < h$ 固定. 记 $x(t) = x(t, t_0^*, x_0)$. 于是存在 $\varepsilon_0 > 0$ 以及点列 $\{t_m\}, m \geqslant 1$, 满足 $t_0^* < t_j < t_{j+1}, j \geqslant 1$,

$t_m \to \infty (m \to \infty)$, 且使 $|x(t_j)| > \varepsilon_0$. 不妨设 $t_{j+1} - t_j \geqslant 1$. 则由 f 的有界性知存在常数 $M > 0$, 使 $|x'(t)| < M$, 且使各区间 $I_j = \left[t_j - \dfrac{\varepsilon_0}{2M}, t_j + \dfrac{\varepsilon_0}{2M} \right]$ 互不相交, 且 $t_1 - \dfrac{\varepsilon_0}{2M} > t_0^*$. 由拉格朗日中值定理知

$$x(t) = x(t_j) + x'(\xi_j)(t - t_j), \quad t, t_j \in I_j,$$

其中 ξ_j 位于 t 与 t_j 之间. 因而可得

$$|x(t)| > \varepsilon_0 - M \cdot \frac{\varepsilon_0}{2M} = \frac{\varepsilon_0}{2}, \quad t \in I_j.$$

另一方面, 因为 $V'(t, x)$ 连续且负定, 故存在常数 $c > 0$ 使

$$V'(t, x) < -c, \quad t \geqslant t_0^*, \quad \frac{\varepsilon_0}{2} \leqslant |x| \leqslant h.$$

令 $V(t) = V(t, x(t))$, 则可得

$$\begin{aligned}
V\left(t_m + \frac{\varepsilon_0}{2M} \right) - V(t_0^*) &= \int_{t_0^*}^{t_m + \frac{\varepsilon_0}{2M}} \frac{\mathrm{d}V}{\mathrm{d}t} \mathrm{d}t \\
&< \sum_{j=1}^{m} \int_{t_j - \frac{\varepsilon_0}{2M}}^{t_j + \frac{\varepsilon_0}{2M}} \frac{\mathrm{d}V}{\mathrm{d}t} \mathrm{d}t \\
&< -cm \frac{\varepsilon_0}{M} \to -\infty \quad (m \to \infty).
\end{aligned}$$

这与 V 正定矛盾. 于是结论 (1) 得证. □

下面我们给出一个自治系统的渐近稳定性定理, 即

定理 2.2.6 考虑 $\mathbf{R}^n$ 上的自治系统 $\mathrm{d}x/\mathrm{d}t = f(x)$, 其中 $f(0) = 0$. 若存在 V 类函数 $V(x)$, 在某区域 B_h $(h > 0)$ 上满足① V 正定, ② 全导数 $\mathrm{d}V/\mathrm{d}t (= \partial V/\partial x \cdot f(x))$ 常负 (即半负定), ③ 集合 $\{x \in B_h | \mathrm{d}V/\mathrm{d}t = 0\}$ 只包含原点这一个奇点且不含非平凡正半轨, 则所述方程的零解 (奇点)$x = 0$ 是渐近稳定的.

证明   只需证明吸引性. 首先, 因为零解稳定, 则对 $\varepsilon = h$ 及任意的 $t_0 > 0$, 存在 $0 < \delta(t_0) < h$, 使对任何 $t > t_0$, $|x_0| < \delta(t_0)$ 必有 $|x(t, t_0, x_0)| < h$. 我们指出, 如果集合 $\{x(t, t_0, x_0) | t \geqslant t_0\}$ 不是单点集, 那么称它为所述自治系统过点 x_0 的非平凡正半轨. 其次, 往证: 当 $t \to +\infty$ 时必有 $x(t, t_0, x_0) \to 0$. 只需证: 对任意趋于正无穷的时间列 t_n, 若 $x(t_n, t_0, x_0) \to y$, 则必有 $y = 0$. 事实上, 由条件知,

$$\lim_{t \to +\infty} V(x(t, t_0, x_0)) = \lim_{n \to \infty} V(x(t_n, t_0, x_0)) = V(y).$$

另一方面, 由解的存在唯一性定理及方程的自治性知

$$x(t, t_0, x(t_n, t_0, x_0)) = x(t + t_n - t_0, t_0, x_0),$$

故, 由以上两式可得

$$\lim_{n \to \infty} V(x(t, t_0, x(t_n, t_0, x_0))) = \lim_{n \to \infty} V(x(t + t_n - t_0, t_0, x_0)) = V(y).$$

又因为 $x(t_n, t_0, x_0) \to y$, 则有

$$\lim_{n \to \infty} V(x(t, t_0, x(t_n, t_0, x_0))) = V(x(t, t_0, y)),$$

于是, 对一切 t, 成立 $V(x(t, t_0, y)) = V(y)$, 从而 $x(t, t_0, y) \in \{x \in B_h \,|\, \mathrm{d}V/\mathrm{d}t = 0\}$. 故由假设知 $y = 0$. 即为所证. □

上面所给出的自治系统的渐近稳定性定理的条件有明显的几何解释:

(1) $V(x) =$ 小正常数, 表示一包围原点的闭曲面;

(2) $\mathrm{d}V/\mathrm{d}t$ 常负, 表示复合函数 $V(x(t))$ 是单调不增的, 从而所述方程从上述闭曲面上任一点出发的正半轨不能跑出该闭曲面之外;

(3) $\mathrm{d}V/\mathrm{d}t = V'(x) \cdot f(x)$ 实际上是一个向量内积, 其常负表示起点位于上述闭曲面的向量场之方向指向闭曲面的内部或与闭曲面相切.

由上述定理的证明易得以下结论 (请读者自证).

定理 2.2.7 考虑 $\mathbf{R}^n$ 上的自治系统 $\mathrm{d}x/\mathrm{d}t = f(x)$, 其中 $f(0) = 0$. 若存在 V 类函数 $V(x)$, 在 $\mathbf{R}^n$ 上有定义且满足

(1) V 正定, 且 $\lim\limits_{|x| \to \infty} V(x) = \infty$;

(2) 全导数 $\mathrm{d}V/\mathrm{d}t$ 常负 (即半负定);

(3) 集合 $\{x \in B_h \,|\, \mathrm{d}V/\mathrm{d}t = 0\}$ 只包含原点这一个奇点且不含非平凡正半轨, 则方程的零解 (奇点)$x = 0$ 是全局渐近稳定的.

作为一个简单应用, 考虑 Liénard 系统

$$\frac{\mathrm{d}x}{\mathrm{d}t} = y - F(x), \quad \frac{\mathrm{d}y}{\mathrm{d}t} = -g(x).$$

假设 F 与 g 为连续函数, 且 $F(0) = g(0) = 0$. 首先可证在函数 F, g 所满足的这些简单条件下, 在原点的小邻域内解的初值问题的唯一性成立 (请读者自证). 其次, 取

$$V(x, y) = \frac{y^2}{2} + \int_0^x g(x)\mathrm{d}x,$$

则

$$\frac{\mathrm{d}V}{\mathrm{d}t} = -g(x)F(x),$$

应用定理 2.2.6 与定理 2.2.7 可知, 如果对充分小的 $|x| > 0$ 有 $xF(x) > 0$, $xg(x) > 0$, 则原点是渐近稳定的; 如果对一切 $|x| > 0$ 有 $xF(x) > 0$, $xg(x) > 0$, 则原点是全局渐近稳定的.

一般来说, 在应用中, 选取合适的李雅普诺夫函数是问题的关键, 而对这类函数并没有通用的选取方法, 也不容易找到. 另一方面, 若零解是稳定的, 则理论上可证相应的李雅普诺夫函数必存在 (称之为稳定性定理的逆定理), 但实际上, 只有一些特殊的系统才可以取到合适的李雅普诺夫函数. 对形如

$$\dot{x} = H_y + P(x, y), \quad \dot{y} = -H_x + Q(x, y)$$

的平面自治系统, 若原点是奇点, $H(x, y)$ 在原点的某邻域内是正定函数, 则可取 $V(x, y) = H(x, y)$, 此时

$$\frac{\mathrm{d}V}{\mathrm{d}t} = H_x P + H_y Q.$$

应用李雅普诺夫函数还可以讨论解的一些全局性质, 例如全局稳定性、解的有界性等, 在第 4 章将看到, 对一些平面自治系统可以用分段光滑的李雅普诺夫函数构造封闭的曲线来获得一个正向或负向不变环域的边界, 更多结果可见文献 [3, 4, 9–12] 等. 李雅普诺夫函数方法又可以推广到泛函微分方程、偏微分方程等更广泛的微分方程.

关于零解的不稳定性, 成立下述定理.

定理 2.2.8 如果存在 V 类函数 $V(t, x)$, 具有无穷小上界, 且使全导数 $V'(t, x)$ 是正定的, 又设对任意 $t_0 \in I$ 及任意的 $\delta > 0$, 都存在 $|\bar{x}| < \delta$, 使 $V(t_0, \bar{x}) > 0$, 则系统 (2.2.1) 的零解是不稳定的.

证明 由条件知, 存在 $a, b \in K$ 及 $h > 0$, 使对任意 $(t, x) \in I \times B_h$ 有

$$V(t, x) \leqslant a(|x|), \quad V'(t, x) \geqslant b(|x|).$$

又对任意 $t_0 \in I$ 及任意 $\delta \in (0, h)$, 由条件知存在 $|\bar{x}| < \delta$, 使 $V(t_0, \bar{x}) > 0$. 如果系统 (2.2.1) 的解 $x(t) = x(t, t_0, \bar{x})$ 的右行最大存在区间为 $[t_0, \infty)$, 则由上面的结论知对所有 $t \geqslant t_0$ 有

$$a(|x(t)|) \geqslant V(t, x(t)) \geqslant V(t_0, \bar{x}) > 0,$$

从而存在正数 $\eta = \eta(t_0, \delta) \in (0, h)$, 使对所有 $t \geqslant t_0$ 有 $|x(t)| \geqslant \eta$. 进而, 当 $|x(t)| \leqslant h$ 时就有

$$\frac{\mathrm{d}V(t, x(t))}{\mathrm{d}t} \geqslant b(|x(t)|) \geqslant b(\eta) > 0,$$

于是有

$$a(|x(t)|) \geqslant V(t, x(t)) \geqslant V(t_0, \bar{x}) + b(\eta)(t - t_0) \to \infty \quad (t \to \infty),$$

注意到 $|x(t_0)| = |\bar{x}| < \delta < h$, 故必有 $t_1 > t_0$ 使 $|x(t_1)| = h$. 这就说明系统 (2.2.1) 的零解是不稳定的. 定理证毕. □

例 2.2.6　讨论方程组零解的稳定性

$$\begin{cases} x' = tx + \mathrm{e}^t y + x^2 y, \\ y' = \dfrac{t+2}{t+1} x - ty + xy^2, \end{cases}$$

其中 $t \geqslant 0$.

解　取 V 类函数为 $V(t, x, y) = xy$, 则 V 具有无穷小上界, 在原点的任何邻域内都有点的函数值为正, 且沿着方程组的导数为

$$V'(t, x, y) = \mathrm{e}^t y^2 + \frac{t+2}{t+1} x^2 + 2x^2 y^2 \geqslant x^2 + y^2,$$

故由定理 2.2.8 知系统的零解是不稳定的.

定理 2.2.9　如果存在 V 类函数 $V(t, x)$ 和 $t_0 \in I$, 使当 $(t, x) \in [t_0, \infty) \times B_h$ 时 $V(t, x)$ 有界 (其中 $h > 0$), 在原点 $x = 0$ 的任意邻域内都有 x_0, 使 $V(t_0, x_0) > 0$, 又设当 $(t, x) \in [t_0, \infty) \times B_h$ 且 $V(t, x) > 0$ 时成立 $V'(t, x) \geqslant \lambda V(t, x)$, 其中 $\lambda > 0$, 则系统 (2.2.1) 的零解是不稳定的.

证明　由假设知, 对任意的 $\delta \in (0, h)$, 都有 x_0, $|x_0| < \delta$, 使 $V(t_0, x_0) > 0$. 又存在 $M > 0$, 使对一切 $(t, x) \in [t_0, \infty) \times B_h$ 有 $V(t, x) \leqslant M$. 令 $x(t) = x(t, t_0, x_0)$, 则当 $V(t, x(t)) > 0$ 时有

$$V'(t, x(t)) \geqslant \lambda V(t, x(t)),$$

积分可得

$$V(t, x(t)) \geqslant V(t_0, x_0) \mathrm{e}^{\lambda(t - t_0)}, \quad t \geqslant t_0.$$

由此进一步可证, 必存在 $t_1 > t_0$, 使 $|x(t_1)| = h$. 事实上, 如果这样的 t_1 不存在, 则对一切 $t \geqslant t_0$ 均有

$$V(t, x(t)) > 0, \quad M \geqslant V(t, x(t)) \geqslant V(t_0, x_0) \mathrm{e}^{\lambda(t - t_0)}.$$

矛盾. □

2.4 节将利用上述定理讨论非线性微分方程零解的不稳定性.

习　题　**2.2**

1. 判定下列函数的定号性.

(1) $V(x,y) = x^2 y^2$;

(2) $V(x,y,z) = x^2 + xy + y^2 + z^2$;

(3) $V(x,y,z) = x^2 + y^2 + 2yz + z^2$;

(4) $V(x,y,z) = x^2 + y^2 + z^2 - x^3 - y^4$;

(5) $V(x,y,z) = x\sin x + y^2 + z^2$.

2. 判断下列系统零解的稳定性.

(1) $\begin{cases} x' = -x + xy^2, \\ y' = -2x^2 y - y. \end{cases}$

(2) $\begin{cases} x' = -tx + 4ty, \\ y' = tx - 2ty + \mathrm{e}^t xy^2. \end{cases}$

(3) $\begin{cases} x' = x\sin^2 t + y\mathrm{e}^t, \\ y' = x\mathrm{e}^t + y\cos^2 t. \end{cases}$

3. 判断等价于下列二阶方程的二维系统零解的稳定性.

(1) $\dfrac{\mathrm{d}^2 x}{\mathrm{d}t^2} + f(x) = 0$, 其中 $f(x)$ 连续, $f(0) = 0, xf(x) > 0 \ (x \neq 0)$;

(2) $\dfrac{\mathrm{d}^2 x}{\mathrm{d}t^2} + \left(\dfrac{\mathrm{d}x}{\mathrm{d}t}\right)^3 + \left(\dfrac{\mathrm{d}x}{\mathrm{d}t}\right)^5 + f(x) = 0$, 其中 $f(x)$ 连续, $xf(x) > 0 (x \neq 0)$.

4. 证明定理 2.2.5 的第二个结论.

5. 证明定理 2.2.7.

2.3　线性系统的稳定性

2.3.1　线性非齐次与齐次系统稳定性的等价性

考虑线性系统

$$x' = A(t)x + f(t) \tag{2.3.1}$$

以及它所对应的齐次线性系统

$$x' = A(t)x, \tag{2.3.2}$$

其中 $A \in C(\mathbf{R}^+, \mathbf{R}^{n \times n})$, $f \in C(\mathbf{R}^+, \mathbf{R}^n)$. 由于线性系统的特殊性, 它的稳定性也有一些特殊的结果.

设 $x = \psi_0(t)$ 是线性非齐次微分方程 (2.3.1) 的一个解, 令 $y = x - \psi_0(t)$, 则由 (2.3.1) 可得线性齐次微分方程 $y' = A(t)y$, 因此, 微分方程 (2.3.1) 的解 $x = \psi_0(t)$ 就对应于微分方程 (2.3.2) 的零解, 也就是说, 研究 (2.3.1) 的解 $x = \psi_0(t)$ 的稳定性就等同于研究 (2.3.2) 的零解的稳定性, 于是, 成立如下定理.

定理 2.3.1　若系统 (2.3.1) 的解 $\psi_0(t)$ 是稳定的, 则系统 (2.3.2) 的零解是稳定的; 若 (2.3.2) 的零解稳定, 则 (2.3.1) 的所有解稳定.

关于吸引性, 也有类似的结果.

定理 2.3.2　若系统 (2.3.1) 的解 $\psi_0(t)$ 是吸引的, 则系统 (2.3.2) 的零解是吸引的; 若 (2.3.2) 的零解吸引, 则 (2.3.1) 的所有解吸引.

于是, 关于线性系统, 我们只需讨论齐次线性系统 (2.3.2) 的零解的稳定性.

2.3.2　齐次线性系统稳定性条件

我们知道, 微分方程 (2.3.2) 式的 n 个线性无关的解构成 (2.3.2) 式的解空间的基. 设 $X(t) = (x_{ij}(t))_{n\times n}$ 是 (2.3.2) 式的一个基本解矩阵, 则

$$\Phi(t,t_0) \triangleq X(t)X^{-1}(t_0) \tag{2.3.3}$$

称为 (2.3.2) 式的标准基本解矩阵. 易见, 矩阵 Φ 与矩阵 X 的选择无关. 利用矩阵 Φ, (2.3.2) 式的通解可表示为

$$\varphi(t,t_0,x_0) = \Phi(t,t_0)x_0, \quad t \geqslant t_0. \tag{2.3.4}$$

可证以下定理.

定理 2.3.3　系统 (2.3.2) 的零解是稳定的当且仅当它的标准基本解矩阵 $\Phi(t,t_0)$ 有界, 即

$$\sup_{t\geqslant t_0}\|\Phi(t,t_0)\| \triangleq c(t_0) < \infty,$$

其中 $\|\Phi(t,t_0)\|$ 是由 $\mathbf{R}^n$ 空间中的向量范数诱导出的矩阵范数.

证明　充分性. 设 (2.3.2) 的标准基本解矩阵 $\Phi(t,t_0)$ 有界, 则 (2.3.2) 的所有解 $\varphi(t,t_0,x_0)= \Phi(t,t_0)x_0$ 关于 t 有界. 令 $\{e_1,\cdots,e_n\}$ 表示空间 $\mathbf{R}^n$ 的标准基, 则存在 $\beta_j(t_0), j=1,\cdots,n$, 使当 $t\geqslant t_0$ 时有 $|\varphi(t_0,e_j)| < \beta_j(t_0), j=1,\cdots,n$. 于是由 (2.3.4), 对于任意的向量 $x_0 = \sum_{j=1}^{n}\alpha_j e_j$, 由范数等价性知存在常数 $K_0 > 0$ 使有

$$\sum_{j=1}^{n}|\alpha_j| \leqslant K_0|x_0|,$$

从而当 $t \geqslant t_0$ 时有

$$|\varphi(t,t_0,x_0)| = \left|\sum_{j=1}^{n}\alpha_j\varphi(t,t_0,e_j)\right|$$

$$\leqslant \sum_{j=1}^{n} |\alpha_j| \beta_j$$

$$\leqslant (\max_{1\leqslant j\leqslant n} \beta_j) \sum_{j=1}^{n} |\alpha_j|$$

$$\leqslant K|x_0|,$$

其中 $K = K_0 \max\limits_{1\leqslant j\leqslant n} \beta_j$. 对于给定的 $\varepsilon > 0$, 选取 $\delta = \dfrac{\varepsilon}{K}$. 则当 $|x_0| < \delta$ 时, $|\varphi(t, t_0, x_0)| \leqslant K|x_0| < \varepsilon$ 对所有的 $t \geqslant t_0$ 成立. 故 (2.3.2) 的零解稳定.

必要性. 设系统 (2.3.2) 的零解稳定, 则对任意 $t_0 \geqslant 0$ 以及 $\varepsilon = 1$, 存在 $\delta = \delta(t_0) > 0$, 使当 $|x_0| \leqslant \delta$ 时, 系统 (2.3.2) 的解 $\varphi(t, t_0, x_0)$ 满足

$$|\varphi(t, t_0, x_0)| < 1, \quad t \geqslant t_0.$$

特别地, 由 (2.3.4) 及 $\left|\dfrac{x_0\delta}{|x_0|}\right| = \delta$ 知当 $x_0 \neq 0$ 时

$$\left|\Phi(t, t_0)\dfrac{x_0\delta}{|x_0|}\right| < 1, \quad t \geqslant t_0,$$

从而对 $x_0 \neq 0, t \geqslant t_0$ 由矩阵范数的定义知

$$\|\Phi(t, t_0)\| = \sup_{x_0\neq 0}\left|\Phi(t, t_0)\dfrac{x_0}{|x_0|}\right| \leqslant \dfrac{1}{\delta}, \quad t \geqslant t_0.$$

故 $\Phi(t, t_0)$ 有界. 定理证毕. □

定理 2.3.4 系统 (2.3.2) 的零解是一致稳定的充分必要条件是

$$\sup_{t_0\geqslant 0} c(t_0) \triangleq \sup_{t_0\geqslant 0}(\sup_{t\geqslant t_0} \|\Phi(t, t_0)\|) \triangleq c_0 < \infty.$$

上述定理的证明类似于定理 2.3.3 的证明, 请读者作为练习完成.

例 2.3.1 考察系统

$$\begin{bmatrix} x_1' \\ x_2' \end{bmatrix} = \begin{bmatrix} e^{-2t} & e^{-t} - e^{-2t} \\ 0 & e^{-t} \end{bmatrix}\begin{bmatrix} x_1 \\ x_2 \end{bmatrix} \tag{2.3.5}$$

的零解的稳定性, 其中 $t \geqslant t_0$.

解 令 $x = Py$, 其中

$$P = \begin{bmatrix} 1 & 1 \\ 0 & 1 \end{bmatrix}, \quad P^{-1} = \begin{bmatrix} 1 & -1 \\ 0 & 1 \end{bmatrix},$$

于是得到 (2.3.5) 的等价系统

$$\left[\begin{array}{c} y_1' \\ y_2' \end{array}\right] = \left[\begin{array}{cc} e^{-2t} & 0 \\ 0 & e^{-t} \end{array}\right] \left[\begin{array}{c} y_1 \\ y_2 \end{array}\right]. \tag{2.3.6}$$

容易求得系统 (2.3.6) 满足 $y(0) = y_0$ 的解为 $\psi(t, 0, y_0) = \Psi(t, 0)y_0$, 其中

$$\Psi(t, 0) = \left[\begin{array}{cc} e^{(1/2)(1-e^{-2t})} & 0 \\ 0 & e^{(1-e^{-t})} \end{array}\right].$$

于是可得系统 (2.3.5) 满足 $x(0) = x_0$ 的解为

$$\varphi(t, 0, x_0) = P\Psi(t, 0)P^{-1}x_0 \triangleq \Phi(t, 0)x_0.$$

注意到 $\Phi^{-1}(t, 0) = P\Psi^{-1}(t, 0)P^{-1}$, 因此, 对于 $t_0 \geqslant 0$, 得到 $\varphi(t, t_0, x_0) = \Phi(t, t_0)x_0$, 其中

$$\Phi(t, t_0) = \Phi(t, 0)\Phi^{-1}(t_0, 0)$$

$$= \left[\begin{array}{cc} e^{\frac{1}{2}(e^{-2t_0}-e^{-2t})} & e^{(e^{-t_0}-e^{-t})} - e^{\frac{1}{2}(e^{-2t_0}-e^{-2t})} \\ 0 & e^{(e^{-t_0}-e^{-t})} \end{array}\right]. \tag{2.3.7}$$

由 (2.3.7) 易见, 对 $t_0 \geqslant 0$, $t \geqslant t_0$ 有 $0 \leqslant e^{-jt_0} - e^{-jt} < 1$, $j = 1, 2$, 从而

$$\sup_{t \geqslant t_0} \|\Phi(t, t_0)\| \leqslant \sup_{t_0 \geqslant 0} \sup_{t \geqslant t_0} \|\Phi(t, t_0)\| \leqslant \sup_{t \geqslant t_0, t_0 \geqslant 0} \|\Phi(t, t_0)\| < \infty.$$

因此, 由定理 2.3.3 可知, 系统 (2.3.5) 的零解是稳定的, 且由定理 2.3.4 可知, 系统 (2.3.5) 的零解也是一致稳定的.

关于渐近稳定性, 可证下述定理.

定理 2.3.5 下列命题是等价的.

(i) 系统 (2.3.2) 的零解渐近稳定.

(ii) 系统 (2.3.2) 的零解全局渐近稳定.

(iii) 对任何 $t_0 \geqslant 0$, $\lim\limits_{t \to \infty} \|\Phi(t, t_0)\| = 0$.

证明 我们采用 (i) $\Rightarrow$ (ii) $\Rightarrow$ (iii) $\Rightarrow$ (i) 的路线来证明. 首先, 假设命题 (i) 成立, 则存在 $\eta(t_0) > 0$, 使当 $|x_0| \leqslant \eta(t_0)$ 时, 解 $\varphi(t, t_0, x_0)$ 在 $[t_0, \infty)$ 上有定义且满足

$$\lim_{t \to \infty} \varphi(t, t_0, x_0) = 0.$$

由 (2.3.4), 对任意的 $x_0 \neq 0$, 有

$$\varphi(t, t_0, x_0) = \varphi\left(t, t_0, \bar{x}_0\right) \frac{|x_0|}{\eta(t_0)}, \quad \bar{x}_0 = \frac{\eta(t_0)x_0}{|x_0|}.$$

注意到 $|\bar{x}_0| \leqslant \eta(t_0)$, 故当 $t \to \infty$ 时

$$\varphi(t, t_0, x_0) \to 0.$$

因此, (2.3.2) 的零解是全局渐近稳定的.

其次, 假设命题 (ii) 成立, 则对任意 $t_0 \geqslant 0$, $x_0 \in \mathbf{R}^n$, 以及 $\varepsilon > 0$, 存在 $T(\varepsilon, t_0, x_0) > 0$, 使解 $\varphi(t, t_0, x_0)$ 在 $[t_0, \infty)$ 上有定义且满足

$$|\varphi(t, t_0, x_0)| = |\Phi(t, t_0)x_0| < \varepsilon, \ t \geqslant t_0 + T(\varepsilon, t_0, x_0).$$

令 $\{e_1, \cdots, e_n\}$ 表示空间 $\mathbf{R}^n$ 的标准基, 使得任意点 x_0 可写为

$$x_0 = (\alpha_1, \cdots, \alpha_n)^{\mathrm{T}} = \sum_{j=1}^{n} \alpha_j e_j,$$

于是, 由范数的等价性知存在常数 $K > 0$, 使当 $|x_0| \leqslant 1$ 时有 $\sum_{j=1}^{n} |\alpha_j| \leqslant K$. 由于对每个 $j = 1, \cdots, n$ 存在 $T_j(\varepsilon, t_0)$, 使当 $t \geqslant t_0 + T_j(\varepsilon, t_0)$ 时, 有 $|\Phi(t, t_0)e_j| < \frac{\varepsilon}{K}$, 因此, 我们取 $\widetilde{T}(\varepsilon, t_0) = \max\{T_j(\varepsilon, t_0) : j = 1, \cdots, n\}$, 则对于 $|x_0| \leqslant 1, t \geqslant t_0 + \widetilde{T}(\varepsilon, t_0)$, 就有

$$|\Phi(t, t_0)x_0| = \left|\sum_{j=1}^{n} \alpha_j \Phi(t, t_0)e_j\right| \leqslant \sum_{j=1}^{n} |\alpha_j| \left(\frac{\varepsilon}{K}\right) \leqslant \varepsilon.$$

由矩阵范数的定义, 上式表明了

$$\|\Phi(t, t_0)\| \leqslant \varepsilon, \quad t \geqslant t_0 + \widetilde{T}(\varepsilon, t_0).$$

因此命题 (iii) 成立.

最后, 假设命题 (iii) 成立, 则 $\|\Phi(t, t_0)\|$ 关于 t 是有界的, 故由定理 2.3.3 知, (2.3.2) 的零解是稳定的. 为证吸引性, 设 $t_0 \geqslant 0$ 为任意非负实数, 则当 $|x_0| < \eta(t_0) = 1$ 时, 有

$$|\varphi(t, t_0, x_0)| \leqslant \|\Phi(t, t_0)\| |x_0| \leqslant \|\Phi(t, t_0)\| \to 0, \quad t \to \infty.$$

因此命题 (i) 成立. 定理证毕. □

例 2.3.2　例 2.3.1 中给出的系统 (2.3.5) 的零解是稳定的, 但不是渐近稳定的, 这是因为 $\lim\limits_{t\to\infty}\|\Phi(t,t_0)\|\neq 0$.

例 2.3.3　系统

$$x' = -e^{2t}x, \quad x(t_0) = x_0 \tag{2.3.8}$$

的解为 $\varphi(t,t_0,x_0) = \Phi(t,t_0)x_0$, 其中

$$\Phi(t,t_0) = e^{\frac{1}{2}(e^{2t_0}-e^{2t})}.$$

由于 $\lim\limits_{t\to\infty}\Phi(t,t_0) = 0$, 因此由定理 2.3.5 可知, 系统 (2.3.8) 的零解是全局渐近稳定的.

习　题　2.3

1. 研究系统

$$\begin{bmatrix} x_1' \\ x_2' \end{bmatrix} = \begin{bmatrix} -t & 0 \\ t & -2t \end{bmatrix} \begin{bmatrix} x_1 \\ x_2 \end{bmatrix}$$

的稳定性.

2. 证明定理 2.3.4.

3. 设 $f: \mathbf{R} \to \mathbf{R}$ 为连续的 T 周期函数, $T > 0$, 则

(1) $\int_t^{T+t} f(u)\mathrm{d}u = \int_0^T f(u)\mathrm{d}u$;

(2) $\int_{t_0}^t f(u)\mathrm{d}u = A\cdot(t-t_0) + g(t)$, 其中 $A = \dfrac{1}{T}\int_0^T f(u)\mathrm{d}u$, g 为 C^1 类的 T 周期函数.

2.4　常系数线性微分方程及其扰动

本节研究非线性系统

$$x' = Ax + F(t,x), \tag{2.4.1}$$

其中 $F \in C(\mathbf{R}^+ \times B_h, \mathbf{R}^n)$, $F(t,x)$ 为 x 的高阶项, $B_h \subset \Omega \subset \mathbf{R}^n$, $h > 0$, Ω 为连通开集, 而 $A \in \mathbf{R}^{n\times n}$ 为 n 阶常矩阵. 与 (2.4.1) 右端的线性部分对应的系统是

$$x' = Ax, \tag{2.4.2}$$

称它为 (2.4.1) 的一次近似系统, 它是一个常系数线性齐次微分方程.

2.4.1　常系数线性系统的稳定性

研究 (2.4.2) 零解的稳定性时, 通常选二次型作为 V 函数, 因为这种 V 函数及其导数的符号较容易判断. 二次型的一般形式为

$$V(x) = x^{\mathrm{T}}Px, \quad P = P^{\mathrm{T}}. \tag{2.4.3}$$

计算 $V(x)$ 沿着 (2.4.2) 轨线的全导数得

$$V'_{(2.4.2)}(x) = x^{\mathrm{T}}(A^{\mathrm{T}}P + PA)x = x^{\mathrm{T}}Cx, \tag{2.4.4}$$

其中

$$C = A^{\mathrm{T}}P + PA. \tag{2.4.5}$$

显然 $C^{\mathrm{T}} = C$, 即 C 是 $n \times n$ 的实对称矩阵.

方程 (2.4.5) 称为李雅普诺夫矩阵方程. 由于 P 为实对称矩阵, 故其所有的特征值都是实数. 矩阵 P 称为正定 (或半正定) 的, 如果其所有的特征值都是正 (或非负) 的. 类似可定义矩阵的负定与半负定. 如果矩阵 P 是正定 (或半正定) 的, 则由 (2.4.3) 可得到函数 $V(x)$ 为正定 (或半正定) 的.

为了能够从 $V(x)$ 和 $V'(x)$ 的符号来确定 (2.4.2) 零解的稳定性, 我们需要选择适当的 P 或者 C. 由 (2.4.3) 与 (2.4.4) 知 $V(x)$ 的性质由 P 确定, 而 $V'(x)$ 的性质由 C 确定, 又由 (2.4.5) 知 C 依赖于 P. 在实际应用中往往是先根据需要取定合适的 C, 例如使 $V'(x)$ 为定号函数, 再根据 C 和 A 用 (2.4.5) 确定 P. 下面就给出这样一个引理.

引理 2.4.1 若 A 的特征值 λ_i 均满足 $\lambda_i + \lambda_j \neq 0$ $(i, j = 1, \cdots, n)$, 则对任意实对称矩阵 C, 都有唯一的实对称矩阵 P 满足 (2.4.5).

证明 由于 $\lambda_i + \lambda_j \neq 0$ 对任意的 $i, j = 1, \cdots, n$ 都成立, 特别地有 $2\lambda_i \neq 0$, 从而 $\lambda_i \neq 0$ $(i = 1, \cdots, n)$. 因此 $\det A \neq 0$, 即 A 是非奇异矩阵. 由线性代数的 (矩阵标准形) 知识知, 有非奇异矩阵 Q, 满足

$$Q^{-1}Q = E, \quad Q^{-1}AQ = D,$$

其中 E 是 n 阶单位矩阵, D 是主对角线上和次对角线上元素才可能非 0 的矩阵, 即

$$D = \begin{bmatrix} \lambda_1 & d_2 & 0 & \cdots & 0 \\ 0 & \lambda_2 & d_3 & \cdots & 0 \\ \vdots & \vdots & \vdots & & \vdots \\ 0 & 0 & 0 & \cdots & d_n \\ 0 & 0 & 0 & \cdots & \lambda_n \end{bmatrix}. \tag{2.4.6}$$

在 (2.4.5) 式两边的左、右侧分别乘以 Q^{T} 和 Q, 注意到 $(Q^{-1})^{\mathrm{T}}Q^{\mathrm{T}} = E$, 得

$$Q^{\mathrm{T}}CQ = Q^{\mathrm{T}}A^{\mathrm{T}}(Q^{-1})^{\mathrm{T}}Q^{\mathrm{T}}PQ + Q^{\mathrm{T}}PQQ^{-1}AQ.$$

由于 $Q^{\mathrm{T}}A^{\mathrm{T}}(Q^{-1})^{\mathrm{T}} = (Q^{-1}AQ)^{\mathrm{T}} = D^{\mathrm{T}}$, 上式就化为

$$Q^{\mathrm{T}}CQ = D^{\mathrm{T}}Q^{\mathrm{T}}PQ + Q^{\mathrm{T}}PQD. \tag{2.4.7}$$

记 $C^* = Q^{\mathrm{T}}CQ = (c_{ij}^*)_{n \times n}, P^* = Q^{\mathrm{T}}PQ = (p_{ij}^*)_{n \times n},$ (2.4.7) 可以转化为

$$C^* = D^{\mathrm{T}}P^* + P^*D.$$

将上述矩阵方程展开, 并利用 (2.4.6) 即得到

$$2\lambda_1 p_{11}^* = c_{11}^*,$$

$$\lambda_1 p_{1j}^* + d_j p_{1,j-1}^* + \lambda_j p_{1j}^* = c_{1j}^*, \quad j = 2, 3, \cdots, n,$$

$$d_i p_{i-1,j}^* + \lambda_i p_{ij}^* + d_j p_{i,j-1}^* + \lambda_j p_{ij}^* = c_{ij}^*, \quad i, j = 2, 3, \cdots, n,$$

$$d_i p_{i-1,1}^* + \lambda_i p_{i1}^* + \lambda_1 p_{i1}^* = c_{i1}^*, \quad i = 2, 3, \cdots, n,$$

即

$$(\lambda_i + \lambda_j)p_{ij}^* = c_{ij}^* - d_i p_{i-1,j}^* - d_j p_{i,j-1}^*, \quad i, j = 1, 2, \cdots, n,$$

其中, 定义 $d_1 = 0, p_{i0}^* = 0, p_{0j}^* = 0.$ 故有

$$p_{ij}^* = \frac{c_{ij}^* - d_i p_{i-1,j}^* - d_j p_{i,j-1}^*}{\lambda_i + \lambda_j}, \quad i, j = 1, 2, \cdots, n. \tag{2.4.8}$$

由 (2.4.8) 可以递推得到 p_{ij}^*, 从而得到 P^*, 再用等式 $P = (Q^{-1})^{\mathrm{T}}P^*Q^{-1}$ 就可以得到矩阵 P. 从这个求解过程可以看出, P 是由 C 唯一确定的.

又因为 C 是实对称矩阵, 所以 C^* 是实对称矩阵, 再由 (2.4.8) 得 $p_{ij}^* = p_{ji}^*$, 所以 P^* 是实对称矩阵, 最后从 $P = (Q^{-1})^{\mathrm{T}}P^*Q^{-1}$ 知, P 也是实对称矩阵. 引理证毕. □

例 2.4.1　讨论系统

$$\begin{cases} x_1' = -x_1 + x_2, \\ x_2' = 2x_1 - 3x_2 \end{cases} \tag{2.4.9}$$

零解的稳定性.

解　计算得 (2.4.9) 对应矩阵 A 的特征值分别为 $\lambda_1 = -2 + \sqrt{3}$, $\lambda_2 = -2 - \sqrt{3}$, 故可选取 $C = \begin{bmatrix} -1 & 0 \\ 0 & -1 \end{bmatrix}$, 使 $V'(x_1, x_2)$ 负定, 由等式 (2.4.5) 得关于 p_{ij} 的方程组

$$\begin{cases} -2p_{11} + 4p_{12} = -1, \\ p_{11} - 4p_{12} + 2p_{22} = 0, \\ 2p_{12} - 6p_{22} = -1, \end{cases}$$

求解这个方程组得 $p_{11} = \dfrac{7}{4}$, $p_{12} = p_{21} = \dfrac{5}{8}$, $p_{22} = \dfrac{3}{8}$. 于是得

$$V(x) = x^{\mathrm{T}}Px = \frac{7}{4}x_1^2 + \frac{5}{4}x_1x_2 + \frac{3}{8}x_2^2.$$

容易验证, 二次型 $V(x) = x^{\mathrm{T}}Px$ 是正定的, 由稳定性定理知, (2.4.9) 的零解是一致渐近稳定的.

定义 2.4.1 设 $A \in \mathbf{R}^{n \times n}$, 若 A 的所有特征值有负实部, 即 $\mathrm{Re}\lambda_j(A) < 0$ $(j = 1, \cdots, n)$, 则称 A **稳定**; 若 $\mathrm{Re}\lambda_j(A) \leqslant 0$ $(j = 1, \cdots, n)$, 且任一具有零实部的特征值只对应 A 的简单的初等因子, 则称 A **拟稳定**.

对于常系数齐线性系统 (2.4.2), 这时 $x(t, t_0, x_0)$ 和 $x(t - t_0, 0, x_0)$ 一致, 所以此时基本解矩阵满足

$$\Phi(t, t_0) \equiv \Phi(t - t_0, 0) = \mathrm{e}^{A(t-t_0)} = \sum_{k \geqslant 0} \frac{A^k(t-t_0)^k}{k!}.$$

定理 2.4.1 常系数齐线性系统 (2.4.2) 的零解稳定, 当且仅当 A 拟稳定; 常系数齐线性系统 (2.4.2) 的零解渐近稳定, 当且仅当 A 稳定.

证明 线性系统 (2.4.2) 的通解为

$$x(t) = x(t, t_0, x_0) = \mathrm{e}^{A(t-t_0)}x_0.$$

由线性代数的理论知, 有非奇异矩阵 S, 使得 $A = SJS^{-1}$, 其中 J 是 A 的若尔当 (Jordan) 标准形,

$$J = \begin{bmatrix} J_1 & 0 & \cdots & 0 \\ 0 & J_2 & \cdots & 0 \\ \vdots & \vdots & & \vdots \\ 0 & 0 & \cdots & J_r \end{bmatrix},$$

r 为 A 的初等因子的个数, J_k 是对应于特征值 λ_k 的若尔当块 $(k = 1, 2, \cdots, r)$,

$$J_k = \begin{bmatrix} \lambda_k & 1 & \cdots & 0 & 0 \\ 0 & \lambda_k & \cdots & 0 & 0 \\ \vdots & \vdots & & \vdots & \vdots \\ 0 & 0 & \cdots & \lambda_k & 1 \\ 0 & 0 & \cdots & 0 & \lambda_k \end{bmatrix}.$$

故

$$\mathrm{e}^{A(t-t_0)} = \mathrm{e}^{SJS^{-1}(t-t_0)} = S\mathrm{e}^{J(t-t_0)}S^{-1},$$

$$e^{J(t-t_0)} = \begin{bmatrix} e^{J_1(t-t_0)} & 0 & \cdots & 0 \\ 0 & e^{J_2(t-t_0)} & \cdots & 0 \\ \vdots & \vdots & & \vdots \\ 0 & 0 & \cdots & e^{J_r(t-t_0)} \end{bmatrix},$$

其中

$$e^{J_k(t-t_0)} = \begin{bmatrix} 1 & (t-t_0) & \dfrac{(t-t_0)^2}{2!} & \cdots & \dfrac{(t-t_0)^{n_k-1}}{(n_k-1)!} \\ 0 & 1 & t-t_0 & \cdots & \dfrac{(t-t_0)^{n_k-2}}{(n_k-2)!} \\ 0 & 0 & 1 & \cdots & \dfrac{(t-t_0)^{n_k-3}}{(n_k-3)!} \\ \vdots & \vdots & \vdots & & \vdots \\ 0 & 0 & 0 & \cdots & (t-t_0) \\ 0 & 0 & 0 & \cdots & 1 \end{bmatrix} e^{\lambda_k(t-t_0)} \quad (k=1,2,\cdots,r),$$

n_k 是特征值 λ_k 的重数, 并且 $\sum\limits_{k=1}^{r} n_k = n$.

故由定理 2.3.3 知,

系统 (2.4.2) 的零解稳定

$\Longleftrightarrow e^{A(t-t_0)}$ 对 $t \geqslant t_0$ 有界

$\Longleftrightarrow e^{J(t-t_0)}$ 对 $t \geqslant t_0$ 有界

$\Longleftrightarrow e^{J_k(t-t_0)}$ 对 $t \geqslant t_0$ 有界 $\quad (k=1,2,\cdots,r)$

$\Longleftrightarrow \mathrm{Re}\,\lambda_k \leqslant 0,$ 且当等号成立时有 $n_k = 1, 1 \leqslant k \leqslant r,$

即 A 拟稳定.

进一步, 由定理 2.3.5 知,

系统 (2.4.2) 的零解渐近稳定 $\Longleftrightarrow \lim\limits_{t \to +\infty} e^{A(t-t_0)} = 0$

$\Longleftrightarrow \lim\limits_{t \to +\infty} e^{J(t-t_0)} = 0 \Longleftrightarrow \lim\limits_{t \to +\infty} e^{J_k(t-t_0)} = 0$

$$\Longleftrightarrow \lim_{t\to+\infty} \begin{bmatrix} 1 & (t-t_0) & \dfrac{(t-t_0)^2}{2!} & \cdots & \dfrac{(t-t_0)^{n_k-1}}{(n_k-1)!} \\[2mm] 0 & 1 & t-t_0 & \cdots & \dfrac{(t-t_0)^{n_k-2}}{(n_k-2)!} \\[2mm] 0 & 0 & 1 & \cdots & \dfrac{(t-t_0)^{n_k-3}}{(n_k-3)!} \\[2mm] \vdots & \vdots & \vdots & & \vdots \\[2mm] 0 & 0 & 0 & \cdots & (t-t_0) \\[2mm] 0 & 0 & 0 & \cdots & 1 \end{bmatrix} \mathrm{e}^{\lambda_k(t-t_0)} = 0$$

$$\Longleftrightarrow \mathrm{Re}\lambda_k < 0, \quad k = 1,2,\cdots,r.$$

即 A 稳定. 定理证毕. $\square$

例 2.4.2   讨论下列系统零解的稳定性.

$$(1) \begin{cases} x_1' = x_2, \\ x_2' = -k^2 x_1; \end{cases} \qquad (2) \begin{cases} x_1' = x_2, \\ x_2' = -k^2 x_1 - 2\mu x_2. \end{cases}$$

其中 $k > 0, \mu > 0$ 为常数.

解   两个系统系数矩阵 A 的特征方程分别为

$$(1) \begin{vmatrix} -\lambda & 1 \\ -k^2 & -\lambda \end{vmatrix} = 0; \quad (2) \begin{vmatrix} -\lambda & 1 \\ -k^2 & -\lambda - 2\mu \end{vmatrix} = 0.$$

从而求得特征根分别为

(1) $\lambda_{1,2} = \pm k\mathrm{i};$ (2) $\lambda_{1,2} = -\mu \pm \sqrt{\mu^2 - k^2}$.

由定理 2.4.1 即知系统 (1) 是稳定的; 系统 (2) 是渐近稳定的.

利用定理 2.4.1, 就可以根据 A 的特征值实部的符号来判定 (2.4.2) 零解的稳定性. 对实系数多项式, 可根据赫尔维茨 (Hurwitz) 判据在不求根的情况下判断所有根的实部为负值.

定理 2.4.2 (赫尔维茨判据)   多项式方程

$$\lambda^n + a_1\lambda^{n-1} + a_2\lambda^{n-2} + \cdots + a_{n-1}\lambda + a_n = 0$$

的所有根均具有负实部的充要条件是

$$H_k = \begin{vmatrix} a_1 & a_3 & a_5 & \cdots & a_{2k-1} \\ 1 & a_2 & a_4 & \cdots & a_{2k-2} \\ 0 & a_1 & a_3 & \cdots & a_{2k-3} \\ 0 & 1 & a_2 & \cdots & a_{2k-4} \\ \vdots & \vdots & \vdots & & \vdots \\ 0 & 0 & 0 & \cdots & a_k \end{vmatrix} > 0, \quad k = 1, 2, \cdots, n,$$

其中当 $j > n$ 时, 补充定义 $a_j = 0$.

例 2.4.3　讨论方程组

$$\begin{cases} x_1' = -2x_1 + x_2 - x_3, \\ x_2' = x_1 - x_2, \\ x_3' = x_1 + x_2 - x_3 \end{cases} \tag{2.4.10}$$

零解的稳定性.

解　方程组 (2.4.10) 的系数矩阵为 $A = \begin{bmatrix} -2 & 1 & -1 \\ 1 & -1 & 0 \\ 1 & 1 & -1 \end{bmatrix}$. A 的特征方程为

$$\lambda^3 + 4\lambda^2 + 5\lambda + 3 = 0.$$

利用赫尔维茨判据得

$$H_1 = 4 > 0,$$

$$H_2 = \begin{vmatrix} 4 & 3 \\ 1 & 5 \end{vmatrix} = 17 > 0,$$

$$H_3 = \begin{vmatrix} 4 & 3 & 0 \\ 1 & 5 & 0 \\ 0 & 4 & 3 \end{vmatrix} = 51 > 0,$$

所以 A 的所有特征值均具有负实部, 故由定理 2.4.1 知 (2.4.10) 的零解渐近稳定.

2.4.2　常系数线性系统的扰动

上面研究了常系数线性微分方程 (2.4.2) 的稳定性判别, 这一小节再来研究非线性微分方程 (2.4.1) 的零解的稳定性. 为此, 我们一方面对常矩阵有一定要求 (双曲性), 另一方面, 对非线性项 F 也有一定要求 (小扰动), 即有下面的结论.

定理 2.4.3 设 $A \in \mathbf{R}^{n \times n}$ 稳定, 令 $F \in C(\mathbf{R}^+ \times B_h, \mathbf{R}^n)$ 且对 $t \in \mathbf{R}^+$ 一致成立

$$F(t, x) = o(|x|), \quad \text{当 } |x| \to 0 \text{ 时}, \tag{2.4.11}$$

则非线性系统 (2.4.1) 的零解是一致渐近稳定的, 事实上, 也是指数稳定的.

证明 因为 A 的特征值均具有负实部, 因此由定理 2.4.1 知 (2.4.2) 的零解渐近稳定. 由引理 2.4.1 知, 对任意的正定实对称矩阵 C, 满足方程 $A^{\mathrm{T}}P + PA = -C$ 的实对称矩阵 P 是唯一的, 且 $V(x) = x^{\mathrm{T}}Px$ 必是正定的. 否则, 在原点的任意一个邻域内, 必有 $x_0 \neq 0$, 使得 $V(x_0) \leqslant 0$. 令 $x(t) = x(t, t_0, x_0)$, 那么由于 $V(x)$ 沿着 (2.4.2) 轨线的全导数 $V'_{(2.4.2)}(x) = -x^{\mathrm{T}}Cx$ 是负定的, 故当 $t > t_0$ 时函数 $V(x(t))$ 是严格递减的, 于是当 $t > t_1 > t_0$ 时就有

$$V(x(t)) < V(x(t_1)) < V(x_0) \leqslant 0,$$

这就导出 $\lim\limits_{t \to +\infty} V(x(t)) \leqslant V(x(t_1)) < 0$, 这与零解渐近稳定时 $\lim\limits_{t \to +\infty} x(t) = 0$, 从而 $\lim\limits_{t \to +\infty} V(x(t)) = 0$ 矛盾.

现在, 利用这个正定函数 $V(x) = x^{\mathrm{T}}Px$, 来证明 (2.4.1) 零解的渐近稳定性. 容易求得 $V(x)$ 沿着 (2.4.1) 轨线的全导数为

$$V'_{(2.4.1)}(t, x) = -x^{\mathrm{T}}Cx + 2x^{\mathrm{T}}PF(t, x). \tag{2.4.12}$$

选取 $\gamma > 0$, 使得 $C - 3\gamma E$ 为正定矩阵, 于是对所有的 $x \in \mathbf{R}^n$, 都有 $x^{\mathrm{T}}Cx \geqslant 3\gamma|x|^2$. 由 (2.4.11) 知, 存在 δ 满足 $0 < \delta < h$, 使当 $|x| \leqslant \delta$ 时, $|PF(t, x)| \leqslant \gamma|x|$ 对所有的 $(t, x) \in \mathbf{R}^+ \times B_\delta$ 成立.

从而当 $(t, x) \in \mathbf{R}^+ \times B_\delta$ 时, 由 (2.4.12) 得

$$V'_{(2.4.1)}(t, x) \leqslant -3\gamma|x|^2 + 2\gamma|x|^2 = -\gamma|x|^2,$$

即 $V'_{(2.4.1)}(t, x)$ 在原点的小邻域内是负定函数, 由定理 2.2.3 知, (2.4.1) 的零解是一致渐近稳定的, 且由定理 2.2.4 知, (2.4.1) 的零解是指数稳定的, 因为存在 $c_2 > c_1 > 0$, 使对所有的 $x \in \mathbf{R}^n$, 有 $c_1|x|^2 \leqslant V(x) \leqslant c_2|x|^2$ 成立. 定理证毕. □

例 2.4.4 考虑 Liénard 方程

$$x'' + f(x)x' + x = 0, \tag{2.4.13}$$

其中 $f \in C(\mathbf{R}, \mathbf{R})$. 假设 $f(0) > 0$. 把 (2.4.13) 改写为等价的二维系统 (令 $x = x_1, x' = x_2$)

$$\begin{cases} x_1' = x_2, \\ x_2' = -x_1 - f(0)x_2 + (f(0) - f(x_1))x_2. \end{cases}$$

令

$$A = \begin{bmatrix} 0 & 1 \\ -1 & -f(0) \end{bmatrix}, \quad F(t, x_1, x_2) = \begin{bmatrix} 0 \\ (f(0) - f(x_1))x_2 \end{bmatrix}.$$

易证 A 是稳定的, 且 $F(t, x_1, x_2)$ 满足 (2.4.11), 故由定理 2.4.3 知 (2.4.13) 之等价系统的零解是一致渐近稳定的.

定理 2.4.4 设 $A \in \mathbf{R}^{n \times n}$ 至少有一个特征值的实部为正. 若 $F \in C(\mathbf{R}^+ \times B_h, \mathbf{R}^n)$ 且 F 满足 (2.4.11), 则非线性系统 (2.4.1) 的零解是不稳定的.

证明 首先证明对正定的二次型 $W(x) = x^{\mathrm{T}} x$, 存在很小的正常数 α 及非常负二次型 $V(x) = x^{\mathrm{T}} P x$, 使得

$$V'_{(2.4.2)}(x) = \alpha V(x) + W(x), \tag{2.4.14}$$

且等号之右的函数为正定的. 事实上, 由于 A 具有正实部的特征根, 设其为 λ_0, $\mathrm{Re}\lambda_0 > 0$, 可选取充分小的常数 $\alpha > 0$, 使 $A - \dfrac{\alpha}{2} E$ 也具有正实部的特征根 λ_1, 且 $A - \dfrac{\alpha}{2} E$ 的所有特征根满足引理 2.4.1 的条件 (由矩阵标准形理论知, 若 λ_j 为 A 的特征值, 则 $\lambda_j - \dfrac{\alpha}{2}$ 为 $A - \dfrac{\alpha}{2} E$ 的特征值), 从而对 $W(x) = x^{\mathrm{T}} x$, 存在唯一的 P, 使得

$$\left(A - \frac{\alpha}{2} E\right)^{\mathrm{T}} P + P \left(A - \frac{\alpha}{2} E\right) = E.$$

由此得到的二次型 $V(x) = x^{\mathrm{T}} P x$ 满足 (2.4.14), 并使得 $\alpha V(x) + W(x)$ 为正定的. 进一步可证 $V(x)$ 必不能是常负的. 用反证法. 若对一切 $x \neq 0$ 均有 $V(x) \leqslant 0$, 则或 V 是负定的或存在 $x^* \neq 0$ 使 $V(x^*) = 0$. 对前一情况, 取 $-V$ 为李雅普诺夫函数, 由 (2.4.14) 与定理 2.2.3 知 (2.4.2) 的零解是渐近稳定的, 这与定理 2.4.1 矛盾. 对后一情况, 取非零解 $x(t) = e^{At} x^*$. 由 (2.4.14) 知, $V(x)$ 沿 $x(t)$ 是严格单调递增的, 于是当 $t > 0$ 时 $V(x(t)) > 0$, 这与 $V(x) \leqslant 0$ 矛盾. 故 $V(x)$ 不能是常负的.

其次, 计算二次型 $V(x)$ 沿着 (2.4.1) 之解的全导数得

$$V'_{(2.4.1)}(x) = \alpha V(x) + W(x) + F(t, x)^{\mathrm{T}} P x + x^{\mathrm{T}} P F(t, x).$$

由条件 (2.4.11) 知, $\forall \varepsilon > 0$, 有 $\delta > 0$, 当 $|x| < \delta$ 时,

$$|F(t, x)^{\mathrm{T}} P x + x^{\mathrm{T}} P F(t, x)| < \varepsilon |x|^2.$$

于是 $W(x) + F(t, x)^{\mathrm{T}} P x + x^{\mathrm{T}} P F(t, x)$ 是正定的, 从而由不稳定性定理 (定理 2.2.9) 知, 系统 (2.4.1) 的零解是不稳定的. □

例 2.4.5   考虑单摆方程

$$x'' + a\sin x = 0, \tag{2.4.15}$$

其中常数 $a > 0$.

方程 (2.4.15) 有常解 $x = \pi$. 令 $y = x - \pi$, 方程 (2.4.15) 可化为

$$y'' + a\sin(y + \pi) = y'' - ay + a(\sin(y + \pi) + y) = 0.$$

上述方程可化为系统 (2.4.1) 的形式, 其中

$$A = \begin{bmatrix} 0 & 1 \\ a & 0 \end{bmatrix}, \quad F(t, y_1, y_2) = \begin{bmatrix} 0 \\ a(\sin y_1 - y_1) \end{bmatrix}.$$

矩阵 A 的特征值为 $\lambda_{1,2} = \pm\sqrt{a}$, 且 F 满足条件 (2.4.11). 因此, 由定理 2.4.4 可知相应的平面系统的奇点 $(y_1, y_2) = (\pi, 0)$ 是不稳定的.

习 题 2.4

1. 研究矩阵

$$A = \begin{bmatrix} -8 & 6 & -5 & 5 \\ 1 & -6 & 0 & 0 \\ -2 & 1 & -4 & 0 \\ 2 & 0 & 0 & -10 \end{bmatrix}$$

的稳定性.

2. 证明矩阵

$$A = \begin{bmatrix} -6 & -2 & -3 & \dfrac{1}{2} \\ 7 & -4 & 1 & 1 \\ 2 & 1 & -5 & 1 \\ 2 & 0 & -\dfrac{1}{2} & -3 \end{bmatrix}$$

是稳定的.

3. 讨论系统

$$\begin{cases} x_1' = -2x_1 + x_2 - x_3 + x_1^2 e^{x_2}, \\ x_2' = \sin x_1 - x_2 + x_1^2 x_2 + x_3^4, \\ x_3' = x_1 + x_2 - x_3 - e^{x_1}(\cos x_3 - 1) \end{cases}$$

零解的稳定性.

4. 讨论系统

$$
\begin{cases}
x_1' = x_2 + x_1(x_1^2 + x_2^2), \\
x_2' = -x_1 + x_2(x_1^2 + x_2^2)
\end{cases}
$$

零解的稳定性.

第 3 章　周期微分方程

本章研究周期微分方程的性质, 这是一类十分重要的常微分方程, 其理论和方法在许多应用科学领域有广泛的应用. 一般形式的周期微分方程是很难研究清楚的, 这类方程会出现各种各样, 甚至十分复杂的现象. 我们在本章重点研究形式上比较特殊的几类周期微分方程周期解的存在性及其个数.

3.1　Poincaré 映射与周期解

3.1.1　Poincaré 映射

设有连续函数 $f : \mathbf{R} \times G \to \mathbf{R}^n, (t, x) \to f(t, x)$, 其中 $G \subset \mathbf{R}^n$ 为一区域, $n \geqslant 1$, 又设 f_x 存在且在 $\mathbf{R} \times G$ 内连续, 则微分方程

$$\frac{\mathrm{d}x}{\mathrm{d}t} = f(t, x) \tag{3.1.1}$$

有满足 $x(0) = x_0 \in G$ 的唯一解 $x(t, x_0)$. 如果存在常数 $T > 0$ 使 $f(t + T, x) = f(t, x)$ 对一切 $(t, x) \in \mathbf{R} \times G$ 成立, 则称 (3.1.1) 为周期微分方程, 简称周期系统. 现设存在 $\bar{x}_0 \in G$ 使解 $x(t, \bar{x}_0)$ 的饱和区间 $I(\bar{x}_0)$ 包含 $[0, T]$, 即 $I(\bar{x}_0) \supset [0, T]$, 则由解对初值的连续性知, 当 x_0 充分靠近 $\bar{x}_0$ 时也有 $I(x_0) \supset [0, T]$. 因此存在包含 $\bar{x}_0$ 的区域 $U \subset G$, 使对一切 $x_0 \in U$ 有 $I(x_0) \supset [0, T]$. 对这样的 x_0, 我们引入函数 P 如下:

$$P(x_0) = x(T, x_0), \quad x_0 \in U,$$

由解对初值的连续性和可微性易见, 函数 P 在其定义域 U 上为连续可微的. 我们称这个函数 P 为 (3.1.1) 的 Poincaré 映射.

引理 3.1.1　设 (3.1.1) 为 T 周期微分方程, 则解 $x(t, x_0)$ 为 T 周期的当且仅当 x_0 为 P 的不动点, 即 $P(x_0) = x_0$.

证明　设 $x(t, x_0)$ 为 T 周期的, 即

$$x(t + T, x_0) = x(t, x_0), \quad \forall t \in \mathbf{R},$$

特别令 $t = 0$ 即知 $x(T, x_0) = x_0$, 这表明 x_0 为 P 的不动点.

反之, 设 x_0 为 P 的不动点, 即

$$x(T, x_0) = P(x_0) = x_0.$$

令 $\tilde{x}(t) = x(t+T, x_0)$, 则由于 (3.1.1) 为 T 周期微分方程知函数 $\tilde{x}(t)$ 为 (3.1.1) 之解, 且该解与解 $x(t, x_0)$ 有同样的初值, 即

$$\tilde{x}(0) = x(T, x_0) = x_0 = x(0, x_0),$$

于是由解的唯一性知 $\tilde{x}(t) = x(t, x_0)$, 即 $x(t, x_0)$ 为 T 周期的. 证毕.　　□

我们指出, 周期微分方程 (3.1.1) 的 Poincaré 映射也可以一般地定义为

$$P_{t_0}(x_0) = x(t_0 + T, t_0, x_0),$$

其中 $t_0 \in \mathbf{R}, x_0 \in G, x(t, t_0, x_0)$ 为 (3.1.1) 的满足 $x(t_0, t_0, x_0) = x_0$ 的解. 易证函数 P 与 P_{t_0} 有相同个数的不动点. 因此, 为了方便, 今后均采用函数 P 来讨论周期解问题等.

3.1.2　周期线性微分方程

最简单的一类周期微分方程是周期线性微分方程, 其形式为

$$\frac{\mathrm{d}x}{\mathrm{d}t} = A(t)x + b(t), \tag{3.1.2}$$

其中 $A(t)$ 与 $b(t)$ 分别为 $n \times n$ 连续矩阵与 n 维连续向量, 且满足

$$A(t+T) = A(t), \quad b(t+T) = b(t), \quad t \in (-\infty, +\infty),$$

其中 T 为正常数. 与 (3.1.2) 相应的齐次线性方程为

$$\frac{\mathrm{d}x}{\mathrm{d}t} = A(t)x, \tag{3.1.3}$$

设 (3.1.3) 的基本解矩阵为 $X(t)$, 满足 $X(0) = I_n$(此处 I_n 表示 $n \times n$ 单位矩阵). 由解的唯一性可知

$$X(t+T) = X(t)X(T).$$

关于矩阵 $X(t)$ 的性质, 有下述引理.

引理 3.1.2　*存在矩阵 B, 使 $X(T) = \mathrm{e}^{BT}$.*

证明　为简单计, 不失一般性, 可设 $X(T)$ 为若尔当标准形且只含一个若尔当块, 即设

$$X(T) = \lambda I_n + R, \quad R = \begin{pmatrix} 0 & I_{n-1} \\ 0 & 0 \end{pmatrix},$$

其中 $\lambda \neq 0$ 为实数或复数. 由 R 的形式知存在自然数 m, 使对 $k > m$ 有 $R^k = 0$. 令

$$BT = (\ln \lambda)I_n + Q, \quad Q = -\sum_{j=1}^{m} \frac{1}{j\lambda^j}(-R)^j,$$

则

$$\mathrm{e}^{BT} = \lambda \mathrm{e}^Q = \lambda \sum_{k \geqslant 0} \frac{Q^k}{k!}. \tag{3.1.4}$$

由于对 $x \in (-1, 1)$ 有

$$\ln(1 + x) = \sum_{j \geqslant 1}(-1)^{j+1}\frac{x^j}{j} \equiv q(x).$$

因此

$$\sum_{k \geqslant 0} \frac{q^k(x)}{k!} = \mathrm{e}^{q(x)} = 1 + x,$$

即

$$\sum_{k \geqslant 1} \frac{q^k(x)}{k!} = x.$$

形式上利用上式, 可得 $\sum\limits_{k \geqslant 1} \dfrac{1}{k!}q^k\left(\dfrac{R}{\lambda}\right) = \dfrac{R}{\lambda}$, 注意到

$$q\left(\frac{R}{\lambda}\right) = \sum_{j \geqslant 1} \frac{-(-R)^j}{j\lambda^j} = Q$$

且当 $k > m$ 时 $Q^k = 0$, 可知

$$I_n + \frac{R}{\lambda} = I_n + \sum_{k \geqslant 1} \frac{Q^k}{k!} = \sum_{k=0}^{m} \frac{Q^k}{k!},$$

故由 (3.1.4) 可知

$$\mathrm{e}^{BT} = \lambda\left(I_n + \frac{R}{\lambda}\right) = X(T).$$

证毕.   □

引理 3.1.3 (Floquet 定理) *存在非奇异连续 T 周期矩阵 $P_1(t)$ 使 $X(t) = P_1(t)\mathrm{e}^{Bt}$.*

证明　令 $P_1(t) = X(t)\mathrm{e}^{-Bt}$. 则由引理 3.1.2 知

$$P_1(t + T) = X(t + T)\mathrm{e}^{-B(t+T)}$$

$$= X(t)X(T)\mathrm{e}^{-BT}\mathrm{e}^{-Bt}$$

$$= P_1(t).$$

即为所证.　　□

　　我们指出, 矩阵 B 未必为实的, 因此周期矩阵 $P_1(t)$ 也未必为实的. 此外, 由 $X(0) = I$ 知 $P_1(T) = P_1(0) = I$. 这里为了方便, 用 I 表示 n 阶单位矩阵.

　　定义 3.1.1　矩阵 B 的特征值 λ 称为 (3.1.3) 的**特征指数**, 而矩阵 $X(T)$ 的特征值 $\mu = \mathrm{e}^{\lambda T}$ 称为 (3.1.3) 的**特征乘数**. 如果 (3.1.3) 的特征指数均具有非零实部, 则称 $x = 0$ 为 (3.1.3) 的**双曲零解**.

　　关于 (3.1.3) 的性质, 进一步有下述引理.

　　引理 3.1.4　(1) 周期系统 (3.1.3) 有非零 T 周期解当且仅当 (3.1.3) 以 $\mu = 1$ 为特征乘数; (2) 周期系统 (3.1.3) 有最小周期为 $2T$ 的周期解当且仅当 (3.1.3) 以 $\mu = -1$ 为特征乘数.

　　证明　结论 (1) 比较容易证明, 今给出结论 (2) 的证明. 设 (3.1.3) 以 $\mu = -1$ 为特征乘数, 则存在 $x_0 \neq 0$ 使 $(\mathrm{e}^{BT} - \mathrm{e}^{\pi \mathrm{i}}I)x_0 = 0$, 由此可知, 若令

$$p(t) = P_1(t)\mathrm{e}^{Bt}\mathrm{e}^{-\frac{\pi \mathrm{i}}{T}t}x_0,$$

则 $p(t)$ 为 T 周期函数, 进一步由引理 3.1.3 知 $\mathrm{e}^{\frac{\pi \mathrm{i}}{T}t}p(t) = X(t)x_0$ 为 (3.1.3) 的以 $2T$ 为最小周期的周期解.

　　反之, 设 (3.1.3) 有以 $2T$ 为最小周期的周期解, 记其为 $x(t)$. 则存在 $x_0 \neq 0$ 使 $x(t) = X(t)x_0 = P_1(t)\mathrm{e}^{Bt}x_0$, 因为 $x(t + 2T) = x(t)$, 可知 $(\mathrm{e}^{2BT} - I)x_0 = 0$, 即

$$(\mathrm{e}^{BT} + I)(\mathrm{e}^{BT} - I)x_0 = 0.$$

因为解 $x(t)$ 不是 T 周期的, 那么必有 $y_0 = (\mathrm{e}^{BT} - I)x_0 \neq 0$, 且成立 $(\mathrm{e}^{BT} + I)y_0 = 0$, 这表明 (3.1.3) 以 $\mu = -1$ 为特征乘数. 证毕.　　□

　　现考虑非齐次周期线性方程 (3.1.2). 由常数变易公式知

$$x(t, x_0) = X(t)x_0 + X(t)\int_0^t X^{-1}(s)b(s)\mathrm{d}s.$$

由此可知 (3.1.2) 的 Poincaré 映射为

$$P(x_0) = X(T)\left(x_0 + \int_0^T X^{-1}(s)b(s)\mathrm{d}s\right).$$

易知, 如果 $X^{-1}(T) - I$ 为非奇异矩阵, 则 P 有唯一不动点

$$x_0^* = \left(X^{-1}(T) - I\right)^{-1} \int_0^T X^{-1}(s)b(s)\mathrm{d}s, \tag{3.1.5}$$

于是此时 (3.1.2) 有唯一一个周期解

$$x(t, x_0^*) = X(t) \left[x_0^* + \int_0^t X^{-1}(s)b(s)\mathrm{d}s\right] \equiv (Kb)(t). \tag{3.1.6}$$

引入线性空间 P_T 如下:

$$P_T = \{f : \mathbf{R} \to \mathbf{R}^n \mid f \text{ 为连续的 } T \text{ 周期向量函数}\},$$

规定 P_T 中数乘为数与向量的乘法, 加法为向量函数的加法, 又定义 f 的范数 $|f|$ 如下:

$$|f| = \sup_{t \in \mathbf{R}} \|f(t)\| = \sup_{t \in \mathbf{R}} \max_{1 \leqslant j \leqslant n} |f_j(t)|.$$

可证 P_T 为 Banach 空间. 进一步有下面的引理.

引理 3.1.5 考虑周期线性方程 (3.1.2), 设 $X^{-1}(T) - I$ 为可逆矩阵, 则由 (3.1.5) 与 (3.1.6) 定义的 $K : P_T \to P_T$ 为线性有界算子, 从而存在与 b 无关的常数 $M > 0$ 使

$$|Kb| \leqslant M|b| \tag{3.1.7}$$

证明 对 (3.1.2) 作周期变换 $x = P_1(t)y$ 可得

$$\dot{y} = By + P_1^{-1}(t)b(t), \tag{3.1.8}$$

则由于 $X^{-1}(T) - I$ 可逆, 由 (3.1.5) 与 (3.1.6) 知 (3.1.8) 的唯一 T 周期解可表示为

$$y^*(t) = \mathrm{e}^{Bt}\left[(\mathrm{e}^{-BT} - I)^{-1}f(T) + f(t)\right],$$

其中

$$f(t) = \int_0^t \mathrm{e}^{-Bs} P_1^{-1}(s)b(s)\mathrm{d}s.$$

注意到 $\mathrm{e}^{-BT} = X^{-1}(T)$, $\mathrm{e}^{-Bs}P_1^{-1}(s) = X^{-1}(s)$, 由上式知

$$y^*(t + T) = \mathrm{e}^{BT}\mathrm{e}^{Bt}\left[(\mathrm{e}^{-BT} - I)^{-1}f(T) + f(t + T)\right]$$

$$= \mathrm{e}^{BT}\left[y^*(t) + \mathrm{e}^{Bt}\int_t^{t+T} X^{-1}(s)b(s)\mathrm{d}s\right]$$

$$= e^{BT} \left[y^*(t) + e^{Bt} \int_0^T X^{-1}(s+t)b(s+t)ds \right].$$

因为 $y^*(t+T) = y^*(t)$, 故由上式可解得

$$y^*(t) = \left(e^{-BT} - I \right)^{-1} e^{Bt} \int_0^T X^{-1}(s+t)b(s+t)ds.$$

注意到 $x(t, x_0^*) = P_1(t)y^*(t)$, 可得 Kb 的表达式为

$$(Kb)(t) = X(t) \left(X^{-1}(T) - I \right)^{-1} \int_0^T X^{-1}(s+t)b(s+t)ds.$$

现取与前面所取的向量范数 $\|f(t)\|$ 相容的矩阵范数 $\|Q\|$ 如下:

$$\|Q\| = \max_{1 \leqslant i \leqslant n} \sum_{j=1}^n |q_{ij}|, \ 或 \ \|Q\| = n \max_{1 \leqslant i,j \leqslant n} |q_{ij}|, \ 其中 \ Q = (q_{ij})_{n \times n}.$$

那么令

$$M = \max_{0 \leqslant t \leqslant T} \int_0^T \|X(t) \left(X^{-1}(T) - I \right)^{-1} X^{-1}(s+t)\| ds, \tag{3.1.9}$$

则必有

$$\|(Kb)(t)\| \leqslant M|b|.$$

即为所证. $\square$

如果取向量范数 $\|f(t)\|$ 为

$$\|f(t)\| = \sum_{j=1}^n |f_j(t)|,$$

则相容的矩阵范数可取为

$$\|Q\| = \max_{1 \leqslant j \leqslant n} \sum_{i=1}^n |q_{ij}|,$$

或

$$\|Q\| = \sum_{i,j=1}^n |q_{ij}|.$$

方程 (3.1.1) 的 T 周期解称为其调和解.

如果对某 $x_0 \in G$ 存在自然数 $k \geqslant 2$, 使解 $x(t, x_0)$ 的最小周期为 kT, 则称其为 (3.1.1) 的 k 阶次调和解.

由 (3.1.1) 的 Poincaré 映射 P 的定义易知, P 自身 k 次的复合 P^k 满足

$$P^k(x_0) = P(P^{k-1}(x_0)) = x(T, P^{k-1}(x_0)) = x(kT, x_0),$$

其中 $k \geqslant 2$. 于是 (3.1.1) 的解 $x(t, x_0)$ 为 k 阶次调和解当且仅当 x_0 为 P 的 k 周期点, 即

$$P^k(x_0) = x_0, \quad P^j(x_0) \neq x_0, \quad 1 \leqslant j \leqslant k-1.$$

例 3.1.1   考虑二阶线性微分方程

$$\ddot{x} + b^2 x = a\cos(mbt), \quad b > 0, \quad m > 1, \tag{3.1.10}$$

其中 m 为整数. 试讨论 (3.1.10) 的周期解的存在性.

解   方程 (3.1.10) 等价于下述一阶平面周期方程

$$\dot{x} = y, \quad \dot{y} = -b^2 x + a\cos(mbt). \tag{3.1.11}$$

该方程满足 $x(0) = x_0, y(0) = y_0$ 的解为

$$x(t) = (x_0 - A)\cos(bt) + \frac{y_0}{b}\sin(bt) + A\cos(mbt),$$

$$y(t) = x'(t),$$

其中 $A = \dfrac{a}{(1 - m^2)b^2}$. 于是, (3.1.11) 的 Poincaré 映射 $P : \mathbf{R}^2 \to \mathbf{R}^2$ 可求出, 如下:

$$P(x_0, y_0) = \begin{pmatrix} \cos(bT) & \dfrac{1}{b}\sin(bT) \\ -b\sin(bT) & \cos(bT) \end{pmatrix} \begin{pmatrix} x_0 \\ y_0 \end{pmatrix} + \begin{pmatrix} A(1 - \cos(bT)) \\ bA\sin(bT) \end{pmatrix},$$

其中 $T = \dfrac{2\pi}{mb}$. 易知点 $(x_0, y_0) = (A, 0)$ 恒为 P 的不动点, 对应的周期解为调和解 $(x^*(t), y^*(t)) = (A\cos(mbt), -mbA\sin(mbt))$. 进一步利用 $P^k(x_0, y_0) = (x(kT), y(kT))$ 可知当 $(x_0, y_0) \neq (A, 0)$ 时解 $(x(t), y(t))$ 都是 mT 周期的. 故方程 (3.1.10) 或 (3.1.11) 有唯一的调和解, 除此解以外的所有其他解都是 m 阶次调和解.

习　题　3.1

1. 设 A 为 n 阶常矩阵, $f : \mathbf{R} \times \mathbf{R}^n \to \mathbf{R}^n$ 为连续函数, 证明 $x(t)$ 为微分方程

$$\frac{\mathrm{d}x}{\mathrm{d}t} = Ax + f(t, x)$$

定义在区间 I 上的解当且仅当 $x(t)$ 满足

$$x(t) = \mathrm{e}^{A(t-t_0)}\left[x(t_0) + \int_{t_0}^{t} \mathrm{e}^{-A(s-t_0)} f(s, x(s))\mathrm{d}s \right],$$

其中 $t, t_0 \in I$.

2. 考虑 T 周期系统

$$\frac{\mathrm{d}x}{\mathrm{d}t} = [A + \varepsilon B(t)]\, x, \quad x \in \mathbf{R}^n,$$

其中 A 为常矩阵且其特征值均有负实部, 证明当实参数 ε 的绝对值充分小时上述周期系统的一切解当 $t \to +\infty$ 时都趋于零.

3. 求周期线性方程

$$\frac{\mathrm{d}x}{\mathrm{d}t} = \begin{pmatrix} 0 & -1 \\ 1 & 0 \end{pmatrix} x + \begin{pmatrix} a_0 + a_1 \cos(kt) + a_2 \sin(kt) \\ b_0 + b_1 \cos(kt) + b_2 \sin(kt) \end{pmatrix}$$

的 Poincaré 映射, 其中 a_i, b_i 为常数, k 为自然数.

4. 设 $f(t)$ 为连续的 2π 周期函数, 当 $f(t)$ 满足什么条件时二阶周期方程 $\ddot{x} + \dot{x} = f(t)$ 有一个 2π 周期解?

5. 设 $\mu_1, \cdots, \mu_n$ 为 (3.1.3) 的特征乘数, 则

$$\mu_1 \cdots \mu_n = \mathrm{e}^{\int_0^T \mathrm{tr}A(t)\mathrm{d}t}.$$

3.2　周期解的存在性

本节给出研究周期微分方程存在周期解的两种常用方法.

3.2.1　压缩映射方法

首先考虑含参数的周期微分方程.

$$\frac{\mathrm{d}x}{\mathrm{d}t} = A(t)x + f(t, x, \varepsilon), \quad x \in G \subset \mathbf{R}^n, \tag{3.2.1}$$

其中 $\varepsilon \in U \subset \mathbf{R}^n$ 为小参数, $A(t)$ 为连续的 T 周期矩阵, $f: \mathbf{R} \times G \times U \to \mathbf{R}^n$ 连续, 且关于 x 为 C^1 的, U 与 G 为包含原点的开集. 如前, 设线性方程 (3.1.3)

$$\frac{\mathrm{d}x}{\mathrm{d}t} = A(t)x$$

的基本解矩阵为 $X(t)$, $X(0) = I$. 令 M 如 (3.1.9) 所给出. 对周期微分方程 (3.2.1), 利用压缩映射原理可证以下定理.

定理 3.2.1 设 $X(T)-I$ 可逆, 且存在 $\varepsilon_0>0,\,N(\varepsilon)>0,\,L(\varepsilon)>0,\,B(\varepsilon)>0$, 使得对 $|\varepsilon|\leqslant\varepsilon_0$ 有

(i) 对一切 $t\in\mathbf{R}$ 有 $\|f(t,0,\varepsilon)\|\leqslant N(\varepsilon)$;

(ii) 对 $\|x\|,\|y\|\leqslant B(\varepsilon)$ 有

$$\|f(t,x,\varepsilon)-f(t,y,\varepsilon)\|\leqslant L(\varepsilon)\|x-y\|;$$

(iii) 对由 (3.1.9) 定义的 $M>0$ 成立

$$M[L(\varepsilon)B(\varepsilon)+N(\varepsilon)]\leqslant B(\varepsilon),$$

则对 $|\varepsilon|\leqslant\varepsilon_0$ 方程 (3.2.1) 有满足 $\|x(t)\|\leqslant B(\varepsilon)$ 的唯一调和解.

证明 任取周期向量函数 $\bar{x}\in P_T$, 令

$$b(t)=f(t,\bar{x}(t),\varepsilon),$$

则 $(Kb)(t)$ 为线性方程

$$\frac{\mathrm{d}x}{\mathrm{d}t}=A(t)x+b(t)$$

的唯一周期解, 因为 b 与 $\bar{x}$ 有关, 令 $(\bar{K}\bar{x})(t)=(Kb)(t)$. 这样定义了一个非线性算子 $\bar{K}:P_T\to P_T$, 由所设条件及引理 3.1.5 知当 $\bar{x},\bar{y}\in P_T$ 且 $|\bar{x}|,|\bar{y}|\leqslant B$ 时有

$$|\bar{K}\bar{x}|\leqslant M\max_t\|f(t,\bar{x}(t),\varepsilon)\|$$

$$\leqslant M[L(\varepsilon)|\bar{x}|+N(\varepsilon)]$$

$$\leqslant M(LB+N)\leqslant B,$$

$$|\bar{K}\bar{x}-\bar{K}\bar{y}|=|K(f(\cdot,\bar{x}(\cdot),\varepsilon)-f(\cdot,\bar{y}(\cdot),\varepsilon))|$$

$$\leqslant M\max_t\|f(t,\bar{x}(t),\varepsilon)-f(t,\bar{y}(t),\varepsilon)\|$$

$$\leqslant ML(\varepsilon)|\bar{x}-\bar{y}|,$$

于是, 若令

$$P_{T,B}=\{b\,|\,b\in P_T,|b|\leqslant B(\varepsilon)\},$$

则对一切 $|\varepsilon|\leqslant\varepsilon_0$, 有 $ML<1$, 从而 $\bar{K}$ 为 $P_{T,B}$ 上的压缩算子, 故 $\bar{K}$ 在 $P_{T,B}$ 中有唯一不动点 x_ε, 即 $\bar{K}x_\varepsilon=x_\varepsilon$, 于是由 $\bar{K}$ 的定义知 T 周期函数 $x_\varepsilon(t)$ 是线性方程

$$\frac{\mathrm{d}x}{\mathrm{d}t}=A(t)x+f(t,x_\varepsilon(t),\varepsilon)$$

的唯一调和解, 从而 $x_\varepsilon(t)$ 是 (3.2.1) 的调和解.

反之, (3.2.1) 的调和解也必是 $\bar{K}$ 的不动点. 从而由不动点的唯一性知 $x_\varepsilon(t)$ 是 (3.2.1) 在 $P_{T,B}$ 中的唯一解. 证毕. $\qquad\square$

推论 3.2.1 设 $X(T) - I$ 可逆, 又设 $f(t,0,0) = 0$, $f_x(t,0,0) = 0$, 则存在 $\varepsilon_0 > 0$, 使对 $|\varepsilon| \leqslant \varepsilon_0$, (3.2.1) 有满足 $x(t,0) = 0$ 的唯一调和解 $x(t,\varepsilon)$.

证明 令

$$N(\varepsilon) = \max\{\|f(t,0,\varepsilon)\|, 0 \leqslant t \leqslant T\},$$

$$L(\varepsilon) = \max\{|f_x(t,x,\varepsilon)|, 0 \leqslant t \leqslant T, |x| \leqslant 2MN(\varepsilon)\},$$

从而由向量函数的微分中值公式 (见 (1.1.14)) 知, 存在 ε_0, 使当 $|\varepsilon| \leqslant \varepsilon_0$ 时

$$2ML(\varepsilon) < 1, \quad M[L(\varepsilon) \cdot 2MN(\varepsilon) + N(\varepsilon)] \leqslant 2MN(\varepsilon).$$

于是由定理 3.2.1 知 (3.2.1) 有满足 $|x| \leqslant 2MN$ 的唯一调和解. 证毕. $\qquad\square$

例 3.2.1 设在周期线性方程 (3.1.2) 中 $A(t)$ 为二阶常矩阵, 且有一对复共轭特征值, 则不妨设

$$A(t) = \begin{pmatrix} \alpha & \beta \\ -\beta & \alpha \end{pmatrix}, \quad \alpha, \beta \in \mathbf{R}.$$

试给出 $X^{-1}(T) - I$ 可逆的充分必要条件.

解 在所设条件下, 我们有

$$X(t) = \mathrm{e}^{At} = \mathrm{e}^{\alpha t} \begin{pmatrix} \cos(\beta t) & \sin(\beta t) \\ -\sin(\beta t) & \cos(\beta t) \end{pmatrix}.$$

由此知

$$\det(X(T) - I) = \left[\mathrm{e}^{\alpha T}\cos(\beta T) - 1\right]^2 + \left[\mathrm{e}^{\alpha T}\sin(\beta T)\right]^2.$$

故得

$$\det(X(T) - I) = 0 \Leftrightarrow \alpha = 0, \quad \beta = \frac{2k\pi}{T}, \quad k\text{为某整数}.$$

换句话说, 二阶矩阵 $X(T) - I$ 可逆当且仅当 $\alpha \neq 0$ 或 $\alpha = 0, \beta \notin \left\{\frac{2k\pi}{T}, k = 0, \pm 1, \cdots\right\}$.

一般地可证, 设 A 为常矩阵, 则 $X(T) - I = \mathrm{e}^{AT} - I$ 是可逆矩阵当且仅当 A 的任何特征值 λ 都满足 $\lambda \notin \left\{\frac{2k\pi}{T}\mathrm{i}, k = 0, \pm 1, \cdots\right\}$, 其中 $\mathrm{i} = \sqrt{-1}$. 留作习题.

3.2.2 隐函数定理方法

现在考虑下述形式的周期微分方程:

$$\frac{\mathrm{d}x}{\mathrm{d}t} = f(t, x, y, \varepsilon),$$

$$\frac{\mathrm{d}y}{\mathrm{d}t} = By + g(t, x, y, \varepsilon), \tag{3.2.2}$$

其中 $\varepsilon \in \mathbf{R}$ 为小参数, $x \in \mathbf{R}^n$, $y \in \mathbf{R}^m$, f, g 为连续函数, 且关于 t 为 T 周期的, 关于 (x, y, ε) 为 C^r 的, $r \geqslant 2$, B 为 m 阶常矩阵.

考虑 (3.2.2) 满足初值条件

$$x(0) = x_0, \quad y(0) = y_0$$

的解 $(x(t, x_0, y_0, \varepsilon), y(t, x_0, y_0, \varepsilon))$, 该解关于其变量都至少为 C^r 的, 将它关于 ε 展开可得

$$x(t, x_0, y_0, \varepsilon) = x_1(t) + \varepsilon x_2(t) + o(\varepsilon),$$

$$y(t, x_0, y_0, \varepsilon) = y_1(t) + \varepsilon y_2(t) + o(\varepsilon), \tag{3.2.3}$$

其中

$$x_1(0) = x_0, \quad y_1(0) = y_0, \quad x_2(0) = 0, \quad y_2(0) = 0. \tag{3.2.4}$$

将 (3.2.3) 代入 (3.2.2) 可得下列微分方程:

$$\frac{\mathrm{d}x_1}{\mathrm{d}t} = f_0(t, x_1, y_1), \quad \frac{\mathrm{d}y_1}{\mathrm{d}t} = By_1 + g_0(t, x_1, y_1),$$

$$\frac{\mathrm{d}x_2}{\mathrm{d}t} = f_1(t, x_1, y_1) + F_0(t), \quad \frac{\mathrm{d}y_2}{\mathrm{d}t} = By_2 + g_1(t, x_1, y_1) + G_0(t),$$

其中

$$f_0 = f|_{\varepsilon=0}, \quad g_0 = g|_{\varepsilon=0}, \quad f_1 = \frac{\partial f}{\partial \varepsilon}\bigg|_{\varepsilon=0}, \quad g_1 = \frac{\partial g}{\partial \varepsilon}\bigg|_{\varepsilon=0},$$

$$F_0(t) = f_{0x}(t, x_1(t), y_1(t))x_2(t) + f_{0y}(t, x_1(t), y_1(t))y_2(t),$$

$$G_0(t) = g_{0x}(t, x_1(t), y_1(t))x_2(t) + g_{0y}(t, x_1(t), y_1(t))y_2(t).$$

于是利用初值条件 (3.2.4) 及常数变易公式可解得

$$x_1(t) = x_0 + \int_0^t f_0(s, x_1(s), y_1(s)) \mathrm{d}s,$$

$$y_1(t) = \mathrm{e}^{Bt} y_0 + \int_0^t \mathrm{e}^{B(t-s)} g_0(s, x_1(s), y_1(s)) \mathrm{d}s,$$

$$x_2(t) = \int_0^t [f_1(s, x_1(s), y_1(s)) + F_0(s)] \mathrm{d}s, \qquad (3.2.5)$$

$$y_2(t) = \int_0^t \mathrm{e}^{B(t-s)} [g_1(s, x_1(s), y_1(s)) + G_0(s)] \mathrm{d}s.$$

由 (3.2.3) 与微分方程基本定理 (解对初值与参数的光滑性) 易见函数 x_1 与 y_1 关于变量 (x_0, y_0) 至少为 C^r 的, 而 x_2 与 y_2 关于 (x_0, y_0) 至少为 C^{r-1} 的.

现在假设

$$f_0|_{y=0} = 0, \quad g_0|_{y=0} = 0, \quad g_{0y}|_{y=0} = 0, \qquad (3.2.6)$$

则由 (3.2.6), 并注意到 $g_{0x}|_{y=0} = 0$, 将 f_0, g_0 等函数关于 y 在 $y = 0$ 的泰勒展式代入 (3.2.5) 中, 进一步可得

$$y_1(t) = \mathrm{e}^{Bt} y_0 + O(|y_0|^2),$$

$$x_1(t) = x_0 + \int_0^t f_{0y}(s, x_0, 0) \mathrm{e}^{Bs} \mathrm{d}s y_0 + O(|y_0|^2),$$

$$y_2(t) = \int_0^t \mathrm{e}^{B(t-s)} g_1(s, x_0, 0) \mathrm{d}s + O(|y_0|), \qquad (3.2.7)$$

$$x_2(t) = \int_0^t [f_1(s, x_0, 0) + f_{0y}(s, x_0, 0) y_2(s)|_{y_0=0}] \mathrm{d}s + O(|y_0|).$$

利用 (3.2.7) 可证以下定理.

定理 3.2.2　设 C^r 类方程 (3.2.2) 满足 (3.2.6), $r \geqslant 2$. 又设 $\mathrm{e}^{BT} - I$ 可逆, 令

$$G(x_0) = \int_0^T f_1(t, x_0, 0) \mathrm{d}t + \int_0^T f_{0y}(t, x_0, 0) \mathrm{e}^{Bt} h_1(t, x_0) \mathrm{d}t,$$

其中

$$h_1(t, x_0) = -(I - \mathrm{e}^{-BT})^{-1} h_2(T, x_0) + h_2(t, x_0),$$

$$h_2(t, x_0) = \int_0^t \mathrm{e}^{-Bs} g_1(s, x_0, 0) \mathrm{d}s.$$

如果存在 $x_0 \in \mathbf{R}^n$ 使 $G(x_0^*) = 0$, $\det \dfrac{\partial G}{\partial x_0}(x_0^*) \neq 0$, 则当 $|\varepsilon|$ 充分小时方程 (3.2.2) 有满足

$$(x(t), y(t)) = (x_0^*, 0) + O(\varepsilon)$$

的唯一周期解 $(x(t), y(t))$.

证明 由 (3.2.3) 知方程 (3.2.2) 的 Poincaré 映射为

$$P(x_0, y_0, \varepsilon) = \begin{pmatrix} x_1(T) + \varepsilon x_2(T) + o(\varepsilon) \\ y_1(T) + \varepsilon y_2(T) + o(\varepsilon) \end{pmatrix}$$

$$= \begin{pmatrix} P_1(x_0, y_0, \varepsilon) \\ P_2(x_0, y_0, \varepsilon) \end{pmatrix},$$

该映射关于 (x_0, y_0, ε) 为 C^r 的. 进一步由 (3.2.7) 知

$$P_2(x_0, y_0, \varepsilon) - y_0 = (e^{BT} - I)y_0 + O(\varepsilon) + O(|y_0|^2).$$

由隐函数定理知 $P_2(x_0, y_0, \varepsilon) - y_0 = 0$ 有唯一解 $y_0 = \varphi(x_0, \varepsilon) = O(\varepsilon) \in C^r$, 代入到 P_1, 并由 (3.2.7) 知

$$P_1(x_0, \varphi(x_0, \varepsilon), \varepsilon) - x_0 = \varepsilon[G(x_0) + O(\varepsilon)] \equiv \varepsilon d_1(x_0, \varepsilon),$$

易见函数 $\varepsilon d_1(x_0, \varepsilon)$ 关于 (x_0, ε) 为 C^r 的, 由改进的泰勒公式 (见 3.3 节内容) 知函数 d_1 关于 (x_0, ε) 至少为 C^{r-1} 的. 于是由假设, 对上式利用隐函数定理 (详见下一节) 即知结论成立.

有关周期微分方程周期解存在性的更多结果可见文献 [13, 14].   □

习 题 3.2

1. 考虑二阶周期微分方程

$$\ddot{x} + x = \cos^2 t + \varepsilon x \sin^2 t,$$

利用定理 3.2.1 证明当 $|\varepsilon| < \dfrac{1}{2}$ 时该方程有唯一的 π 周期解.

2. 考虑 T 周期系统

$$\frac{\mathrm{d}x}{\mathrm{d}t} = Ax + \varepsilon f(t, x, \varepsilon), \quad x \in \mathbf{R}^2, \ \varepsilon \in \mathbf{R},$$

其中 $A = \begin{pmatrix} 0 & \omega \\ -\omega & 0 \end{pmatrix}$, $\omega \neq 0$, f 为连续函数, 关于 t 为 T 周期的, 且关于 (x, ε) 为 C^1 的. 证明若 $\left| \dfrac{\omega T}{2\pi} \right|$ 不是自然数, 则当 $|\varepsilon|$ 充分小时上述周期系统有满足 $x(t, \varepsilon) = O(\varepsilon)$ 的唯一 T 周期解.

3. 设 $A = \begin{pmatrix} 0 & 1 \\ -1 & 0 \end{pmatrix}$, $h(t)$ 与 $f(t,x,\varepsilon)$ 为连续函数, 关于 t 为 2π 周期的, 且 f 关于 (x,ε) 为 C^1 的, 试讨论当 $|\varepsilon|$ 充分小时下述 2π 周期系统

$$\frac{\mathrm{d}x}{\mathrm{d}t} = Ax + h(t) + \varepsilon f(t,x,\varepsilon)$$

周期解的存在条件.

4. 设 A 为常矩阵, 证明 $\mathrm{e}^{AT} - I$ 是可逆矩阵当且仅当 A 的任何特征值 λ 都满足 $\lambda T \neq 2\pi\mathrm{i}k$, $\mathrm{i} = \sqrt{-1}$, $k = 0, \pm 1, \cdots$.

3.3　改进的泰勒公式与隐函数定理

我们看到, 在上一节讨论 (3.2.2) 的周期解的存在性时, 用到了改进的泰勒公式与隐函数定理. 它们是研究周期解的常用工具, 在后面还要经常用到, 因此本节详细论述改进的泰勒公式与隐函数定理. 这一节的主要内容 (引理 3.3.1、引理 3.3.3 与引理 3.3.5) 均取材于文献 [15].

3.3.1　含参量积分

作为预备知识, 本小节先给出含参量积分的性质.

设有连续函数 $F : I \times G \to \mathbf{R}$, $(x,y) \to F(x,y)$, 其中 $x \in I = [0,1]$, $y \in G \subset \mathbf{R}^n$, G 为开区域, $n \geqslant 1$. 令

$$f(y) = \int_0^1 F(x,y)\mathrm{d}x, \quad y \in G. \tag{3.3.1}$$

因为 F 在 $I \times G$ 上连续, 由数学分析中学过的含参量积分的性质知, 函数 f 在 G 上为连续函数. 又如果向量函数 $\dfrac{\partial F}{\partial y}$ 在 $I \times G$ 上为连续的, 则 f 在 G 上为 C^1 的, 且

$$f'(y) = \int_0^1 \frac{\partial F}{\partial y}(x,y)\mathrm{d}x. \tag{3.3.2}$$

一般地可证以下引理.

引理 3.3.1　设 F 在 $I \times G$ 上连续, 且函数 $F(x,y)$ 关于 y(的各分量) 的所有 k 阶偏导数均在 $I \times G$ 上连续, $k \geqslant 1$, 则由 (3.3.1) 给出的函数 f 在 G 上为 C^k 的.

证明　用归纳法. 由数学分析中含参量积分的知识知, 当 $k = 1$ 时结论成立, 且有 (3.3.2). 假设当 $k = l$ 时结论成立, 即如果 F 关于 y 为 C^l 的, 则 f 在 G

上为 C^l 的. 往证当 $k = l+1$ 时结论成立, 为此设 F 关于 y 为 C^{l+1} 的, 令

$$\frac{\partial F}{\partial y}(x,y) = (F_1(x,y), \cdots, F_n(x,y))^{\mathrm{T}},$$

则函数 $F_1, \cdots, F_n$ 关于 y 的所有 l 阶偏导数均在 $I \times G$ 上连续, 于是由归纳假设知

$$f_j(y) \equiv \int_0^1 F_j(x,y)\mathrm{d}x, \quad 1 \leqslant j \leqslant n$$

在 G 上为 C^l 的, 由 (3.3.2) 知

$$f'(y) = (f_1(y), \cdots, f_n(y))^{\mathrm{T}},$$

故 f' 在 G 上为 C^l 的, 即 f 在 G 上为 C^{l+1} 的. 故当 $k = l+1$ 时结论成立. 证毕. □

由上述证明易见, 如果 F 为向量函数, 则引理 3.3.1 的结论仍成立. 如果 F 为 C^∞ 的或解析的, 则 f 也是 C^∞ 的或解析的.

3.3.2　改进的泰勒公式

设有多元函数 $F : D \times G \to \mathbf{R}$, $(x,y) \to F(x,y)$, 其中 $D \subset \mathbf{R}^m$ 为凸集 (即 D 中任意两点的连线仍在 D 中), $G \subset \mathbf{R}^n$ 为某区域, 则成立下述改进的一阶泰勒公式.

引理 3.3.2　*如果 F 与 $\dfrac{\partial F}{\partial x}$ 均在 $D \times G$ 上为 C^k 的, $k \geqslant 0$, 则存在 $D \times D \times G$ 上的 C^k 函数 $J(u,v,y)$, 且 $J(x,x,y) = \dfrac{\partial F}{\partial x}(x,y)$, 使成立*

$$F(u,y) - F(v,y) = J(u,v,y)(u-v), \quad (u,v,y) \in D \times D \times G. \tag{3.3.3}$$

证明　对任意确定的 $u, v \in D$, $y \in G$, 令

$$f(t,u,v,y) = F(tu + (1-t)v, y), \quad t \in [0,1].$$

则由假设知 f 与 $\dfrac{\partial f}{\partial t}$ 在 $[0,1] \times D \times D \times G$ 上均为 C^k 的, 由牛顿–莱布尼茨公式可得

$$F(u,y) - F(v,y) = f(1,u,v,y) - f(0,u,v,y)$$

$$= \int_0^1 \frac{\partial f}{\partial t}(t,u,v,y)\mathrm{d}t$$

$$= J(u, v, y)(u - v),$$

其中

$$J(u, v, y) = \int_0^1 \frac{\partial F}{\partial x}(tu + (1-t)v, y)\mathrm{d}t.$$

由引理 3.3.1 知函数 J 关于 $(u, v, y) \in D \times D \times G$ 为 C^k 的, 且由上式知 $J(x, x, y) = \frac{\partial F}{\partial x}(x, y)$. 证毕. □

同样, 上述引理对向量函数 F 也成立, 此时函数 J 为矩阵函数. 又, 如果 F 为 C^∞ 的或解析的, 则 J 也是 C^∞ 的或解析的.

在一些应用中量 u 为一维的, 且在 $u = 0$ 附近变化, 因此下设 $D = (-\varepsilon_0, \varepsilon_0)$, $\varepsilon_0 > 0$, 那么由引理 3.3.2 知, 如果 F 与 $\frac{\partial F}{\partial x}$ 在 $D \times G$ 上为 C^k 的, 则存在 $D \times G$ 上的 C^k 函数 $F_1(x, y)$, 且 $F_1(0, y) = \frac{\partial F}{\partial x}(0, y)$, 使成立

$$F(x, y) = F(0, y) + F_1(x, y)x.$$

上式可视为含参量 y 的一阶泰勒公式的改进形式. 一般地成立下列引理 3.3.3, 它给出了改进的高阶泰勒公式.

引理 3.3.3　设有多元函数 $F : D \times G \to \mathbf{R}$, 其中 $D = (-\varepsilon_0, \varepsilon_0)$, $\varepsilon_0 > 0$, $G \subset \mathbf{R}^n$ 为某区域. 设有整数 k 与 m, $1 \leqslant m \leqslant k+1$, $k \geqslant 0$, 使 $\frac{\partial^m F}{\partial x^m} \in C^{k-m+1}(D \times G)$, 则存在函数 $\bar{R} \in C^{k-m+1}(D \times G)$ 使成立

$$F(x, y) = \sum_{j=0}^{m-1} \frac{1}{j!} \frac{\partial^j F}{\partial x^j}(0, y)x^j + x^m \bar{R}(x, y), \tag{3.3.4}$$

$$\bar{R}(0, y) = \frac{1}{m!} \frac{\partial^m F}{\partial x^m}(0, y).$$

如果 $F \in C^\infty(D \times G)$, 则 $\bar{R} \in C^\infty(D \times G)$.

证明　固定 $y \in G$, 令 $\widetilde{F}(x) = F(x, y)$, 对 $\widetilde{F}$ 利用数学分析中的带积分余项的泰勒公式可得

$$\widetilde{F}(x) = \sum_{j=0}^{m-1} \frac{1}{j!} \widetilde{F}^{(j)}(0)x^j + R_m(x), \tag{3.3.5}$$

其中

$$R_m(x) = \frac{1}{(m-1)!} \int_0^x \widetilde{F}^{(m)}(t)(x-t)^{m-1}\mathrm{d}t$$

$$= \frac{x^m}{(m-1)!} \int_0^1 \widetilde{F}^{(m)}(ux)(1-u)^{m-1} \mathrm{d}u.$$

注意到

$$\widetilde{F}^{(j)}(0) = \frac{\partial^j F}{\partial x^j}(0, y), \quad 0 \leqslant j \leqslant m-1,$$

$$\widetilde{F}^{(m)}(ux) = \frac{\partial^m F}{\partial x^m}(ux, y),$$

将上列诸式代入到 (3.3.5), 即得 (3.3.4), 其中

$$\bar{R}(x, y) = \frac{1}{(m-1)!} \int_0^1 \frac{\partial^m F}{\partial x^m}(ux, y)(1-u)^{m-1} \mathrm{d}u.$$

因为 $\dfrac{\partial^m F}{\partial x^m} \in C^{k-m+1}$, 由引理 3.3.1 知 $\bar{R} \in C^{k-m+1}$, 且由上式知

$$\bar{R}(0, y) = \frac{1}{(m-1)!} \int_0^1 \frac{\partial^m F}{\partial x^m}(0, y)(1-u)^{m-1} \mathrm{d}u$$

$$= \frac{1}{m!} \frac{\partial^m F}{\partial x^m}(0, y).$$

又由上述讨论知, 如果 $F \in C^\infty(D \times G)$, 则必有 $\bar{R} \in C^\infty(D \times G)$. 证毕. □

3.3.3　隐函数定理

本节介绍向量函数的隐函数定理. 考虑向量函数 $F : D \times G \to \mathbf{R}^n$, 其中 $D \subset \mathbf{R}^m$, $G \subset \mathbf{R}^n$ 均为开区域. 下列引理是数学分析中证明过的.

引理 3.3.4　如果存在 $(x_0, y_0) \in D \times G$ 使得 F 在 (x_0, y_0) 的小邻域内为 C^1 的, 且满足

$$F(x_0, y_0) = 0, \quad \det \frac{\partial F}{\partial y}(x_0, y_0) \neq 0,$$

则存在 x_0 的邻域 U、y_0 的邻域 V 以及函数 $f \in C^1(U)$, 使得对 $(x, y) \in U \times V$, $F(x, y) = 0$ 当且仅当 $y = f(x)$. 此外, 成立

$$f'(x) = -\left[\frac{\partial F}{\partial y}(x, f(x)) \right]^{-1} \frac{\partial F}{\partial x}(x, f(x)), \quad x \in U. \tag{3.3.6}$$

进一步利用 (3.3.6) 和归纳法可证以下引理.

引理 3.3.5　*如果存在 $(x_0, y_0) \in D$ 使得 F 在 (x_0, y_0) 的小邻域内为 C^k 的, $k \geqslant 1$, 且满足*

$$F(x_0, y_0) = 0, \quad \det \frac{\partial F}{\partial y}(x_0, y_0) \neq 0,$$

则存在 x_0 的邻域 U, y_0 的邻域 V, 以及函数 $f \in C^k(U)$, 使得对 $(x, y) \in U \times V$, $F(x, y) = 0$ 当且仅当 $y = f(x)$. 如果 $F \in C^\infty(D)$, 则 $f \in C^\infty(U)$.

证明　由引理 (3.3.4) 知当 $k = 1$ 时结论成立. 现设当 $k = l$ 时结论成立. 即如果 F 在 (x_0, y_0) 的小邻域内为 C^l 的, 则 f 在 x_0 的某邻域也为 C^l 的. 往证结论对 $k = l+1$ 成立. 为此, 设 F 在 (x_0, y_0) 的小邻域内为 C^{l+1} 的, 则由归纳假设函数 f 在 x_0 的某邻域 U 上为 C^l 的. 于是注意到 $\frac{\partial F}{\partial x}$ 与 $\frac{\partial F}{\partial y}$ 均为 C^l 函数, 由 (3.3.6) 及复合函数的性质知, 导函数 f' 在 U 上为 C^l 的, 由高阶导数的定义即知, f 在 U 上为 C^{l+1} 的. 于是由归纳法知结论成立. 又易见, 如果 $F \in C^\infty(U)$, 则必有 $f \in C^\infty(U)$. 证毕.　□

进一步可证, 如果在上述引理中 $F \in C^\omega(D)$, 则 $f \in C^\omega(U)$, 其中 C^ω 表示解析类函数.

习　题　3.3

1. 设有 $n + m$ 元函数 $F: D \times G \to \mathbf{R}^n$, 其中 $D = \{x \mid |x| < \varepsilon_0, x \in \mathbf{R}^n\}$, $\varepsilon_0 > 0$, $G \subset \mathbf{R}^m$ 为某区域. 证明如果 F 与 $\frac{\partial F}{\partial x}$ 在 $D \times G$ 上为 C^k 的, $k \geqslant 1$, 则存在 $D \times G$ 上的 C^k 函数 $F_1, \cdots, F_n$ 使成立

$$F(x, y) = F(0, y) + x_1 F_1(x, y) + \cdots + x_n F_n(x, y).$$

2. 设有定义于区间 $(-1, 1)$ 上的 C^∞ 函数 $f(x)$, 如果 f 为偶函数, 则存在 $[0, 1)$ 上的 C^∞ 函数 $g(u)$, 使成立 $f(x) = g(x^2)$. (提示: 参考文献 [15] 第一章第 1.4 节.)

3. 设二元函数 $H(x, y)$ 在 $(x, y) = (0, 0)$ 的某邻域内为 C^∞ 的, 且当 $|x| + |y|$ 充分小时 $H(x, y) = x^2 + y^2 + O(|x, y|^3)$, 则存在原点的邻域 U 及定义于 U 上的 C^∞ 函数 $u = f(x), v = g(x, y)$, 使在 U 上成立

$$H(x, y) = u^2 + v^2.$$

(提示: 参考文献 [15] 第一章第 1.4 节.)

4. 设有常数 $\varepsilon_0 > 0$ 及定义于 $(-\varepsilon_0, \varepsilon_0)$ 上的 C^∞ 函数 $K(x)$, 如果当 $|x|$ 充分小时 $K(x) = x^2 + O(x^3)$, 则存在 $x = 0$ 某邻域内的 C^∞ 函数 $\alpha(x) = -x + O(x^2)$ 使 $K(x) = K(\alpha(x))$.

3.4　平　均　法

本节研究含一个小参数的周期微分方程周期解的存在性, 先考虑光滑情况, 再考虑分段光滑情况.

3.4.1 光滑周期微分方程

本小节考虑下述形式的 n 维周期微分方程:

$$\frac{\mathrm{d}x}{\mathrm{d}t} = G(t,x) + \varepsilon F(t,x), \tag{3.4.1}$$

其中 $\varepsilon \in \mathbf{R}$ 为小参数, $G, F : \mathbf{R} \times D \to \mathbf{R}^n$ 为 C^k 函数, $k \geqslant 1$, $D \subset \mathbf{R}^n$ 为某区域, 又存在常数 $T > 0$ 使对一切 $(t,x) \in \mathbf{R} \times D$ 有

$$G(t+T,x) = G(t,x), \quad F(t+T,x) = F(t,x). \tag{3.4.2}$$

当 $\varepsilon = 0$ 时, (3.4.1) 成为

$$\frac{\mathrm{d}x}{\mathrm{d}t} = G(t,x). \tag{3.4.3}$$

现在考虑一种特殊情况, 即假设 (3.4.3) 在某区域上的所有解都是 T 周期的, 将 (3.4.3) 满足 $x(0) = x_0$ 的解记为 $x = \varphi(t,x_0)$, 并设存在区域 $U \subset D$, 使有 $\varphi(t+T,x_0) = \varphi(t,x_0), x_0 \in U$. 引入变量变换

$$x = \varphi(t,z), \quad z \in U,$$

则注意到 $\det \dfrac{\partial \varphi}{\partial z} \neq 0$ (第 1 章 (1.3.16)), 方程 (3.4.1) 成为

$$\frac{\mathrm{d}z}{\mathrm{d}t} = \varepsilon \widetilde{F}(t,z), \quad z \in U, \tag{3.4.4}$$

其中

$$\widetilde{F}(t,z) = \left(\frac{\partial \varphi}{\partial z}\right)^{-1} F(t,\varphi).$$

由解对初值的可微性定理知, 如果 G 与 $\dfrac{\partial G}{\partial x}$ 均为 C^k 函数, 则 φ 与 $\dfrac{\partial \varphi}{\partial z}$ 为 C^k 函数, 从而由 F 为 C^k 函数, 于是 $\widetilde{F}$ 为 C^k 函数. 引入 $\widetilde{F}$ 的平均函数如下:

$$\bar{F}(z) = \frac{1}{T}\int_0^T \widetilde{F}(t,z)\mathrm{d}t, \quad z \in U. \tag{3.4.5}$$

可证下述结果 (即所谓的一阶平均定理).

定理 3.4.1[16] 考虑方程 (3.4.1), 其中假设 $G, \dfrac{\partial G}{\partial x}$ 与 F 均在 $\mathbf{R} \times D$ 上为 C^k 的, $k \geqslant 1$, 且满足 (3.4.2). 又设未扰方程 (3.4.3) 有 T 周期解族 $x = \varphi(t,x_0)$, $x_0 \in U, U \subset D$ 为某区域. 如果存在 $z_0 \in U$ 使由 (3.4.5) 定义的函数 $\bar{F}$ 满足

$$\bar{F}(z_0) = 0, \quad \det \bar{F}'(z_0) \neq 0,$$

则方程 (3.4.4) 存在满足 $z(t,\varepsilon) = z_0 + O(\varepsilon) \in C^k$ 的唯一 T 周期解.

证明　设 (3.4.4) 满足 $z(0) = z_0$ 的解为 $z(t, z_0, \varepsilon)$, 则由改进的泰勒公式可知, 该解可写为

$$z(t, z_0, \varepsilon) = z_0 + \varepsilon z_1(t, z_0, \varepsilon),$$

其中 $z_1(0, z_0, \varepsilon) = 0$, 且 z_1 满足下列微分方程:

$$\frac{\mathrm{d}z_1}{\mathrm{d}t} = \widetilde{F}(t, z_0 + \varepsilon z_1),$$

故 z_1 为 C^k 函数, 且

$$z_1(t, z_0, 0) = \int_0^t \widetilde{F}(u, z_0)\mathrm{d}u.$$

因此 (3.4.4) 的 Poincaré 映射为

$$P(z, \varepsilon) = z + \varepsilon z_1(T, z, \varepsilon) = z + \varepsilon[T\bar{F}(z) + O(\varepsilon)].$$

由此, 利用条件及隐函数定理知存在 C^k 函数 $\psi(z_0, \varepsilon) = z_0 + O(\varepsilon)$ 使 $z = \psi(z_0, \varepsilon)$ 为 P 的在 z_0 附近的唯一不动点, 于是 (3.4.4) 有唯一 T 周期解

$$z(t, \psi(z_0, \varepsilon), \varepsilon) = z_0 + O(\varepsilon).$$

即为所证. □

上述定理告诉我们, 利用周期函数 $\widetilde{F}$ 的平均函数 $\bar{F}$, 可以判断周期解的存在性. 其实有时利用平均方程

$$\frac{\mathrm{d}z}{\mathrm{d}t} = \varepsilon\bar{F}(z) \tag{3.4.6}$$

可以获得更多的信息. 例如, 如果自治系统 (3.4.6) 有非平凡的双曲闭轨, 则 (3.4.4) 就存在不变的环面. 为此需要对 (3.4.4) 引入进一步的变换. 现简要地介绍这个变换方法 (又称为平均方法).

设 $q(t, z)$ 为下述一阶微分方程

$$\frac{\partial q}{\partial t} = \widetilde{F}(t, z) - \bar{F}(z)$$

的一个解, 由 (3.4.5) 知它关于 t 为 T 周期的. 利用这个函数 q, 引入变量变换 $z = w + \varepsilon q(t, w)$, 则由 (3.4.4) 可得下列周期微分方程

$$\frac{\mathrm{d}w}{\mathrm{d}t} = \varepsilon W(t, w, \varepsilon), \tag{3.4.7}$$

其中

$$W(t,w,\varepsilon) = \left(I_n + \varepsilon\frac{\partial q}{\partial w}\right)^{-1}\left(\widetilde{F}(t,w+\varepsilon q) - \frac{\partial q}{\partial t}\right),$$

注意到 q 为 C^k 函数, 则 W 至少为 C^{k-1} 函数, 且由 q 满足的微分方程知

$$W(t,w,\varepsilon) = \bar{F}(w) + O(\varepsilon).$$

于是利用 (3.4.6) 的动力学性质可以获得 (3.4.7) 的动力学性质. 一般地, 利用归纳法可证对给定的任何正整数 m, 如果 $\widetilde{F}$ 足够光滑, 则方程 (3.4.4) 可化为下列 T 周期系统

$$\frac{dw}{dt} = \sum_{j=1}^{m} F_j(w)\varepsilon^j + O(\varepsilon^{m+1}),$$

见文献 [13, 17, 18]. 上式中的高阶项 $O(\varepsilon^{m+1})$ 一般与变量 t 有关, 截断该项而得到的自治系统

$$\frac{dw}{dt} = \sum_{j=1}^{m} F_j(w)\varepsilon^j$$

称为 (3.4.4) 的 m 阶平均方程.

现回到周期微分方程 (3.4.1) 与 (3.4.3). 一般来说未扰系统 (3.4.3) 的周期解族 $\varphi(t,x_0)$ 是难以求出的. 为便于应用, 今在 (3.4.1) 中引入另一个小参数 λ, 即考虑下面的含两个小参数的周期微分方程

$$\frac{dx}{dt} = \lambda G(t,x) + \varepsilon\left(F_0(t,x) + \lambda F_1(t,x)\right), \tag{3.4.8}$$

其中 $\varepsilon,\lambda \in \mathbf{R}$, $|\varepsilon| \ll |\lambda| \ll 1$, $G, F_0, F_1 : \mathbf{R} \times D \to \mathbf{R}^n$ 为 C^k 函数, $k \geqslant 1$, $D \subset \mathbf{R}^n$ 为某区域. 同前, 设存在 $T > 0$, 使 G, F_0, F_1 关于 t 为 T 周期的. 又设当 $\varepsilon = 0$ 时 (3.4.8) 有 T 周期解族 $x = \varphi(t,x_0,\lambda)$, 满足 $\varphi(0,x_0,\lambda) = x_0 \in G$. 易知, 当 $|\lambda|$ 充分小时,

$$\varphi(t,x_0,\lambda) = x_0 + \lambda\int_0^t G(u,x_0)du + o(\lambda),$$

于是

$$\frac{\partial\varphi}{\partial x_0} = I_n + \lambda\int_0^t \frac{\partial G}{\partial x}(u,x_0)du + o(\lambda),$$

$$\left(\frac{\partial\varphi}{\partial x_0}\right)^{-1} = I_n - \lambda\int_0^t \frac{\partial G}{\partial x}(u,x_0)du + o(\lambda).$$

因此变换 $x = \varphi(t, z, \lambda)$, $z \in D$ 把 (3.4.8) 化为

$$\frac{\mathrm{d}z}{\mathrm{d}t} = \varepsilon \widetilde{F}(t, z, \lambda), \quad z \in D,$$

其中

$$\widetilde{F}(t, z, \lambda) = \left(\frac{\partial \varphi}{\partial z}\right)^{-1} \left(F_0(t, \varphi) + \lambda F_1(t, \varphi)\right).$$

由此及前面 φ, $\dfrac{\partial \varphi}{\partial x_0}$ 和 $\left(\dfrac{\partial \varphi}{\partial x_0}\right)^{-1}$ 关于 λ 的一阶泰勒公式, 易求得

$$\widetilde{F}(t, z, 0) = F_0(t, z),$$

$$\begin{aligned}
\frac{\partial \widetilde{F}}{\partial \lambda}(t, z, 0) = & -\int_0^t \frac{\partial G}{\partial x}(u, z)\mathrm{d}u F_0(t, z) \\
& + \frac{\partial F_0}{\partial x}(t, z) \int_0^t G(u, z)\mathrm{d}u + F_1(t, z).
\end{aligned}$$

因此

$$\bar{F}(z, \lambda) = \frac{1}{T} \int_0^T \widetilde{F}(t, z, \lambda)\mathrm{d}t = \bar{F}_0(z) + \lambda \bar{F}_1(z) + o(\lambda),$$

其中

$$\bar{F}_0(z) = \frac{1}{T} \int_0^T F_0(t, z)\mathrm{d}t,$$

$$\begin{aligned}
\bar{F}_1(z) = \frac{1}{T} \int_0^T \Bigg[& F_1(u, z) + \frac{\partial F_0}{\partial x}(u, z) \int_0^u G(s, z)\mathrm{d}s \\
& - \int_0^u \frac{\partial G}{\partial x}(s, z)\mathrm{d}s \cdot F_0(u, z) \Bigg] \mathrm{d}u, \quad (3.4.9)
\end{aligned}$$

于是对方程 (3.4.8) 应用定理 3.4.1 及其证明可得 (请读者自证)

　　定理 3.4.2[16]　考虑周期微分方程 (3.4.8). 设当 $\varepsilon = 0$ 时, (3.4.8) 的所有解均为 T 周期的. 又设 $\bar{F}_0$ 与 $\bar{F}_1$ 由 (3.4.9) 给出. 则有

　　(1) 若存在 $z_0 \in D$ 使 $\bar{F}_0(z_0) = 0$, $\det \bar{F}_0'(z_0) \neq 0$,

或

　　(2) 若 $\bar{F}_0(z) \equiv 0$, 且存在 $z_0 \in D$ 使

$$\bar{F}_1(z_0) = 0, \quad \det \bar{F}_1'(z_0) \neq 0,$$

则当 $0 < |\varepsilon| \ll |\lambda| \ll 1$ 时方程 (3.4.8) 有 T 周期解

$$x(t,\varepsilon,\lambda) = z_0 + \lambda \int_0^t G(u,z_0)\mathrm{d}u + \varepsilon \int_0^t F_0(u,z_0)\mathrm{d}u + \cdots.$$

3.4.2 分段光滑的周期微分方程

在许多实际问题中出现不同类型的分段光滑微分方程. 本小节考虑一种较简单的分段光滑的周期微分方程, 其形式如下:

$$\frac{\mathrm{d}x}{\mathrm{d}t} = \varepsilon F(t,x), \quad x \in D \subset \mathbf{R}^n, \tag{3.4.10}$$

其中 $\varepsilon \in \mathbf{R}$ 为小参数, F 关于 t 为 T 周期的, 且满足

$$F(t,x) = \begin{cases} F_1(t,x), & 0 \leqslant t < h(x), \\ F_2(t,x), & h(x) \leqslant t < T, \end{cases} \tag{3.4.11}$$

而 F_1, F_2 在 $\mathbf{R} \times D$ 上为 C^k 的, 函数 h 在 D 上为 C^k 的, $k \geqslant 1$, D 为某区域.

我们要研究 (3.4.10) 的周期解的存在性, 为此先来定义其 Poincaré 映射.

引入下列两个微分方程:

$$\frac{\mathrm{d}x}{\mathrm{d}t} = \varepsilon F_j(t,x), \quad x \in D, \tag{3.4.12}$$

其中 $j = 1,2$. 我们称 (3.4.12) 为微分方程 (3.4.10) 的第 j 个子方程. 现取点 $x_0 \in D$, 由 (3.4.12) 的形式及解对初值的连续性知, 当 $|\varepsilon|$ 充分小时 (3.4.12) $(j=1)$ 满足初值条件 $x(0) = x_0$ 的解 $x_1(t,x_0,\varepsilon)$ 在 $[0,T]$ 上有定义. 考虑下述方程组

$$t = h(x), \quad x = x_1(t,x_0,\varepsilon). \tag{3.4.13}$$

令

$$G(t,x,x_0,\varepsilon) = \begin{pmatrix} t - h(x) \\ x - x_1(t,x_0,\varepsilon) \end{pmatrix},$$

则 G 为 C^k 的, 且注意到 $x_1(t,x_0,0) = x_0$ 可知

$$G(h(x_0),x_0,x_0,0) = 0,$$

$$\det \frac{\partial G}{\partial (t,x)}(h(x_0),x_0,x_0,0) = \det \begin{pmatrix} 1 & -h'(x_0) \\ 0 & I_n \end{pmatrix} = 1,$$

于是由隐函数定理知当 $|\varepsilon|$ 充分小时方程 (3.4.13) 有唯一解 $(t,x) = (\tau(x_0,\varepsilon),$ $\varphi(x_0,\varepsilon)) = (h(x_0),x_0) + O(\varepsilon)$, 且函数 (τ,φ) 关于 (x_0,ε) 为 C^k 的. 记 $(t_1,x_{10}) = (\tau(x_0,\varepsilon),\varphi(x_0,\varepsilon))$.

再考虑方程 (3.4.12) $(j=2)$ 满足初值条件 $x(t_1) = x_{10}$ 的解 $x = x_2(t,t_1,x_{10},$ $\varepsilon)$, 该解关于 (t_1,x_{10},ε) 为 C^k 的, 且由 (3.4.12) 知当 $|\varepsilon|$ 充分小且 $t_1 \leqslant t \leqslant T$ 时 $x(t,t_1,x_{10},\varepsilon) = x_{10} + O(\varepsilon)$. 注意到 (3.4.11), 很自然地定义 (3.4.10) 的满足初值条件 $x(0) = x_0$ 的解为

$$x(t,x_0,\varepsilon) = \begin{cases} x_1(t,x_0,\varepsilon), & 0 \leqslant t < t_1, \\ x_2(t,t_1,x_{10},\varepsilon), & t_1 \leqslant t \leqslant T. \end{cases}$$

于是周期微分方程 (3.4.10) 的 Poincaré 映射定义为

$$P(x_0,\varepsilon) = x(T,x_0,\varepsilon) = x_2(T,t_1,x_{10},\varepsilon).$$

由复合函数的性质知, 当 $|\varepsilon|$ 充分小时函数 P 关于 (x_0,ε) 为 C^k 的. 如图 3.4.1 所示.

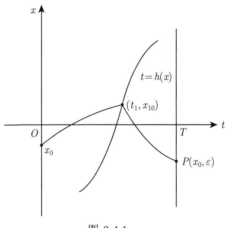

图 3.4.1

进一步可证

引理 3.4.1　设函数 F_1, F_2 在 $\mathbf{R} \times D$ 上为 C^k 的, 函数 $h(x)$ 在 D 上为 C^k 的, $k \geqslant 1$, 则任给紧集 $V \subset D$, 存在 $\varepsilon_0 = \varepsilon_0(V) > 0$ 及对 $x_0 \in V$ 与 $|\varepsilon| \leqslant \varepsilon_0$ 为 C^k 的函数 $d(x_0,\varepsilon)$ 使成立

$$P(x_0,\varepsilon) = x_0 + \varepsilon d(x_0,\varepsilon), \tag{3.4.14}$$

又

$$d(x_0,0) = \int_0^{h(x_0)} F_1(t,x_0)\mathrm{d}t + \int_{h(x_0)}^T F_2(t,x_0)\mathrm{d}t. \tag{3.4.15}$$

证明   因为 F_1 为 C^k 的, 故可将函数 $x_1(t,x_0,\varepsilon)$ 写为

$$x_1(t,x_0,\varepsilon) = x_0 + \varepsilon x_1^*(t,x_0,\varepsilon).$$

利用 (3.4.12) $(j=1)$ 知 x_1^* 满足

$$\frac{\mathrm{d}x_1^*}{\mathrm{d}t} = F_1(t,x_0+\varepsilon x_1^*), \quad x_1^*(0,x_0,\varepsilon) = 0.$$

故由解对初值与参数的可微性知函数 x_1^* 为 C^k 的. 同理, 函数 $x_2(t,t_1,x_{10},\varepsilon)$ 可写为

$$
\begin{aligned}
&x_2(t,t_1,x_{10},\varepsilon) = x_{10} + \varepsilon x_2^*(t,t_1,x_{10},\varepsilon),\\
&\frac{\mathrm{d}x_2^*}{\mathrm{d}t} = F_2(t,x_{10}+\varepsilon x_2^*), \quad x_2^*(t_1,t_1,x_{10},\varepsilon) = x_{10},
\end{aligned}
\tag{3.4.16}
$$

且 x_2^* 关于其所有变量为 C^k 的. 由 (t_1,x_{10}) 的定义知

$$
\begin{aligned}
x_{10} = \varphi(x_0,\varepsilon) &= x_1(t_1,x_0,\varepsilon)\\
&= x_0 + \varepsilon x_1^*(t_1,x_0,\varepsilon),
\end{aligned}
$$

于是将上式代入到 (3.4.16) 知

$$x_2(t,t_1,x_{10},\varepsilon) = x_0 + \varepsilon[x_1^*(t_1,x_0,\varepsilon) + x_2^*(t,t_1,x_{10},\varepsilon)],$$

令 $t = T$, 即得

$$P(x_0,\varepsilon) = x_0 + \varepsilon[x_1^*(t_1,x_0,\varepsilon) + x_2^*(T,t_1,x_{10},\varepsilon)].$$

与 (3.4.14) 对比知函数 $d(x_0,\varepsilon)$ 为 C^k 的, 且

$$
\begin{aligned}
d(x_0,0) &= x_1^*(h(x_0),x_0,0) + x_2^*(T,h(x_0),x_0,0)\\
&= \int_0^{h(x_0)} F_1(t,x_0)\mathrm{d}t + \int_{h(x_0)}^T F_2(t,x_0)\mathrm{d}t.
\end{aligned}
$$

即得 (3.4.15).

最后注意到, 对任给紧集 $V \subset D$, 必存在 $\varepsilon_0 = \varepsilon(V) > 0$, 使函数 P 对一切 $x_0 \in V$ 及 $|\varepsilon| \leqslant \varepsilon_0$ 都有定义.   □

由于 (3.4.10) 为 T 周期方程, 故与引理 3.1.1 类似. 可证 (3.4.10) 的解 $x(t, x_0, \varepsilon)$ 为 T 周期的当且仅当点 x_0 为函数 P 的不动点, 故成立下列一阶平均定理.

定理3.4.3　考虑分段光滑的 T 周期微分方程 (3.4.10), 其中出现于 (3.4.11)中的函数 F_1, F_2 在 $\mathbf{R} \times D$ 上为 C^k 的, 函数 h 在 D 上为 C^k 的, $k \geqslant 1$.

令

$$\bar{\alpha}(x) = \int_0^{h(x)} F_1(t, x)\mathrm{d}t + \int_{h(x)}^T F_2(t, x)\mathrm{d}t.$$

如果存在 $x_0 \in D$ 使得

$$\bar{\alpha}(x_0) = 0, \quad \det \bar{\alpha}'(x_0) \neq 0,$$

则存在 $\varepsilon_1 > 0$, 使当 $0 < |\varepsilon| < \varepsilon_1$ 时方程 (3.4.10) 有 T 周期解 $\widetilde{x}(t, \varepsilon) = x_0 + O(\varepsilon)$.

证明　因为 $x_0 \in D$, 故存在紧集 $V \subset D$ 使 $x_0 \in V$, 那么由引理 3.4.1, 存在 $\varepsilon_0 > 0$, 使得 (3.4.14) 对 $|\varepsilon| \leqslant \varepsilon_0$ 成立. 对函数 d 引用隐函数定理知存在唯一的点 $\widetilde{x} = x_0 + O(\varepsilon)$ 使 $d(\widetilde{x}, \varepsilon) = 0$, 即 $P(\widetilde{x}, \varepsilon) = \widetilde{x}$, 于是方程 (3.4.10) 有 T 周期解 $x(t, \widetilde{x}, \varepsilon) = x_0 + O(\varepsilon)$. 证毕. □

上述定理是文献 [19] 有关结果对高维分段光滑周期微分方程的推广. 进一步, 可以给出分段光滑周期微分方程 (3.4.10) 的高阶平均定理, 详见文献 [20].

关于含小参数的周期微分方程的平均法理论, 就周期解而言, 涉及两方面的结果, 一方面是周期解的存在性条件, 上面的定理 3.4.3 就属于这一类, 这方面的结果对微分方程右端函数的光滑性要求不高, 见文献 [21] 等, 另一方面是周期解个数的上界估计 (一些基本结果将在后面第 5 章给出), 这方面的结果对微分方程的右端函数的光滑性 (或分段光滑性) 有较高的要求, 见文献 [19,22]. 平均法理论是研究自治系统中闭轨族在扰动下极限环或周期轨个数估计的重要方法, 有兴趣的读者可查阅文献 [20].

习　题　3.4

1. 考虑周期系统

$$\frac{\mathrm{d}x}{\mathrm{d}t} = \begin{pmatrix} 0 & -1 \\ 1 & 0 \end{pmatrix} x + \varepsilon f(t, x, \varepsilon), \quad x \in \mathbf{R}^2, \ \varepsilon \in \mathbf{R},$$

其中 f 为 t 的 T 周期函数. 设 $\dfrac{T}{2\pi} = \dfrac{q}{p}$ 为有理数, 令

$$f_0(y) = \frac{1}{2\pi q} \int_0^{2\pi q} \mathrm{e}^{-Bt} f(t, \mathrm{e}^{Bt}y, 0)\mathrm{d}t, \quad B = \begin{pmatrix} 0 & -1 \\ 1 & 0 \end{pmatrix}.$$

试利用平均法证明, 如果存在 $y_0 \in \mathbf{R}^2$, 使 $f_0(y_0) = 0$, $\det f_0'(y_0) \neq 0$, 则当 $|\varepsilon|$ 充分小时所述方程在 $x_0(t) = \mathrm{e}^{Bt}y_0$ 的小邻域内有唯一的 pT 周期解.

2. 考虑 T 周期系统

$$\frac{\mathrm{d}y}{\mathrm{d}t} = \varepsilon[f_1(y) + F(t, y, \varepsilon)], \quad y \in \mathbf{R}^n, \ \varepsilon \in \mathbf{R},$$

证明: 如果存在 $y_0 \in \mathbf{R}^n$, $b > 0$, $L_1(\varepsilon, b) > 0$, $L_2(b) > 0$, $N(\varepsilon) > 0$, 使成立

(i) $f_1(y_0) = 0$, $\det f_1'(y_0) \neq 0$;

(ii) 当 $|y - y_0| \leqslant b$ 时 $|f_1'(y) - f_1'(y_0)| \leqslant L_2(b)$, $|F_y(t, y, \varepsilon)| \leqslant L_1(\varepsilon, b)$;

(iii) $|F(t, y_0, \varepsilon)| \leqslant N(\varepsilon)$, $M(\varepsilon)[N(\varepsilon) + bL(\varepsilon, b)] \leqslant b$,

其中

$$L = L_1 + L_2, \quad M(\varepsilon) = |\varepsilon| \int_0^T |(\mathrm{e}^{-\varepsilon f_1'(y_0)T} - I_n)^{-1}\mathrm{e}^{-\varepsilon f_1'(y_0)t}|\mathrm{d}t.$$

则所述方程必有满足 $|y(t) - y_0| \leqslant b$ 的唯一 T 周期解 (参考文献 [14] 第二章第 4 节).

3. 利用平均法与上述第 2 题证明当 $|\varepsilon|$ 适当小时一维周期方程

$$\frac{\mathrm{d}x}{\mathrm{d}t} = \varepsilon \left[\frac{x^2}{2(1 + x^2)} - \sin x + \cos t \right]$$

有无穷多个 2π 周期解.

3.5   一维周期系统

3.5.1   解的基本性质

所谓一维周期系统是指下列微分方程

$$\frac{\mathrm{d}x}{\mathrm{d}t} = f(t, x), \tag{3.5.1}$$

其中 $f : \mathbf{R} \times I \to \mathbf{R}$ 连续且满足 $f(t+T, x) = f(t, x)$, 其中 $T > 0$ 为常数, $I \subset \mathbf{R}$ 为某区间. 为保证 (3.5.1) 的初值问题的存在唯一性, 我们还设 $\dfrac{\partial f}{\partial x}$ 在 $\mathbf{R} \times I$ 上存在且连续. 对任意点 $(t_0, x_0) \in \mathbf{R} \times I$, (3.5.1) 的满足 $x(t_0) = x_0$ 的解记为 $x(t, t_0, x_0)$. 设该解关于 t 的饱和区间为 $I_1(t_0, x_0)$, 则我们称下述曲线

$$\gamma_{(t_0, x_0)} = \{(t, x(t, t_0, x_0)) \mid t \in I_1(t_0, x_0)\}$$

为 (3.5.1) 过点 (t_0, x_0) 的积分曲线. 如果对某点 (t_0, x_0), 解 $x(t, t_0, x_0)$ 为 t 的 T 周期函数, 则称该解为 (3.5.1) 的周期解.

因为周期解对一切实数 t 都有定义, 因此当研究周期解问题时可设 $t_0 = 0$, 此时记 $\varphi(t, x_0) = x(t, 0, x_0)$, $I_0(x_0) = I_1(0, x_0)$. 现设存在 $\bar{x}_0 \in I$ 使得解 $\varphi(t, \bar{x}_0)$ 的饱和区间满足 $I_0(\bar{x}_0) \supset [0, T]$. 那么周期微分方程 (3.5.1) 的 Poincaré 映射 P 在

点 $\bar{x}_0$ 有定义, 即 $P(\bar{x}_0) = \varphi(T, \bar{x}_0)$. 由引理 3.1.1 知, 解 $\varphi(t, \bar{x}_0)$ 是 T 周期函数当且仅当其初值 $\bar{x}_0$ 是映射 P 的不动点, 即 $P(\bar{x}_0) = \bar{x}_0$. 下列引理给出了映射 P 的进一步的性质.

引理 3.5.1　设 f 与 $\dfrac{\partial f}{\partial x}$ 在 $\mathbf{R} \times I$ 上存在且连续, 又设存在 $\bar{x}_0 \in I$ 使得解 $\varphi(t, \bar{x}_0)$ 在区间 $[0, T]$ 上有定义. 则

(1) 映射 P 的定义域为包含 $\bar{x}_0$ 的开区间, 记为 J.

(2) 映射 P 在区间 J 上为连续可微的, 且

$$P'(x_0) = \mathrm{e}^{\int_0^T \frac{\partial f}{\partial x}(t, \varphi(t, x_0)) \mathrm{d}t}.$$

(3) 如果进一步设存在自然数 $k > 1$ 使 $\dfrac{\partial^k f}{\partial x^k}$ 在 $\mathbf{R} \times I$ 上存在且连续, 则映射 $P \in C^k(J)$, 即 P 在区间 J 上为 k 次连续可微的.

证明　由 1.3 节定理 1.3.2 以及公式 (1.3.7) 知, $\dfrac{\partial \varphi}{\partial x_0}(t, x_0)$ 在其定义域上存在且连续, 且成立

$$\frac{\partial \varphi}{\partial x_0}(t, x_0) = \mathrm{e}^{\int_0^t \frac{\partial f}{\partial x}(s, \varphi(s, x_0)) \mathrm{d}s},$$

在上式中令 $t = T$ 即得结论 (2) 中的公式. 上式还告诉我们, 解 $\varphi(t, x_0)$ 关于初值 x_0 为严格单调增的, 因此, 若用 γ_{x_0} 表示该解的积分曲线, 则在 (t, x) 平面上, 当 x_0 充分靠近 $\bar{x}_0$ 时 γ_{x_0} 必与直线 $t = T$ 相交, 且当 $x_1 < x_2$ 使得 γ_{x_1} 与 γ_{x_2} 都与直线 $t = T$ 相交时则必存在充分小的正数 a, 使对一切 $x_0 \in (x_1 - a, x_2 + a)$ 积分曲线 γ_{x_0} 也必与直线 $t = T$ 相交. 换句话说, 如果 $x_1 < x_2, x_1, x_2 \in J$, 那么 $(x_1 - a, x_2 + a) \subset J$, 这表明 J 是一个开区间.

最后, 如果 $\dfrac{\partial^k f}{\partial x^k}$ 在 $\mathbf{R} \times I$ 上存在且连续, 则由归纳法及 $\dfrac{\partial P}{\partial x_0}(x_0)$ 的公式即知 $P \in C^k(J)$. 即为所证. □

引入函数 d 如下:

$$d(x_0) = P(x_0) - x_0, \quad x_0 \in J,$$

称函数 d 为方程 (3.5.1) 的后继函数. 于是, (3.5.1) 的解 $\varphi(t, x_0)$ 是周期的当且仅当 $d(x_0) = 0$. 下面定义给出了周期解的重数概念.

定义 3.5.1　设 $\bar{x}_0 \in J$ 满足 $d(\bar{x}_0) = 0$, 使得 $\varphi(t, \bar{x}_0)$ 是 (3.5.1) 的周期解. 如果存在 $k \geqslant 1$ 使得函数 d 在 $\bar{x}_0$ 为 k 次连续可微的, 且

$$d^{(k)}(\bar{x}_0) \neq 0, \quad d^{(j)}(\bar{x}_0) = 0, \quad j = 1, \cdots, k-1,$$

则称这个解为 k 重周期解. 当 $k = 1$ 时又称它为**双曲周期解**. 如果当 $|x_0 - \bar{x}_0|$ 充分小时 $d(x_0) \equiv 0$, 则称解 $\varphi(t, \bar{x}_0)$ 为**中心型的**.

利用函数 d 可以判定周期解在李雅普诺夫意义下的稳定性. 因为任一给定周期解都可以转化为零解, 因此下面假设微分方程 (3.5.1) 以 $x = 0$ 为周期解, 那么关于它的稳定性判定有下列稳定性定理.

定理 3.5.1　设 I 为以 $x = 0$ 为内点的区间, 又设 $f(t, 0) = 0$, f 与 $\dfrac{\partial f}{\partial x}$ 在 $\mathbf{R} \times I$ 上有定义且连续, 则 $x = 0$ 为 (3.5.1) 的渐近稳定零解当且仅当存在 $\bar{\delta} > 0$ 使

$$\text{当 } 0 < |x_0| < \bar{\delta} \text{ 时 } \quad x_0 d(x_0) < 0, \tag{3.5.2}$$

即 $x_0 d(x_0)$ 为负定函数.

这个定理的证明比较长, 放到下面一小节. 利用上述定理可得以下定理.

定理 3.5.2　设 $f(t, 0) = 0$, 若 f 为 C^1 函数, 则 $d'(0)$ 存在且

$$d'(0) = P'(0) - 1 = \mathrm{e}^{\int_0^T f_x(t, 0)\mathrm{d}t} - 1,$$

从而若 $\sigma_1 \equiv \displaystyle\int_0^T f_x(t, 0)\mathrm{d}t < 0 \; (> 0)$, 则 $x = 0$ 为 (3.5.1) 的渐近稳定解 (不稳定解). 若 f 为 C^2 函数, 则 $d''(0)$ 存在且当 $\sigma_1 = 0$ 时

$$d''(0) = P''(0) = \int_0^T f_{xx}(t, 0)\mathrm{e}^{\int_0^t f_x(s, 0)\mathrm{d}s}\mathrm{d}t \equiv \sigma_2.$$

从而若 $\sigma_1 = 0, \sigma_2 \neq 0$ 则 $x = 0$ 为 (3.5.1) 的不稳定解.

事实上, 由引理 3.5.1 即得 $d'(0)$ 的公式. 进一步由引理 3.5.1 中 $P'(x_0)$ 的公式及其推导又知

$$P''(x_0) = \mathrm{e}^{\int_0^T f_x(t, \varphi(t, x_0))\mathrm{d}t} \int_0^T f_{xx}(t, \varphi(t, x_0)) \frac{\partial \varphi}{\partial x_0}(t, x_0)\mathrm{d}t$$

$$= \mathrm{e}^{\int_0^T f_x(t, \varphi(t, x_0))\mathrm{d}t} \int_0^T f_{xx}(t, \varphi(t, x_0))\mathrm{e}^{\int_0^t f_x(s, \varphi(s, x_0))\mathrm{d}s}\mathrm{d}t.$$

故当 $\sigma_1 = 0$ 时得到 $d''(0)$ 的公式. 然后利用定理 3.5.1 及后继函数 d 在 $x_0 = 0$ 的泰勒公式即得定理 3.5.2 的结论.

由定理 3.5.2 知, 如果 (3.5.1) 有周期解 $x = \varphi(t)$, 且 f 为 C^1 函数, 则当

$$\int_0^T f_x(t, \varphi(t))\mathrm{d}t < 0 \, (> 0)$$

时, 解 $\varphi(t)$ 为 (3.5.1) 的渐近稳定解 (不稳定解).

例 3.5.1 讨论 2π 周期方程

$$\dot{x} = (-\sin t)x + (a + \sin t)x^2 \tag{3.5.3}$$

零解的稳定性, 其中 a 为常数.

解 对此方程, 利用定理 3.5.2 中 σ_1 与 σ_2 的公式, 我们有 $\sigma_1 = 0$,

$$\begin{aligned}
\sigma_2 &= 2\int_0^{2\pi} (a + \sin t)\mathrm{e}^{-\int_0^t \sin s \mathrm{d}s}\mathrm{d}t \\
&= 2\int_0^{2\pi} (a + \sin t)\mathrm{e}^{\cos t - 1}\mathrm{d}t \\
&= 2\mathrm{e}^{-1}\left[a\int_0^{2\pi} \mathrm{e}^{\cos t}\mathrm{d}t - \int_0^{2\pi} \mathrm{e}^{\cos t}\mathrm{d}\cos t\right] \\
&= 2\mathrm{e}^{-1}a\int_0^{2\pi} \mathrm{e}^{\cos t}\mathrm{d}t.
\end{aligned}$$

故由定理 3.5.2, 当 $a \neq 0$ 时 $x = 0$ 为不稳定的二重周期解.

进一步, 令 $y = \dfrac{1}{x}$, 则方程 (3.5.3) 化为

$$\dot{y} = y\sin t - (a + \sin t).$$

这是一个线性方程, 其 Poincaré 映射为 $\widetilde{P}(y_0) = y_0 - a\int_0^{2\pi} \mathrm{e}^{\cos t - 1}\mathrm{d}t$. 于是当 $a \neq 0$ 时 $\widetilde{P}$ 没有不动点, 从而周期方程 (3.5.3) 除 $x = 0$ 外没有其他周期解. 我们可以在带域 $0 \leqslant t \leqslant 2\pi$ 上画出方程 (3.5.3) 的积分曲线的示意图, 称其为方程 (3.5.3) 的相图, 如图 3.5.1 (a) 所示.

当 $a = 0$ 时方程 (3.5.3) 为变量可分离方程, 可直接求得解的表达式如下:

$$\varphi(t, x_0) = \frac{x_0}{x_0 + (1 - x_0)\mathrm{e}^{1 - \cos t}}.$$

这个解的表达式的分母是一个 2π 周期函数, 但可能有零点 (如果零点存在, 那么函数 φ 就不是周期解了). 注意到当 $a = 0$ 时方程 (3.5.3) 有常数解 $x = 0, 1$, 故当 $x_0 \in [0, 1]$ 时 $\varphi(t, x_0)$ 是 2π 周期的. 进一步, 对 $x_0 \notin [0, 1]$, 易见函数 φ 为周期解当且仅当对一切 t 都有 $x_0 + (1 - x_0)\mathrm{e}^{1 - \cos t} > 0$. 当 $x_0 < 0$ 时, 显然有

$$x_0 + (1 - x_0)\mathrm{e}^{1 - \cos t} \geqslant x_0 + (1 - x_0) > 0.$$

当 $x_0 > 1$ 时函数 $x_0 + (1 - x_0)\mathrm{e}^{1 - \cos t}$ 的极小值与极大值分别为 $x_0 + (1 - x_0)\mathrm{e}^2$ 与 1, 由此可知, 当 $a = 0$ 时, 方程 (3.5.3) 的所有周期解为 $x = \varphi(t, x_0)$, 其中

$x_0 \in \left(-\infty, \dfrac{\mathrm{e}^2}{\mathrm{e}^2 - 1} \right)$. 由此还知, 此时方程 (3.5.3) 的 Poincaré 映射是恒等映射, 但其定义域为 $\left(-\infty, \dfrac{\mathrm{e}^2}{\mathrm{e}^2 - 1} \right)$. 如图 3.5.1 (b) 所示.

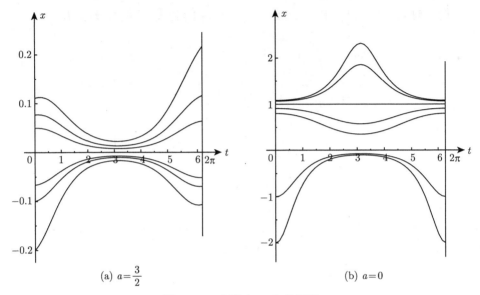

(a) $a = \dfrac{3}{2}$ (b) $a = 0$

图 3.5.1　方程 (3.5.3) 的相图

可利用 Maple 软件画出图 3.5.1 (a) 和 (b), 命令如下:

```
with(DEtools);
phaseportrait((D(x))(t)=-x(t)*sin(t)+(3/2+sin(t))*x(t)^2, x(t),
    t=0 .. 2*Pi,
[[x(0)=1/12], [x(0)=1/8], [x(0)=-1/3], [x(0)=-1/8]], linecolour
    = black,
arrows=NONE, thickness=2, dirgrid=[400, 400]);
phaseportrait((D(x))(t)=-x(t)*sin(t)+(0+sin(t))*x(t)^2, x(t), t
    =0..2*Pi,
[[x(0)=0], [x(0)=1], [x(0)=1+1/15], [x(0)=1-1/11], [x(0)
    =1-1/5],
[x(0)=1+1/12], [x(0)=-1], [x(0)=-2]], linecolour=black, arrows=
    NONE,
thickness=2, dirgrid=[400,400]);
```

一般地可证, 黎卡提周期方程

$$\frac{\mathrm{d}x}{\mathrm{d}t} = a(t)x^2 + b(t)x$$

至多有两个周期解, 除非零解是中心型的. 又如果其零解是孤立的, 则该解的重数至多为 2.

3.5.2　稳定性定理的证明

本小节的任务是证明定理 3.5.1, 在证明之前先做一些预备工作. 如前, 方程 (3.5.1) 过点 (t_0, x_0) 的解记为 $x(t, t_0, x_0)$.

引理 3.5.2　方程 (3.5.1) 的解具有性质

$$x(t, t_0, x(t_0 + T, t_0, x_0)) = x(t + T, t_0, x_0) = x(t, 0, x(T, t_0, x_0)).$$

证明　因为 f 关于 t 为 T 周期的, 易知 $x(t+T, t_0, x_0)$ 也是 (3.5.1) 的解. 于是利用解的存在唯一性定理即知引理结论成立 (事实上, 对第一个等式, 所述两解满足 $x(t_0) = x(t_0 + T, t_0, x_0)$, 而对第二个等式, 所述两解满足 $x(0) = x(T, t_0, x_0)$). 证毕.　□

引理 3.5.3　令

$$P_{t_0}(x_0) = x(t_0 + T, t_0, x_0), \quad h_{t_0}(x_0) = x(T, t_0, x_0),$$

则 h_{t_0} 与 P_{t_0} 均为 x_0 的严格增加函数, 且

$$h_{t_0} \circ P_{t_0} = P_0 \circ h_{t_0} \text{ 或 } P_{t_0} = h_{t_0}^{-1} \circ P_0 \circ h_{t_0}, \tag{3.5.4}$$

其中 $P_0 = P_{t_0}|_{t_0=0} = P$, $h_{t_0}^{-1}$ 表示 h_{t_0} 的反函数.

证明　由 $\dfrac{\partial x(t, t_0, x_0)}{\partial x_0}$ 所满足的微分方程和初值条件易知

$$\frac{\partial P_{t_0}}{\partial x_0} = e^{\int_{t_0}^{t_0+T} f_x(s, x(s, t_0, x_0)) ds} > 0.$$

同理 $\dfrac{\partial h_{t_0}}{\partial x_0} > 0$. 故 P_{t_0} 与 h_{t_0} 关于 x_0 为严格增的. 进一步, 由引理 3.5.2 (取 $t = T$) 得

$$x(T, t_0, P_{t_0}(x_0)) = x(2T, t_0, x_0) = x(T, 0, h_{t_0}(x_0)),$$

即

$$h_{t_0}(P_{t_0}(x_0)) = P_0(h_{t_0}(x_0)).$$

由此即得 (3.5.4). 证毕.　□

现在给出定理 3.5.1 的证明.

证明　设 $x = 0$ 为渐近稳定的, 则存在 $\delta_0 > 0$ 使当 $|x_0| < \delta_0$ 时

$$\lim_{t \to +\infty} x(t, 0, x_0) = 0, \tag{3.5.5}$$

且 $\forall \varepsilon > 0$, 存在 $\delta = \delta(\varepsilon) > 0$ (可设 $\delta < \delta_0, \delta < \varepsilon$) 使当 $|x_0| < \delta$ 时

$$|x(t, 0, x_0)| < \varepsilon, \quad t \geqslant 0. \tag{3.5.6}$$

由 (3.5.5) 知 $x_0 = 0$ 为 $d(x_0)$ 的孤立根 (否则, 存在 $x_n \neq 0, x_n \to 0$ 使 $d(x_n) = 0$, 即 $P(x_n) = x_n$. 这表示 $x(t, 0, x_n)$ 为 (3.5.1) 的周期解. 取 n 充分大使 $0 < |x_n| < \delta_0$, 则 $x(t, 0, x_n)$ 必不满足 (3.5.5), 矛盾). 故存在 $\varepsilon_0 > 0$ 使当 $0 < |x_0| \leqslant \varepsilon_0$ 时 $d(x_0) \neq 0$.

现按归纳法定义 P 的 n 次 (自身) 复合 P^n 如下:

$$P^n(x_0) = P^{n-1}(P(x_0)), \quad n \geqslant 2.$$

由于在引理 3.5.2 中取 $t_0 = 0, t = (n-1)T$ 可得

$$x((n-1)T, 0, P(x_0)) = x(nT, 0, x_0), \quad n \geqslant 2,$$

故

$$P^2(x_0) = x(T, 0, P(x_0)) = x(2T, 0, x_0),$$
$$P^3(x_0) = x(2T, 0, P(x_0)) = x(3T, 0, x_0).$$

一般地可证

$$P^n(x_0) = x(nT, 0, x_0). \tag{3.5.7}$$

特别由 (3.5.6) 知

$$\text{当 } |x_0| < \delta(\varepsilon) \text{ 时, } |P^n(x_0)| < \varepsilon, \quad n \geqslant 1. \tag{3.5.8}$$

下证对 $0 < |x_0| \leqslant \varepsilon_0$, $P^n(x_0)$ 为单调数列. 为确定计, 设 $x_0 > 0$. 由于当 $0 < x_0 < \varepsilon_0$ 时 $d(x_0) \neq 0$, 不妨设 $d(x_0) > 0$, 即 $P(x_0) > x_0$. 由于 P 为严格增加的, 故 $P^2(x_0) > P(x_0)$, $P^3(x_0) > P^2(x_0)$, 一般地有

$$P^n(x_0) > P^{n-1}(x_0), \quad n \geqslant 2.$$

即为所证. 故由 (3.5.8) 知当 $0 < |x_0| < \delta(\varepsilon_0) \equiv \bar{\delta}$ 时

$$\lim_{n \to \infty} P^n(x_0) = x_0^*$$

存在且 $|x_0^*| \leqslant \varepsilon_0$. 又由 P^n 的定义易知

$$P^n(x_0) = P(P^{n-1}(x_0)).$$

故取极限得 $x_0^* = P(x_0^*)$ 或 $d(x_0^*) = 0$. 则由当 $|x_0| \leqslant \varepsilon_0$ 时 $x_0 = 0$ 为 $d(x_0)$ 的唯一根, 故必有 $x_0^* = 0$. 即得证

$$\text{当 } |x_0| < \bar{\delta} \text{ 时, } \quad \lim_{n \to \infty} P^n(x_0) = 0. \tag{3.5.9}$$

由此可得 (3.5.2). 事实上, 若 (3.5.2) 不成立, 则存在 $\bar{x}_0, 0 < |\bar{x}_0| < \bar{\delta}$, 使 $\bar{x}_0 d(\bar{x}_0) > 0$, 从而

$$\text{当 } \bar{x}_0 > 0 \text{ 时, } \quad P(\bar{x}_0) > \bar{x}_0,$$

$$\text{当 } \bar{x}_0 < 0 \text{ 时, } \quad P(\bar{x}_0) < \bar{x}_0.$$

进而由 P 的单调性知

$$\text{当 } \bar{x}_0 > 0 \text{ 时, } \quad P^n(\bar{x}_0) > P^{n-1}(\bar{x}_0) > \cdots > \bar{x}_0,$$

$$\text{当 } \bar{x}_0 < 0 \text{ 时, } \quad P^n(\bar{x}_0) < P^{n-1}(\bar{x}_0) < \cdots < \bar{x}_0,$$

即有 $\bar{x}_0(P^n(\bar{x}_0) - \bar{x}_0) > 0, n \geqslant 2$. 取极限并利用 (3.5.9) 得 $-\bar{x}_0^2 > 0$. 矛盾. 故 (3.5.2) 得证.

反之, 设存在 $\bar{\delta} > 0$ 使 (3.5.2) 成立. 首先证明 $x = 0$ 为稳定的. 由于 $h_{t_0}(0) = 0$, 故由解对初值的连续性知, 任给 $t_0 \in \mathbf{R}$, 存在 $\delta_0 = \delta_0(t_0)$, 使当 $|x_0| < \delta_0$ 时 $|h_{t_0}(x_0)| < \bar{\delta}$. 故由 (3.5.2) 与 (3.5.4) 知

$$\text{当 } 0 < |x_0| < \delta_0 \text{ 时, } \quad x_0 d_{t_0}(x_0) < 0, \tag{3.5.10}$$

其中 $d_{t_0}(x_0) = P_{t_0}(x_0) - x_0$. 又由解对初值的连续性知, 任给 $\varepsilon > 0 \ (\varepsilon < \bar{\delta})$, 存在 $\delta = \delta(\varepsilon, t_0) > 0 \ (\delta < \delta_0)$ 使

$$\text{当 } |x_0| < \delta \text{ 且 } t \in [t_0, t_0 + T] \text{ 时, } \quad |x(t, t_0, x_0)| < \varepsilon. \tag{3.5.11}$$

由 (3.5.10) 知

$$\text{当 } 0 < x_0 < \delta_0 \text{ 时, } \quad 0 < P_{t_0}(x_0) < x_0,$$

$$\text{当 } -\delta_0 < x_0 < 0 \text{ 时, } \quad 0 > P_{t_0}(x_0) > x_0.$$

从而由 $\delta < \delta_0$ 知

$$\text{当 } |x_0| < \delta \text{ 时, } \quad |x(t_0 + T, t_0, x_0)| = |P_{t_0}(x_0)| < |x_0| < \delta.$$

于是, 由 (3.5.11) 及引理 3.5.2 知, 当 $|x_0| < \delta$ 时, 对 $t \in [t_0, t_0 + T]$ 有

$$|x(t + T, t_0, x_0)| = |x(t, t_0, P_{t_0}(x_0))| < \varepsilon,$$

即

$$|x(t,t_0,x_0)| < \varepsilon, \quad t \in [t_0+T, t_0+2T].$$

同理, 当 $|x_0| < \delta$ 时

$$|P_{t_0}^2(x_0)| < |P_{t_0}(x_0)| < |x_0| < \delta,$$

$$|x(t+T, t_0, P_{t_0}(x_0))| = |x(t, t_0, P_{t_0}^2(x_0))| < \varepsilon,$$

其中 $t \in [t_0, t_0+T]$, 即

$$|x(t,t_0,P_{t_0}(x_0))| < \varepsilon, \quad t \in [t_0+T, t_0+2T],$$

亦即

$$|x(t,t_0,x_0)| < \varepsilon, \quad t \in [t_0+2T, t_0+3T].$$

一般地, 可证当 $|x_0| < \delta$, $n \geqslant 1$ 时

$$|x(t,t_0,x_0)| < \varepsilon, \quad t \in [t_0+nT, t_0+(n+1)T].$$

即得 $x = 0$ 为 (3.5.1) 的稳定解.

再证当 $|x_0| < \delta_0$ 时 $\lim\limits_{t\to\infty} x(t,t_0,x_0) = 0$. 事实上, 与 (3.5.7) 类似可证

$$P_{t_0}^n(x_0) = x(nT+t_0, t_0, x_0).$$

注意到, 任意 $t \geqslant t_0$ 可写为 $t = nT + r + t_0, r \in [0,T)$. 又因为在引理 3.5.2 中 T 换为 nT 仍成立, 故

$$x(t,t_0,x_0) = x(nT+r+t_0, t_0, x_0)$$

$$= x(r+t_0, t_0, x(t_0+nT, t_0, x_0))$$

$$= x(r+t_0, t_0, P_{t_0}^n(x_0)).$$

又由 (3.5.10) 与 (3.5.9), 类似可证对一切 $|x_0| < \delta_0$ 有 $\lim\limits_{n\to\infty} P_{t_0}^n(x_0) = 0$. 故由解对参数与初值的连续性定理得

$$\lim_{t\to\infty} x(t,t_0,x_0) = \lim_{n\to\infty} x(r+t_0, t_0, P_{t_0}^n(x_0)) = 0.$$

证毕.   □

由定理 3.5.1 与定理 3.5.2 的证明易见成立下列推论.

推论 3.5.1 设定理 3.5.1 的条件成立, 则对方程 (3.5.1) 下列三点等价:

(1) 零解 $x = 0$ 为渐近稳定的;

(2) 零解是稳定的, 且 $x_0 = 0$ 为 $d(x_0)$ 的孤立根;

(3) 存在 $\bar{\delta} > 0$ 使 (3.5.9) 成立.

3.5.3　周期解的个数

本段我们研究周期微分方程 (3.5.1) 周期解的个数.

前面我们给出了方程 (3.5.1) 的 Poincaré 映射 P 的一阶和二阶导数公式. 进一步, 当 f_{xxx} 存在且连续时, 文献 [23] 还给出了 P''' 的公式, 即

$$P'''(x_0) = P'(x_0) \left[\frac{3}{2} \left(\frac{P''(x_0)}{P'(x_0)} \right)^2 + \int_0^T f_{xxx}(t, \varphi(t, x_0)) \, \mathrm{e}^{2 \int_0^t f_x(s, \varphi(s, x_0)) \mathrm{d}s} \mathrm{d}t \right].$$

由 P' 的公式易见, 如果 $f_x(t, x) \neq 0$, 则方程 (3.5.1) 至多有一个周期解, 进一步利用 P'' 与 P''' 的公式, 文献 [23] 获得了下列结论.

定理 3.5.3　如果 f_{xx} 存在、连续且恒不为零, 则方程 (3.5.1) 至多有 2 个周期解. 如果 f_{xxx} 存在、连续且恒不为零, 则 (3.5.1) 至多有 3 个周期解.

由上述定理立即知, 微分方程

$$\frac{\mathrm{d}x}{\mathrm{d}t} = a(t)x^3 + b(t)x^2 + c(t)x + d(t)$$

至多有 3 个 T 周期解, 其中 $a(t),\ b(t),\ c(t)$ 与 $d(t)$ 为连续的 T 周期函数, 且 $a(t) > 0$.

上述结论最早在文献 [24] 中出现, 文献 [24] 还证明了, 对任给自然数 k, 都存在适当的连续函数 $a(t)$, $b(t)$, $c(t)$ 与 $d(t)$, 使得下列微分方程

$$\frac{\mathrm{d}x}{\mathrm{d}t} = x^4 + a(t)x^3 + b(t)x^2 + c(t)x + d(t)$$

有 k 个周期解.

我们在文献 [25] 中对定理 3.5.3 做了一点改进, 即有下列结果.

定理 3.5.4　如果 f_x 存在且关于 x 为严格单调的, 则方程 (3.5.1) 至多有 2 个周期解. 如果 f_{xx} 存在且关于 x 为严格单调的, 则方程 (3.5.1) 至多有 3 个周期解.

证明　先证第一个结论. 设 f_x 存在且关于 x 为严格单调的. 为确定计, 设 f_x 关于 x 为严格增加. 现用反证法证明 (3.5.1) 至多有 2 个周期解. 若结论不成立, 则 (3.5.1) 有 3 个周期解, 设其为 $x_j(t), j = 1, 2, 3$. 由解的存在唯一性定理, 不妨设 $x_1(t) < x_2(t) < x_3(t)$. 进一步又可设 $x_1(t) \equiv 0$(否则可引入变换 $y = x - x_1(t)$), 于是必有 $f(t, 0) \equiv 0$, 从而由牛顿–莱布尼茨公式知

$$x_2'(t) = f(t, x_2(t)) = x_2(t) \int_0^1 f_x(t, s x_2(t)) \mathrm{d}s, \qquad (3.5.12)$$

$$x_3'(t) = f(t, x_3(t)) = x_3(t) \int_0^1 f_x(t, sx_3(t)) \mathrm{d}s. \tag{3.5.13}$$

由于已设 f_x 为 x 的严格增函数, 故

$$f_x(t, sx_3(t)) > f_x(t, sx_2(t)), \quad 0 < s < 1.$$

从而由 (3.5.12) 与 (3.5.13) 知

$$\frac{x_2'(t)}{x_2(t)} < \frac{x_3'(t)}{x_3(t)}.$$

对于上式在 $[0, T]$ 上积分, 并注意到

$$x_j(0) = x_j(T), \quad j = 2, 3,$$

可得

$$0 = \ln \frac{x_2(T)}{x_2(0)} < \ln \frac{x_3(T)}{x_3(0)} = 0,$$

矛盾. 第一个结论得证.

对这一结论可给出另一证明. 由于 $\dfrac{\partial \varphi}{\partial x_0} > 0$, 故 φ 关于 x_0 为严格增加的, 因此当 f_x 关于 x 严格单调时, 复合函数 $f_x(t, \varphi(t, x_0))$ 关于 x_0 也为严格单调的, 于是由 $P'(x_0)$ 的公式知, 函数 $d'(x_0) = P'(x_0) - 1$ 为严格单调的, 故 $d'(x_0)$ 至多有一个根, 从而由罗尔定理知 $d(x_0)$ 至多有 2 个根, 即 (3.5.1) 至多有 2 个周期解.

再证第二个结论. 设 f_{xx} 存在连续且关于 x 为严格单调的, 不妨设它是严格增加的. 若结论不成立, 则 (3.5.1) 有 4 个周期解, 设其为

$$x_1(t) < x_2(t) < x_3(t) < x_4(t).$$

同上又可设 $x_1(t) = 0$, 仍由牛顿–莱布尼茨公式知

$$x_j'(t) = x_j(t) \int_0^1 f_x(t, sx_j(t)) \mathrm{d}s, \quad j = 2, 3, 4,$$

于是,

$$\frac{x_{j+1}'}{x_{j+1}} - \frac{x_j'}{x_j} = \int_0^1 \left[f_x(t, sx_{j+1}(t)) - f_x(t, sx_j(t)) \right] \mathrm{d}s, \quad j = 2, 3. \tag{3.5.14}$$

再一次利用牛顿–莱布尼茨公式又有

$$f_x(t, sx_{j+1}(t)) - f_x(t, sx_j(t))$$

$$= s(x_{j+1}(t) - x_j(t)) \int_0^1 f_{xx}\left(t, sx_j(t) + us(x_{j+1}(t) - x_j(t))\right) \mathrm{d}u, \quad j = 2, 3.$$

将上式代入 (3.5.14) 可得

$$\frac{1}{x_{j+1}(t) - x_j(t)} \left(\frac{x'_{j+1}(t)}{x_{j+1}(t)} - \frac{x'_j(t)}{x_j(t)} \right)$$

$$= \int_0^1 \int_0^1 sf_{xx}(t, s(1-u)x_j(t) + usx_{j+1}(t)) \mathrm{d}u \mathrm{d}s, \quad j = 2, 3. \qquad (3.5.15)$$

因为 f_{xx} 关于 x 为严格单调增加的, 且当 $s, u \in (0, 1)$ 时

$$s(1-u)x_3(t) + usx_4(t) > s(1-u)x_2(t) + usx_3(t).$$

故由 (3.5.15) 知

$$\frac{1}{x_4(t) - x_3(t)} \left(\frac{x'_4(t)}{x_4(t)} - \frac{x'_3(t)}{x_3(t)} \right) > \frac{1}{x_3(t) - x_2(t)} \left(\frac{x'_3(t)}{x_3(t)} - \frac{x'_2(t)}{x_2(t)} \right),$$

即

$$\frac{\left(\ln \left(x_4(t) x_3^{-1}(t) \right) \right)'}{x_3(t) \left(x_4(t) x_3^{-1}(t) - 1 \right)} > \frac{\left(\ln \left(x_3(t) x_2^{-1}(t) \right) \right)'}{x_3(t) \left(1 - x_2(t) x_3^{-1}(t) \right)}. \qquad (3.5.16)$$

令 $y(t) = x_3(t)x_2^{-1}(t), z(t) = x_4(t)x_3^{-1}(t)$, 则 (3.5.16) 可写成

$$\frac{\left(\ln z(t) \right)'}{z(t) - 1} > \frac{\left(\ln y(t) \right)'}{1 - y^{-1}(t)},$$

即

$$\frac{z'(t)}{z(t)(z(t) - 1)} > \frac{y'(t)}{y(t) - 1}.$$

由于 $y(t)$ 与 $z(t)$ 均为 T 周期函数, 在 $[0, T]$ 上积分上式可得

$$0 = \int_0^T \frac{\mathrm{d}z(t)}{z(t)(z(t) - 1)} > \int_0^T \frac{\mathrm{d}y(t)}{y(t) - 1} = 0,$$

矛盾. 证毕.   □

    作为一个简单的应用例子, 由定理 3.5.4 知周期方程

$$\dot{x} = x|x|^\alpha - 3x + \sin t, \quad \alpha > 1 \qquad (3.5.17)$$

至多有 3 个 2π 周期解. 又由于该方程满足

$$\dot{x}\big|_{x\gg 1} > 0, \quad \dot{x}\big|_{x=1} < 0, \quad \dot{x}\big|_{x=-1} > 0, \quad \dot{x}\big|_{x\ll -1} < 0,$$

利用第 1 章改进的比较定理易证 (请读者给出证明) 存在 $x_0^* > 1$, 使方程 (3.5.17) 的后继函数 $d(x_0)$ 满足

$$d(x_0^*) > 0, \quad d(1) < 0, \quad d(-1) > 0, \quad d(-x_0^*) < 0.$$

故存在 $x_1 \in (1, x_0^*)$, $x_2 \in (-1, 1)$, $x_3 \in (-x_0^*, -1)$, 使 $d(x_j) = 0$, $j = 1, 2, 3$. 从而可知方程 (3.5.17) 恰有 3 个 2π 周期解.

易见对 $\alpha \in (1, 2)$, 定理 3.5.3 的条件不满足.

下面给出一个中心型周期解的一个判定条件[25].

定理 3.5.5 考虑 T 周期方程 (3.5.1), 设 $f(t, 0) = 0$, 且对充分小的 $|x|$, f 为 C^1 函数, 满足

$$f(-t, x) = -f(t, x), \tag{3.5.18}$$

则 $x = 0$ 必是中心型的.

证明 由条件 (3.5.18) 可知, 函数 $\varphi(-t, x_0)$ 是 (3.5.1) 的解, 从而

$$\varphi(-t, x_0) = \varphi(t, x_0).$$

由此可知

$$d(x_0) = \varphi(T, x_0) - x_0 = \varphi(-T, x_0) - x_0$$

$$= \varphi(-T, x_0) - \varphi(-T, \varphi(T, x_0)) = -\frac{\partial \varphi}{\partial x_0}(-T, x_0^*)d(x_0),$$

其中 $x_0^* = x_0 + \theta d(x_0), \theta \in (0, 1)$. 从而 $\left(1 + \dfrac{\partial \varphi}{\partial x_0}(-T, x_0^*)\right)d(x_0) = 0$, 即 $d(x_0) = 0$, 这表明 $x = 0$ 是中心型的, 证毕.   □

最后我们给出一类一维周期微分方程的解的一个性质.

设有一维 T 周期微分方程

$$\dot{x} = g(t, x), \quad g(t+T, x) = g(t, x), \quad (t, x) \in \mathbf{R}^2. \tag{3.5.19}$$

为保证初值问题解的存在唯一性, 假设函数 g 在 $\mathbf{R}^2$ 上为连续的, 且关于 x 满足局部利普希茨条件.

定理 3.5.6 考虑 T 周期微分方程 (3.5.19), 其满足 $\varphi(0,x) = x$ 的解记为 $\varphi(t,x)$. 如果对所有的 $t_0 \in [0,T]$ 与 $x_0 \in \mathbf{R}$, 该方程的解 $x(t,t_0,x_0)$ 都对 $t \in [0,T]$ 有定义, 则任给 $x_0 > 0$, 都必存在 $x_1 > x_0$, $x_2 < -x_0$, 使对一切 $x \geqslant x_1$, $t \in [0,T]$ 成立 $\varphi(t,x) \geqslant x_0$, 而对一切 $x \leqslant x_2$, $t \in [0,T]$ 成立 $\varphi(t,x) \leqslant -x_0$, 即对 $t \in [0,T]$ 一致成立

$$\lim_{x \to \pm\infty} \varphi(t,x) = \pm\infty.$$

证明 由于类似性, 只需证任给 $x_0 > 0$, 都必存在 $x_1 > x_0$, 使对一切 $x \geqslant x_1$, $t \in [0,T]$ 成立 $\varphi(t,x) \geqslant x_0$. 用反证法. 假设结论不成立, 则存在 $x^* > 0$, 使得对任意的 $x_1 > x^*$, 都有 $x \geqslant x_1$, $t \in [0,T]$ 满足 $\varphi(t,x) < x^*$. 特别地取 $x_1 = x^* + n$, $n \geqslant 1$, 则必有 $x_n \geqslant x^* + n$, $t_n \in [0,T]$, 使得 $\varphi(t_n,x_n) < x^*$. 可设 x_n 关于 n 为严格单调增的, 则存在 $\tilde{t}_n \in (0,t_n)$ 使 $\varphi(\tilde{t}_n,x_n) = x^*$, 且对 $t \in [0,\tilde{t}_n)$ 有 $\varphi(t,x_n) > x^*$. 由初值解的存在唯一性知点列 $\tilde{t}_n$ 关于 n 也是单调递增的. 于是当 $n \to \infty$ 时 $\tilde{t}_n \to t^* \in (0,T]$. 现考虑方程 (3.5.19) 满足初值条件 $x(\tilde{t}_n) = x^*$ 的解 $x(t,\tilde{t}_n,x^*)$. 由假设解 $\varphi(t,x_n)$ 与 $x(t,\tilde{t}_n,x^*)$ 均对一切 $t \in [0,T]$ 有定义, 于是由初值问题解的存在唯一性知成立

$$\varphi(t,x_n) = x(t,\tilde{t}_n,x^*), \quad t \in [0,T].$$

在上式中令 $t = 0$, 取极限可得

$$\infty = \lim_{n \to +\infty} x_n = \lim_{n \to +\infty} x(0,\tilde{t}_n,x^*) = x(0,t^*,x^*) \in \mathbf{R}.$$

矛盾. 证毕. $\square$

习 题 3.5

1. 设 $a(t)$ 与 $b(t)$ 为连续的 T 周期函数, 记 $\bar{a} = \dfrac{1}{T}\displaystyle\int_0^T a(t)\mathrm{d}t$ 表示 a 在 $[0,T]$ 上的平均值. 试证当 $\bar{a} \neq 0$ 时, 线性方程

$$\frac{\mathrm{d}x}{\mathrm{d}t} = a(t)x + b(t)$$

有唯一的周期解, 且当 $\bar{a} < 0 \ (> 0)$ 时为渐近稳定 (不稳定) 的.

2. 设 $f: \mathbf{R}^2 \to \mathbf{R}$ 为 C^1 函数且关于 t 为 T 周期的. 如果存在常数 $x_2 > x_1$ 使对一切 $t \in \mathbf{R}$ 均有

$$f(t,x_2) \leqslant 0, \quad f(t,x_1) \geqslant 0,$$

或

$$f(t,x_2) \geqslant 0, \quad f(t,x_1) \leqslant 0,$$

则必存在 $\bar{x}_0 \in (x_1,x_2)$, 使 $x(t,0,\bar{x}_0)$ 为 (3.5.1) 的周期解. (提示: 利用第 1 章改进的比较定理, 对第一种情况考虑后继函数 d 在 $x_0 = x_1$ 与 $x_0 = x_2$ 的符号.)

3. 证明推论 3.5.1.

4. 利用 $P'(x_0)$ 与 $P''(x_0)$ 的表达式证明如果 $f_x(t, x) \neq 0$, 则 (3.5.1) 至多有一个周期解; 若 $f_{xx}(t, x) \neq 0$, 则 (3.5.1) 至多有两个周期解.

5. 计算 $P'''(x_0)$ 的表达式, 并证明如果 $f_{xxx}(t, x) \neq 0$ 则 (3.5.1) 至多有三个周期解.

6. 证明: 设 $a(t)$, $b(t)$ 与 $c(t)$ 为连续的 T 周期函数. 试证方程

$$\frac{\mathrm{d}x}{\mathrm{d}t} = a(t)x^2 + b(t)x + c(t)$$

至多有两个 T 周期解, 除非有一含单参数的周期解族.

7. 设 $a(t)$ 与 $b(t)$ 为 T 周期的连续函数, 则对伯努利方程

$$\frac{\mathrm{d}x}{\mathrm{d}t} = a(t)x^n + b(t)x,$$

其中 $n > 1$ 为自然数, 成立

(1) 当 $\displaystyle\int_0^T b(t)\mathrm{d}t \neq 0$ 时, $x = 0$ 为单重零解.

(2) 当 $\displaystyle\int_0^T b(t)\mathrm{d}t = 0$, $\displaystyle\int_0^T \mathrm{e}^{(n-1)\int_0^t b(s)\mathrm{d}s} a(t)\mathrm{d}t \neq 0$ 时, $x = 0$ 为 n 重零解.

(3) 当 $\displaystyle\int_0^T b(t)\mathrm{d}t = \int_0^T \mathrm{e}^{(n-1)\int_0^t b(s)\mathrm{d}s} a(t)\mathrm{d}t = 0$ 时, $x = 0$ 为中心型的.

8. 考虑 T 周期方程 (3.5.1), 设 $f(t, 0) = 0$, 且对充分小的 $|x|$, f 为解析函数. 证明: 若 f 满足 $f(t + T/2, -x) = -f(t, x)$ 或 $f(t, -x) = -f(t, x)$, 则 $x = 0$ 或是中心型的或是奇数重的; 若 f 满足 $f(-t, -x) = f(t, x)$, 则 $x = 0$ 或是中心型的或是偶数重的. 从而若

$$f(t + T/2, -x) = -f(t, x), \quad f(-t, -x) = f(t, x),$$

则 $x = 0$ 必是中心型的[25].

第 4 章   自治系统定性理论

4.1   高维自治系统

考虑下列 n 维常微分方程:

$$x' = f(x), \tag{4.1.1}$$

其中 $f \in C(G)$ 且在区域 G 上满足解的唯一性条件, $G \subset \mathbf{R}^n$, 系统 (4.1.1) 称为自治系统. 对任意的 $(\tau, \xi) \in \mathbf{R} \times G$, (4.1.1) 存在唯一饱和解

$$x = \varphi(t, \tau, \xi), \quad t \in I,$$

满足初始条件 $x(\tau) = \xi$. 区间 I 的内部记为 (α, β). 区域 G 中的曲线

$$\gamma = \{x \,|\, x = \varphi(t, \tau, \xi), \, t \in (\alpha, \beta)\}$$

称为系统的轨线, 其中 $t \geqslant \tau$ 对应的部分称为正半轨, 记为 γ_ξ^+, $t \leqslant \tau$ 的部分称为负半轨, 记为 γ_ξ^-. $\mathbf{R}^n$ 称为相空间. 当 t 增加时 γ 上动点的运动方向称为 γ 的定向. 常微分方程自治系统一般定性理论的主要任务就是研究和确定给定方程 (4.1.1) 的所有轨线的分布与性态, 我们把 (4.1.1) 在区域 G 中的轨线分布图称为其相图.

4.1.1   解的延拓性

一般来说, 系统 (4.1.1) 的解的存在区间未必是无穷区间, 更未必是 $(-\infty, \infty)$, 但为了研究上的方便, 下面我们将说明可以认为每个解的定义域都是全体实数, 而且不改变轨线的分布.

首先观察下列三个自治系统:

$$\begin{cases} \dfrac{\mathrm{d}x}{\mathrm{d}t} = -y, \\[2mm] \dfrac{\mathrm{d}y}{\mathrm{d}t} = x; \end{cases} \qquad \begin{cases} \dfrac{\mathrm{d}x}{\mathrm{d}t} = y, \\[2mm] \dfrac{\mathrm{d}y}{\mathrm{d}t} = -x; \end{cases} \qquad \begin{cases} \dfrac{\mathrm{d}x}{\mathrm{d}t} = y(x^2 + y^2 + 1), \\[2mm] \dfrac{\mathrm{d}y}{\mathrm{d}t} = -x(x^2 + y^2 + 1). \end{cases}$$

易见, 它们的轨线都是平面上的一族同心圆 $x^2 + y^2 = r^2$ (但定向未必相同). 一般地可证, 若 $g: G \to \mathbf{R}$ 是 G 上的定号函数 (恒正或恒负), 则系统 $x' = f(x)$ 与 $x' = g(x)f(x)$ 在 G 上有完全相同的轨线, 且当 $g(x) > 0 \, (< 0)$ 时两者的轨线有相同 (不同) 的定向.

定理 4.1.1　若 f 在 G 上连续且满足局部利普希茨条件, 则必存在一个在 G 的内域上与自治系统 (4.1.1) 轨线相同、定向也相同的系统, 并且它的每个解的存在区间为 $(-\infty, \infty)$.

证明　分两种情况讨论.

(1) 若 $G = \mathbf{R}^n$, 则所求系统可取为

$$\frac{\mathrm{d}x}{\mathrm{d}t} = \frac{f(x)}{|f(x)| + 1}. \tag{4.1.2}$$

由于方程 (4.1.2) 右端函数在 $\mathbf{R}^n$ 上连续有界, 且满足局部利普希茨条件, 可知对应解的存在区间为 $(-\infty, \infty)$.

(2) 若 $G \neq \mathbf{R}^n$, 则 $\partial G \neq \varnothing$, 这时引入系统

$$\frac{\mathrm{d}x}{\mathrm{d}t} = \frac{\rho(x, \partial G) f(x)}{(\rho(x, \partial G) + 1)(|f(x)| + 1)}, \tag{4.1.3}$$

其中 $\rho(x, \partial G)$ 表示 x 与 ∂G 的距离. 当 $x \in G$ 时, $\rho(x, \partial G) \geqslant 0$, 从而有

$$0 \leqslant \frac{\rho(x, \partial G)|f(x)|}{(\rho(x, \partial G) + 1)(|f(x)| + 1)} < 1, \quad x \in G.$$

下面证明 (4.1.3) 的任一解的存在区间为 $(-\infty, \infty)$. 若不然, 设方程存在一解 $x(t) = x(t, t_0, x_0)$, 它的右行最大存在区间为 $[t_0, b)$, $b < \infty$, 记方程 (4.1.3) 右端函数为 $\tilde{f}(x)$, 则对任意 $t_1, t_2 \in [t_0, b)$, 有

$$|x(t_2) - x(t_1)| = \left| \int_{t_1}^{t_2} \tilde{f}(x(t))\mathrm{d}t \right| \leqslant \left| \int_{t_1}^{t_2} \left| \tilde{f}(x(t)) \right| \mathrm{d}t \right| < |t_2 - t_1|,$$

从而由柯西收敛准则知必有

$$\lim_{t \to b^-} x(t, t_0, x_0) = x^* \in \bar{G} \subset \mathbf{R}^n,$$

其中 $\bar{G}$ 表示 G 的闭包. 由存在区间是最大的, 知 $x^* \in \partial G$. 考察轨线段 $\{x(\tau, t_0, x_0) | \, t_0 \leqslant \tau \leqslant t\}$ 的长度 $s(t)$. 显然 $s(t_0) = 0$, 当 $t \in (t_0, b)$ 时由弧微分公式有

$$s(t) = \int_{t_0}^{t} \left(\sum_{i=1}^{n} x_i'^2(t) \right)^{\frac{1}{2}} \mathrm{d}t = \int_{t_0}^{t} |x'(t)| \mathrm{d}t = \int_{t_0}^{t} |\tilde{f}(x(t)| \mathrm{d}t < t - t_0,$$

从而知 $s(b) = s_0$ 为有限数. 另一方面,

$$|x'(t)| = |\widetilde{f}(x(t))| \leqslant \rho(x(t), \partial G) \leqslant \rho(x(t), x^*),$$

由于 (4.1.3) 从点 $x(t)$ 到点 x^* 的轨线段之长度为 $s_0 - s(t)$, 故有 $\rho(x(t), x^*) \leqslant s_0 - s(t)$, 从而

$$\frac{\mathrm{d}s}{\mathrm{d}t} = \left(\sum_{i=1}^n x_i'^2(t)\right)^{\frac{1}{2}} = |x'(t)| \leqslant s_0 - s(t),$$

由此可解得

$$s(t) \leqslant s_0(1 - \mathrm{e}^{t_0 - t}),$$

令 $t \to b^-$, 就有

$$s_0 \leqslant s_0(1 - \mathrm{e}^{t_0 - b}) < s_0,$$

矛盾.

同理可证解的左行最大存在区间为 $(-\infty, t_0]$. 定理证毕. □

基于定理 4.1.1, 在今后的讨论中, 我们总假设系统 (4.1.1) 的解的存在区间为 $(-\infty, \infty)$.

4.1.2 动力系统概念

性质 4.1.1 设 $x = \varphi(t), t \in (-\infty, \infty)$ 是系统 (4.1.1) 的解, 则对任意常数 c, $x = \varphi(t + c)$ 也是 (4.1.1) 的解.

证明 记 $\widetilde{\varphi}(t) = \varphi(t + c)$, 则有

$$\widetilde{\varphi}'(t) = \varphi'(t + c) = f(\varphi(t + c)) = f(\widetilde{\varphi}(t)),$$

这就说明 $\widetilde{\varphi}(t)$ 是方程组 (4.1.1) 的一个解. □

这个性质表明, (4.1.1) 在 $\mathbf{R}^{n+1}$ 中的解曲线 (常称为积分曲线) 沿 t 轴进行平移后, 所得曲线仍是系统 (4.1.1) 的积分曲线. 这样的积分曲线所对应的轨线与 c 无关, 即对所有的 c, 相应的轨线是同一个点集. 一般的非自治系统不具备这性质.

性质 4.1.2 设 $x = \varphi(t)$ 和 $x = \widetilde{\varphi}(t)$ 是系统 (4.1.1) 的两个解, 其中 $t \in (-\infty, \infty)$. 如果存在 $t_0, \widetilde{t}_0 \in \mathbf{R}$, 使得 $\varphi(t_0) = \widetilde{\varphi}(\widetilde{t}_0)$, 则对一切 $t \in \mathbf{R}$, 有

$$\widetilde{\varphi}(t) = \varphi(t + t_0 - \widetilde{t}_0).$$

证明 由性质 4.1.1 知 $x = \varphi(t + t_0 - \widetilde{t}_0)$ 也是系统 (4.1.1) 的一个解, 它在 $\widetilde{t}_0$ 点与 $\widetilde{\varphi}(t)$ 有相同的函数值, 由解的唯一性知结论成立. □

这条性质表明, 过相空间 $\mathbf{R}^n$ 的区域 G 内每一点 ξ, 系统 (4.1.1) 都有唯一的一条轨线. 换句话说, 对于在不同时刻经过相同的初始位置 $\xi \in G$ 的运动, 它们在

相平面中描出同一条轨线, 只是在时间参数上有差别. 由此, 自治系统在相平面中的轨线由初始位置完全确定, 而与初始时刻无关. 由此还有

推论 4.1.1   自治系统的两个不同的解所对应的轨线或者不相交, 或者完全重合.

对任何的 $(\tau, \xi) \in \mathbf{R} \times G$, 若函数 $\varphi(t, \tau, \xi)$ 是系统 (4.1.1) 的解, 则 $\varphi(t-\tau, 0, \xi)$ 也是 (4.1.1) 的解, 由解的唯一性知两者恒等. 于是, 我们只需研究经过 $(0, \xi)$ 的解, 我们记其为 $\varphi(t, \xi)$.

性质 4.1.3 (群性质)   设 $x = \varphi(t, \xi)$ 是自治系统 (4.1.1) 的满足初始条件 $x(0) = \xi$ 的解, 则有

$$\varphi(t_2, \varphi(t_1, \xi)) = \varphi(t_1 + t_2, \xi).$$

证明   由性质 4.1.1 知 $\varphi(t, \varphi(t_1, \xi))$ 和 $\varphi(t_1 + t, \xi)$, 都是系统 (4.1.1) 的解, 且当 $t = 0$ 时对应的函数值相同, 由解的唯一性知结论成立.   □

注 4.1.1   在动力学上, 性质 4.1.3 可作如下解释: 若动点沿着轨线 γ 运动, 从点 $M_0(\xi)$ 到达点 $M_1(\varphi(t_1, \xi))$ 所需时间为 t_1, 而从点 M_1 到点 $M_2(\varphi(t_2, \varphi(t_1, \xi)))$ 的时间为 t_2, 则从点 M_0 到点 M_2 的时间为 $t_1 + t_2$.

注 4.1.2   对每一个 t, 定义一个映射 $F_t : G \to G$ 为

$$\xi \mapsto \varphi(t, \xi), \quad F_t(\xi) = \varphi(t, \xi).$$

现考虑所有这样的变换组成的集合 $\{F_t, -\infty < t < \infty\}$, 则群性质可描述为

$$F_{t_2} \circ F_{t_1} = F_{t_1+t_2}.$$

于是, 若把函数的复合定义为集合 $\{F_t\}$ 的加法运算, 则这一运算满足结合律, 存在零元素 F_0, 且对任一元素 F_t, 存在负元素 F_{-t}. 可见, 这个集合在这种加法运算下构成一个群, 称其为变换群, 也称为动力系统或流. 有时就把 (4.1.1) 称为**动力系统**, 简称为系统. 相应的函数 f 称为其向量场. 显然, (4.1.1) 式在其 (有向) 轨线上任一点的切线的方向与向量场在该点的方向一致.

4.1.3   奇点与闭轨

系统 (4.1.1) 的轨线可简单地分为自身相交和自身不相交两种情形. 我们先对自身相交的轨线作进一步考虑. 设 $x = \varphi_0(t)$ 是系统 (4.1.1) 的一个解, 如果其轨线自身相交, 即有不同时刻 $t_1 < t_2$, 使得

$$\varphi_0(t_1) = \varphi_0(t_2).$$

则由性质 4.1.2 知对所有 t 成立

$$\varphi_0(t + t_2 - t_1) = \varphi_0(t),$$

即 $\varphi_0(t)$ 是周期函数, 称为系统 (4.1.1) 的周期解. 具体地, 有两种可能, 一是常数函数 (平凡周期解), 另一个是非常数函数 (非平凡周期解).

若对于一切 $t \in (-\infty, \infty)$, 都有 $\varphi_0(t) = x_0$, 则称 x_0 为系统 (4.1.1) 的一个定常解 (平衡解), 此解对应的积分曲线为平行于 t 轴的一条直线. 对应的轨线是相空间上的一点 x_0, 称为系统 (4.1.1) 的奇点 (平衡点、临界点). 显然, 相空间上一点 x_0 是系统 (4.1.1) 的奇点的充分必要条件为

$$f(x_0) = 0. \tag{4.1.4}$$

从物理上说, 奇点对应系统的平衡位置, 即静止不动的状态. 相空间上不是奇点的点称为常点. 关于奇点, 有下面的结论.

性质 4.1.4　设 x_0 是系统 (4.1.1) 的奇点, 则任何异于 x_0 的轨线都不可能在有限时间内达到或趋向于 x_0. 即若 $\lim\limits_{t \to \beta} \varphi(t, \xi) = x_0$, $\xi \neq x_0$, 则 $\beta = \infty$ 或 $\beta = -\infty$.

证明　若 $\beta \in \mathbf{R}$, 由连续性知必有 $\varphi(\beta, \xi) = x_0$, 从而对任意实数 t 必有 $\varphi(t + \beta, \xi) = \varphi(t, x_0)$, 由于 x_0 是奇点, 则令 $t = -\beta$ 可得 $\xi = x_0$, 矛盾. $\qquad\square$

性质 4.1.5　若 $\lim\limits_{t \to \infty} \varphi(t, \xi) = x_0$, 或 $\lim\limits_{t \to -\infty} \varphi(t, \xi) = x_0$, 则 x_0 为系统 (4.1.1) 的奇点.

证明　由 $\varphi(t, \xi)$ 是系统 (4.1.1) 的解知, 有

$$\frac{\mathrm{d}\varphi(t, \xi)}{\mathrm{d}t} = f(\varphi(t, \xi)),$$

两边求极限, 注意到 f 的连续性, 就有

$$\lim_{t \to \infty} \frac{\mathrm{d}\varphi(t, \xi)}{\mathrm{d}t} = f(x_0).$$

若 $f(x_0) \neq 0$, 则至少存在 f 的一个分量 f_i, 使 $f_i(x_0) \neq 0$. 不妨设 $f_i(x_0) > 0$, 则由上式知存在 $T > 0$, 使当 $t > T$ 时有

$$\frac{\mathrm{d}\varphi_i(t, \xi)}{\mathrm{d}t} \geqslant \frac{f_i(x_0)}{2} > 0,$$

从而

$$\varphi_i(t, \xi) \geqslant \varphi_i(T, \xi) + \frac{f_i(x_0)}{2}(t - T) \to \infty \quad (t \to \infty),$$

矛盾. 同理可证 $t \to -\infty$ 的情形. 证毕. $\qquad\square$

注 4.1.3　一般可证, 如果在点 $x_0 \in G$ 的任意小邻域内, 系统 (4.1.1) 都有时间长度可任意大的轨线弧, 则 x_0 必为奇点. 事实上, 设 x_0 不是奇点, 则存在 t^*, 使 $\varphi(t^*, x_0) \neq x_0$. 记 $\rho = d(\varphi(t^*, x_0), x_0) > 0$, 由解关于初值的连续依赖性知, 存在 $\delta \in \left(0, \dfrac{\rho}{3}\right)$, 使当 $d(x_0, x) < \delta$ 时, 有

$$d(\varphi(t^*, x_0), \varphi(t^*, x)) < \frac{\rho}{3}.$$

因此, 由三角不等式有

$$d(\varphi(t^*, x), x_0) \geqslant d(\varphi(t^*, x_0), x_0) - d(\varphi(t^*, x), \varphi(t^*, x_0)) \geqslant \rho - \frac{\rho}{3} > \delta,$$

这说明从点 x_0 的 δ 邻域内任一点 x 出发的时间长度为 $|t^*|$ 的任一轨线弧都不能完全位于这个邻域之内, 这与所设条件矛盾.

由函数 $f(x)$ 的连续性易知, 系统 (4.1.1) 的奇点集是闭集. 即方程组 (4.1.4) 的解集是闭集.

若 $\varphi_0(t)$ 为系统的非平凡周期解, 则与之对应的轨线为一条闭曲线, 称为闭轨线或闭轨. 可证系统 (4.1.1) 的任一非平凡周期解都有最小正周期. 即有下面的结论.

性质 4.1.6　系统 (4.1.1) 的任一闭轨所对应的周期解 $\varphi_0(t)$ 都有最小正周期.

证明　设 $\varphi_0(t)$ 是 (4.1.1) 的一个非平凡周期解, A 是它的所有正周期所成的集合, 记 $T_0 = \inf A$. 则显然有 $T_0 \geqslant 0$. 下证 $T_0 > 0$, 即 T_0 就是我们所说的最小正周期. 由确界的定义知存在 $T_k \in A$, 使得 $\lim\limits_{k \to \infty} T_k = T_0$. 若 $T_0 = 0$, 则对任意的 t, 都有

$$\varphi_0'(t) = \lim_{k \to \infty} \frac{\varphi_0(t + T_k) - \varphi_0(t)}{T_k} = 0,$$

这表明 $\varphi_0(t)$ 是系统的一个常数解, 它决定的轨线是奇点而非闭轨, 矛盾. 故必有 $T_0 > 0$. 进一步, 由解的连续性, 知有

$$\varphi_0(t + T_0) = \lim_{k \to \infty} \varphi_0(t + T_k) = \varphi_0(t),$$

说明 T_0 是解 φ_0 的周期. 证毕.　　　　　　　　　　　　　　　□

以后我们谈及非平凡周期解的周期时, 一般指它的最小正周期. 当 $n = 2$ 时, 从几何上说, 与一非平凡周期解 $\varphi_0(t)$ 对应的积分曲线是一条螺旋线, 它所对应的闭轨线就是该螺旋线在相平面的投影. 积分曲线位于以此闭轨为准线且母线平行于 t 轴的柱面上, 这个柱面可写为 $\{(t, \varphi(t, \varphi_0(\tau))) \mid t \in \mathbf{R}, \tau \in [0, T]\}$, 其中 T 为周期解 $\varphi_0(t)$ 的周期. 从物理上说, 周期解对应于系统的周期运动.

定义 4.1.1　设有 n 元连续函数 $H : G \to \mathbf{R}$. 如果沿着 (4.1.1) 的任意解 $x(t)$, 函数 $H(x(t))$ 取常值, 则称 H 为 (4.1.1) 的**首次积分**.

由定义知, 若 H 为 (4.1.1) 的首次积分, 则 $|H|^{\frac{1}{2}}$, H^3 也是其首次积分. 易见, 对可微函数 $H : G \to \mathbf{R}$ 来说, H 成为 (4.1.1) 的首次积分当且仅当

$$\frac{\partial H}{\partial x}(x) \cdot f(x) = 0.$$

上式的几何意义是: 方程 (4.1.1) 在其轨线上任一点 x 处的切向 $f(x)$ 与 H 在该点的梯度正交.

现设有二元可微函数 $H : G \to \mathbf{R}$, 则该函数确定了下述二维系统:

$$\frac{\mathrm{d}x}{\mathrm{d}t} = H_y, \quad \frac{\mathrm{d}y}{\mathrm{d}t} = -H_x,$$

其中 $(x, y) \in G$, 称其为二维哈密顿系统, 而称函数 H 为其哈密顿函数. 由上述讨论知函数 H 为这一哈密顿系统的首次积分.

关于一个给定二维系统何时成为一哈密顿系统, 我们有下述性质.

性质 4.1.7　设 $f(x, y)$, $g(x, y)$ 为定义于平面区域 G 上的可微函数, 则自治系统

$$\frac{\mathrm{d}x}{\mathrm{d}t} = f(x, y), \quad \frac{\mathrm{d}y}{\mathrm{d}t} = g(x, y) \tag{4.1.5}$$

成为一哈密顿系统的充要条件是

$$f_x + g_y = 0, \quad (x, y) \in G. \tag{4.1.6}$$

证明　设 (4.1.5) 为哈密顿系统, 即存在可微函数 H 使 $f = H_y$, $g = -H_x$. 于是易知 (4.1.6) 满足. 反之, 设 (4.1.6) 成立. 由于方程 (4.1.5) 可写为下述形式:

$$g\mathrm{d}x - f\mathrm{d}y = 0,$$

由恰当方程的判定定理知, 在 (4.1.6) 之下, 上述一阶方程为恰当方程, 即存在可微函数 $u(x, y)$ 使 $\mathrm{d}u = g\mathrm{d}x - f\mathrm{d}y$, 从而 $u_x = g$, $u_y = -f$. 于是令 $H(x, y) = -u(x, y)$, 即知 (4.1.5) 为以 H 为哈密顿函数的哈密顿系统. 易见

$$H(x, y) = \int_{(x_0, y_0)}^{(x, y)} f\mathrm{d}y - g\mathrm{d}x, \tag{4.1.7}$$

其中 $(x_0, y_0) \in G$. 证毕. □

函数 $f_x + g_y$ 称为系统 (4.1.5) 的发散量, 有时记其为 $\mathrm{div}(f, g)$.

4.1.4 极限点与极限集

定义 4.1.2   设 γ 是系统 (4.1.1) 对应于解 $\varphi(t, P)$ 的轨线, $Q \in \mathbf{R}^n$ 称为轨线 γ 或点 P 的一个 ω **极限点** (或正极限点), 如果存在时间序列 $\{t_k\}$, $\lim\limits_{k \to \infty} t_k = +\infty$, 使得

$$\lim_{k \to \infty} \varphi(t_k, P) = Q.$$

轨线 γ 的 ω 极限点的全体称为轨线 γ 或点 P 的 ω **极限集** (或**正极限集**), 记为 Ω_γ 或 Ω_P.

如果将上述定义中的 $\lim\limits_{k \to \infty} t_k = +\infty$ 换成 $\lim\limits_{k \to \infty} t_k = -\infty$, 则得到轨线 γ 或点 P 的 α 极限点 (或负极限点) 与 α 极限集 (或负极限集) A_γ 或 A_P 的定义.

定义 4.1.3   设有非空集合 $B \subset \mathbf{R}^n$. 若对任意 $P \in B$, 系统 (4.1.1) 过 P 点的整条轨线 γ 满足 $\gamma \subset B$, 则称 B 是系统 (4.1.1) 的一个**不变集**. 若对任意 $P \in B$, 正半轨线 γ_P^+ 满足 $\gamma_P^+ \subset B$ (负半轨线 γ_P^- 满足 $\gamma_P^- \subset B$), 则称 B 是系统 (4.1.1) 的一个**正不变集** (**负不变集**).

定义 4.1.4   设有非空集合 $M \subset \mathbf{R}^n$. 若存在 M 的两个非空闭子集 M_1, M_2, 使得

$$M = M_1 \cup M_2 \ \ \text{且} \ \ M_1 \cap M_2 = \varnothing,$$

则称 M 是**不连通集**, 否则称其为**连通集**.

下面我们讨论轨线的极限集的性质. 我们只叙述 ω 极限集, 所有结果对 α 极限集也成立.

定理 4.1.2   任一非空 ω 极限集 Ω_P 是一个闭不变集.

证明   先证 Ω_P 是闭集. 设 Q 是 Ω_p 的一个聚点, 则存在 $Q_1 \in \Omega_P$, 使得 $d(Q, Q_1) < \dfrac{1}{2}$. 而由极限点的定义知存在 t_1, 使得 $d(\varphi(t_1, P), Q_1) < \dfrac{1}{2}$, 从而

$$d(Q, \varphi(t_1, P)) \leqslant d(Q, Q_1) + d(Q_1, \varphi(t_1, P)) < \frac{1}{2} + \frac{1}{2} = 1.$$

同样, 存在 $Q_2 \in \Omega_P$, 使得 $d(Q, Q_2) < \dfrac{1}{4}$. 而由极限点的定义知存在 $t_2 > t_1$, 使得 $d(\varphi(t_2, P), Q_2) < \dfrac{1}{4}$, 从而

$$d(Q, \varphi(t_2, P)) \leqslant d(Q, Q_2) + d(Q_2, \varphi(t_2, P)) < \frac{1}{4} + \frac{1}{4} = \frac{1}{2}.$$

依此类推知存在 $t_k \to \infty$ 使得

$$d(Q, \varphi(t_k, P)) < \frac{1}{k},$$

故 $\lim\limits_{k\to\infty}\varphi(t_k,P)=Q$, 即 $Q\in\Omega_P$. 故 Ω_P 是闭集.

再证 Ω_P 是不变集. 任取 $Q\in\Omega_P$ 及过 Q 点的轨线上的任一点 $\varphi(\tau,Q)$, 由极限点的定义知, 存在时间序列 $\{t_k\}$, 使 $\lim\limits_{k\to\infty}\varphi(t_k,P)=Q$. 由解的群性质知有

$$\varphi(t_k+\tau,P)=\varphi(\tau,\varphi(t_k,P)).$$

再由解关于初值的连续依赖性, 两边取极限, 令 $k\to\infty$, 就有

$$\lim\limits_{k\to\infty}\varphi(t_k+\tau,P)=\lim\limits_{k\to\infty}\varphi(\tau,\varphi(t_k,P))=\varphi(\tau,Q).$$

这说明 $\varphi(\tau,Q)\in\Omega_P$. 由 τ 的任意性知 $\gamma_Q\subset\Omega_P$, 故 Ω_P 是不变集. 定理证毕. □

定理 4.1.3　若正半轨 γ_P^+ 有界, 则 $\Omega_P\neq\varnothing$ 为一有界连通集.

证明　极限集 Ω_P 的非空有界性是显然的. 下面证明它还是连通的. 采用反证法. 若 Ω_P 不是连通的, 则存在它的两个非空闭子集 $\Omega_P^{(1)},\Omega_P^{(2)}$, 使得

$$\Omega_P=\Omega_P^{(1)}\cup\Omega_P^{(2)},\quad \Omega_P^{(1)}\cap\Omega_P^{(2)}=\varnothing.$$

记 $\delta=d(\Omega_P^{(1)},\Omega_P^{(2)})$, 则 $\delta>0$. 由极限集的定义知存在点列 $t_1<t_2<\cdots<t_{2k}<t_{2k+1}<\cdots$, t_k 可任意大, 且使

$$d\left(\varphi(t_{2k},P),\Omega_P^{(1)}\right)\leqslant\frac{\delta}{4},\quad d\left(\varphi(t_{2k+1},P),\Omega_P^{(2)}\right)\leqslant\frac{\delta}{4}.$$

因为对 $\mathbf{R}^n$ 中任一闭集 A 与 $\mathbf{R}^n$ 中任一点 p, 都存在 $q\in A$, 使

$$d(p,A)=\min\{d(p,x)|x\in A\}=d(p,q),$$

由此易知

$$d\left(\varphi(t_{2k+1},P),\Omega_P^{(1)}\right)\geqslant d\left(\Omega_P^{(1)},\Omega_P^{(2)}\right)-d\left(\varphi(t_{2k+1},P),\Omega_P^{(2)}\right)\geqslant\delta-\frac{\delta}{4}=\frac{3\delta}{4}.$$

由 $\varphi(t,P)$ 与 $d(\varphi(t,P),\Omega_P^{(1)})$ 在区间 $[t_{2k},t_{2k+1}]$ 上的连续性知, 存在 $t_k^*\in(t_{2k},t_{2k+1})$, 使

$$d\left(\varphi(t_k^*,P),\Omega_P^{(1)}\right)=\frac{\delta}{2}\in\left(\frac{\delta}{4},\frac{3\delta}{4}\right).$$

从而

$$d\left(\varphi(t_k^*,P),\Omega_P^{(2)}\right)\geqslant d\left(\Omega_P^{(1)},\Omega_P^{(2)}\right)-d\left(\varphi(t_k^*,P),\Omega_P^{(1)}\right)=\delta-\frac{\delta}{2}=\frac{\delta}{2}.$$

由轨线的有界性知点列 $\{\varphi(t_k^*, P)\}$ 有界, 从而有收敛子列收敛到某点 Q^*, 不妨设 $\varphi(t_k^*, P) \to Q^*$. 于是, $Q^* \in \Omega_P = \Omega_P^{(1)} \cup \Omega_P^{(2)}$, 从而 $Q^* \in \Omega_P^{(1)}$ 或 $Q^* \in \Omega_P^{(2)}$. 但由于

$$d\left(\varphi(t_k^*, P), \Omega_P^{(j)}\right) \geqslant \frac{\delta}{2}, \quad j = 1, 2,$$

取极限得

$$d\left(Q^*, \Omega_P^{(1)}\right) \geqslant \frac{\delta}{2}, \quad d\left(Q^*, \Omega_P^{(2)}\right) \geqslant \frac{\delta}{2}.$$

这说明 Q^* 既不能属于 $\Omega_P^{(1)}$, 也不能属于 $\Omega_P^{(2)}$. 矛盾. 定理证毕.   □

对自治系统 (4.1.1), 成立下述 Lasalle 不变原理.

定理 4.1.4 设 $D \subset G$ 是系统 (4.1.1) 的有界正不变集. 又设 $V(x)$ 是在闭包 $\bar{D}$ 中连续、在 D 中可微的函数, 使得它沿 (4.1.1) 的全导数 $\dot{V}$ 在 D 中是常负的, 即 $\dot{V}(x) = V_x f(x) \leqslant 0, x \in D$. 用 M 表示 (4.1.1) 在 D 的子集 $E = \{x \in D \mid \dot{V}(x) = 0\}$ 中的最大不变集, 则 (4.1.1) 从 D 中任一点 x_0 出发的轨线必正向趋于 M, 即

$$\lim_{t \to +\infty} d(\varphi(t, x_0), M) = 0.$$

证明 由于函数 V 在有界闭集 $\bar{D}$ 中连续, 故 V 在 $\bar{D}$ 中有下界. 现设 $x_0 \in D$, 由于 D 是正不变集, 则对一切 $t > 0$ 有 $\varphi(t, x_0) \in D$, 又因为全导数 $\dot{V}$ 在 D 中常负, 可知函数 $V(\varphi(t, x_0))$ 关于正的 t 是单调减的, 且是有下界的, 因此极限 $\lim_{t \to +\infty} V(\varphi(t, x_0)) = c$ 存在有限. 由此知, 若 Ω 是点 x_0 的正极限集, 则对任意 $x \in \Omega$, 均有 $V(x) = c$. 注意到 Ω 是不变集, 因此对这样的 x, 均有 $\varphi(t, x) \in \Omega$, 从而 $V(\varphi(t, x)) = c$. 对 t 求导, 并令 $t = 0$ 可知 $x \in E$, 于是得证 $\Omega \subset M$, 故有

$$d(\varphi(t, x_0), M) \leqslant d(\varphi(t, x_0), \Omega) \to 0 \quad (t \to +\infty).$$

即为所证.   □

我们给出一个简单例子来验证 Lasalle 不变原理. 考虑下列系统:

$$\dot{x} = y - xF(x, y), \quad \dot{y} = -x - yF(x, y),$$

其中 $F(x, y) = (x^2 + y^2 - 1)^2$. 取 V 函数 $V(x, y) = x^2 + y^2$, 则

$$\dot{V} = -2(x^2 + y^2)F(x, y) = -2V(V - 1)^2.$$

对任意 $R_0 > 1$, 取集合 $D = \{(x, y) \mid x^2 + y^2 \leqslant R_0\}$. 易见成立

$$\dot{V} \leqslant 0, \quad M = E = \{(x, y) \mid x^2 + y^2 = 0 \text{ 或 } 1\}.$$

注意到当 $V > 0, V \neq 1$ 时 $\dot{V} < 0$, 不难看出, 从区域 $0 < V < 1$ 中任一点出发的轨线的正极限集都是原点, 而从区域 $1 < V \leqslant R_0$ 中任一点出发的轨线的正极限集都是闭轨线 $V = 1$.

4.1.5　局部不变流形

在大学常微分方程课程中, 我们已经学过线性系统的解的结构及常系数线性系统的解的求法, 此处对常系数齐线性系统的解的性质作一回顾, 并以动力系统的观点, 来分析其解的整体性质, 即其动力学性态, 然后介绍非线性自治系统在其双曲奇点附近的局部性质和它在非双曲奇点附近的中心流形定理等. 考虑 n 维常系数齐次线性方程

$$\dot{x} = Ax, \quad x \in \mathbf{R}^n, \tag{4.1.8}$$

其中 A 为 n 阶实矩阵.

定义 4.1.5　如果矩阵 A 没有零特征值, 即 $\det A \neq 0$, 则称原点为 (4.1.8) 的**初等奇点**, 如果矩阵 A 没有零实部的特征值, 则称原点为 (4.1.8) 的**双曲奇点**, 如果矩阵 A 的特征值均有负实部 (正实部), 则称原点为 (4.1.8) 的**汇 (源)**, 如果原点为 (4.1.8) 的双曲奇点, 且既不是汇, 又不是源, 则称原点为 (4.1.8) 的**鞍点**.

我们知道 (4.1.8) 的通解具有形式 $\mathrm{e}^{At}x$, 其中 e^{At} 为 (4.1.8) 的基解矩阵, 其定义如下:

$$\mathrm{e}^{At} = \sum_{k \geqslant 0} \frac{1}{k!}(At)^k.$$

由矩阵理论, 存在可逆矩阵 T, 使得线性变换

$$T : y = Tx \tag{4.1.9}$$

把 (4.1.8) 化为下述标准形:

$$\dot{y} = By \tag{4.1.10}$$

其中 $B = TAT^{-1}$ 为 A 的实若尔当标准形, 于是一般来说, B 可以写成下述块对角形式:

$$B = \mathrm{diag}(B_+, B_-, B_0),$$

其中 B_+, B_- 与 B_0 的特征值分别具有正、负、零实部 (它们其中的一个或两个可能不出现), 由矩阵指数定义及 $B^k = \mathrm{diag}(B_+^k, B_-^k, B_0^k)$, 容易知道 (4.1.10) 的基解矩阵为

$$\mathrm{e}^{Bt} = \mathrm{diag}(\mathrm{e}^{B_+t}, \mathrm{e}^{B_-t}, \mathrm{e}^{B_0t}). \tag{4.1.11}$$

特别, 如果原点为双曲奇点, 则有

$$\mathrm{e}^{Bt} = \mathrm{diag}(\mathrm{e}^{B_+t}, \mathrm{e}^{B_-t}).$$

矩阵 B_- 的每个若尔当块具有下述形式:

$$J_- = \begin{pmatrix} \lambda & 1 & & & \\ & \lambda & \ddots & & \\ & & \ddots & \ddots & \\ & & & & 1 \\ & & & & \lambda \end{pmatrix}_{k \times k}, \quad \lambda < 0$$

或

$$J_- = \begin{pmatrix} C & I & & & \\ & C & \ddots & & \\ & & \ddots & \ddots & \\ & & & & I \\ & & & & C \end{pmatrix}_{2k \times 2k},$$

其中

$$I = \begin{pmatrix} 1 & 0 \\ 0 & 1 \end{pmatrix}, \quad C = \begin{pmatrix} a & -b \\ b & a \end{pmatrix}, \quad a < 0,$$

此时

$$e^{J_- t} = \begin{pmatrix} 1 & t & \cdots & \dfrac{t^{k-1}}{(k-1)!} \\ & 1 & \cdots & \vdots \\ & & \ddots & t \\ & & & 1 \end{pmatrix} e^{\lambda t},$$

或

$$e^{J_- t} = \begin{pmatrix} D & Dt & \cdots & \dfrac{Dt^{k-1}}{(k-1)!} \\ & D & \cdots & \vdots \\ & & \ddots & Dt \\ & & & D \end{pmatrix} e^{at},$$

其中

$$D = e^{\begin{pmatrix} 0 & -b \\ b & 0 \end{pmatrix} t} = \begin{pmatrix} \cos bt & -\sin bt \\ \sin bt & \cos bt \end{pmatrix}.$$

因此 $\lim\limits_{t\to+\infty} \mathrm{e}^{J_- t} = 0$ 且趋于零的方式是指数式的. 一般地有

$$\lim_{t\to+\infty} \mathrm{e}^{B_- t} = 0, \quad \lim_{t\to-\infty} \mathrm{e}^{B_+ t} = 0.$$

对任意常向量 $y \in \mathbf{R}^n$, 可对 y 分块处理, 使有

$$y = \begin{pmatrix} y_+ \\ y_- \\ y_0 \end{pmatrix}, \quad By = \begin{pmatrix} B_+ y_+ \\ B_- y_- \\ B_0 y_0 \end{pmatrix}.$$

又令 E^u, E^s 与 E^c 分别表示 $\mathbf{R}^n$ 的线性子空间, 使得它们满足

$$TE^u = \{y \in \mathbf{R}^n | y_- = y_0 = 0\},$$

$$TE^s = \{y \in \mathbf{R}^n | y_+ = y_0 = 0\},$$

$$TE^c = \{y \in \mathbf{R}^n | y_- = y_+ = 0\}.$$

由 (4.1.11) 知集合 TE^u, TE^s 与 TE^c 均为 (4.1.10) 的不变集, 它们均为 $\mathbf{R}^n$ 的子空间, 同时 $\mathbf{R}^n$ 又可表示为这三个子空间的直和.

此外,

$$\lim_{t\to-\infty} \mathrm{e}^{Bt} y = 0 \Longleftrightarrow y \in TE^u,$$

$$\lim_{t\to+\infty} \mathrm{e}^{Bt} y = 0 \Longleftrightarrow y \in TE^s.$$

我们将 TE^u, TE^s 与 TE^c 分别称为 (4.1.10) 的不稳定集、稳定集与中心集. 注意到

$$\mathrm{e}^{At} = T^{-1} \mathrm{e}^{Bt} T,$$

可知 (4.1.10) 的不变集 TE^u, TE^s 与 TE^c 在变换 (4.1.9) 下的原像 E^u, E^s 与 E^c 是 (4.1.8) 的不变集, 分别称其为 (4.1.8) 的不稳定集、稳定集与中心集. 易见

$$\lim_{t\to-\infty} \mathrm{e}^{At} x = 0 \Longleftrightarrow x \in E^u,$$

$$\lim_{t\to+\infty} \mathrm{e}^{At} x = 0 \Longleftrightarrow x \in E^s.$$

现考虑两个 n 维自治系统

$$\dot{x} = f(x), \quad x \in \mathbf{R}^n \tag{4.1.12}$$

与

$$\dot{y} = g(y), \quad y \in \mathbf{R}^n, \tag{4.1.13}$$

其中 $f, g : \mathbf{R}^n \to \mathbf{R}^n$ 为 C^r 映射 (即它们有直到 r 阶的连续偏导数), $r \geqslant 1$, 且 $f(0) = g(0) = 0$.

定义 4.1.6 如果存在 C^k 同胚 $h : \mathbf{R}^n \to \mathbf{R}^n$ $(k \geqslant 0)$, 满足 $h(0) = 0$, 及原点的邻域 U 使 (4.1.12) 的流 φ^t 与 (4.1.13) 的流 ψ^t 满足

$$\text{当 } \varphi^t(x) \in U \text{ 时}, \ h(\varphi^t(x)) = \psi^t(h(x)),$$

则称 (4.1.12) 与 (4.1.13) 在原点为**局部 C^k 共轭的**, C^0 共轭又称为**拓扑共轭**.

若 $k \geqslant 1$, 对 (4.1.12) 作 C^k 变换 $y = h(x)$, 可把 (4.1.12) 化为

$$\dot{y} = Dh(h^{-1}(y))f(h^{-1}(y)),$$

易见 (4.1.12) 与上述方程在原点为局部 C^k 共轭的. 反之, 若 (4.1.12) 与 (4.1.13) 在 h 下在原点为局部 C^k 共轭的, 且 $k \geqslant 1$, 则在原点某邻域内必有关系

$$g(y) = Dh(h^{-1}(y))f(h^{-1}(y)).$$

考虑 (4.1.12) 在原点的线性变分方程

$$\dot{x} = Df(0)x. \tag{4.1.14}$$

定义 4.1.7 如果原点为线性系统 (4.1.14) 的初等奇点 (双曲奇点), 则称原点为 (4.1.12) 的**初等奇点** (**双曲奇点**).

关于 (4.1.12) 与 (4.1.14) 的局部共轭性, 我们有下述 Hartman-Grobman 线性化定理, 其证明可见文献 [26, 27] 或文献 [4].

定理 4.1.5 如果原点为 (4.1.12) 的双曲奇点, 则 (4.1.12) 与 (4.1.14) 在原点为局部拓扑共轭的.

上述定理是由 P. Hartman 与 D. M. Grobman 在同一年各自独立建立的. 值得指出的是, (4.1.12) 与 (4.1.14) 之间的同胚 h 一般不是 C^1 的, 即使 f 为解析时也是如此. 另一方面, 当 $Df(0)$ 的特征值满足一些附加条件时可保证 h 有一定的光滑性. 例如, Hartman[28] 证明了下述定理.

定理 4.1.6 系统 (4.1.12) 与 (4.1.14) 在原点为局部 C^1 共轭的, 若下列两条之一成立.

(1) $f : \mathbf{R}^2 \to \mathbf{R}^2$ 为二维 C^2 函数, 原点为 (4.1.12) 的双曲奇点;

(2) $f : \mathbf{R}^n \to \mathbf{R}^n$ 为 n 维 C^2 函数, 原点为 (4.1.12) 的双曲奇点, 且 $Df(0)$ 的特征值均具有负实部.

由线性化定理可知, 就局部性质而言, 双曲奇点的结构是简单的, 然而当考虑到与奇点有关的非局部性质时 (例如同宿轨道), 则非线性项的作用是至关重要的. 下述定理刻画了非线性系统在其双曲奇点附近部分轨线的定性性质, 其证明可见文献 [27,29] 或文献 [30].

定理4.1.7(稳定流形定理) 设原点为 C^r 系统 (4.1.12) 的双曲奇点, 且 $Df(0)$ 恰有 k $(\geqslant 0)$ 个具负实部的特征值 (包括重数在内), 则存在 k 维局部 C^r 稳定流形 W_0^s 与 $n-k$ 维局部 C^r 不稳定流形 W_0^u, 分别与相应的线性系统 (4.1.14) 的稳定集与不稳定集在原点相切, 且满足下列性质:

$$
\begin{aligned}
&\text{当 } t \geqslant 0 \text{ 时 } \varphi^t(W_0^s) \subset W_0^s, \text{ 当 } x \in W_0^s \text{ 时 } \lim_{t \to +\infty} \varphi^t(x) = 0; \\
&\text{当 } t \leqslant 0 \text{ 时 } \varphi^t(W_0^u) \subset W_0^u, \text{ 当 } x \in W_0^u \text{ 时 } \lim_{t \to -\infty} \varphi^t(x) = 0,
\end{aligned} \tag{4.1.15}
$$

其中 φ^t 表示 (4.1.12) 的流.

(4.1.15) 反映了集合 W_0^s 与 W_0^u 上轨线的渐近性质, 特别地, W_0^s 由正半轨线组成, W_0^u 由负半轨线组成, 而此两集合为 C^r 流形的含义是指它们可分别表示为 C^r 类函数的图像.

把 W_0^s 上的正半轨线向负向延伸可得 (4.1.12) 在原点的全局稳定流形 W^s. 同理, 把 W_0^u 上的负半轨向正向延伸可得 (4.1.12) 在原点的全局不稳定流形 W^u, 即

$$
W^s = \bigcup_{t \leqslant 0} \varphi^t(W_0^s), \qquad W^u = \bigcup_{t \geqslant 0} \varphi^t(W_0^u).
$$

这样一来, W^s 与 W^u 为 (4.1.12) 的不变流形, 它们由 (4.1.12) 的整条轨线组成, 且仍满足 (4.1.15).

作为一个简单例子, 考虑平面系统

$$
\dot{x} = -x, \quad \dot{y} = y + x^2. \tag{4.1.16}
$$

易求得其流为

$$
\varphi^t(x, y) = \left(x e^{-t}, y e^t + \frac{1}{3} x^2 (e^t - e^{-2t}) \right).
$$

由此知极限 $\lim\limits_{t \to +\infty} \varphi^t(x, y) = 0$ 成立当且仅当点 (x, y) 满足 $y + \frac{1}{3} x^2 = 0$, 于是 (4.1.16) 的稳定流形是

$$
W^s = \left\{ (x, y) \in \mathbf{R}^2 \,\Big|\, y = -\frac{1}{3} x^2 \right\}.
$$

类似可得其不稳定流形

$$W^u = \{(x, y) \in \mathbf{R}^2 \,|\, x = 0\}.$$

易见, W^s 由原点和正向趋于原点的两条轨线组成, 而 W^u 由原点和负向趋于原点的两条轨线组成, 如图 4.1.1 所示. 这 4 条轨线称为 (4.1.16) 的鞍点分界线 (详见定义 4.3.2).

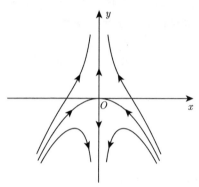

图 4.1.1   系统(4.1.16)的稳定与不稳定流形

如果原点不是 (4.1.12) 的双曲奇点, 则除了稳定流形与不稳定流形外, (4.1.12) 还有所谓的中心流形, 即有下面的定理 (其证明见文献 [29, 31]).

定理 4.1.8   设 n 阶矩阵 $Df(0)$ 分别有 k, l 个特征值具有负、正实部 (包括重数在内), 则在原点邻域内存在 C^r 流形 W_0^s (k 维)、W_0^u (l 维) 与 W_0^c ($n-k-l$ 维) 分别与相应的线性系统 (4.1.14) 的稳定集、不稳定集与中心集在原点相切, 且具有下列性质:

(i) (4.1.15) 对 W_0^s 与 W_0^u 成立;

(ii) (局部不变性) 对任一点 $x \in W_0^c$, 存在 $t_0 > 0$, 使当 $|t| < t_0$ 时 $\varphi^t(x) \in W_0^c$.

上述定理中的集合 W_0^s, W_0^u 与 W_0^c 分别称为 (4.1.12) 在原点的局部稳定流形、局部不稳定流形与局部中心流形.

在应用中心流形定理时需要用到中心流形的近似表达式. 现在我们进一步探讨这个问题. 考虑 n 维非线性系统 (4.1.12), 其中 f 为 C^r 函数, $r \geqslant 1$. 又设 $f(0) = 0$ 且导矩阵 $Df(0)$ 具有下述形式:

$$Df(0) = \mathrm{diag}(A, B), \tag{4.1.17}$$

其中 A 与 B 的特征值分别具有非零实部和零实部. 假设 A 与 B 分别为 m 与 $n-m$ 阶矩阵, 其中 $n > m \geqslant 1$. 相应地, 对 x 与 f 做分段处理, 即令

$$x = (y, z)^{\mathrm{T}}, \quad f(x) = Df(0)x + (g(x), h(x))^{\mathrm{T}}, \quad y,\, g \in \mathbf{R}^m.$$

则由文献 [29,31] 知在 (4.1.17) 之下, 方程 (4.1.12) 的局部中心流形 W_0^c 可表示为

$$W_0^c = \{(y,z)|y = H(z), |z| < \varepsilon_0\},$$

其中 $\varepsilon_0 > 0$, $H(z)$ 为某 C^r 函数, 可证在中心流形 W_0^c 上方程 (4.1.12) 的流的性质由下述 $n - m$ 维微分方程决定:

$$\dot{z} = Bz + h(H(z), z). \tag{4.1.18}$$

中心流形定理的主要作用之一是, 可把 n 维系统 (4.1.12) 在非双曲奇点附近降维而获得 $n - m$ 维系统 (4.1.18), 通过研究后者可讨论原系统在原点的局部性质. 例如, 由文献 [17,29] 知, 如果矩阵 A 的特征值均具有负实部, 则方程 (4.1.12) 的奇点 $x = 0$ 是渐近稳定的 (不稳定的) 当且仅当 (4.1.18) 的奇点 $z = 0$ 是渐近稳定的 (不稳定的). 我们称方程 (4.1.18) 为 (4.1.12) 的约简系统.

　　因为 W_0^c 具有局部不变性, 即方程 (4.1.12) 以其中任一点 $(H(z), z)$ 为初值的解 $x(t) = (y(t), z(t))$ 当 $|t|$ 充分小时都满足 $y(t) = H(z(t))$, 此等式两边关于时间变量 t 求导, 再令 $t = 0$ 可得

$$AH(z) + g(H(z), z) - DH(z)[Bz + h(H(z), z)] \equiv 0. \tag{4.1.19}$$

利用上式可对函数 H 做近似计算. 事实上, M. Medved 在其著作[32] 中证明了下面的定理.

　　定理 4.1.9　设原点为 C^r 系统 (4.1.12) 的非双曲奇点, $r \geqslant 2$, (4.1.17) 成立. 又设存在 $2 \leqslant k \leqslant r$ 及 C^k 函数 $\Phi(z) = O(|z|^2)$, 使对 $|z| \ll 1$ 成立

$$A\Phi(z) + g(\Phi(z), z) - D\Phi(z)[Bz + h(\Phi(z), z)] = O(|z|^k),$$

则必有

$$H(z) = \Phi(z) + O(|z|^k), \quad |z| \ll 1.$$

　　我们指出, 尽管局部中心流形 $y = H(z)$ 满足 (4.1.19), 但它未必是唯一存在的, 甚至这样的 H 可能有无穷多个, 而定理 4.1.9 则表明当把函数 H 关于 z 展开成泰勒公式时, 展式中的泰勒多项式则是唯一的. 此外, 有例子表明 C^∞ 系统甚至解析系统也未必有 C^∞ 的中心流形.

　　中心流形定理的另一主要作用是, 研究含参数微分方程的局部分支问题. 我们现在考虑这一问题. 设有含参数 n 维微分方程

$$\dot{x} = f(x, \varepsilon), \tag{4.1.20}$$

其中 $\varepsilon \in \mathbf{R}^k$ 为向量参数, $f: G \times \mathbf{R}^k \to \mathbf{R}^n$ 为 C^r 函数, $G \subset \mathbf{R}^n$ 为包含原点的开区域, $r \geqslant 2$. 将方程 (4.1.20) 与 $\dot{\varepsilon} = 0$ 联立可得 $n + k$ 维微分方程

$$\begin{aligned} \dot{x} &= f(x, \varepsilon), \\ \dot{\varepsilon} &= 0. \end{aligned} \tag{4.1.21}$$

设 $f(0,0) = 0$ 且成立

$$Df_0(0) = \mathrm{diag}(A, B), \quad \left.\frac{\partial(f, 0)}{\partial(x, \varepsilon)}\right|_{x=\varepsilon=0} = \mathrm{diag}(A, \bar{B}), \tag{4.1.22}$$

其中 $f_0(x) = f(x, 0)$, A 与 B 的特征值分别具有非零实部和零实部, A 与 B 分别为 m 与 $n-m$ 阶矩阵, $n > m \geqslant 1$, 而 $\bar{B}$ 为 $n - m + k$ 阶矩阵. 由 (4.1.22), 如前可对 x 与 f 做下述分段处理:

$$x = (y, z)^{\mathrm{T}}, \quad f(x, \varepsilon) = Df_0(0)x + (g(x, \varepsilon), h(x, \varepsilon))^{\mathrm{T}}, \quad y, \ g \in \mathbf{R}^m.$$

对方程 (4.1.21) 直接应用中心流形定理 (定理 4.1.8) 即得下述含参数的中心流形定理.

定理 4.1.10   在上述假设下, 存在常数 $\delta > 0$ 及对 $|z| < \delta, |\varepsilon| < \delta$ 有定义的 C^r 函数 $H(z, \varepsilon)$, 满足 $H(0,0) = 0$, $H_z(0,0) = 0$, 使对固定的 $|\varepsilon| < \delta$, 集合

$$W_\varepsilon^c = \{(y, z) \in G|\ y = H(z, \varepsilon), |z| < \delta\}$$

为方程 (4.1.20) 的局部不变流形, 且成立

$$AH(z, \varepsilon) + g(H(z, \varepsilon), z, \varepsilon) - H_z(z, \varepsilon)(Bz + h(H(z, \varepsilon), z, \varepsilon)) = 0.$$

方程 (4.1.20) 的约简系统为

$$\dot{z} = Bz + h(H(z, \varepsilon), z, \varepsilon). \tag{4.1.23}$$

注 4.1.4   我们可以通过研究当 $|\varepsilon|$ 充分小时约简系统 (4.1.23) 在原点附近的分支问题, 来获得原系统 (4.1.20) 在原点附近的奇点、周期轨的存在性. 例如, 如果约简系统 (4.1.23) 在原点附近有周期解 $z = \varphi(t, \varepsilon) = O(\varepsilon)$, 则原系统 (4.1.20) 在原点附近就有周期解 $x = (H(\varphi(t, \varepsilon), \varepsilon), \varphi(t, \varepsilon))$, 其轨线位于不变流形 W_ε^c 上. 进一步, 我们还可以研究 (4.1.20) 在原点附近的奇点、周期轨的稳定性. 事实上, 文献 [17] 证明了 (4.1.20) 在原点邻域内局部拓扑等价于下述 n 维系统:

$$\dot{y} = Ay, \quad \dot{z} = Bz + h(H(z, \varepsilon), z, \varepsilon).$$

由此可知, 如果矩阵 A 的特征值均具有负实部, 则约简系统 (4.1.23) 在原点附近的奇点与周期轨跟原系统 (4.1.20) 的相应的奇点与周期轨具有相同的稳定性 (同为渐近稳定、稳定或不稳定).

含参数中心流形对奇点与周期解分支问题的应用将在第 5 章给出. 关于(4.1.17) 中的常矩阵 B, 最简单的两种情况是

(i) B 为一阶零矩阵;

(ii) $B = \begin{pmatrix} 0 & -\beta \\ \beta & 0 \end{pmatrix}$, $\beta \neq 0$.

我们接下来进一步给出, 在这两种情况下, 中心流形定理对二维和三维系统的应用例子.

首先考虑下列形式的二维自治系统:

$$\dot{x} = f_1(x, y), \quad \dot{y} = f_2(x, y), \tag{4.1.24}$$

其中 f_1 与 f_2 为 C^r 函数, $r \geqslant 2$, 且在原点的小邻域内满足

$$f_1 = O(|x, y|^2), \quad f_2 = -y + O(|x, y|^2).$$

由 (4.1.19) 知, 确定方程 (4.1.24) 的局部中心流形的函数 $y = h(x)$ 必满足

$$h'(x)f_1(x, h(x)) - f_2(x, h(x)) \equiv 0, \tag{4.1.25}$$

而由定理 4.1.9 知, 如果有多项式函数 $g(x) = c_2 x^2 + \cdots + c_{k-1} x^{k-1}$, $k \geqslant 3$, 使

$$g'(x)f_1(x, g(x)) - f_2(x, g(x)) = O(|x|^k),$$

则方程 (4.1.24) 有由形如 $h(x) = g(x) + O(|x|^k)$ 的函数确定的局部中心流形. 于是由方程 (4.1.18) 知, 方程 (4.1.24) 的约简方程就成为

$$\dot{x} = f_1(x, h(x)).$$

这个约简方程零解的稳定性与原方程 (4.1.24) 零解的稳定性完全一致.

例 4.1.1 考虑平面自治系统

$$\dot{x} = ax^2 + xy, \quad \dot{y} = -y + bx^2$$

位于原点的奇点之稳定性.

解 先用待定系数法近似求出局部中心流形的表达式. 设 $h(x) = c_2 x^2 + c_3 x^3 + O(|x|^4)$, 代入到方程 (4.1.25) 中, 易求得

$$c_2 = b, \quad c_3 = -2ab, \quad h(x) = bx^2 - 2abx^3 + O(|x|^4).$$

于是可得约简方程如下:

$$\dot{x} = ax^2 + bx^3 - 2abx^4 + O(|x|^5),$$

对这个一维自治系统来说, 当 $a \neq 0$ 或 $a = 0$, $b > 0$ 时, 零解是不稳定的, 当 $a = 0$, $b < 0$ 时, 零解是渐近稳定的, 当 $a = 0$, $b = 0$ 时, 直接可看出约简方程成为 $\dot{x} = 0$, 从而零解是稳定但非渐近稳定的. 对所给的二维系统有相同的结论.

再考虑具有下述形式的三维自治系统:

$$\dot{x} = f_1(x, y, a), \quad \dot{y} = f_2(x, y, a), \tag{4.1.26}$$

其中 a 为小参数 (可以是向量), f_1 与 f_2 为 C^r 函数, $r \geqslant 3$, 且在原点的小邻域内满足

$$f_1(x, y, a) = \begin{pmatrix} \alpha(a) & -\beta(a) \\ \beta(a) & \alpha(a) \end{pmatrix} x + O(|x, y|^2), \quad \alpha(0) = 0, \quad \beta(0) \neq 0,$$

$$f_2(x, y, a) = B(a)y + O(|x, y|^2), \quad B(0) \neq 0.$$

在这些假设下, 所述方程 (4.1.26) 的二维 C^r 局部中心流形可表示为

$$y = g(x, a) = g_2(x, a) + g_3(x, a) + \cdots,$$

其中 g_j 关于 x 为 j 次齐次式. 由局部中心流形局部不变性, 可得

$$f_2(x, g(x, a), a) = \frac{\partial g}{\partial x}(x, a) f_1(x, g(x, a), a).$$

这就是函数 g 所满足的方程 (这里指出, 由上述方程可知函数 g 关于 x 的展开式中不含常数项和一次项), 利用待定系数法, 可分别求出 $g_2(x, a)$, $g_3(x, a)$ 等等.

于是, 限制在局部中心流形上, 三维系统 (4.1.26) 的流就由数 $B(0)$ 的符号和下述平面系统

$$\dot{x} = f_1(x, g(x, a), a)$$

在原点附近的性态来决定.

例 4.1.2 考虑三维二次系统

$$\dot{x} = -y + axz, \quad \dot{y} = x + ayz, \quad \dot{z} = -z + x^2 + y^2 + z^2 \tag{4.1.27}$$

位于原点的奇点之稳定性.

解　我们给出简要解答, 详细过程请读者给出. 设局部中心流形的函数表达式为

$$z = h(x, y) = bx^2 + cxy + dy^2 + O(|x, y|^3),$$

代入它所满足的方程, 可以求得 $b = d = 1, c = 0$, 于是

$$h(x, y) = x^2 + y^2 + O(|x, y|^3),$$

将 $z = h(x, y)$ 代入方程 (4.1.27) 的前两式可得其约简方程如下.

$$\dot{x} = -y + axh(x, y), \quad \dot{y} = x + ayh(x, y).$$

对这一二维系统, 可取 V 函数 $V(x, y) = (x^2 + y^2)/2$, 则其全导数为

$$\frac{\mathrm{d}V}{\mathrm{d}t} = a(x^2 + y^2)h(x, y).$$

由此可知, 对所述三维系统来说, 当 $a > 0$ 时零解不稳定, 当 $a < 0$ 时零解渐近稳定, 当 $a = 0$ 时零解稳定但非渐近稳定.

关于高维系统的极限集的结构, 这是一个极其困难的问题, 至今未有完全的分类. 它可以很简单 (例如单个奇点、单个闭轨), 也可以更复杂些 (例如, 是一个诸如环面等的紧曲面), 还可以非常的复杂, 出现所谓的混沌等奇怪吸引子. 但对平面系统来说, 极限集之结构早已经被大数学家 Poincaré 研究清楚了, 详见下一节.

习　题　4.1

1. 试证明 $\Omega_P = \varnothing$ 的充要条件是 $\lim\limits_{t \to +\infty} |\varphi(t, P)| = +\infty$.

2. 若 $\Omega_P = \{Q\}$, 则 Q 为系统的奇点且 $\lim\limits_{t \to +\infty} \varphi(t, P) = Q$.

3. 证明系统 (4.1.1) 的所有奇点组成的集合为闭集.

4. 试用定积分来表达线积分 (4.1.7).

5. 设 A 与 B 为两个 n 阶矩阵, 试利用线性微分方程的解矩阵证明, 如果它们可交换, 即 $AB = BA$, 则 $\mathrm{e}^{A+B} = \mathrm{e}^A \mathrm{e}^B$.

6. 试证明 (4.1.11).

7. 若 (4.1.12) 与 (4.1.13) 在原点为局部 C^1 共轭的, 则它们在原点的线性变分系统的系数矩阵必相似.

8. 设有定义于区域 $G \subset \mathbf{R}^n$ 上的自治系统 $\dfrac{\mathrm{d}x}{\mathrm{d}t} = f(x)$ 与 $\dfrac{\mathrm{d}x}{\mathrm{d}t} = g(x)f(x)$, 其中 g 为恒正函数, 则此两系统在 G 中有完全相同的轨线.

9. 求下列方程的中心流形的近似表达式, 并讨论原点的稳定性.

(1) $\dot{x} = ax^2 - y^2, \dot{y} = -y + x^2 + xy$;

(2) $\dot{x} = -y + xz, \dot{y} = x + yz, \dot{z} = -z - x^2 - y^2 + z^2$.

4.2　平面极限集结构

考虑平面自治系统

$$\frac{\mathrm{d}x}{\mathrm{d}t} = f(x, y), \quad \frac{\mathrm{d}y}{\mathrm{d}t} = g(x, y), \tag{4.2.1}$$

其中 $f, g \in C(\mathbf{R}^2, \mathbf{R})$, 且保证系统 (4.2.1) 满足初始条件的解的唯一性. 本节研究系统 (4.2.1) 的轨线的极限集的结构, 主要理论基础是解的存在唯一性, 解关于初值的连续依赖性和下面的若尔当曲线定理.

若尔当曲线定理　平面 $\mathbf{R}^2$ 上任一条若尔当曲线 (即简单闭曲线) J 必分整个平面为两个区域, 即开集 $\mathbf{R}^2 \backslash J$ 恰好有两个连通分支, 其中一个有界 (称为 J 的内域), 另一个无界 (称为 J 的外域), J 是它们的共同边界.

下面我们给出研究中用到的一个重要工具, 即系统 (4.2.1) 的无切线段.

定义 4.2.1　给定平面直线段 $\overline{N_1 N_2}$, 如果凡是与 $\overline{N_1 N_2}$ 相交的轨线, 当 t 增加时都从 $\overline{N_1 N_2}$ 的同一侧到另一侧, 且不与 $\overline{N_1 N_2}$ 相切, 则称 $\overline{N_1 N_2}$ 为系统 (4.2.1) 的一个**无切线段**或**截线**.

关于无切线段的存在性, 有下面的结论.

引理 4.2.1　设 $P_0(x_0, y_0)$ 是 (4.2.1) 的一个常点, 则存在过 P_0 的无切线段 $\overline{N_1 N_2}$ 及曲边矩形 $ABCD$, $AB // N_1 N_2 // CD$, AD, BC 为轨线段, 自矩形 $ABCD$ 内任一点出发的轨线, 当它们向两侧延续时, 必分别与 AB, CD 各相交一次. 如图 4.2.1 所示.

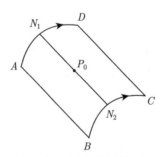

图 4.2.1　过点 P_0 的流盒

证明　过 P_0 点的轨线在 P_0 点有切线方向 $(f(x_0, y_0), g(x_0, y_0))$, 从而该轨线在 P_0 的法线方程为

$$g(x_0, y_0)(y - y_0) + f(x_0, y_0)(x - x_0) = 0.$$

考虑平行直线族

$$\lambda(x,y) \triangleq g(x_0,y_0)(y-y_0) + f(x_0,y_0)(x-x_0) = C.$$

则 $\lambda(x,y)$ 沿着系统 (4.2.1) 的导数为

$$\frac{\mathrm{d}\lambda}{\mathrm{d}t} = g(x_0,y_0)\frac{\mathrm{d}y}{\mathrm{d}t} + f(x_0,y_0)\frac{\mathrm{d}x}{\mathrm{d}t} = g(x_0,y_0)g(x,y) + f(x_0,y_0)f(x,y).$$

由连续函数的保号性知存在 $\varepsilon > 0$ 及 P_0 的 ε 邻域 $S(P_0,\varepsilon)$, 使 $\overline{S(P_0,\varepsilon)}$ 中不含奇点, 且当 $(x,y) \in S(P_0,\varepsilon)$ 时, $\dfrac{\mathrm{d}\lambda}{\mathrm{d}t} > 0$, 这说明系统 (4.2.1) 在 $S(P_0,\varepsilon)$ 中的轨线当 t 增加时, 沿着 C 增加的方向与直线族中的直线相交. 在法线 ($\lambda(x,y) = 0$) 上 P_0 的两侧分别取点 N_1, N_2, 使 $d(N_1,P_0) = \dfrac{\varepsilon}{4}$, $d(N_2,P_0) = \dfrac{\varepsilon}{4}$, 则 $\overline{N_1N_2}$ 就是系统 (4.2.1) 的一个无切线段. 同时存在 $C_0 > 0$, 使

$$\{(x,y)|\ (x,y) = \varphi(t,P), |\lambda(\varphi(t,P))| \leqslant C_0, P \in \overline{N_1N_2}\ \} \subset S(P_0,\varepsilon).$$

记 $A = \varphi(t_1,N_1), D = \varphi(t_2,N_1), B = \varphi(t_3,N_2), C = \varphi(t_4,N_2)$, 其中 $\lambda(\varphi(t_1,N_1)) = \lambda(\varphi(t_3,N_2)) = -C_0$, $\lambda(\varphi(t_2,N_1)) = \lambda(\varphi(t_4,N_2)) = C_0$, 则曲边矩形 $ABCD$ 就满足定理的要求. 引理证毕. □

上述曲边矩形称为过点 P_0 的流盒, 记作 $\square\overline{N_1N_2}$.

引理 4.2.2　设 $\overline{N_1N_2}$ 是系统 (4.2.1) 的一个无切线段, 又设轨线 γ_P^+ 与 $\overline{N_1N_2}$ 相继有三个不同的交点 $M_1 = \varphi(t_1,P), M_2 = \varphi(t_2,P), M_3 = \varphi(t_3,P), t_1 < t_2 < t_3$, 则在 $\overline{N_1N_2}$ 上点 M_2 必位于 M_1 与 M_3 之间.

证明　设 J 表示由 M_1 到 M_2 的轨线段和由 M_1 到 M_2 的直线段所成的闭曲线, 即 $J = \varphi([t_1,t_2],P) \cup \overline{M_1M_2}$. 显然它是一条若尔当曲线. 轨线有两种可能, 如图 4.2.2 所示. 由若尔当曲线定理和轨线的不相交性, 无论那种情况, 点 M_3 都只能位于 J 的内域或外域, 且 M_1, M_2 与 M_3 在 $\overline{N_1N_2}$ 上单调排列. 引理证毕.

□

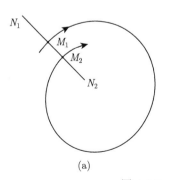
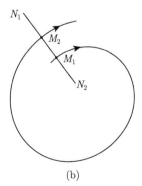

(a)　　　　　　　　　　　　(b)

图 4.2.2　若尔当曲线 J

引理 4.2.3 轨线 γ_P^+ 的正极限集 Ω_P 与任一截线 $\overline{N_1 N_2}$ 至多有一个交点.

证明 用反证法. 假设 Ω_P 与截线 $\overline{N_1 N_2}$ 有两个交点 Q_1 和 Q_2. 由极限集的定义及引理 4.2.1 知, 存在两个点列 $\{P_n\}$, $\{\bar{P}_n\}$, 其中 $P_n, \bar{P}_n \in \gamma_P^+ \bigcap \overline{N_1 N_2}$, 使得当 $n \to \infty$ 时 $P_n \to Q_1$, $\bar{P}_n \to Q_2$. 又由引理 4.2.2 知将 $\{P_n\}$ 与 $\{\bar{P}_n\}$ 合并, 且按它们所对应的时间之大小来排序, 可得 $\overline{N_1 N_2}$ 上的一个收敛的单调点列, 于是必有 $Q_1 = Q_2$. 引理证毕.   □

引理 4.2.4 如果正极限集 Ω_P 是不包含任何奇点的非空有界集, 则它是一条闭轨.

证明 任取点 $Q \in \Omega_P$, 因为 Ω_P 是闭不变集, 于是任取 $Q \in \Omega_P$, 必有 $\gamma_Q^+ \subset \Omega_P$, 且 γ_Q^+ 有界, 从而 $\Omega_Q \subset \Omega_P$, 且 Ω_Q 非空. 又任取点 $Q_0 \in \Omega_Q$, 则它不是奇点, 可做过点 Q_0 的截线 $\overline{N_1 N_2}$, 则轨线 γ_Q^+ 必无限次地进入过 Q_0 的某流盒 $\square\overline{N_1 N_2}$, γ_Q^+ 与 $\overline{N_1 N_2}$ 的交依次记为 Q_n, 则 $Q_n \in \gamma_Q^+$, $Q_n \in \Omega_P$, 且由引理 4.2.2 知 $Q_n \to Q_0$. 再由引理 4.2.3 知必有 $Q_n = Q_0$, 这表示 γ_Q^+ 是闭轨. 由 Q 的任意性知, Ω_P 是由闭轨所组成的, 从而由 Ω_P 的连通性知, 它只能是一条闭轨. 引理证毕.   □

定义 4.2.2 由系统 (4.2.1) 的若干奇点及趋于这些奇点的一些轨线所组成的闭曲线称为 (4.2.1) 的**奇异闭轨**. 如果奇异闭轨中的各条轨线按其定向首尾相连构成一条顺时针或逆时针定向的闭曲线, 则称其为**可定向的奇异闭轨**, 否则称为**不可定向的奇异闭轨**. 如图 4.2.3 所示.

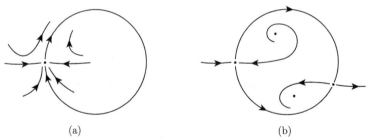

图 4.2.3   (a) 可定向与 (b) 不可定向的奇异闭轨

引理 4.2.5 若 Ω_P 包含系统 (4.2.1) 的两个相异的奇点 P_1 和 P_2, 则满足 $A_\gamma = P_1$ 和 $\Omega_\gamma = P_2$ 的轨线 $\gamma \subset \Omega_P$ 至多有一条; 若 Ω_P 包含系统 (4.2.1) 的两条轨线 γ_1, γ_2 和至少一个奇点, 且 γ_1 和 γ_2 的正、负极限集是同一奇点, 则 γ_1, γ_2 与该奇点一起构成一条可定向的奇闭轨.

证明 设有两条轨线 $\gamma_1, \gamma_2 \subset \Omega_P$ 使得 $A_{\gamma_j} = P_1$ 和 $\Omega_{\gamma_j} = P_2$, $j = 1, 2$. 取点 $Q_1 \in \gamma_1$ 和 $Q_2 \in \gamma_2$, 过这两点分别作截线 L_1 和 L_2. 既然 $\gamma_1, \gamma_2 \subset \Omega_P$, 则轨线 γ_P^+ 必与 L_1 和 L_2 先后有交点 $\bar{Q}_1$ 和 $\bar{Q}_2$. 如图 4.2.4 所示. 易见, 由正半

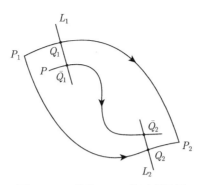

图 4.2.4　引理 4.2.5 的证明用图

轨 $\gamma_{Q_1}^+ (\subset \gamma_1)$, $\gamma_{Q_2}^+ (\subset \gamma_2)$, 线段 $\overline{Q_1 \bar{Q}_1}(\subset L_1)$, $\overline{Q_2 \bar{Q}_2}(\subset L_2)$ 和从 $\bar{Q}_1$ 到 $\bar{Q}_2$ 的轨线段 $\gamma_{\bar{Q}_1 \bar{Q}_2}(\subset \gamma_P^+)$ 所包围的区域是一个正不变集, 该不变集以 $\Omega_{\bar{Q}_2} = \Omega_P$ 为其子集, 这与 $P_1 \in \Omega_P$ 矛盾. 引理前半部分得证. 类似可证后半部分. 证毕.　　□

注 4.2.1　在引理 4.2.3、引理 4.2.4 与引理 4.2.5 中将正极限集换成负极限集, 其结论仍成立.

定理 4.2.1 (Poincaré-Bendixson)　设存在有界闭集 M 和常点 P 使得 $\gamma_P^+ \subset M$ (或 $\gamma_P^- \subset M$) 且 (4.2.1) 在 M 中至多有有限个奇点, 则下述三个结论之一成立:

(i) Ω_P (或 A_P) 是一奇点;

(ii) Ω_P (或 A_P) 是闭轨;

(iii) Ω_P (或 A_P) 是由有限个奇点和趋于这些奇点的一些轨线组成的可定向的奇异闭轨线.

证明　以正极限集为例证之. 若 Ω_P 只含有奇点, 则由于 $\Omega_P \subset M$, 可知它是含有有限个奇点的连通集, 因此它只能是一个奇点. 如果 Ω_P 不含奇点, 则由引理 4.2.4, 它是一条闭轨. 现设 Ω_P 既含有奇点又含有常点, 由连通性知它不能含有闭轨. 任取轨线 $\gamma \subset \Omega_P$, 则 $\Omega_\gamma \subset \Omega_P$, $A_\gamma \subset \Omega_P$, 从而由引理 4.2.4, Ω_γ 与 A_γ 均含有奇点, 若它们之一含有常点, 则过此常点可作截线, 使得 γ 与该截线至少有两个交点, 这与引理 4.2.3 矛盾 (因为 $\gamma \subset \Omega_P$). 故 Ω_γ 与 A_γ 只含有奇点, 进一步由连通性与奇点个数有限性, 它们分别是一个奇点. 这样我们证明了 Ω_P 中任一轨线的正、负极限集都是一个奇点, 即 Ω_P 是一个奇异闭轨. 利用引理 4.2.5 易见 Ω_P 必是可定向的, 且 γ_P^+ 在其内侧或外侧盘旋渐近于 Ω_P. 定理证毕.　　□

含 1, 2 或 3 条轨线的若干极限集如图 4.2.5 所示, 这里所给出的只是一部分情况, 请读者画出其他情况.

推论 4.2.1 (环域定理)　设 $D \subset \mathbf{R}^2$ 为一平面环域, 如果它不含 (4.2.1) 的奇点, 且是正不变的或负不变的, 则 (4.2.1) 在 D 中必有闭轨.

上述结论常用来证明一些平面系统闭轨的存在性. 下面是简单的应用例子.

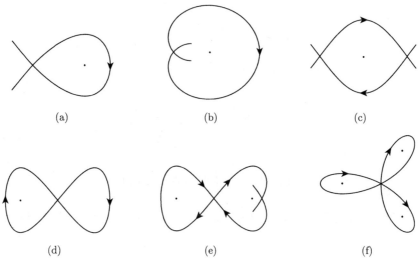

图 4.2.5　含 1, 2 或 3 条轨线的极限集 (部分情况)

考虑三次 Liénard 系统

$$\dot{x} = y - \left(\frac{1}{3}x^3 - x\right), \quad \dot{y} = -x. \tag{4.2.2}$$

利用环域定理可以证明方程 (4.2.2) 存在闭轨. 引入直线段 L_1, L_2 与 L_3 如下:

$$L_1 : y = 6,\ 0 \leqslant x \leqslant 3;$$
$$L_2 : x = 3,\ 0 \leqslant y \leqslant 6;$$
$$L_3 : y = 2(x - 3),\ 0 \leqslant x \leqslant 3.$$

易见, 对方程(4.2.2)来说, 沿 L_1 有 $\dot{y} \leqslant 0$, 沿 L_2 有 $\dot{x} \leqslant 0$, 沿 L_3 有 $\left.\dfrac{\mathrm{d}y}{\mathrm{d}x}\right|_{(4.2.2)} < 2$. 因此, 由 1.3 节改进的比较定理可知, 方程 (4.2.2) 从 L_1 上点出发的轨线正向进入 L_1 下方, 从 L_2 上点出发的轨线正向进入 L_2 左方, 从 L_3 上点出发的轨线正向进入 L_3 上方. 若令 Γ_1 表示 L_1, L_2 与 L_3 以及它们关于原点的对称线所组成的闭曲线, 则 (4.2.2) 从 Γ_1 上任一点出发的轨线都正向进入 Γ_1 内侧.

又取 $V(x, y) = x^2 + y^2$, 则当 $x^2 + y^2 \leqslant 3$ 时

$$\left.\frac{\mathrm{d}V}{\mathrm{d}t}\right|_{(4.2.2)} = -2x^2\left(\frac{1}{3}x^2 - 1\right) \geqslant 0.$$

如果取 Γ_2 为由 $x^2 + y^2 = 3$ 所定义的圆周, 则 (4.2.2) 从 Γ_2 上任一点出发的轨线都正向进入 Γ_2 的外侧. 令 D 为由 Γ_1 与 Γ_2 所围成的环域, 则 D 中没有 (4.2.2) 的

奇点, 且 (4.2.2) 从 D 的边界上任一点出发的轨线都正向进入 D 中 (图 4.2.6 (a)). 于是由环域定理知 D 中必有闭轨. 以后将证明闭轨是唯一存在的. 图 4.2.6(b) 给出了方程 (4.2.2) 的轨线在平面的分布和性态, 称该图为 (4.2.2) 的相图.

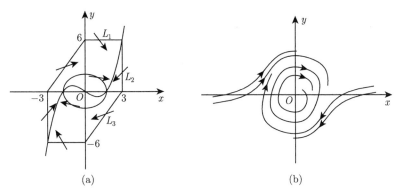

图 4.2.6　方程 (4.2.2) 的环域构造与相图

下面的定理, 称为 Bendixson 定理, 给出了闭轨线的一个性质.

定理 4.2.2　设平面系统 (4.2.1) 有闭轨线 L, 则 L 所包围的区域必含有 (4.2.1) 的奇点.

证明　利用 Brouwer 不动点定理来证. 设 (4.2.1) 有闭轨 L, 其所围闭集记为 D, 设 φ^t 表示 (4.2.1) 的流. 对任意自然数 $n > 1$, 考虑定义在 D 上的同胚 $\varphi^{1/n}$, 则由 Brouwer 不动点定理, 该同胚在 D 中有不动点, 记为 x_n, 即　$\varphi^{1/n}(x_n) = x_n$, 不妨设 x_n 收敛于 x^*. 由解的唯一性定理知 $\varphi^t(x_n)$ 关于 t 为 $1/n$ 周期的. 注意到对任一 t, 存在 $r_n \in [0, 1/n)$ 和整数 m_n, 使 $t = r_n + m_n \cdot 1/n$, 于是

$$\varphi^t(x_n) = \varphi^{r_n + \frac{m_n}{n}}(x_n) = \varphi^{r_n}(\varphi^{\frac{m_n}{n}}(x_n)) = \varphi^{r_n}(x_n),$$

两边取极限, 并利用解的连续性得 $\varphi^t(x^*) = x^*$, 即知 x^* 为奇点. 证毕.　　　□

上述 Bendixson 定理有多种证明方法, 例如, 除了利用 Brouwer 不动点定理, 还可以利用平面系统的指标理论. 平面系统的指标理论是平面系统定性理论的经典内容之一, 读者可参考文献 [4, 33] 等.

习　题　4.2

1. 试给出含 1, 2 或 3 条轨线的所有可能的极限集相图 (参考图 4.2.5).

2. 设 $H(x, y)$ 是定义在平面上的 C^2 函数, 若以此函数为哈密顿函数的哈密顿系统有一个闭轨, 则在该闭轨的任意邻域内必有无穷个闭轨. (提示: 在闭轨上取一点 A_0, 过该点做一截线 l (在点 A_0 与闭轨的切线正交), 此截线可以用 a 参数化: $(x, y) = A_0 + a\vec{n}$, 则函数 $H(A_0 + a\vec{n})$ 关于充分小的 a 是严格单调的. 然后考虑从点 $A_0 + a\vec{n}$ 出发的轨线).

3. 考虑系统

$$\dot{x} = y + xF(x,y), \quad \dot{y} = -x + yF(x,y),$$

其中 F 为连续可微函数, 且满足 $F(0,0) < 0$, 当 $x^2 + y^2$ 充分大时 $F(x,y) \geqslant 0$, 则该系统必有闭轨. (提示: 利用第 1 章改进的比较定理.)

4. 设有两个二元可微的函数 $f(t,x)$ 与 $g(t,x)$, $(t,x) \in \mathbf{R}^2$, 且存在常数 $T > 0$, 使 f 与 g 关于 t 均为 T 周期的. 如果

(1) 一维周期微分方程 $\dfrac{\mathrm{d}x}{\mathrm{d}t} = g(t,x)$ 的所有解都是 T 周期的;

(2) 存在常数 $x_2 > x_1$, 使得当 $x > x_2$ 时 $f(t,x) \leqslant (\geqslant)g(t,x)$, 当 $x < x_1$ 时 $f(t,x) \geqslant (\leqslant)g(t,x)$, 则一维周期微分方程 $\dfrac{\mathrm{d}x}{\mathrm{d}t} = f(t,x)$ 必存在 T 周期解. (提示: 利用比较定理和定理 3.5.6.)

5. 考虑周期微分方程

$$\dot{x} = -x|x|^{\beta} + (a + \sin t)x,$$

其中 β 为正常数, 试证明该方程当 $a > 0$ 时恰有三个 2π 周期解, 当 $a \leqslant 0$ 时恰有一个 2π 周期解. (提示: 考察零解的稳定性, 并利用上题的思路 (取 $g(t,x) = (\sin t)x$). 利用定理 3.5.4.)

4.3　平面奇点分析

考虑实的平面系统 (4.2.1), 设函数 $f(x,y), g(x,y)$ 在原点附近连续可微且 $f(0,0) = g(0,0) = 0$, 即原点为系统的奇点. 那么在点 $(0,0)$ 附近将 f,g 展开, 于是 (4.2.1) 可改写成

$$x' = ax + by + f_1(x,y), \quad y' = cx + dy + g_1(x,y), \tag{4.3.1}$$

其中

$$a = \frac{\partial f(0,0)}{\partial x}, \quad b = \frac{\partial f(0,0)}{\partial y}, \quad c = \frac{\partial g(0,0)}{\partial x}, \quad d = \frac{\partial g(0,0)}{\partial y},$$

而 f_1, g_1 是展开式的余项, 由泰勒定理有

$$f_1(x,y) = o(r), \quad g_1(x,y) = o(r) \quad (r = (x^2 + y^2)^{\frac{1}{2}} \to 0). \tag{4.3.2}$$

系统 (4.3.1) 的线性近似系统为

$$x' = ax + by, \quad y' = cx + dy. \tag{4.3.3}$$

我们假设 $ad - bc \neq 0$, 即奇点 $(0,0)$ 为初等奇点 (又称为一次奇点). 我们先讨论 (4.3.3) 的性质.

4.3.1　平面线性系统

由线性方程组理论知系统 (4.3.3) 的通解完全由它的系数矩阵 A 的若尔当标准形确定. 设 A 的实若尔当标准形为 J, 则存在非奇异实矩阵 P, 使 $P^{-1}AP = J$. 从而可利用非奇异线性坐标变换, 将系统 (4.3.3) 化为线性系统

$$\begin{bmatrix} x' \\ y' \end{bmatrix} = J \begin{bmatrix} x \\ y \end{bmatrix}. \tag{4.3.4}$$

注意到系统 (4.3.3) 与系统 (4.3.4) 可以互相转化, 因此只要把 (4.3.4) 的轨线性质搞清楚了, 系统 (4.3.3) 的轨线性质也就清楚了.

下面我们根据特征值的不同情形来研究系统 (4.3.4) 的奇点.

(I) **A 有异号实根**. 此时,

$$J = \begin{bmatrix} \lambda_1 & 0 \\ 0 & \lambda_2 \end{bmatrix},$$

且有 $\lambda_1 < 0 < \lambda_2$. 直接计算知 (4.3.4) 的通解为

$$x = c_1 \mathrm{e}^{\lambda_1 t}, \quad y = c_2 \mathrm{e}^{\lambda_2 t}. \tag{4.3.5}$$

式 (4.3.5) 也即是系统 (4.3.4) 的轨线族的参数方程. 首先, 参数值 $c_1 = c_2 = 0$ 对应于奇点 $(0,0)$. 当 $c_1 \neq 0$ 而 $c_2 = 0$ 时, 轨线为正或负 x 半轴 (不包含原点) (分别对应 $c_1 > 0$ 与 $c_1 < 0$), 且当 $t \to \infty$ 时, 轨线上的点趋于奇点. 当 $c_1 = 0, c_2 \neq 0$ 时, 轨线为正或负 y 半轴 (不包含原点), 且当 $t \to -\infty$ 时, 轨线上的点趋于奇点. 当 $c_1 c_2 \neq 0$ 时, 轨线可表示为

$$y = C|x|^{\frac{\lambda_2}{\lambda_1}},$$

当 $t \to \infty$ 时它们以 y 轴为渐近线, 当 $t \to -\infty$ 时, 它们以 x 轴为渐近线. 此时奇点称为鞍点, 其性态如图 4.3.1 所示.

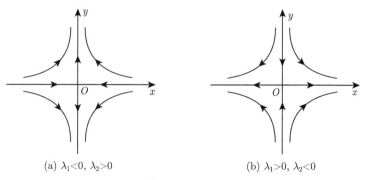

(a) $\lambda_1 < 0,\ \lambda_2 > 0$　　　　　　(b) $\lambda_1 > 0,\ \lambda_2 < 0$

图 4.3.1　鞍点

(Ⅱ) **A 有同号相异实根**. 此时,

$$J = \begin{bmatrix} \lambda_1 & 0 \\ 0 & \lambda_2 \end{bmatrix},$$

且有 $\lambda_1 \neq \lambda_2, \lambda_1\lambda_2 > 0$. 不妨设 $\lambda_1 < 0, \lambda_2 < 0$. 直接计算知 (4.3.4) 的通解为

$$x = c_1 e^{\lambda_1 t}, \quad y = c_2 e^{\lambda_2 t}. \tag{4.3.6}$$

式 (4.3.6) 也就是系统 (4.3.4) 的轨线族的参数方程. $c_1 = c_2 = 0$ 对应于奇点 $(0,0)$. 当 $c_1 \neq 0$ 而 $c_2 = 0$ 时, 轨线为正或负 x 半轴 (不包含原点), 且当 $t \to \infty$ 时, 轨线上的点趋于奇点. 当 $c_1 = 0, c_2 \neq 0$ 时, 轨线为正或负 y 半轴 (不包含原点), 且当 $t \to \infty$ 时, 轨线上的点趋于奇点. 当 $c_1c_2 \neq 0$ 时, 轨线为

$$y = C|x|^{\frac{\lambda_2}{\lambda_1}},$$

如果 $\lambda_2 < \lambda_1$, 则当 $t \to \infty$ 时它们沿 x 轴趋于原点; 如果 $\lambda_2 > \lambda_1$, 则当 $t \to \infty$ 时, 它们沿 y 轴趋于原点. 此时奇点称为稳定结点, 其性态如图 4.3.2 (a) 所示.

如果 $\lambda_1 > 0, \lambda_2 > 0$, 由轨线形状与上面相同, 只是方向相反, 此时奇点称为不稳定结点, 如图 4.3.2 (b) 所示. 稳定结点与不稳定结点统称为结点.

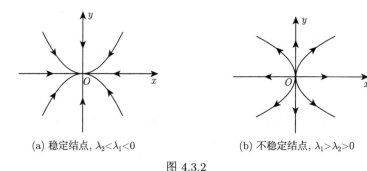

(a) 稳定结点, $\lambda_2 < \lambda_1 < 0$ (b) 不稳定结点, $\lambda_1 > \lambda_2 > 0$

图 4.3.2

(Ⅲ) **A 有实重根**. 此时, J 可能是对角形, 也可能是若尔当块. 我们分两种情形讨论.

(1) J 为对角形.

$$J = \begin{bmatrix} \lambda & 0 \\ 0 & \lambda \end{bmatrix},$$

设 $\lambda < 0$, 此时系统 (4.3.4) 的通解为

$$x = c_1 e^{\lambda t}, \quad y = c_2 e^{\lambda t}. \tag{4.3.7}$$

值 $c_1 = c_2 = 0$ 对应于奇点 $(0,0)$. 当 $c_1 \neq 0$ 而 $c_2 = 0$ 时, 轨线为正或负 x 半轴 (不包含原点), 且当 $t \to \infty$ 时, 轨线上的点趋于奇点. 当 $c_1 = 0, c_2 \neq 0$ 时, 轨线为正或负 y 半轴 (不包含原点), 且当 $t \to \infty$ 时, 轨线上的点趋于奇点. 当 $c_1 c_2 \neq 0$ 时, 由 (4.3.7) 知轨线可表示为

$$y = Cx,$$

都是过原点 (但不包含原点) 的半直线, 当 $t \to \infty$ 时趋于奇点. 此时奇点称为稳定临界结点, 如图 4.3.3 (a) 所示. 如果 $\lambda > 0$, 则轨线形状相同, 方向相反, 此时称奇点为不稳定临界结点, 如图 4.3.3 (b) 所示. 稳定与不稳定临界结点统称为临界结点.

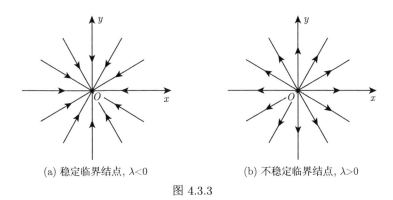

(a) 稳定临界结点, $\lambda < 0$ (b) 不稳定临界结点, $\lambda > 0$

图 4.3.3

(2) J 为若尔当块.

$$J = \begin{bmatrix} \lambda & 0 \\ 1 & \lambda \end{bmatrix},$$

设 $\lambda < 0$, 此时系统 (4.3.4) 的通解即轨线的参数方程为

$$x = c_1 \mathrm{e}^{\lambda t}, \quad y = (c_1 t + c_2)\mathrm{e}^{\lambda t}. \tag{4.3.8}$$

值 $c_1 = c_2 = 0$ 对应于奇点 $(0,0)$, 而 $c_1 = 0, c_2 \neq 0$ 对应于正或负 y 半轴, 且当 $t \to \infty$ 时轨线趋于奇点. 当 $c_1 \neq 0$ 时, 消去参数 t, 由 (4.3.8) 知轨线的直角坐标方程为

$$y = \frac{c_2}{c_1}x + \frac{x}{\lambda}\ln\frac{x}{c_1}.$$

轨线与 x 轴总有交点 $(c_1 \mathrm{e}^{-c_2 \lambda/c_1}, 0)$ (对应于 $t = -c_2/c_1$), 当 $t > -c_2/c_1$ 时, x, y 都与 c_1 同号, 当 $t \to \infty$ 时轨线趋于奇点. 而由

$$\lim_{t \to \infty} \frac{x}{y} = \lim_{t \to \infty} \frac{c_1}{c_1 t + c_2} = 0$$

知, 当 $t \to \infty$ 时轨线与 y 轴相切. 当 $t < -c_2/c_1$ 时, x, y 异号, 当 $t \to -\infty$ 时, $|x| \to \infty$ 且 $|y| \to \infty$. 此时奇点称为稳定退化结点, 如图 4.3.4 (a) 所示.

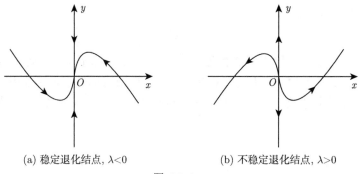

(a) 稳定退化结点, $\lambda < 0$ (b) 不稳定退化结点, $\lambda > 0$

图 4.3.4

当 $\lambda > 0$ 时, 轨线当 $c_1 = 0$ 时与前面相同. 当 $c_1 \neq 0$ 时, 如果 $t > -c_2/c_1$, 则 x, y 都与 c_1 同号, 当 $t \to \infty$ 时 $(|x|, |y|) \to (\infty, \infty)$. 当 $t < -c_2/c_1$ 时, x, y 异号, 当 $t \to -\infty$ 时, 轨线趋于奇点且与 y 轴相切, 此时奇点称为不稳定退化结点, 如图 4.3.4 (b) 所示. 稳定与不稳定退化结点统称为退化结点.

(IV) **A 有一对实部不为零的共轭复特征值**. 设 A 的共轭复特征值为 $\lambda_{1,2} = \alpha \pm \mathrm{i}\beta$, $\alpha, \beta \neq 0$, 则

$$J = \begin{bmatrix} \alpha & -\beta \\ \beta & \alpha \end{bmatrix},$$

此时系统的通解即轨线的参数方程为

$$\begin{cases} x = (c_1 \cos \beta t - c_2 \sin \beta t)\,\mathrm{e}^{\alpha t}, \\ y = (c_1 \sin \beta t + c_2 \cos \beta t)\,\mathrm{e}^{\alpha t}, \end{cases}$$

引入 r 和 θ 满足

$$r = \sqrt{c_1^2 + c_2^2}, \quad \theta = \arctan \frac{c_2}{c_1},$$

则有

$$\begin{cases} x = r\mathrm{e}^{\alpha t} \cos(\beta t + \theta), \\ y = r\mathrm{e}^{\alpha t} \sin(\beta t + \theta). \end{cases}$$

当 $r = 0$ 时, 轨线为奇点. 当 $r \neq 0$ 时, 轨线为平面对数螺线. 如果 $\alpha < 0$, 则当 $t \to \infty$ 时, 轨线上的点绕原点无限盘旋且趋近原点. 这种奇点称为稳定焦点, 如图 4.3.5 (a) 所示. 如果 $\alpha > 0$, 则当 $t \to -\infty$ 时, 轨线上的点绕原点无限盘旋

且趋近原点. 这种奇点称为不稳定焦点, 如图 4.3.5 (b) 所示. 轨线上的点绕奇点盘旋的方向取决于 β 的符号. 当 $\beta > 0$ 时依逆时针方向盘旋, 而当 $\beta < 0$ 时依顺时针方向盘旋. 稳定与不稳定焦点统称为焦点.

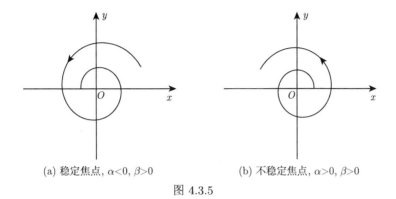

(a) 稳定焦点, $\alpha<0, \beta>0$　　(b) 不稳定焦点, $\alpha>0, \beta>0$

图 4.3.5

(V) **A 有一对共轭纯虚特征值**. 此时有 $\lambda_{1,2} = \pm \mathrm{i}\beta$, $\beta \neq 0$. A 的实若尔当标准形为

$$J = \begin{bmatrix} 0 & -\beta \\ \beta & 0 \end{bmatrix},$$

轨线的参数方程为

$$x = r\cos(\beta t + \theta), \quad y = r\sin(\beta t + \theta).$$

当 $r = 0$ 时它是奇点, 当 $r \neq 0$ 时, 它是以奇点为中心, 半径为 r 的圆. 这样的奇点称为中心, 如图 4.3.6 所示. 轨线的定向取决于 β 的符号.

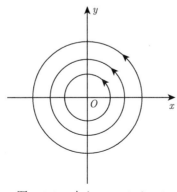

图 4.3.6　中心, $\alpha = 0, \beta > 0$

回到方程 (4.3.3), 我们自然地说原点是 (4.3.3) 的鞍点、结点、临界结点、退化结点、焦点或中心, 如果它是标准化系统 (4.3.4) 的鞍点、结点、临界结点、退化结点、焦点或中心. 于是, 总结上面的讨论, 我们有如下结果.

定理 4.3.1 对于系统 (4.3.3), 记

$$p = -\mathrm{tr}A = -(a+d), \quad q = \det A = ad - bc,$$

则有

(1) $q < 0$, 奇点为鞍点;

(2) $q > 0, p^2 - 4q > 0$, 奇点为结点;

(3) $q > 0, p^2 - 4q = 0, b = c = 0$, 奇点为临界结点;

(4) $q > 0, p^2 - 4q = 0, b^2 + c^2 \neq 0$, 奇点为退化结点;

(5) $q > 0, 4q > p^2 > 0$, 奇点为焦点;

(6) $q > 0, p = 0$, 奇点为中心.

注 4.3.1 在第四种情况下, 设 λ 为矩阵 A 的非零二重实特征值, 则矩阵 $\lambda I - A$ 的秩为 1, 从而矩阵 A 没有两个线性无关的特征向量, 于是知它不与对角矩阵相似, 即它的标准形只能是一个若尔当块. 也就是说, 奇点只能是退化结点.

注 4.3.2 由定理 2.4.1 知, 在李雅普诺夫意义下, 对应于中心的零解是稳定而非渐近稳定的, 而对应于鞍点的零解是不稳定的. 结点、临界结点、退化结点与焦点的稳定性由 p 的符号决定. 事实上, 当 $p > 0$ 时结点与焦点是渐近稳定的, 而当 $p < 0$ 时则是不稳定的.

当系统 (4.3.3) 的系数矩阵不为若尔当标准形时, 如何作出它的相图? 当然可以用代数的方法, 化 A 为标准形, 即作坐标变换, 但计算量较大. 下面我们给出一个简单而实用的方法. 首先利用定理 4.3.1 直接判断奇点的类型及其稳定性, 然后应用下述两个事实, 就可以迅速作出相图.

(1) 当 $t \to \infty$ 或 $t \to -\infty$ 时, 有的轨线能沿着某一确定的直线 $y = kx$ 或 $x = ky$ 趋向奇点. 显然这个直线是一个不变集, 我们常常称其为直线解. 显然, 临界结点是无穷多个直线解的交点, 结点和鞍点分别是两条直线解的交点, 退化结点则只有一个直线解通过它, 在焦点和中心情况则没有直线解出现. 当 $y = kx$ 或 $x = ky$ 给出系统的直线解时, 此直线被奇点 (原点) 分割的两条射线都是系统的轨线, 此外, 这些性质在仿射变换下不变.

(2) 系统 (4.3.3) 在相平面上给出的向量场关于原点是对称的. 这是因为在点 (x, y) 的向量是 $(P(x, y), Q(x, y))$, 则在点 $(-x, -y)$ 的向量为 $(-P(x, y), -Q(x, y))$.

例 4.3.1 作出系统

$$x' = 2x + 3y, \quad y' = 2x - 3y$$

在 $(0,0)$ 点附近的相图.

解　由于

$$q = \begin{vmatrix} 2 & 3 \\ 2 & -3 \end{vmatrix} < 0,$$

所以奇点 $(0,0)$ 是鞍点. 设所述线性系统有直线解 $y = kx$, 其中常数 k 待定, 则 $y = kx$ 是方程

$$\frac{\mathrm{d}y}{\mathrm{d}x} = \frac{2x - 3y}{2x + 3y} \quad \text{或} \quad \frac{\mathrm{d}x}{\mathrm{d}y} = \frac{2x + 3y}{2x - 3y}$$

的积分曲线, 因此有

$$k = \left. \frac{\mathrm{d}y}{\mathrm{d}x} \right|_{y=kx} = \left. \frac{2x - 3y}{2x + 3y} \right|_{y=kx} = \frac{2 - 3k}{2 + 3k},$$

从而推出

$$3k^2 + 5k - 2 = 0.$$

解此方程得 $k_1 = 1/3$ 和 $k_2 = -2$, 于是可得过原点且斜率分别为 $1/3$ 和 -2 的两条不变直线. 由于奇点是鞍点, 轨线的形状就能确定了. 为了确定轨线的方向, 再选取一点 $(1,0)$, 计算出向量场在该点的方向即经过该点的轨线的方向为 $(2,2)$, 从而根据向量场的连续性及鞍点附近的轨线的结构便知轨线的方向. 从而可作出相图 4.3.7 .

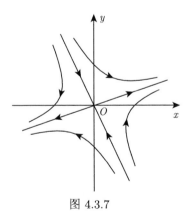

图 4.3.7

例 4.3.2　作出系统

$$x' = 3x, \quad y' = 2x + y$$

在 $(0,0)$ 点附近的相图.

解　由于 $q = 3$, $p = -4 < 0$, $p^2 - 4q > 0$, 所以 $(0,0)$ 是不稳定结点. 显然 $x = 0$ 是一个不变直线. 设另一直线解为 $y = kx$, 则利用类似于例 4.3.1 的计算, 知有

$$k = \frac{2+k}{3},$$

从而可得 $k = 1$. 再利用向量场在 $(1,0)$ 点处的向量为 $(3,2)$, 可作出相图 4.3.8.

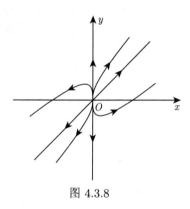

图 4.3.8

例 4.3.3　作出系统

$$x' = -x - y, \quad y' = x - 3y$$

在 $(0,0)$ 点附近的相图.

解　由于 $p = q = 4$, $p^2 - 4q = 0$ 且 $b \neq 0$, 所以 $(0,0)$ 是稳定的退化结点. 显然 $x = 0$ 不是直线解. 设直线解为 $y = kx$, 则有

$$k = \frac{1 - 3k}{-1 - k}, \quad 即 \ k^2 - 2k + 1 = 0.$$

此方程只有一个二重根 $k = 1$. 再利用向量场在 $(1,0)$ 点处的向量为 $(-1,1)$, 可以确定轨线的方向并作出相图 4.3.9.

例 4.3.4　作出系统

$$x' = x - y, \quad y' = 2x + y$$

在 $(0,0)$ 点附近的相图.

解　由于 $q = 3$, $p = -2$, $p^2 - 4q < 0$, 知 $(0,0)$ 是系统的不稳定焦点, 此时没有直线解. 从向量场在 $(1,0)$ 处的向量为 $(1,2)$, 可以确定轨线的方向并作出相图 4.3.10.

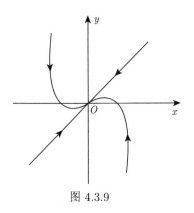

图 4.3.9

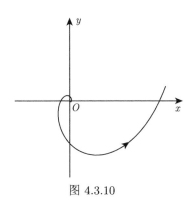

图 4.3.10

若一线性系统有初等奇点不在坐标原点, 则可先进行坐标平移变换, 将奇点变换成原点, 再用上面的方法可以确定其类型. 平移变换对奇点附近的轨线没有任何影响. 事实上, 系统

$$x' = a_{11}x + a_{12}y + b_1, \quad y' = a_{21}x + a_{22}y + b_2$$

当 $q = a_{11}a_{22} - a_{12}a_{21} \neq 0$ 时有唯一的奇点, 它的类型完全由系数 a_{ij} 确定, 和 b_i 无关.

4.3.2 平面非线性系统

本节考虑非线性系统 (4.3.1)

$$\dot{x} = ax + by + f_1(x, y), \quad \dot{y} = cx + dy + g_1(x, y)$$

在原点的几何性质, 其中 f_1 与 g_1 满足 (4.3.2). 首先给出特征方向的概念.

定义 4.3.1 设存在 $\theta_0 \in [0, 2\pi)$ 和 (4.3.1) 的解 $(x(t), y(t))$, 使下列条件成立:

(i) 当 $t \to +\infty$ (或 $-\infty$) 时有 $(x(t), y(t)) \to 0$;

(ii) 当 $t \to +\infty$ (或 $-\infty$) 时有 $\dfrac{(x(t), y(t))}{\sqrt{x^2(t) + y^2(t)}} \to (\cos\theta_0, \sin\theta_0)$,

则称 $(\cos\theta_0, \sin\theta_0)$ 为 (4.3.1) 在原点的**特征方向**. 有时用 $\theta = \theta_0$ 来表示特征方向 $(\cos\theta_0, \sin\theta_0)$, 并说 $\theta = \theta_0$ 为原点的特征方向.

特征方向有明显的几何意义, 即解 $(x(t), y(t))$ 所确定的正半轨 (或负半轨) 当 $t \to +\infty$ (或 $-\infty$) 时与直线 $y = (\tan\theta_0)x$ 相切地趋于原点 (因为由定义的条件 (ii) 知当 $t \to +\infty$ (或 $-\infty$) 时有 $y(t)/x(t) \to \tan\theta_0$). 因此, 若对 (4.3.1) 引入极坐标 $x = r\cos\theta, y = r\sin\theta$, 使得 (4.3.1) 成为

$$\frac{\mathrm{d}\theta}{\mathrm{d}t} = S_0(\theta) + S_1(\theta, r), \quad \frac{\mathrm{d}r}{\mathrm{d}t} = r[R_0(\theta) + R_1(\theta, r)], \tag{4.3.9}$$

其中 $r > 0$ 适当小,

$$S_0(\theta) = c\cos^2\theta + (d-a)\cos\theta\sin\theta - b\sin^2\theta,$$

$$R_0(\theta) = a\cos^2\theta + (b+c)\cos\theta\sin\theta + d\sin^2\theta,$$

$$S_1(\theta,r) = \frac{\cos\theta}{r}g_1(r\cos\theta, r\sin\theta) - \frac{\sin\theta}{r}f_1(r\cos\theta, r\sin\theta),$$

$$R_1(\theta,r) = \frac{\cos\theta}{r}f_1(r\cos\theta, r\sin\theta) + \frac{\sin\theta}{r}g_1(r\cos\theta, r\sin\theta),$$

则 $(\cos\theta_0, \sin\theta_0)$ 为 (4.3.1) 在原点的一个特征方向当且仅当 (4.3.9) 存在解 $(\theta(t),$ $r(t))$, 满足: 当 $t \to +\infty$ $(-\infty)$ 时有 $r(t) \to 0$, $\theta(t) \to \theta_0$. 注意到, 由 (4.3.2) 知 $\lim\limits_{r\to 0} S_1(\theta,r) = 0$, 故 (用反证法) 易见成立以下结论.

引理 4.3.1　设 $(\cos\theta_0, \sin\theta_0)$ 为 (4.3.1) 在原点的特征方向, 则 θ_0 必满足 $S_0(\theta_0) = 0$.

值得指出的是, 使 $S_0(\theta_0) = 0$ 的 θ_0 未必是特征方向, 例如以原点为幂零中心的系统 $\dot{x} = y$, $\dot{y} = -x^3$ 就发生这种情况.

由于线性变换把直线变为直线, 故由上一小节对 (4.3.3) 的讨论知成立以下引理.

引理 4.3.2　设原点为线性系统 (4.3.3) 的初等奇点, 则对 (4.3.3) 来说,

(i) 鞍点与结点各有 4 个特征方向 $\theta = \theta_i$, $i = 1,2,3,4$, 且若设 $0 \leqslant \theta_1 < \theta_2 < \theta_3 < \theta_4 < 2\pi$, 则有 $\theta_3 = \theta_1 + \pi$, $\theta_4 = \theta_2 + \pi$;

(ii) 退化结点恰有 2 个特征方向 $\theta = \theta_1$ 与 $\theta = \theta_1 + \pi$, 其中 $0 \leqslant \theta_1 < \pi$;

(iii) 临界结点 (即星型结点) 以任一射线 $\theta = \theta_0$ $(\theta_0 \in [0, 2\pi))$ 为特征方向;

(iv) 焦点与中心没有特征方向, 且使 $S_0(\theta) \neq 0$.

下面我们来定义非线性系统 (4.3.1) 的初等奇点的类型.

定义 4.3.2　设原点为 (4.3.1) 的初等奇点 (即 $ad - bc \neq 0$).

(i) 若 (4.3.1) 在原点恰有 4 个特征方向, 其中两个是另外两个的反方向, 且恰有 4 条半轨 $\gamma_1^{\pm}$ 与 $\gamma_2^{\pm}$, 使得 γ_1^+ 与 γ_2^+ 沿两个相反的方向当 $t \to +\infty$ 时趋于原点, 而 γ_1^- 与 γ_2^- 沿另两个相反的方向当 $t \to -\infty$ 时趋于原点, 则称原点为 (4.3.1) 的**鞍点**, 并称上述 4 条半轨为**鞍点分界线**, 简称为**分界线**;

(ii) 若 (4.3.1) 在原点恰有 4 个特征方向, 其中两个是另外两个的反方向, 且恰有两条轨线 γ_1, γ_2 沿两个相反的方向, 当 $t \to +\infty$ (或 $t \to -\infty$) 时趋于原点, 而原点附近的所有其他轨线沿另外两个相反的方向, 当 $t \to +\infty$ (或 $t \to -\infty$) 时趋于原点, 则称原点为 (4.3.1) 的**稳定** (或**不稳定**) **结点**, 稳定与不稳定结点统称为**结点**;

(iii) 若 (4.3.1) 在原点恰有 2 个特征方向, 其方向互反, 且原点附近的所有轨线都沿这两个方向, 当 $t \to +\infty$ (或 $t \to -\infty$) 时趋于原点, 则称原点为 (4.3.1) 的**稳定 (或不稳定) 退化结点**, 稳定与不稳定退化结点统称为**退化结点**;

(iv) 若任一射线 $\theta = \theta_0$ ($\in [0, 2\pi)$) 都是 (4.3.1) 在原点的特征方向, 且原点附近的任一轨线都沿一个特征方向, 当 $t \to +\infty$ (或 $t \to -\infty$) 时趋于原点, 则称原点为 (4.3.1) 的**稳定 (或不稳定) 临界结点**, 稳定与不稳定临界结点统称为**临界结点**;

(v) 若 (4.3.1) 在原点没有特征方向, 且存在原点的邻域, 使得 (4.3.1) 在该邻域中的任一非平凡轨线都是闭轨 (都不是闭轨), 则称原点为 (4.3.1) 的**中心 (焦点)**, 若 (4.3.1) 在原点的任一邻域内既有闭轨又有非闭轨, 则称原点为 (4.3.1) 的**中心焦点**. 如果原点是焦点, 且在李雅普诺夫意义下是稳定性的 (不稳定的), 则称其为**稳定焦点 (不稳定焦点)**.

由于原点是初等奇点, 由 (4.3.9) 可知, 若原点是 (4.3.1) 的焦点, 则 (4.3.9) 的解 $(\theta(t), r(t))$ 必满足当 $r(t) \to 0$ 时 $|\theta(t)| \to +\infty$. 利用 Hartman 的 C^1 线性化定理以及引理 4.3.1 与引理 4.3.2 可证下述结果.

定理 4.3.2　设 (4.3.1) 为 C^2 系统且以原点为初等奇点.

(1) 若原点为线性系统 (4.3.3) 的双曲奇点, 则它必是 (4.3.1) 的具相同类型的双曲奇点 (即同为鞍点、结点、临界结点、退化结点或焦点).

(2) 若原点为 (4.3.3) 的中心, 则它是 (4.3.1) 的焦点、中心或中心焦点.

证明　先证结论 (1). 因为 (4.3.1) 为 C^2 系统且以原点为双曲奇点, 则由定理 4.1.6 存在 C^1 微分同胚 $h : \mathbf{R}^2 \to \mathbf{R}^2$ 满足 $h(0) = 0$ 及原点的邻域 U, 使得当 $\varphi^t(x, y) \in U$ 时, $h(\varphi^t(x, y)) = \mathrm{e}^{At} h(x, y)$, 其中 φ^t 为 (4.3.1) 的流, $A = \begin{pmatrix} a & b \\ c & d \end{pmatrix}$. 令 h^{-1} 表示 h 的逆, 则可设

$$h^{-1}(x, y) = T \begin{pmatrix} x \\ y \end{pmatrix} + o(|x, y|), \tag{4.3.10}$$

其中 T 为二阶可逆矩阵, 易见 h^{-1} 满足

$$\varphi^t(h^{-1}(x, y)) = h^{-1}\left(\mathrm{e}^{At}\begin{pmatrix} x \\ y \end{pmatrix}\right) = T\mathrm{e}^{At}\begin{pmatrix} x \\ y \end{pmatrix} + o\left(\left|\mathrm{e}^{At}\begin{pmatrix} x \\ y \end{pmatrix}\right|\right).$$

两边对 t 求导, 然后令 $t = 0$ 可得

$$\frac{\partial \varphi^t}{\partial t}(h^{-1}(x, y))|_{t=0} = (h^{-1})'(x, y)A\begin{pmatrix} x \\ y \end{pmatrix} = (T + o(1))A\begin{pmatrix} x \\ y \end{pmatrix}.$$

将 (4.3.10) 及 $\dfrac{\partial \varphi^t}{\partial t}(x,y) = A\varphi^t(x,y) + o(|\varphi^t(x,y)|)$ 代入上式, 故由 (4.3.10) 得

$$AT\begin{pmatrix} x \\ y \end{pmatrix} = TA\begin{pmatrix} x \\ y \end{pmatrix},$$

即

$$AT = TA. \tag{4.3.11}$$

设原点为线性系统 (4.3.3) 的鞍点, 不失一般性, 可设 A 已成为若尔当标准形, 即

$$A = \begin{pmatrix} \lambda & 0 \\ 0 & \mu \end{pmatrix}, \quad \lambda\mu < 0.$$

由此及 (4.3.11) 知矩阵 T 必为对角矩阵, 又注意到 h^{-1} 把 (4.3.3) 的轨线变为 (4.3.1) 的轨线, 故由 T 为对角矩阵知, h^{-1} 把 (4.3.3) 的不变直线 $x = 0$ 与 $y = 0$ 分别变为 (4.3.1) 的在原点与该两直线相切的不变曲线.

于是由定义 4.3.1 和引理 4.3.2 知, 系统 (4.3.3) 与 (4.3.1) 均有 4 个特征方向, 而进一步由引理 4.3.1 知它们有完全相同的特征方向. 于是由定义 4.3.2 知原点也是 (4.3.1) 的鞍点. 同理可证若原点为 (4.3.3) 的结点, 则它也是 (4.3.1) 的结点.

下设原点为 (4.3.3) 的退化结点, 同前, 可设

$$A = \begin{pmatrix} \lambda & 0 \\ 1 & \lambda \end{pmatrix}, \quad \lambda \neq 0.$$

此时由 (4.3.11) 知矩阵 T 必为下三角矩阵, 故 T 把 y 轴变为 y 轴, 且由引理 4.3.1 与引理 4.3.2 知 (4.3.1) 与 (4.3.3) 恰有特征方向 $(0, \pm 1)$, 对应于 $\theta_1 = \dfrac{\pi}{2}$ 与 $\theta_2 = \dfrac{3\pi}{2}$, 即知原点也是 (4.3.1) 的退化结点.

再设原点为 (4.3.3) 的临界结点, 则可设

$$A = \begin{pmatrix} \lambda & 0 \\ 0 & \lambda \end{pmatrix}, \quad \lambda \neq 0.$$

此时对任一 $\theta_0 \in [0, 2\pi)$, 方向 $(\cos\theta_0, \sin\theta_0)$ 均为 (4.3.3) 的特征方向. 注意到通过原点的任一直线都是 (4.3.3) 的直线解 (即不变直线), 而这些直线在 h^{-1} 下的像是过原点的 C^1 光滑不变曲线, 故若令

$$\begin{pmatrix} \cos\varphi \\ \sin\varphi \end{pmatrix} = T\begin{pmatrix} \cos\theta_0 \\ \sin\theta_0 \end{pmatrix} \cdot \left| T\begin{pmatrix} \cos\theta_0 \\ \sin\theta_0 \end{pmatrix} \right|^{-1},$$

则 $(\cos\varphi, \sin\varphi)$ 就是 (4.3.1) 的一个特征方向. 又易见当 θ_0 从 0 连续变化到 2π 时, φ 的增量也是 2π, 故对任一 $\varphi \in [0, 2\pi)$, $(\cos\varphi, \sin\varphi)$ 都是 (4.3.1) 的特征方向, 即知原点是其临界结点.

现设原点为 (4.3.3) 的焦点, 则由引理 4.3.1 与引理 4.3.2 知 (4.3.1) 在原点没有特征方向, 因为 (4.3.1) 与 (4.3.3) 之间的 C^1 共轭 h 把 (4.3.1) 的闭轨变为 (4.3.3) 的闭轨, 而 (4.3.3) 没有闭轨, 故存在原点的邻域, 使 (4.3.1) 在该邻域内没有闭轨, 即原点为 (4.3.1) 的焦点. 结论 (1) 得证.

为证结论 (2), 设原点为 (4.3.3) 的初等中心, 则由引理 4.3.1 与 4.3.2 知 (4.3.1) 在原点没有特征方向, 显然下列情况之一必成立:

(i) 存在原点的邻域 U, 使 (4.3.1) 在 U 中没有闭轨, 此时原点是 (4.3.1) 的焦点;

(ii) 存在原点的邻域 U, 使 (4.3.1) 在 U 中的所有非平凡轨线都是包围原点的闭轨, 此时原点是 (4.3.1) 的中心;

(iii) 原点的任意小邻域内都同时存在 (4.3.1) 的闭轨和非闭轨, 此时原点为 (4.3.1) 的中心焦点. 证毕. □

注 4.3.3　定理 4.3.2 中关于 (4.3.1) 为 C^2 的假设仅是充分的. 事实上可证, 若原点是 (4.3.3) 的鞍点、结点或焦点, 则只需要求 C^1 就可以了, 若原点是 (4.3.3) 的临界结点或退化结点, 则只需假设 C^1 及存在 $\alpha > 0$ 使

$$f_1,\ g_1 = O(r^{1+\alpha}), \quad 0 < r = \sqrt{x^2 + y^2} \ll 1.$$

详见文献 [12, 33]. 此外, 定理 4.3.2 的结论 (1) 中 "相同类型" 是包括稳定性的, 而这里的稳定性 (又称为轨道稳定性) 与李雅普诺夫意义下的渐近稳定性是一致的 (由定理 4.3.2 结论 (1) 的证明知, 双曲的稳定焦点一定是渐近稳定的). 由下一节的定理 4.4.1 知非双曲的稳定焦点也是渐近稳定的.

注 4.3.4　若原点为 (4.3.3) 的中心, 则对 (4.3.1) 来说, 焦点、中心与中心焦点均有可能出现. 至于何时出现焦点、中心与中心焦点, 这需要进一步的讨论, 将在下一节进行讨论.

下面设原点为 (4.3.1) 的非初等奇点 (又称高次奇点), 则由若尔当型理论可设 $a = c = 0$. 又设 $A \ne 0$, 则可分如下两种情况.

情况 I　$d \ne 0, b = 0$ (进一步可设 $d = -1$) (单零特征根);

情况 II　$d = 0, b \ne 0$ (进一步可设 $b = 1$) (双零特征根).

首先看几个例子. 考虑系统

$$\dot{x} = x^2, \quad \dot{y} = -y, \tag{4.3.12}$$

$$\dot{x} = x^3, \quad \dot{y} = -y \tag{4.3.13}$$

与
$$\dot{x} = -x^3, \quad \dot{y} = -y, \tag{4.3.14}$$
易知, 上述三个系统均以原点为唯一奇点, 且其轨线可分别表示为
$$y = c e^{\frac{1}{x}}, \quad y = c e^{\frac{1}{2x^2}} \quad 与 \quad y = c e^{-\frac{1}{2x^2}}.$$
由此可得方程 (4.3.12)、(4.3.13)、(4.3.14) 的相图如图 4.3.11 (a)、(b)、(c) 所示.

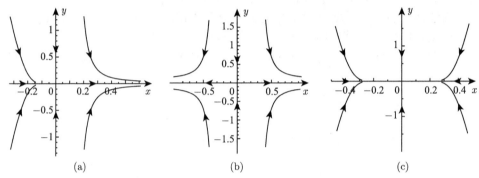

(a)　　　　　　　　　(b)　　　　　　　　　(c)

图 4.3.11　系统(4.3.12)、(4.3.13)、(4.3.14)的相图

上图可利用 Maple 画出, 例如, 图 4.3.11 (a) 的画图命令为

```
with(DEtools):
phaseportrait([D(x)(t)=(x(t))^2,D(y)(t)=-y(t)],[x(t),y(t)],t
    =-1..2,
[[x(0)=1/4,y(0)=1/4],[x(0)=1/4,y(0)=-1/4],[x(0)=-1/4,y(0)=1/2],
[x(0)=-1/4,y(0)=-1/2]],stepsize=.05, linecolour=sin(t*Pi/2));
```

形如图 4.3.11 (a) 的原点称为鞍结点, 这类奇点可视为鞍点与结点的极限状态. 例如, 系统
$$\dot{x} = x^2 - \varepsilon, \quad \dot{y} = -y$$
当 $\varepsilon > 0$ 充分小时有一个鞍点和结点, 令 $\varepsilon \to 0$, 则这两个奇点就趋于如图 4.3.11(a) 所示的鞍结点. 图 4.3.11 (b) 与 (c) 是我们所熟悉的鞍点和结点 (按照定义 4.3.2), 不过此处, 它们已不是初等奇点了.

现针对一般情形下的情况 I, 考虑具有下列形式的解析系统
$$\dot{x} = P(x,y), \quad \dot{y} = -y + Q(x,y), \tag{4.3.15}$$
其中 P 与 Q 为 x,y 的解析函数, 且在原点附近满足 $P, Q = O(x^2 + y^2)$. 现设原点为 (4.3.15) 的孤立奇点, 则方程组
$$-y + Q(x,y) = 0, \quad P(x,y) = 0$$

在原点邻域内只有零解. 首先由隐函数定理, 第一个方程确定解析函数 $y = \varphi(x) = O(x^2)$, 代入第二式得到 $P(x, \varphi(x)) = 0$, 该方程只有零解, 故存在 $m \geqslant 2, p \neq 0$ 使

$$P(x, \varphi(x)) = px^m + O(x^{m+1}).$$

关于 (4.3.15) 的奇点类型的判定, 成立下述定理.

定理 4.3.3 若 m 为偶数, 则原点为 (4.3.15) 的鞍结点, 若 m 为奇数, 则当 $p > 0 \ (p < 0)$ 时原点为 (4.3.15) 的鞍点 (结点).

上述定理的证明可见文献 [33], 此处证略. 有一点需要明确的是, 方程 (4.3.15) 在原点恰有 4 个特征方向.

再考虑情形 II, 先看两个例子. 考虑系统

$$\dot{x} = y, \quad \dot{y} = -x^2 \tag{4.3.16}$$

与

$$\dot{x} = y - \frac{3}{2}x^2, \quad \dot{y} = -x^3. \tag{4.3.17}$$

方程 (4.3.16) 是一个以 $H(x, y) = \frac{1}{2}y^2 + \frac{1}{3}x^3$ 为首次积分的哈密顿系统, 由此可知其相图如图 4.3.12 (a) 所示, 这样的原点称为 (4.3.16) 的尖点. 而易见 (4.3.17) 有抛物线解 $y = x^2$, 由此并注意到等倾线 $y = \frac{3}{2}x^2$ 位于抛物线 $y = x^2$ 的上方可知, 存在 $\varepsilon_0 > 0$, 使当 $y_0 \in (0, \varepsilon_0)$ 时 (4.3.17) 过点 $(0, y_0)$ 的轨线都是正负向趋于原点的同宿轨, 而且 $y_0 \in (-\varepsilon_0, 0)$ 时 (4.3.17) 过点 $(0, y_0)$ 的轨线恒位于抛物线 $y = x^2$ 的下方. 因此 (4.3.17) 的相图如图 4.3.12 (b) 所示. 这样的原点称为 (4.3.17) 的椭圆型奇点.

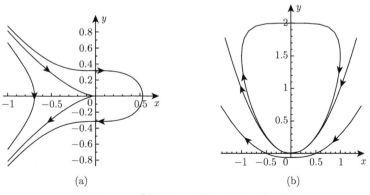

图 4.3.12 系统 (4.3.16)和(4.3.17) 的相图

现考虑情况 **II** 下的一般系统:

$$\dot{x} = y + P(x,y), \quad \dot{y} = Q(x,y), \tag{4.3.18}$$

其中 P 与 Q 为满足 $P, Q = O(x^2 + y^2)$ 的解析函数. 由隐函数定理, 方程 $y + P(x,y) = 0$ 有唯一解 $y = \varphi(x) = O(x^2)$, 如前, 设原点为 (4.3.18) 的孤立奇点 (称其为幂零奇点), 则存在 $k \geqslant 2$ 和 $a_k \neq 0$ 使

$$Q(x, \varphi(x)) = a_k x^k + O(x^{k+1}).$$

由泰勒公式易知

$$y + P(x,y) = (1 + P_y(x, \varphi))(y - \varphi(x)) + O(|y - \varphi(x)|^2),$$

$$(1 + P_y)Q(x,y) = (1 + P_y(x, \varphi))Q(x, \varphi) + [P_{yy}(x, \varphi)Q(x, \varphi)$$
$$+ (1 + P_y(x, \varphi))Q_y(x, \varphi)] \cdot (y - \varphi(x)) + O(|y - \varphi(x)|^2),$$

令 $v = y + P(x,y)$, 则方程 (4.3.18) 可化为

$$\dot{x} = v, \quad \dot{v} = g(x) + f(x)v + h(x,v)v^2, \tag{4.3.19}$$

其中

$$g(x) = [1 + P_y(x, \varphi(x))]Q(x, \varphi(x)) = a_k x^k + O(x^{k+1}),$$

$$f(x) = \left(P_x + Q_y + \frac{P_{yy}Q}{1 + P_y} \right)\Big|_{y=\varphi(x)}.$$

可证下述定理[33].

定理 4.3.4 考虑解析系统 (4.3.19). 设 $a_k \neq 0, k \geqslant 2$, 且存在 $n \geqslant 1$ 使

$$f(x) = b_n x^n (1 + O(x)), \quad |x| \ll 1.$$

若 $k = 2m + 1$ 为奇数, $m \geqslant 1$, 且记

$$\lambda = b_n^2 + 4(m+1)a_k,$$

那么当 $a_k > 0$ 时原点为退化鞍点; 当 $a_k < 0$ 且 (1) $b_n = 0$, 或 (2) $b_n \neq 0$, $n > m$ 或 (3) $b_n \neq 0, n = m, \lambda < 0$, 则原点为退化中心或退化焦点; 当 $a_k < 0$ 且 (1) $b_n \neq 0$, n 为偶数, $n < m$ 或 (2) $b_n \neq 0$, n 为偶数, $n = m, \lambda \geqslant 0$, 则原点为退化结点 (当 $b_n < 0$ 时渐近稳定, $b_n > 0$ 时不稳定); 当 $a_k < 0$ 且 (1) $b_n \neq 0$, n 为奇数, $n < m$ 或 (2) $b_n \neq 0$, n 为奇数, $n = m, \lambda \geqslant 0$, 则原点为椭圆型奇点 (形如图 4.3.12 (b)). 若 $k = 2m$ 为偶数, $m \geqslant 1$, 那么当 (1) $b_n = 0$ 或 (2) $b_n \neq 0$, $n \geqslant m$ 时原点为尖点 (形如图 4.3.12 (a)); 当 $b_n \neq 0, n < m$ 时原点为退化鞍结点.

需要指出, 与 (4.3.15) 不同的是方程 (4.3.18) 在原点最多有两个特征方向, 因此, 上述定理中所述退化鞍点、退化结点、退化鞍结点等都只有两个特征方向, 它们拓扑等价于鞍点、结点、鞍结点, 但几何形状与前面有所不同, 因此称它们为退化鞍点、退化结点、退化鞍结点更为合适.

<h2 style="text-align:center">习 题 4.3</h2>

1. 讨论哈密顿系统 $\dot{x} = y$, $\dot{y} = a_1 x + a_2 x^2 + a_3 x^3 + a_4 x^4$ 在原点的奇点类型.

2. 研究二次系统

$$\dot{x} = -x\left(\frac{3}{2}x + y\right), \quad \dot{y} = 3x - \frac{xy}{2} - 3y^2$$

在原点的奇点类型, 并作相图.

3. 研究系统

$$\dot{x} = y, \quad \dot{y} = ay - \sin x$$

所有奇点的类型, 并作相图, 其中 a 为常数.

4. 给出以原点为中心焦点的具体例子.

5. 研究分段线性系统

$$\dot{x} = y - (x + |x|), \quad \dot{y} = -x$$

的轨线性态, 并证明该系统没有闭轨.

6. 设 $U \subset \mathbf{R}^2$ 为包含原点的开集, $H(x, y)$ 为定义于 U 上的 C^∞ 函数, 且在原点附近满足 $H(x, y) = \frac{1}{2}y^2 + O(|x, y|^3)$. 又设 $\varphi(x) = O(x^2)$ 满足 $H_y(x, \varphi(x)) = 0$, 且使

$$H(x, \varphi(x)) = h_k x^k + O(x^{k+1}), \quad h_k \neq 0.$$

试证明原点为哈密顿系统

$$\dot{x} = H_y, \quad \dot{y} = -H_x$$

的尖点 (若 k 为奇数) 或鞍点 (若 k 为偶数且 $h_k < 0$) 或中心 (若 k 为偶数且 $h_k > 0$).

(提示: 利用改进的泰勒公式以及文献 [15] 中第 1 章例 4.2 的结论).

<h1 style="text-align:center">4.4 焦点与中心判定</h1>

4.4.1 后继函数与焦点稳定性

考虑二维系统

$$\begin{aligned}
\dot{x} &= \alpha x + \beta y + P_1(x, y), \\
\dot{y} &= -\beta x + \alpha y + Q_1(x, y),
\end{aligned} \tag{4.4.1}$$

其中 $\beta \neq 0$, P_1 与 Q_1 在原点邻域内为无穷次连续可微的, 且满足

$$P_1(x,y) = O(|x,y|^2), \quad Q_1(x,y) = O(|x,y|^2). \tag{4.4.2}$$

注意到线性系统

$$\dot{x} = \beta y, \quad \dot{y} = -\beta x$$

有闭轨族 $x^2 + y^2 = r^2, r > 0$, 其参数方程为

$$(x,y) = (r\cos(\beta t), -r\sin(\beta t)), \quad 0 \leqslant t \leqslant \frac{2\pi}{|\beta|} \equiv T.$$

我们对方程 (4.4.1) 引入极坐标变换

$$(x,y) = (r\cos(\beta\theta), -r\sin(\beta\theta)), \quad r > 0, \ 0 \leqslant \theta \leqslant T. \tag{4.4.3}$$

由于

$$\dot{x} = \dot{r}\cos(\beta\theta) - \beta r\sin(\beta\theta)\cdot\dot{\theta},$$
$$\dot{y} = -\dot{r}\sin(\beta\theta) - \beta r\cos(\beta\theta)\cdot\dot{\theta},$$

可解得

$$\dot{r} = \cos(\beta\theta)\cdot\dot{x} - \sin(\beta\theta)\cdot\dot{y},$$
$$\dot{\theta} = -\frac{1}{\beta r}(\dot{x}\sin(\beta\theta) + \dot{y}\cos(\beta\theta)).$$

于是 (4.4.1) 化为

$$\dot{r} = \alpha r + \cos(\beta\theta)P_1 - \sin(\beta\theta)Q_1,$$
$$\dot{\theta} = 1 - \frac{1}{\beta r}[\sin(\beta\theta)P_1 + \cos(\beta\theta)Q_1], \tag{4.4.4}$$

其中

$$P_1 = P_1(r\cos(\beta\theta), -r\sin(\beta\theta)), \quad Q_1 = Q_1(r\cos(\beta\theta), -r\sin(\beta\theta)).$$

于是有 T 周期方程

$$\frac{\mathrm{d}r}{\mathrm{d}\theta} = \frac{\alpha r + \cos(\beta\theta)P_1 - \sin(\beta\theta)Q_1}{1 - \frac{1}{\beta r}[\sin(\beta\theta)P_1 + \cos(\beta\theta)Q_1]} \equiv f(\theta, r). \tag{4.4.5}$$

由 (4.4.3) 知在 (4.4.5) 中应有 $r > 0$. 如果允许 (4.4.3) 中 r 为负, 并补充定义

$$f(\theta, 0) = \lim_{r \to 0} f(\theta, r) = 0,$$

则由改进的泰勒公式 (引理 3.3.3) 知, (4.4.5) 右端函数的分母在 $r = 0$ 为无穷次可微的函数, 从而可将 (4.4.5) 中函数 f 的定义域自然地拓广到 $r \leqslant 0$ (仍记为 f), 使得 (4.4.5) 对一切小的 $|r|$ 均有定义, 并且函数 f 在 $r = 0$ 的小邻域内为无穷次连续可微的.

由 (4.4.2), 并注意到

$$\sin\left(\beta\left(\theta + \frac{1}{2}T\right)\right) = \sin(\beta\theta + \pi) = -\sin(\beta\theta),$$

$$\cos\left(\beta\left(\theta + \frac{1}{2}T\right)\right) = \cos(\beta\theta + \pi) = -\cos(\beta\theta),$$

可知

$$f(\theta, r) = \alpha r + O(r^2), \quad f\left(\theta + \frac{1}{2}T, -r\right) = -f(\theta, r). \tag{4.4.6}$$

关于方程 (4.4.1) 与 (4.4.5) 之间的关系, 首先可证

引理 4.4.1 原点为 (4.4.1) 的稳定 (渐近稳定奇点)(即原点作为 (4.4.1) 的零解是稳定 (渐近稳定) 的) 当且仅当 $r = 0$ 为 (4.4.5) 的稳定 (渐近稳定) 零解.

证明 今以括号内的情况为例证之. 设原点为 (4.4.1) 的渐近稳定奇点. 又设 $\widetilde{r}(\theta, \theta_0, r_0)$ 为 (4.4.5) 的解. 将此解代入 (4.4.4) 第二式得一方程, 此方程有解 $\theta(t, \theta_0, r_0)$, 满足 $\theta(\theta_0, \theta_0, r_0) = \theta_0$. 令

$$r(t, \theta_0, r_0) = \widetilde{r}(\theta(t, \theta_0, r_0), \theta_0, r_0),$$

则易验证 $(r(t, \theta_0, r_0), \theta(t, \theta_0, r_0))$ 为 (4.4.4) 之解. 注意到变换 (4.4.3), 若令

$$x(t, \theta_0, x_0, y_0) = r(t, \theta_0, r_0)\cos(\beta\theta(t, \theta_0, r_0)),$$

$$y(t, \theta_0, x_0, y_0) = -r(t, \theta_0, r_0)\sin(\beta\theta(t, \theta_0, r_0)),$$

其中

$$x_0 = r_0\cos(\beta\theta_0), \quad y_0 = -r_0\sin(\beta\theta_0),$$

则 $(x(t, \theta_0, x_0, y_0), y(t, \theta_0, x_0, y_0))$ 为 (4.4.1) 的解, 且 $(x(\theta_0, \theta_0, x_0, y_0), y(\theta_0, \theta_0, x_0, y_0)) = (x_0, y_0)$. 因为原点为 (4.4.1) 的渐近稳定奇点, 故任给 $\varepsilon > 0$, 存在 $\delta = \delta(\varepsilon, \theta_0) > 0$, 使当 $x_0^2 + y_0^2 < \delta^2$ 时

$$x^2(t, \theta_0, x_0, y_0) + y^2(t, \theta_0, x_0, y_0) < \varepsilon^2, \quad t \geqslant \theta_0,$$

即当 $|r_0| < \delta$ 时, $|r(t, \theta_0, r_0)| < \varepsilon, t \geqslant \theta_0$, 故得

$$|\widetilde{r}(\theta, \theta_0, r_0)| < \varepsilon, \quad \theta \geqslant \theta_0.$$

又由于存在 $\bar{\delta}(\theta_0) > 0$, 使当 $x_0^2 + y_0^2 < \bar{\delta}^2$ 时,

$$\lim_{t \to +\infty} (|x(t, \theta_0, x_0, y_0)| + |y(t, \theta_0, x_0, y_0)|) = 0,$$

即得当 $|r_0| < \bar{\delta}$ 时,

$$\lim_{\theta \to \infty} \widetilde{r}(\theta, \theta_0, r_0) = 0.$$

故得证 $r = 0$ 为 (4.4.5) 的渐近稳定零解.

类似可证 (留给读者), 如果 $r = 0$ 为 (4.4.5) 的渐近稳定零解, 则原点为 (4.4.1) 的渐近稳定奇点. 证毕.   □

现用 $\widetilde{r}(\theta, r_0)$ 表示 (4.4.5) 的满足 $\widetilde{r}(0, r_0) = r_0$ 的解. 则由 3.5 节知, (4.4.5) 的 Poincaré 映射为 $P(r_0) = \widetilde{r}(T, r_0)$. 如前, 引入后继函数

$$d(r_0) = P(r_0) - r_0.$$

我们分别称函数 P 和 d 为 (4.4.1) 的 Poincaré 映射和后继函数. 因为已经假设 (4.4.1) 是 C^∞ 系统, 故 (4.4.5) 也是 C^∞ 系统, 从而 P 和 d 在 $r_0 = 0$ 的小邻域内均为 C^∞ 函数. 又不难看出, 对充分小的 $|r_0| > 0$, 量 $P(r_0)$ 的几何意义如下: 当 $r_0 > 0 \ (< 0)$ 时方程 (4.4.1) 从点 $(r_0, 0)$ 出发的正半轨线绕原点一周后交正 (负) x 轴于点 $(P(r_0), 0)$. 事实上, 若用 $(x(t, r_0), y(t, r_0))$ 表示 (4.4.1) 的满足 $(x(0), y(0)) = (r_0, 0)$ 的解, 则由上述引理的证明易见

$$x(t, r_0) = r(t, 0, r_0) \cos(\beta\theta(t, 0, r_0)),$$

$$y(t, r_0) = -r(t, 0, r_0) \sin(\beta\theta(t, 0, r_0)),$$

$$(x(\tau, r_0), y(\tau, r_0)) = (r(\tau, 0, r_0), 0) = (\widetilde{r}(T, r_0), 0),$$

其中 $\tau > 0$ 满足 $\theta(\tau, 0, r_0) = T$. 因此, 我们完全可以把 $P(r_0)$ 的几何意义作为 (4.4.1) 的 Poincaré 映射的定义, 然后说明它与 (4.4.5) 的 Poincaré 映射一致. 然而, 需要注意的是, 如果按这种方式来定义 Poincaré 映射的话, 则须分别对 $r_0 > 0$ 与 $r_0 < 0$ 来给出, 并补充定义 $P(0) = 0$. 而要论述其光滑性时仍要利用 (4.4.5) 的 Poincaré 映射.

注意到后继函数 d 的根 r_0^* 对应于 (4.4.5) 的 T 周期解 $\widetilde{r}(\theta, r_0^*)$, 而当 $r_0^* > 0$ 时由变换 (4.4.3) 知该周期解对应于 (4.4.1) 过点 $(r_0^*, 0)$ 的闭轨线, 因此由定义 4.3.2 中焦点与中心等的定义知成立以下引理.

引理 4.4.2　若存在 $\varepsilon_0 > 0$, 使当 $0 < r_0 \leqslant \varepsilon_0$ 时 $d(r_0) \neq 0$, 则原点为 $(4.4.1)$ 的焦点; 若存在 $\varepsilon_0 > 0$, 使当 $0 < r_0 \leqslant \varepsilon_0$ 时 $d(r_0) = 0$, 则原点为 $(4.4.1)$ 的中心; 若存在两个趋于零的正数列 $r_k^{(1)}, r_k^{(2)} \to 0$(当 $k \to \infty$), 使 $d(r_k^{(1)}) = 0, d(r_k^{(2)}) \neq 0$, 则原点为 $(4.4.1)$ 的中心焦点.

关于函数 d 的性质与焦点的稳定性, 我们有以下定理.

定理 4.4.1　设原点为 $(4.4.1)$ 的焦点, 则

(i) 函数 $r_0 d(r_0)$ 为定号函数 (在 $r_0 = 0$ 的小邻域内);

(ii) 原点为稳定焦点当且仅当 $r_0 d(r_0)$ 为负定函数 (在 $r_0 = 0$ 的小邻域内).

证明　(i) 因为 $\tilde{r}(\theta, r_0)$ 为 $(4.4.5)$ 的解, 由 $(4.4.6)$ 知函数 $-\tilde{r}\left(\theta + \frac{1}{2}T, r_0\right)$ 也是其解, 故由解的存在唯一性知

$$\tilde{r}(\theta, \tilde{r}_0) = -\tilde{r}\left(\theta + \frac{1}{2}T, r_0\right),$$

特别有

$$\tilde{r}(T, \tilde{r}_0) = -\tilde{r}\left(T + \frac{1}{2}T, r_0\right),$$

其中 $\tilde{r}_0 = -\tilde{r}\left(\frac{1}{2}T, r_0\right)$. 由引理 3.5.2 知

$$\tilde{r}(\theta + T, r_0) = \tilde{r}(\theta, P(r_0)).$$

取 $\theta = \frac{1}{2}T$ 得 $\tilde{r}\left(T + \frac{1}{2}T, r_0\right) = \tilde{r}\left(\frac{1}{2}T, P(r_0)\right)$. 于是由 d 的定义知

$$
\begin{aligned}
d(\tilde{r}_0) &= \tilde{r}(T, \tilde{r}_0) - \tilde{r}_0 \\
&= -\tilde{r}\left(T + \frac{1}{2}T, r_0\right) + \tilde{r}\left(\frac{1}{2}T, r_0\right) \\
&= \tilde{r}\left(\frac{1}{2}T, r_0\right) - \tilde{r}\left(\frac{1}{2}T, P(r_0)\right) \\
&= -\frac{\partial \tilde{r}}{\partial r_0}\left(\frac{1}{2}T, \bar{r}_0\right)(P(r_0) - r_0) \\
&= -\frac{\partial \tilde{r}}{\partial r_0}\left(\frac{1}{2}T, \bar{r}_0\right) d(r_0),
\end{aligned}
$$

其中 $\bar{r}_0$ 介于 r_0 与 $P(r_0)$ 之间. 由 (4.4.6) 及 $\dfrac{\partial \widetilde{r}}{\partial r_0}(\theta, r_0)$ 所满足的微分方程知

$$\frac{\partial \widetilde{r}}{\partial r_0}(\theta, 0) = \mathrm{e}^{\alpha \theta}.$$

故当 $|r_0|$ 充分小时,

$$\widetilde{r}_0 = -r_0(\mathrm{e}^{\frac{1}{2}\alpha T} + \delta_1(r_0)), \quad d(\widetilde{r}_0) = (-\mathrm{e}^{\frac{1}{2}\alpha T} + \delta_2(r_0))d(r_0), \tag{4.4.7}$$

其中 $\delta_1(0) = \delta_2(0) = 0$. 因为原点为 (4.4.1) 的焦点, 故存在 $\varepsilon_0 > 0$ 使当 $0 < r_0 \leqslant \varepsilon_0$ 时 $d(r_0) \neq 0$. 若 $d(r_0) > 0$, 则 $r_0 d(r_0) > 0$, 且由 (4.4.7) 知 $\widetilde{r}_0 d(\widetilde{r}_0) > 0$. 由于当 r_0 充分小时 $-\widetilde{r}_0$ 可任意小, 从而当 $0 < |r_0| \leqslant \varepsilon_0$ 时 $r_0 d(r_0) > 0$, 即 $r_0 d(r_0)$ 为正定函数; 同理, 若 $d(r_0) < 0$, 则 $r_0 d(r_0) < 0$, 且由 (4.4.7) 知 $\widetilde{r}_0 d(\widetilde{r}_0) < 0$, 即 $r_0 d(r_0)$ 为负定函数.

结论 (i) 得证.

(ii) 由结论 (i) 知 $r_0 = 0$ 为函数 d 的孤立零点, 于是由定理 3.5.1, 推论 3.5.1 与本节引理 4.4.1 即得结论 (ii). 证毕. □

我们指出, 如果假设平面系统 (4.4.1) 中的函数 P_1, Q_1 为 C^k 的, $k \geqslant 1$, 则由文献 [34] 知 (4.4.5) 中的函数 f 也是 C^k 的, 此时函数 P 与 d 均为 C^k 的, 且定理 4.4.1 仍成立. 又, 如同周期微分方程, 平面系统 (4.4.1) 在焦点附近的 Poincaré 映射的定义有很多种, 例如, 轨线的出发点可以取为 $(0, r_0)$, 但这些 Poincaré 映射都是等价的, 详见文献 [35].

4.4.2　焦点量与焦点阶数

由定理 4.4.1 知, 如果

$$P(r_0) - r_0 = d(r_0) = d_m r_0^m + O(r_0^{m+1}), \quad d_m \neq 0, \tag{4.4.8}$$

则 m 必为奇数, 即 $m = 2k + 1$. 又注意到 $d'(0) = \dfrac{\partial \widetilde{r}}{\partial r_0}(T, 0) - 1$, 即得以下结论.

推论 4.4.1　对函数 d 有 $d'(0) = \mathrm{e}^{\alpha T} - 1$, 从而当 $\alpha < 0\ (> 0)$ 时原点为 (4.4.1) 的稳定焦点 (不稳定焦点). 若 $\alpha = 0$ 且 (4.4.8) 成立, $m = 2k + 1$, 则当 $d_{2k+1} < 0\ (> 0)$ 时原点为稳定焦点 (不稳定焦点).

我们有下列定义.

定义 4.4.1　当 $\alpha \neq 0$ 时原点称为 (4.4.1) 的 **粗焦点**, 当 $\alpha = 0$ 时原点称为 (4.4.1) 的 **细焦点**, 且当 (4.4.8) 成立, $m = 2k + 1$ 时原点称为 (4.4.1) 的 k 阶**细焦点**, 并称量 $v_{2k+1} = \dfrac{d_{2k+1}}{2\pi}$ 为系统 (4.4.1) 在原点的**第 k 阶焦点量**或**第 k 阶李雅普诺夫常数**.

我们指出, 对 C^∞ 系统 (4.4.1) 的后继函数 d, 当 $|r_0|$ 充分小时, 成立下列形式展开式:

$$d(r_0) = 2\pi \sum_{m \geqslant 1} v_m r_0^m.$$

对任何整数 $k \geqslant 0$, 我们也称上式中的量 v_{2k+1} 为系统 (4.4.1) 在原点的**第 k 阶焦点量**或**第 k 阶李雅普诺夫常数**.

例 4.4.1　讨论二维系统

$$\begin{aligned}
\dot{x} &= -y - x^3(ax+1)(x^2+y^2-1), \\
\dot{y} &= x
\end{aligned} \tag{4.4.9}$$

的焦点的稳定性, 其中 a 为常数.

解　对于方程 (4.4.9) 来说, 与 (4.4.5) 相应的 2π 周期方程为

$$\frac{\mathrm{d}r}{\mathrm{d}\theta} = \frac{-\cos^4\theta(1+ar\cos\theta)(r^2-1)r^3}{1+\sin\theta\cos^3\theta(1+ar\cos\theta)(r^2-1)r^2}. \tag{4.4.10}$$

上述方程在 $r=0$ 附近为解析系统, 故其解 $\widetilde{r}(\theta, r_0)$ 关于 r_0 在 $r_0 = 0$ 附近为光滑的, 从而可设

$$\widetilde{r}(\theta, r_0) = r_1(\theta)r_0 + r_2(\theta)r_0^2 + r_3(\theta)r_0^3 + O(r_0^4).$$

将上式代入 (4.4.10), 并比较等式两边 r_0 同次幂系数, 可得

$$r_1'(\theta) = 0, \quad r_2'(\theta) = 0, \quad r_3'(\theta) = r_1^3(\theta)\cos^4\theta.$$

注意到 $r_1(0) = 1, r_2(0) = r_3(0) = 0$, 可解得

$$r_1(\theta) = 1, \quad r_2(\theta) = 0, \quad r_3(\theta) = \int_0^\theta \cos^4\theta \mathrm{d}\theta.$$

于是可得

$$\begin{aligned}
d(r_0) &= P(r_0) - r_0 = \widetilde{r}(2\pi, r_0) - r_0 \\
&= r_0^3 \int_0^{2\pi} \cos^4\theta \mathrm{d}\theta + O(r_0^4).
\end{aligned}$$

由此, 利用推论 4.4.1, 知原点为 (4.4.9) 的不稳定一阶细焦点.

下面我们给出一般系统一阶焦点量的计算公式. 设 $\alpha = 0$, 对 (4.4.1) 引入极坐标变换 $(x, y) = (r\cos\theta, r\sin\theta)$, 则可得

$$\dot{r} = \cos\theta P_1 + \sin\theta Q_1, \quad \dot{\theta} = -\beta + \frac{1}{r}(\cos\theta Q_1 - \sin\theta P_1)$$

和

$$\frac{\mathrm{d}r}{\mathrm{d}\theta} = \frac{\cos\theta P_1 + \sin\theta Q_1}{-\beta + (\cos\theta Q_1 - \sin\theta P_1)/r} \equiv R(\theta, r). \tag{4.4.11}$$

函数 $R(\theta, r)$ 在 $r = 0$ 的小邻域内为 C^∞ 的. 设 $r(\theta, r_0)$ 为 (4.4.11) 满足 $r(0, r_0) = r_0$ 之解.

引理 4.4.3 设函数 P 如前, 则下列结论成立.

(i) 当 $\beta < 0$ 时 $P(r_0) = r(2\pi, r_0)$; 当 $\beta > 0$ 时 $P(r_0) = r(-2\pi, r_0)$, 从而 $P(r(2\pi, r_0)) = r_0$.

(ii) 第 1 阶焦点量可表示成

$$v_3 = \mathrm{sgn}(-\beta)\frac{1}{2\pi}\int_0^{2\pi} R_3(\theta)\mathrm{d}\theta,$$

其中 $R_3(\theta) = \frac{1}{3!}\frac{\partial^3 R}{\partial r^3}(\theta, 0)$.

证明 由 (4.4.5) 与 (4.4.11) 易见

$$R(\theta, r) = -\frac{1}{\beta}f\left(-\frac{\theta}{\beta}, r\right).$$

由此可得

$$r(\theta, r_0) = \tilde{r}\left(-\frac{\theta}{\beta}, r_0\right),$$

从而

$$P(r_0) = \tilde{r}(T, r_0) = r(-\beta T, r_0) = r\left(\frac{-\beta}{|\beta|}2\pi, r_0\right).$$

由此及引理 3.5.2 进一步可知当 $\beta > 0$ 时

$$P(r(2\pi, r_0)) = r(-2\pi, r(2\pi, r_0)) = r_0.$$

即得结论 (i).

为证结论 (ii), 设

$$R(\theta, r) = R_2(\theta)r^2 + R_3(\theta)r^3 + o(r^3), \tag{4.4.12}$$

与

$$r(\theta, r_0) = r_1(\theta)r_0 + r_2(\theta)r_0^2 + r_3(\theta)r_0^3 + \cdots, \tag{4.4.13}$$

其中 $r_1(0) = 1, r_2(0) = r_3(0) = 0$. 将上式及 (4.4.12) 代入 (4.4.11), 并比较 r_0 的同次项系数可得

$$r_1'(\theta) = 0, \quad r_2'(\theta) = R_2 r_1^2, \quad r_3'(\theta) = R_3 r_1^3 + 2R_2 r_1 r_2, \tag{4.4.14}$$

因此可解得

$$r_1(\theta) = 1, \quad r_2(\theta) = \int_0^\theta R_2(\theta)\mathrm{d}\theta,$$

$$r_3(\theta) = \int_0^\theta [R_3(\theta) + 2R_2(\theta)r_2(\theta)]\mathrm{d}\theta.$$

于是, 若设

$$\tilde{P}(r_0) = r(2\pi, r_0) = r_0 + 2\pi\tilde{v}_2 r_0^2 + 2\pi\tilde{v}_3 r_0^3 + o(r_0^3),$$

则有

$$\tilde{v}_2 = \frac{1}{2\pi}\int_0^{2\pi} R_2(\theta)\mathrm{d}\theta,$$

$$\tilde{v}_3 = \frac{1}{2\pi}\int_0^{2\pi} [R_3(\theta) + 2R_2(\theta)r_2(\theta)]\mathrm{d}\theta = \frac{1}{2\pi}\left[\int_0^{2\pi} R_3(\theta)\mathrm{d}\theta + \int_0^{2\pi} 2r_2(\theta)r_2'(\theta)\mathrm{d}\theta\right]$$

$$= \frac{1}{2\pi}\int_0^{2\pi} R_3(\theta)\mathrm{d}\theta + 2\pi(\tilde{v}_2)^2.$$

若 $\beta < 0$, 则 $P(r_0) = \tilde{P}(r_0)$, 此时由定理 4.4.1 必有 $\tilde{v}_2 = 0$, 故有

$$v_3 = \tilde{v}_3 = \frac{1}{2\pi}\int_0^{2\pi} R_3(\theta)\mathrm{d}\theta.$$

若 $\beta > 0$, 则 $P(r_0) = \tilde{P}^{-1}(r_0)$. 注意到, 若

$$\tilde{P}(r_0) = r_0 + 2\pi\tilde{v}_k r_0^k + o(r_0^k)$$

则

$$\tilde{P}^{-1}(r_0) = r_0 - 2\pi\tilde{v}_k r_0^k + o(r_0^k).$$

从而类似可得

$$\tilde{v}_2 = 0, \quad v_3 = -\tilde{v}_3 = -\frac{1}{2\pi}\int_0^{2\pi} R_3(\theta)\mathrm{d}\theta.$$

证毕. □

基于上述引理进一步可证

定理 4.4.2   考虑系统 (4.4.1)，设 P_1, Q_1 在原点邻域内有展开式

$$P_1(x,y) = \sum_{i+j=2}^{3} a_{ij}x^iy^j + o(|x,y|^3),$$

$$Q_1(x,y) = \sum_{i+j=2}^{3} b_{ij}x^iy^j + o(|x,y|^3).$$

(4.4.15)

则有

$$
\begin{aligned}
v_3 =& \frac{1}{8|\beta|}\{3(a_{30}+b_{03}) + a_{12} + b_{21} - \frac{1}{\beta}[a_{11}(a_{20}+a_{02}) - b_{11}(b_{20}+b_{02})\\
&+ 2(a_{02}b_{02} - a_{20}b_{20})]\}\\
=& \frac{1}{16|\beta|}\{(P_1)_{xxx} + (P_1)_{xyy} + (Q_1)_{xxy} + (Q_1)_{yyy} - \frac{1}{\beta}[(P_1)_{xy}((P_1)_{xx} + (P_1)_{yy})\\
&- (Q_1)_{xy}((Q_1)_{xx} + (Q_1)_{yy}) - (P_1)_{xx}(Q_1)_{xx} + (P_1)_{yy}(Q_1)_{yy}]\}|_{(0,0)}.
\end{aligned}
$$

证明   由 (4.4.11) 与 (4.4.12)，

$$R_2(\theta) = -\beta^{-1}P_2(\theta), \quad R_3(\theta) = -\beta^{-1}[P_3(\theta) + \beta^{-1}P_2(\theta)S_2(\theta)],$$

其中

$$
\begin{aligned}
P_k(\theta) &= \cos\theta F_k(\cos\theta, \sin\theta) + \sin\theta G_k(\cos\theta, \sin\theta),\\
S_k(\theta) &= \cos\theta G_k(\cos\theta, \sin\theta) - \sin\theta F_k(\cos\theta, \sin\theta),\\
F_k(x,y) &= \sum_{i+j=k} a_{ij}x^iy^j, \quad G_k(x,y) = \sum_{i+j=k} b_{ij}x^iy^j.
\end{aligned}
$$

(4.4.16)

直接计算可得

$$
\begin{aligned}
P_3(\theta) &= (a_{12}+b_{21})\sin^2\theta\cos^2\theta + a_{30}\cos^4\theta + b_{03}\sin^4\theta + K_0(\theta),\\
P_2(\theta)S_2(\theta) &= -a_{02}b_{02}\sin^6\theta + a_{20}b_{20}\cos^6\theta - N_1\sin^4\theta\cos^2\theta\\
&\quad - N_2\sin^2\theta\cos^4\theta + K_1(\theta),
\end{aligned}
$$

其中 K_0 与 K_1 为在区间 $[0, 2\pi]$ 上平均值为零的 2π 周期函数,

$$N_1 = 2a_{02}a_{11} - 2b_{02}b_{11} + a_{02}b_{20} + a_{11}b_{11} + a_{20}b_{02} - a_{02}b_{02},$$

$$N_2 = 2a_{20}a_{11} - 2b_{20}b_{11} - a_{02}b_{20} - a_{11}b_{11} + a_{20}b_{20} - a_{20}b_{02}.$$

于是

$$\frac{1}{2\pi}\int_0^{2\pi} R_3(\theta)\mathrm{d}\theta = -\frac{\pi}{2\pi\beta}\left\{\frac{3}{4}(a_{30}+b_{03})+\frac{1}{4}(a_{12}+b_{21})\right.$$

$$\left.-\beta^{-1}\left[\frac{5}{8}(a_{02}b_{02}-a_{20}b_{20})+\frac{1}{8}(N_1+N_2)\right]\right\}.$$

因此由引理 4.4.3 (ii) 即得结论. 证毕.   □

上述定理中 v_3 的公式曾在文献 [36] 和 [37] 中给出, 之后文献 [38] 利用复方程给出了较简洁的推导.

由上述方法也可以求得 v_5 与 v_7 等量的计算公式, 由于这些公式相当复杂, 此处不再给出.

下面给出计算系统 (4.4.1) 的焦点量的 Maple 程序, 其中 n 取奇数. 若令 $n = 3$, 则可运行出 v_3; 若令 $n = 5$, 则可运行出 v_3 和 v_5. 下面程序中我们取 $n = 5$, 由于 v_5 的公式比较长 (有 200 多项), 这里没有列出.

给出 (4.4.12) 和 (4.4.13) (其中 $r_1(\theta) = 1$) 的表达式的程序为

```
with(LinearAlgebra):n:=5:
Rstar:=0:rstar:=r[0]:
for i from 2 to n do
Rstar:=Rstar+R[i]*r^i:
rstar:=rstar+r[i]*(r[0])^i:
od:
#################
```

运行结果为

$$\mathrm{Rstar} = R_5 r^5 + R_4 r^4 + R_3 r^3 + R_2 r^2,$$
$$\mathrm{rstar} = r_0{}^5 r_5 + r_0{}^4 r_4 + r_0{}^3 r_3 + r_0{}^2 r_2 + r_0,$$

其中 Rstar 代表 $R(\theta,r)$, rstar 代表 $r(\theta,r_0)$.

需要说明的是, 这里的表达式中只给出了计算 v_n(该程序中 $n = 5$) 所需要的项, 下面各段程序类似, 都只给出了计算 v_n 所需要的量.

把 (4.4.13) 代入 (4.4.12), 再比较 (4.4.11) 中 $\dfrac{\mathrm{d}r}{\mathrm{d}\theta} = R(\theta,r)$ 等式两端 $r_0^i(i = 2,3,4,5)$ 项的系数, 可以得到 $r_2'(\theta), r_3'(\theta), r_4'(\theta), r_5'(\theta)$, 相应的计算程序为

```
#################
for i from  2 to n do
rprime[i]:=coeff(subs(r=rstar,Rstar),(r[0])^i):
od:
#################
```

运行结果为

$\mathrm{rprime}_2 = R_2,\ \mathrm{rprime}_3 = 2\,R_2 r_2 + R_3,\ \mathrm{rprime}_4 = R_4 + 3\,R_3 r_2 + R_2\left(r_2{}^2 + 2\,r_3\right),$
$\mathrm{rprime}_5 = R_5 + 4\,R_4 r_2 + R_3\left(3\,r_2{}^2 + 3\,r_3\right) + R_2\left(2\,r_2 r_3 + 2\,r_4\right),$

其中 rprime_i 代表 $r_i'(\theta)$.

由于

$$\cos\theta P_1(r\cos\theta, r\sin\theta) + \sin\theta Q_1(r\cos\theta, r\sin\theta)$$

$$= \cos\theta\big[F_2(r\cos\theta, r\sin\theta) + F_3(r\cos\theta, r\sin\theta) + \cdots\big]$$

$$+ \sin\theta\big[G_2(r\cos\theta, r\sin\theta) + G_3(r\cos\theta, r\sin\theta) + \cdots\big]$$

$$= r^2 P_2(\theta) + r^3 P_3(\theta) + \cdots,$$

为把 (4.4.11) 中的 $\cos\theta P_1(r\cos\theta, r\sin\theta) + \sin\theta Q_1(r\cos\theta, r\sin\theta)$ (程序中用 "Rt" 表示) 用 (4.4.16)中的 $P_k(\theta)$ 表示出来, 可用下面的程序:

```
#################
Rt:=0:
for i from 2 to n do
Rt:=Rt+r^i*P[i]:
od:
#################
```

运行结果为

$$Rt = r^5 P_5 + r^4 P_4 + r^3 P_3 + r^2 P_2.$$

进一步, 注意到 (4.4.11) 中的

$$-\beta + \frac{1}{r}\big[\cos\theta Q_1(r\cos\theta, r\sin\theta) - \sin\theta P_1(r\cos\theta, r\sin\theta)\big]$$

可改写为

$$-\beta\left[1 - \frac{1}{\beta r}\big(\cos\theta Q_1(r\cos\theta, r\sin\theta) - \sin\theta P_1(r\cos\theta, r\sin\theta)\big)\right],$$

其中

$$-\frac{1}{\beta r}\big[\cos\theta Q_1(r\cos\theta, r\sin\theta) - \sin\theta P_1(r\cos\theta, r\sin\theta)\big]$$

$$= -\frac{1}{\beta r}\big[\cos\theta(G_2(r\cos\theta, r\sin\theta) + G_3(r\cos\theta, r\sin\theta) + \cdots)$$

$$-\sin\theta(F_2(r\cos\theta, r\sin\theta) + F_3(r\cos\theta, r\sin\theta) + \cdots)]$$

$$= -\frac{1}{\beta}\big(rS_2(\theta) + r^2S_3(\theta) + \cdots\big),$$

设 $s = -\dfrac{1}{\beta}\big(rS_2 + r^2S_3 + \cdots + r^{n-2}S_{n-1}\big)$, 利用下面程序即可给出 s 的表达式.

```
################
s:=0:
for i from 2 to n-1 do
s:=s-1/beta*r^(i-1)*S[i]:
od:
################
```

运行结果为

$$s = -\frac{rS_2}{\beta} - \frac{r^2S_3}{\beta} - \frac{r^3S_4}{\beta}.$$

利用 (4.4.11) 式推算 (4.4.12) 中 $R_i(\theta)$ 之程序为

```
################
temp1:=convert(taylor(1/(1+y),y=0,n-1),polynom):
temp2:=subs(y=s,temp1):
for i from 2 to n do
R[i]:=coeff(expand(-1/beta*Rt*temp2),r^i):
od:
################
```

结果如下 (用 $P_i(\theta), S_i(\theta)$ 表示):

$$R_2 = -\frac{1}{\beta}P_2, \quad R_3 = -\frac{1}{\beta^2}\left(\beta P_3 + S_2 P_2\right),$$

$$R_4 = -\frac{1}{\beta^3}\left(\beta^2 P_4 + \beta P_2 S_3 + \beta P_3 S_2 + P_2 S_2^2\right),$$

$$R_5 = -\frac{1}{\beta^4}\Big[P_5\beta^3 + (S_4 P_2 + S_3 P_3 + S_2 P_4)\beta^2$$

$$+ \left(2 S_2 S_3 P_2 + S_2^2 P_3\right)\beta + S_2^3 P_2\Big].$$

更具体地推算 (4.4.12) 中的 $R_i(\theta)$ 和 (4.4.13) 中的 $r_i(\theta)$, $i = 2, 3, 4, 5$, 可用程序

```
################
for i from 2 to n do
```

```
F[i]:=0:G[i]:=0:
 for j from 0 to i do
 F[i]:=F[i]+a[i-j,j]*x^(i-j)*y^(j):
 G[i]:=G[i]+b[i-j,j]*x^(i-j)*y^(j):
 od:
P[i]:=x*F[i]+y*G[i]:
S[i]:=x*G[i]-y*F[i]:
od:
for i from 2 to n do
R[i]:=subs(x=cos(theta),y=sin(theta),R[i]):
r[i]:=int(rprime[i],theta=0..theta):
od:
#################
```

其结果为

$$
R_2 = -\frac{1}{\beta}\big[\cos\theta(a_{2,0}\cos^2\theta + a_{1,1}\cos\theta\sin\theta + a_{0,2}\sin^2\theta)
$$

$$
+ \sin\theta(b_{2,0}\cos^2\theta + b_{1,1}\cos\theta\sin\theta + b_{0,2}\sin^2\theta)\big],
$$

$$
r_2 = \frac{1}{3\beta}\big(\cos^3\theta a_{1,1} + \cos^3\theta b_{2,0} - \cos^2\theta\sin\theta a_{2,0} + \cos\theta\sin^2\theta b_{0,2} - \sin^3\theta a_{0,2}
$$

$$
- \sin^3\theta b_{1,1} + 2\, b_{0,2}\cos\theta - 2\, a_{2,0}\sin\theta - a_{1,1} - 2\, b_{0,2} - b_{2,0}\big).
$$

这里只列出了 R_2 和 r_2 的表达式, 对其他的 $R_i, r_i, i = 3, 4, 5$, 由于表达式较长, 这里不再列出.

利用下面的程序可获得 v_3 和 v_5 的公式 (利用引理 4.4.3 (ii) 及其证明),

```
#################
for i from 1 to trunc(n/2) do
v[2*i + 1] := signum (-beta)*1/2/Pi*int (rprime[2*i+1], theta =
    0..2*Pi):
od:
#################
```

例如 v_3 的公式如下 (v_5 省略):

$$
v_3 = \frac{1}{8\,\beta^2}\mathrm{sgn}(\beta)\big(\beta\, a_{1,2} + 3\,\beta\, a_{3,0} + 3\,\beta\, b_{0,3} + \beta\, b_{2,1} - a_{0,2}a_{1,1} - 2\, a_{0,2}b_{0,2}
$$

$$
- a_{1,1}a_{2,0} + 2\, a_{2,0}b_{2,0} + b_{0,2}b_{1,1} + b_{1,1}b_{2,0}\big).
$$

4.4.3　Poincaré 形式级数法

下面我们介绍判别焦点阶数及其稳定性的另一方法, 即 Poincaré 形式级数法. 先证明一个引理.

引理 4.4.4 [39]　对给定的 $\cos\theta$ 与 $\sin\theta$ 的 k 次齐次多项式 $h_k(\cos\theta,\sin\theta)$, 必有 $\cos\theta$ 与 $\sin\theta$ 的 k 次齐次式 $v_k(\cos\theta,\sin\theta)$, 使得

$$\frac{\mathrm{d}}{\mathrm{d}\theta}v_k(\cos\theta,\sin\theta)=h_k(\cos\theta,\sin\theta)-\overline{h}_k,$$

其中 $\overline{h}_k=\dfrac{1}{2\pi}\displaystyle\int_0^{2\pi}h_k(\cos\theta,\sin\theta)\mathrm{d}\theta$.

证明　不失一般性, 可设 $h_k(\cos\theta,\sin\theta)=\cos^{k-j}\theta\sin^j\theta,\ 0\leqslant j\leqslant k$. 下面分四种情况来证明.

(I) $k=2m+1,\ m\geqslant 1,\ j=2l+1,\ 0\leqslant l\leqslant m$. 此时, $\overline{h}_k=0$, 因此

$$\int h_k(\cos\theta,\sin\theta)\mathrm{d}\theta$$

$$=\int \cos^{2m-2l}\theta\sin^{2l+1}\theta\mathrm{d}\theta$$

$$=-\int \cos^{2(m-l)}\theta(1-\cos^2\theta)^l\mathrm{d}\cos\theta$$

$$=-\int \cos^{2(m-l)}\theta\sum_{i=0}^{l}\mathrm{C}_l^i(-1)^i\cos^{2i}\theta\mathrm{d}\cos\theta$$

$$=\sum_{i=0}^{l}\frac{(-1)^{i+1}\mathrm{C}_l^i}{2(m-l+i)+1}\cos^{k-2(l-i)}\theta(\cos^2\theta+\sin^2\theta)^{l-i}$$

$$\equiv v_k(\cos\theta,\sin\theta).$$

显然, 上述 v_k 是关于 $\cos\theta$ 与 $\sin\theta$ 的 k 次齐次式.

(II) $k=2m+1,\ m\geqslant 1,\ j=2l,\ 0\leqslant l\leqslant m$. 如前, $\overline{h}_k=0$, 且有

$$\int h_k(\cos\theta,\sin\theta)\mathrm{d}\theta$$

$$=\int \cos^{2(m-l)+1}\theta\sin^{2l}\theta\mathrm{d}\theta$$

$$=\int \sin^{2l}\theta(1-\sin^2\theta)^{m-l}\mathrm{d}\sin\theta$$

$$= \int \sin^{2l}\theta \sum_{i=0}^{m-l}(-1)^i C_{m-l}^i \sin^{2i}\theta \mathrm{d}\sin\theta$$

$$= \sum_{i=0}^{m-l} \frac{(-1)^i C_{m-l}^i}{2(l+i)+1} \sin^{j+2i+1}\theta(\cos^2\theta + \sin^2\theta)^{\frac{k-2i-j-1}{2}}$$

$$\equiv v_k(\cos\theta, \sin\theta).$$

(III) $k = 2m + 2$, $m \geqslant 1$, $j = 2l + 1$, $0 \leqslant l \leqslant m$. 仍有 $\overline{h}_k = 0$, 且类似于 (I) 有

$$\int h_k(\cos\theta, \sin\theta)\mathrm{d}\theta = -\int \cos^{2(m-l)+1}\theta(1 - \cos^2\theta)^l \mathrm{d}\cos\theta$$

$$= \sum_{i=0}^{l} \frac{(-1)^{i+1} C_l^i}{2(m-l+i+1)} \cos^{k-2(l-i)}\theta(\cos^2\theta + \sin^2\theta)^{(l-i)}$$

$$\equiv v_k(\cos\theta, \sin\theta).$$

(IV) $k = 2m + 2$, $m \geqslant 1$, $j = 2l$, $0 \leqslant l \leqslant m + 1$. 若 $0 \leqslant l \leqslant m$, 则

$$h_k(\cos\theta, \sin\theta) = \cos^{2(m-l)+1}\theta(1 - \cos^2\theta)^l \cdot \cos\theta,$$

应用分部积分法可得

$$\int h_k(\cos\theta, \sin\theta)\mathrm{d}\theta$$

$$= \int \sum_{i=0}^{l} C_l^i(-1)^i \cos^{2(m-l)+1+2i}\theta \mathrm{d}\sin\theta$$

$$= \sum_{i=0}^{l}(-1)^i C_l^i[\cos^{2(m-l+i)+1}\theta\sin\theta$$

$$+ \int (2(m-l+i)+1)\cos^{2(m-l+i)}\theta\sin^2\theta\mathrm{d}\theta]$$

$$= \sum_{i=0}^{l}(-1)^i C_l^i \cos^{k-1-2(l-i)}\theta \sin\theta(\cos^2\theta + \sin^2\theta)^{l-i}$$

$$+ \sum_{i=0}^{l}(-1)^i[2(m-l+i)+1]C_l^i \int (\cos^{2(m-l+i)}\theta - \cos^{2(m-l+i)+2}\theta)\mathrm{d}\theta.$$

上式第一行已经是 $\cos\theta$ 与 $\sin\theta$ 的 k 次齐次式, 于是注意到 $0 \leqslant m-l+i \leqslant m$, 只需证如果 $0 \leqslant n \leqslant m+1 = \dfrac{k}{2}$ 则存在常数 a_{2n} (它其实是 $\cos^{2n}\theta$ 在区间 $[0, 2\pi]$ 上的平均值) 和 $\cos\theta$ 与 $\sin\theta$ 的 $2n$ 次齐次式 $u_{2n}(\theta)$ 使得

$$\int \cos^{2n}\theta \mathrm{d}\theta = a_{2n}\theta + u_{2n}(\theta) = a_{2n}\theta + u_{2n}(\theta)(\cos^2\theta + \sin^2\theta)^{\frac{1}{2}(k-2n)}.$$

我们用归纳法来证. 首先

$$\int 1\mathrm{d}\theta = \theta, \quad \int \cos^2\theta \mathrm{d}\theta = \int \frac{1 + \cos 2\theta}{2}\mathrm{d}\theta = \frac{1}{2}\theta + \frac{1}{2}\sin\theta\cos\theta,$$

因此, 命题对 $n = 0, 1$ 成立, 且有 $u_0 = 0$, $u_2 = \dfrac{1}{2}\sin\theta\cos\theta$. 现设命题对 $n \leqslant N$ 成立 $(N \geqslant 1)$ 要证它对 $n = N+1$ 也成立. 事实上, 由归纳假设, 对 $n \leqslant N$, 我们有

$$\begin{aligned}
\int \cos^{2n}(2\theta)\mathrm{d}\theta &= a_{2n}\theta + \frac{1}{2}u_{2n}(2\theta) \\
&= a_{2n}\theta + \sum_{j=0}^{2n} \lambda_{jn}\cos^{2n-j}2\theta\sin^j 2\theta \\
&= a_{2n}\theta + \sum_{j=0}^{2n} \lambda_{jn}(\cos^2\theta - \sin^2\theta)^{2n-j} \cdot 2^j\sin^j\theta\cos^j\theta \\
&\equiv a_{2n}\theta + u_{4n}^*(\theta),
\end{aligned}$$

其中 $u_{4n}^*(\theta)$ 是 $\cos\theta$ 与 $\sin\theta$ 的 $4n$ 次齐次式. 令 $n = N+1$ $(2n \leqslant k)$, 则有

$$\begin{aligned}
&\int \cos^{2(N+1)}\theta \mathrm{d}\theta \\
&= \int \left(\frac{1 + \cos 2\theta}{2}\right)^{N+1}\mathrm{d}\theta \\
&= \frac{1}{2^{N+1}}\int \sum_{j=0}^{N+1} \mathrm{C}_{N+1}^j\cos^j 2\theta \mathrm{d}\theta.
\end{aligned}$$

注意到 $j \leqslant N+1 \leqslant 2N$, 当 j 为偶数时,

$$\int \cos^j 2\theta \mathrm{d}\theta = a_j\theta + u_{2j}^*(\theta),$$

其中 $u_{2j}^*(\theta)$ 是 $\cos\theta$ 与 $\sin\theta$ 的 $2j$ 次齐次式. 当 j 为奇数时, 由 (II) 知 $\int \cos^j 2\theta \mathrm{d}\theta$ 可表示为 $\cos 2\theta$ 与 $\sin 2\theta$ 的 j 次齐次式. 因此, 由 $\cos 2\theta = \cos^2\theta - \sin^2\theta$, $\sin 2\theta = 2\sin\theta\cos\theta$, 对奇数 j, $\int \cos^j 2\theta \mathrm{d}\theta = u_{2j}^*(\theta)$ 可表示为 $\cos\theta$ 与 $\sin\theta$ 的 $2j$ 次齐次式.

因为总有

$$u_{2j}^*(\theta) = u_{2j}^*(\theta)(\cos^2\theta + \sin^2\theta)^{N+1-j},$$

其右端可表示为 $\cos\theta$ 与 $\sin\theta$ 的 $2(N+1)$ 次齐次式, 故有

$$\int \cos^{2(N+1)}\theta \mathrm{d}\theta = a_{2(N+1)}\theta + u_{2(N+1)}(\theta),$$

其中 $u_{2(N+1)}(\theta)$ 是 $\cos\theta$ 与 $\sin\theta$ 的 $2(N+1)$ 次齐次式, 于是命题得证.

从而, 存在常数 $\overline{h}_k$ 及 $\cos\theta$ 与 $\sin\theta$ 的 k 次齐次式 $v_k(\cos\theta,\sin\theta)$ 使有

$$\int h_k(\cos\theta,\sin\theta)\mathrm{d}\theta = \overline{h}_k\theta + v_k(\cos\theta,\sin\theta).$$

进一步可证上式对 $l = m+1$ 也成立. 事实上, 此时有 $j = k = 2(m+1)$ 和

$$h_k = \sin^{2(m+1)}\theta = (1-\cos^2\theta)^{m+1} = \sum_{j=0}^{m+1} C_{m+1}^j (-1)^j \cos^{2j}\theta.$$

应用上述所证命题即得结论. 于是引理得证. $\qquad\square$

进一步易证, 当 k 为奇数 (偶数) 时, 引理 4.4.4 中的 v_k 是唯一存在的 (不唯一存在的).

注 4.4.1 我们看到, 上面给出的引理 4.4.4 的证明是通过直接积分来构造齐次函数 $v_k(x,y)$. 下面我们提供另一种证明. 我们只给出主要步骤.

第 1 步 对给定的 k 次齐次多项式 h_k, 记 $h_k^*(\theta) = h_k(\cos\theta,\sin\theta)$. 证明 h_k^* 可展开成下列形式的三角级数

$$h_k^*(\theta) = \sum_{0\leqslant n\leqslant k} [a_n\cos(n\theta) + b_n\sin(n\theta)], \tag{4.4.17}$$

其中 a_n 与 b_n 为与 θ 无关的常数. 对 k 用归纳法及利用三角函数的积化和差公式即可证明, 例如

$$\cos\theta\cos(n\theta) = \frac{1}{2}[\cos(1-n)\theta + \cos(n+1)\theta].$$

于是, 由 (4.4.17) 和傅里叶展开定理可知 $a_0 = \bar{h}_k$, $b_0 = 0$, 以及

$$a_n = \frac{1}{\pi} \int_0^{2\pi} h_k^*(\theta) \cos(n\theta)\mathrm{d}\theta, \quad 1 \leqslant n \leqslant k,$$

$$b_n = \frac{1}{\pi} \int_0^{2\pi} h_k^*(\theta) \sin(n\theta)\mathrm{d}\theta, \quad 1 \leqslant n \leqslant k.$$

第 2 步　证明若 k 为奇数 (偶数), 则对偶数 n(奇数 n) 有 $a_n = b_n = 0$. 事实上, 由欧拉公式

$$\mathrm{e}^{\mathrm{i}\theta} = \cos\theta + \mathrm{i}\sin\theta, \quad \mathrm{i} = \sqrt{-1},$$

或用归纳法易证, 对任意正整数 n, 都存在两个 n 次齐次多项式 $g_{1n}(x, y)$ 与 $g_{2n}(x, y)$, 使成立

$$\cos(n\theta) = g_{1n}(\cos\theta, \sin\theta), \quad \sin(n\theta) = g_{2n}(\cos\theta, \sin\theta).$$

由此可知周期函数 $h_k^*(\theta)\cos(n\theta)$ 与 $h_k^*(\theta)\sin(n\theta)$ 均可写成 $\cos\theta$ 与 $\sin\theta$ 的 $k + n$ 次齐次式, 从而当 $k+n$ 为奇数时这两个周期函数在 $[0, 2\pi]$ 上的积分等于零, 故由 a_n 与 b_n 的计算公式即知结论成立.

第 3 步　证明 k 次齐次式 $v_k(\cos\theta, \sin\theta) \equiv v_k^*(\theta)$ 的存在性. 用待定系数法. 设

$$v_k^*(\theta) = \sum_{1 \leqslant n \leqslant k} [c_n \cos(n\theta) + d_n \sin(n\theta)], \tag{4.4.18}$$

将 (4.4.17) 与 (4.4.18) 代入引理 4.4.4 中的微分方程, 并比较同类项系数可得

$$nd_n = a_n, \quad -nc_n = b_n, \quad 1 \leqslant n \leqslant k.$$

于是

$$v_k^*(\theta) = \sum_{1 \leqslant n \leqslant k} \left[\frac{b_n}{-n} \cos(n\theta) + \frac{a_n}{n} \sin(n\theta) \right].$$

进一步, 由第 2 步的证明知, 当 k 与 n 同为奇数或同为偶数时, 有

$$\cos(n\theta) = g_{1n}(\cos\theta, \sin\theta)(\cos^2\theta + \sin^2\theta)^{\frac{k-n}{2}},$$

$$\sin(n\theta) = g_{2n}(\cos\theta, \sin\theta)(\cos^2\theta + \sin^2\theta)^{\frac{k-n}{2}}.$$

即当 k 与 n 同为奇数或同为偶数时 $\cos(n\theta)$ 与 $\sin(n\theta)$ 均可以写成 $\cos\theta$ 与 $\sin\theta$ 的 k 次齐次式. 于是, 由第 2 步的结论即得 v_k^* 的存在性.

建议读者给出上述证明的细节.

应用引理 4.4.4, 进一步可证以下结论.

引理 4.4.5 设系统 (4.4.1) 中的函数 P_1, Q_1 为 C^∞ 的, 则任给整数 $N > 1$, 存在常数 $L_2, \cdots, L_{N+1}$ 和多项式

$$V(x, y) = \sum_{k=2}^{2N+2} V_k(x, y),$$

满足

$$V_2(x, y) = x^2 + y^2, \quad V_k(x, y) = \sum_{i+j=k} c_{ij} x^i y^j, \quad 3 \leqslant k \leqslant 2N+2,$$

使得

$$V_x(\beta y + P_1) + V_y(-\beta x + Q_1) = \sum_{k=2}^{N+1} L_k(x^2 + y^2)^k + O(|x, y|^{2N+3}). \quad (4.4.19)$$

此外, 如设

$$P_1 = f_1(x, y) + O(|x, y|^{2N+2}), \quad Q_1 = g_1(x, y) + O(|x, y|^{2N+2}),$$

$$f_1(x, y) = \sum_{2 \leqslant i+j \leqslant 2N+1} a_{ij} x^i y^j, \quad g_1(x, y) = \sum_{2 \leqslant i+j \leqslant 2N+1} b_{ij} x^i y^j,$$

则对 $1 \leqslant k \leqslant N+1$, 量 L_{k+1} 仅依赖于 a_{ij}, b_{ij} $(i+j \leqslant 2k+1)$.

证明 我们欲寻求具有所述形式的多项式 V 和满足 (4.4.19) 的常数 $L_2, \cdots,$ L_{N+1}. 由于对给定的 P_1, Q_1 和所设多项式 V, 成立

$$V_x(\beta y + P_1) + V_y(-\beta x + Q_1) = \beta(yV_x - xV_y) + (V_x f_1 + V_y g_1) + O(|x, y|^{2N+3})$$

$$= \beta \sum_{k=3}^{2N+2} (yV_{kx} - xV_{ky}) - \sum_{k=3}^{2N+2} G_k + O(|x, y|^{2N+3}),$$

其中

$$G_k = -\sum_{l=2}^{k-1} (V_{lx} p_{k-l+1} + V_{ly} q_{k-l+1}),$$

$$p_k = \sum_{i+j=k} a_{ij} x^i y^j, \quad q_k = \sum_{i+j=k} b_{ij} x^i y^j. \quad (4.4.20)$$

易见, 每个 G_k 是 k 次齐次式, 它只依赖于系数 a_{ij}, b_{ij} 和 c_{ij} $(2 \leqslant i+j < k)$.

将高于 $2N+2$ 次之项忽略不计, 则方程 (4.4.19) 等价于

$$\beta \sum_{k=3}^{2N+2} (yV_{kx} - xV_{ky}) = \sum_{k=3}^{2N+2} G_k + \sum_{k=2}^{N+1} L_k(x^2+y^2)^k.$$

为求出满足上述方程的 V_k 与 L_k, 只需对 $3 \leqslant k \leqslant 2N+2$ 求解下列方程:

$$\beta(yV_{kx} - xV_{ky}) = G_k, \quad k \text{ 为奇数},$$

$$\beta(yV_{kx} - xV_{ky}) = G_k + L_{\frac{k}{2}}(x^2+y^2)^{\frac{k}{2}}, \quad k \text{ 为偶数}.$$

注意到

$$\beta(yV_{kx} - xV_{ky})(r\cos\theta, r\sin\theta) = -\beta\, r^k \frac{\mathrm{d}}{\mathrm{d}\theta} V_k(\cos\theta, \sin\theta).$$

上述方程可改写如下:

$$-\beta \frac{\mathrm{d}}{\mathrm{d}\theta} V_k(\cos\theta, \sin\theta) = G_k(\cos\theta, \sin\theta), \quad k \text{ 为奇数}, \qquad (4.4.21)$$

$$-\beta \frac{\mathrm{d}}{\mathrm{d}\theta} V_k(\cos\theta, \sin\theta) = L_{\frac{k}{2}} + G_k(\cos\theta, \sin\theta), \quad k \text{ 为偶数}. \qquad (4.4.22)$$

下面我们用归纳法来求解 (4.4.21) 和 (4.4.22). 首先, 对 $k=3$, 有

$$\int_0^{2\pi} G_3(\cos\theta, \sin\theta)\mathrm{d}\theta = 0.$$

由引理 4.4.4, 存在函数 $\widetilde{G}_3$, 具有形式

$$\widetilde{G}_3(\theta) = \sum_{i+j=3} \widetilde{g}_{ij} \cos^i\theta \sin^j\theta,$$

使得 $\widetilde{G}_3'(\theta) = G_3(\cos\theta, \sin\theta)$. 用

$$\widetilde{G}_3(\theta) = \int G_3(\cos\theta, \sin\theta)\mathrm{d}\theta$$

来表示 $\widetilde{G}_3$. 注意到

$$\int G_3(\cos\theta, \sin\theta)\mathrm{d}\theta = \sum_{i+j=3} \widetilde{g}_{ij} \cos^i\theta \sin^j\theta,$$

由 (4.4.21) 可求得 V_3 如下:

$$V_3(x,y) = -\frac{1}{\beta} \sum_{i+j=3} \widetilde{g}_{ij} x^i y^j.$$

即对 $i+j=3$ 有 $c_{ij} = -\frac{1}{\beta}\widetilde{g}_{ij}$.

对 $k=4$, G_4 随 V_3 确定而成为已知. 因此, 可选 L_2 使有

$$L_2 + \frac{1}{2\pi} \int_0^{2\pi} G_4(\cos\theta, \sin\theta)\mathrm{d}\theta = 0.$$

这样, 如前便有

$$\int (L_2 + G_4(\cos\theta, \sin\theta))\, \mathrm{d}\theta = \sum_{i+j=4} \widetilde{g}_{ij}\cos^i\theta \sin^j\theta.$$

由 (4.4.22), 对 $i+j=4$ 取定 $c_{ij} = -\frac{1}{\beta}\widetilde{g}_{ij}$, 则 V_4 将随之而定.

对更大的 k 利用归纳法, 函数 V_k 可类似求得. 证毕. □

文献 [33] 对引理 4.4.5 给出了一个直接证明, 即不利用极坐标, 而是直接求解方程

$$yV_{kx} - xV_{ky} = G_k, \quad k \geqslant 3 \text{ 为奇数} \tag{4.4.23}$$

与

$$yV_{kx} - xV_{ky} = G_k + L_{\frac{k}{2}}(x^2+y^2)^{\frac{k}{2}}, \quad k \geqslant 4 \text{ 为偶数}, \tag{4.4.24}$$

其中已设 $\beta = 1$. 我们在这里介绍这一证明. 与求解 (4.4.21) 和 (4.4.22) 类似, 用递推法求解 (4.4.23) 与 (4.4.24). 首先, G_3 为已知的, 若能从 (4.4.23) 解得 V_3, 则 G_4 就确定了. 若对 $k=4$ 能从 (4.4.24) 解出 V_4, 则 G_5 又确定了. 因此, 在求解 (4.4.23) 与 (4.4.24) 的过程中只需将 V_k 与 $L_{\frac{k}{2}}$ 视为未知量, 而视 G_k 为已知.

记

$$V_k = \sum_{j=0}^k c_j x^{k-j} y^j = V_k(x,y),$$
$$G_k = \sum_{j=0}^k d_j x^{k-j} y^j = G_k(x,y). \tag{4.4.25}$$

约定 $c_{-1} = c_{k+1} = 0$, 则由 (4.4.23) 得

$$\sum_{j=0}^k [(j+1)c_{j+1} - (k-j+1)c_{j-1}] x^{k-j} y^j = -\sum_{j=0}^k d_j x^{k-j} y^j, \tag{4.4.26}$$

即

$$(j+1)c_{j+1} - (k-j+1)c_{j-1} = -d_j, \quad j = 0, 1, \cdots, k. \tag{4.4.27}$$

方程组 (4.4.27) 是关于 $c_0, c_1, \cdots, c_k$ 的线性方程组, 当 k 为奇数时, 其系数行列式为

$$\Delta = \begin{vmatrix} 0 & -1 & 0 & \cdots & 0 & 0 & 0 \\ k & 0 & -2 & \cdots & 0 & 0 & 0 \\ \vdots & \vdots & \vdots & & \vdots & \vdots & \vdots \\ 0 & 0 & 0 & \cdots & 0 & -(k-1) & 0 \\ 0 & 0 & 0 & \cdots & 2 & 0 & -k \\ 0 & 0 & 0 & \cdots & 0 & 1 & 0 \end{vmatrix} = (k\,!!)^2,$$

此时可从 (4.4.27) 唯一确定 V_k. 现设 $k = 2m$ $(m \geqslant 2)$ 为偶数 (此时易知上述 $\Delta = 0$), 则将 (4.4.25) 代入 (4.4.24), 代替 (4.4.26) 而得到

$$\sum_{j=0}^{2m}[(j+1)c_{j+1} - (2m-j+1)c_{j-1}]x^{2m-j}y^j + L_m \sum_{j=0}^{m} C_m^j x^{2(m-j)}y^{2j}$$

$$= -\sum_{j=0}^{2m} d_j x^{2m-j}y^j,$$

从而得

$$2jc_{2j} - 2(m-j+1)c_{2(j-1)} = -d_{2j-1}, \quad j = 1, 2, \cdots, m, \tag{4.4.28}$$

与

$$(2j+1)c_{2j+1} - (2m-2j+1)c_{2j-1} + C_m^j L_m = -d_{2j}, \quad j = 0, 1, \cdots, m. \tag{4.4.29}$$

方程组 (4.4.28) 含有 m 个方程及 $m+1$ 个未知量 $c_0, c_2, \cdots, c_{2m}$. 又易知该方程组系数矩阵满秩, 故从 (4.4.28) 可获得依赖于一自由参数的解. 而方程组 (4.4.29) 含有 $m+1$ 个方程及 $m+1$ 个未知量 $c_1, c_3, \cdots, c_{2m-1}, L_m$, 其系数行列式为

$$\begin{vmatrix} 1 & 0 & 0 & \cdots & 0 & C_m^0 \\ -(2m-1) & 3 & 0 & \cdots & 0 & C_m^1 \\ 0 & -(2m-3) & 5 & \cdots & 0 & C_m^2 \\ \vdots & \vdots & \vdots & \vdots & & \vdots \\ 0 & 0 & 0 & \cdots & 2m-1 & C_m^{m-1} \\ 0 & 0 & 0 & \cdots & -1 & C_m^m \end{vmatrix} = (2m)!!,$$

故 (4.4.29) 关于 $(c_1, c_3, \cdots, c_{2m-1}, L_m)$ 有唯一解, 且

$$L_m = -\frac{1}{(2m)!!} \sum_{j=0}^{m} (2m - 2j - 1)!!(2j - 1)!!d_{2j}, \quad m \geqslant 2,$$

其中 $(-1)!! = 1$. 即为所证.

下列引理表明当 $\alpha = 0$ 时决定原点的稳定性和焦点阶数的量是 $L_2, \cdots, L_{N+1}$ 中的首个非零者.

引理 4.4.6 考虑 C^∞ 系统 (4.4.1). 设 $\alpha = 0$, 则 (4.4.8) 对 $m = 2k + 1$ 成立当且仅当

$$L_j = 0, \quad j = 2, \cdots, k, \quad L_{k+1} \neq 0.$$

此外, 当 $L_j = 0, j = 2, \cdots, k$ 时, $v_{2k+1} = \dfrac{L_{k+1}}{2|\beta|}$.

证明 对充分小的 $r > 0$ 设 L 表示 (4.4.1) 从点 $(r, 0)$ 到 $(P(r), 0)$ 的轨线段. 由于对任何 $\mu \in (0, 1)$ 有

$$r + \mu \left(P(r) - r \right) = r + O(r^3),$$

由微分中值定理知存在 $\bar{\mu} \in (0, 1)$ 使

$$V(P(r), 0) - V(r, 0) = V_x(r + \bar{\mu} \left(P(r) - r \right), 0)(P(r) - r)$$
$$= 2r \left(P(r) - r \right) \left(1 + O(r) \right),$$

其中 V 是引理 4.4.5 中的函数, 进一步, 由 3.3 节给出的改进的泰勒公式知, 上式中的 $O(r)$ 为 r 的 C^∞ 函数.

注意到系统 (4.4.1) 是 C^∞ 系统, 可设

$$x(t) = x_1(t)r + O(r^2), \quad y(t) = y_1(t)r + O(r^2)$$

是方程 (4.4.1) 满足初始条件 $x(0) = r, y(0) = 0$ 的解. 将其代入到 (4.4.1), 并比较两个方程左右两边 r 的系数得

$$x_1'(t) = \beta y_1(t), \quad y_1'(t) = -\beta x_1(t),$$

其中 $x_1(0) = 1, y_1(0) = 0$. 进一步可解得 $x_1(t) = \cos(\beta t), y_1(t) = -\sin(\beta t)$. 由此可知沿轨线段 L 有 $x^2 + y^2 = r^2(1 + O(r))$, 故由 (4.4.19) 可得

$$V(P(r), 0) - V(r, 0) = \int_L \mathrm{d}V = \int_L (V_x(\beta y + P_1) + V_y(-\beta x + Q_1))\mathrm{d}t$$

$$= \int_0^{\tau(r)} \left[\sum_{k=2}^{N+1} L_k r^{2k}(1 + O(r)) + O(r^{2N+3}) \right] \mathrm{d}t$$

$$= \frac{2\pi}{|\beta|} \sum_{k=2}^{N+1} L_k r^{2k}(1 + O(r)) + O(r^{2N+3}),$$

其中 $\tau(r) = \dfrac{2\pi}{|\beta|} + O(r)$ 是解沿 L 所需时间 (由 τ 所满足的方程 $y(\tau) = 0$ 和隐函数定理知, $\tau(r)$ 是 C^∞ 的), 于是

$$P(r) - r = \frac{\pi}{|\beta|} \sum_{k=2}^{N+1} L_k r^{2k-1}(1 + O(r)) + O(r^{2N+2}). \tag{4.4.30}$$

比较 (4.4.30) 与 (4.4.8) 即得结论. 证毕.　　　　　　　　　　　　　　□

因此我们不妨把量 v_{2k+1} 与 L_{k+1} 都称为第 k 阶李雅普诺夫常数或第 k 阶焦点量.

考察引理 4.4.4 的证明, 可得计算量 $L_2, L_3, \cdots$ 的一个算法, 即

(i) 利用 (4.4.20) 求 G_{2k+1};

(ii) 利用 (4.4.21) 求 V_{2k+1};

(iii) 利用 (4.4.22) 求 G_{2k+2}, L_{k+1} 和 V_{2k+2}.

从 $k = 1$ 开始, 执行上述三步可求得 L_2; 对 $k = 2$ 执行上述三步可进一步求得 L_3; 等等.

应用引理 4.4.6 的证明思路可得

推论 4.4.2　考虑 C^∞ 系统 (4.4.1), 其中 $\alpha = 0$. 设存在函数 $\widetilde{V}(x, y) = x^2 + y^2 + O(|x, y|^3)$ 使得

$$\dot{\widetilde{V}} = \widetilde{V}_x(\beta y + P_1) + \widetilde{V}_y(-\beta x + Q_1) = H_{2k}(x, y) + O(|x, y|^{2k+1}), \quad k \geqslant 2,$$

其中 H_{2k} 是满足

$$\widetilde{L}_k = \frac{|\beta|}{2\pi} \int_0^{\frac{2\pi}{|\beta|}} H_{2k}(\cos \beta t, -\sin \beta t)\mathrm{d}t < 0 \quad (> 0)$$

的 $2k$ 次齐次多项式, 则原点是 (4.4.1) 的 $k - 1$ 阶稳定 (不稳定) 焦点.

证明　对量 $\widetilde{V}(P(r), 0) - \widetilde{V}(r, 0)$ 应用微分中值定理、式 (4.4.8) 及所设条件, 与引理 4.4.6 的证明类似可得. 证毕.　　　　　　　　　　　　　□

总结上述结果可得下述定理.

定理 4.4.3 设 (4.4.1) 是 C^∞ 系统, 且 $\alpha = 0$. 则
(i) 在 $r = 0$ 附近成立

$$d(r) = P(r) - r = 2\pi \sum_{m=3}^{\infty} v_m r^m, \tag{4.4.31}$$

其中

$$v_{2k} = O(|v_3, v_5, \cdots, v_{2k-1}|), \quad k \geqslant 2,$$

即存在常数 $l_{jk}, j = 1, \cdots, k-1$, 使成立

$$v_{2k} = \sum_{j=1}^{k-1} l_{jk} v_{2j+1}.$$

如果 (4.4.1) 是解析系统, 则式 (4.4.31) 右端的级数是局部收敛的.
(ii) 存在形式级数

$$V(x, y) = x^2 + y^2 + \sum_{i+j \geqslant 3} c_{ij} x^i y^j$$

和常数 $L_2, L_3, \cdots$, 使得

$$V_x(\beta y + P_1) + V_y(-\beta x + Q_1) = \sum_{m \geqslant 2} L_m (x^2 + y^2)^m.$$

(iii) $v_{2j+1} = 0$, $j = 1, \cdots, k-1$, $v_{2k+1} \neq 0$ 当且仅当 $L_j = 0$, $j = 2, \cdots, k$, $L_{k+1} \neq 0$. 此时, $v_{2k+1} = \dfrac{L_{k+1}}{2|\beta|}$.

(iv) 如果 (4.4.1) 是平面解析系统, 则原点是其中心当且仅当对一切 $k \geqslant 1$ 成立 $v_{2k+1} = 0$ 或对一切 $k \geqslant 2$ 有 $L_k = 0$.

证明 因为 (4.4.1) 是 C^∞ 系统, 故函数 $d(r)$ 为 C^∞ 的, 从而可将它在 $r = 0$ 展开成幂级数 (不考虑收敛性), 即得 (4.4.31). 进一步比较 (4.4.30) 与 (4.4.31) 中同次幂系数, 则对 $k = 2, \cdots, N+1$, 有

$$v_{2k-1} = \frac{1}{2|\beta|} L_k + O(|L_2, \cdots, L_{k-1}|), \quad v_{2k} = O(|L_2, \cdots, L_k|).$$

于是

$$L_k = 2|\beta| v_{2k-1} + O(|v_3, \cdots, v_{2k-3}|), \quad k = 2, \cdots, N+1.$$

注意到 N 可任意大, 故由上述两式即得结论 (i). 由引理 4.4.5 与引理 4.4.6 即得结论 (ii) 与 (iii). 结论 (iv) 由结论 (i) 与 (iii) 即得. 证毕.　　□

由推论 4.4.1 及上述定理之结论 (iv) 易见, 原点不可能成为解析系统 (4.4.1) 的中心焦点, 即它只能是焦点或中心. 进一步可证, 如果对一切 $k \geqslant 2$ 有 $L_k = 0$, 则函数 $V(x, y)$ 的形式级数在原点附近是收敛的, 此时 V 就是 (4.4.1) 在原点附近的解析首次积分, 见下一小节的李雅普诺夫中心定理.

例 4.4.2　考虑下述 C^∞ 系统:

$$\dot{x} = y - xh(x, y), \quad \dot{y} = -x - yh(x, y),$$

其中

$$h(x, y) = \begin{cases} 0, & (x, y) = (0, 0), \\ \mathrm{e}^{-\frac{1}{x^2+y^2}}, & (x, y) \neq (0, 0), \end{cases}$$

取 $V(x, y) = x^2 + y^2$, 则

$$V_x(y - xh(x, y)) + V_y(-x - yh(x, y)) = -2(x^2 + y^2)h(x, y) < 0, \ x^2 + y^2 > 0.$$

由引理 4.4.6 的证明知原点是稳定焦点.

然而, 上例满足 $L_k = 0, k \geqslant 2$. 这说明定理 4.4.3 (iv) 对非解析的 C^∞ 系统不成立.

我们指出, 若把式 (4.4.19) 改为

$$V_x(\beta y + P_1) + V_y(-\beta x + Q_1) = \sum_{k=2}^{N+1} W_k y^{2k} + O(|x, y|^{2N+3}),$$

则对引理 4.4.5 的证明稍作调整, 易知其结论仍成立 (请读者验证). 进一步由推论 4.4.2 可知常数组 $\{L_k\}$ 与 $\{W_k\}$ 是等价的, 即若对某 $k > 2$ 有

$$L_2 = \cdots = L_{k-1} = 0, \quad L_k \neq 0,$$

则

$$W_2 = \cdots = W_{k-1} = 0, \quad W_k L_k > 0.$$

反之亦然. 利用符号运算, 求 $\{W_k\}$ 比求 $\{L_k\}$ 更为快捷. 对这两组量的计算, 都有一些算法和对多项式系统的应用, 详见文献 [40–43].

4.4.4　存在中心的条件

关于系统 (4.4.1) 以原点为中心的充分条件, 我们有下面的定理.

定理 4.4.4　考虑 C^∞ 系统 (4.4.1), 其中 $\alpha = 0$, P_1 与 Q_1 满足 (4.4.2). 如果下列条件之一成立, 则原点是 (4.4.1) 的中心:

(i) $P_1(-x,y) = P_1(x,y)$, $Q_1(-x,y) = -Q_1(x,y)$;

(ii) 存在 C^1 首次积分 $H(x,y)$, 满足 $H(0,0) = 0$, $H(x,y) \neq 0$ (当 $|x| + |y| > 0$ 充分小时), 且存在 $r_0 > 0$, $\theta_0 \in \mathbf{R}$ 使得 $H(r\cos\theta_0, r\sin\theta_0)$ 在 $(0, r_0)$ 上关于 r 为严格单调的.

证明 先设 (i) 成立. 不失一般性, 可设(4.4.1)在原点附近的轨线为顺时针定向的. 令 $(x(t), y(t))$ 表示 (4.4.1)满足 $(x(0), y(0)) = (0, y_0)$ 之解, 其中 $y_0 > 0$ 充分小. 又设

$$L_1 = \{(x(t), y(t))|\ 0 \leqslant t \leqslant t_1\}, \quad L_2 = \{(x(t), y(t))|\ t_1 \leqslant t \leqslant t_2\},$$

$$L_1' = \{(-x(-t), y(-t))|\ -t_1 \leqslant t \leqslant 0\},$$

其中

$$t_1 = \min\{t > 0|\ x(t) = 0, y(t) < 0\}, \quad t_2 = \min\{t > 0|\ x(t) = 0, y(t) > 0\}.$$

由定理 4.3.2 知 t_1 与 t_2 一定存在有限. 由 (i) 中条件知 L_1' 是 (4.4.1) 始于 $(0, y(t_1))$ 的轨线段, 故有 $L_2 = L_1'$, 进而有 $y(t_2) = y_0$. 即表示 $(x(t), y(t))$ 是周期解.

次设 (ii) 成立. 为确定计, 设对 $0 < x^2 + y^2 \ll 1$ 有 $H(x,y) > 0$, 则函数 $z = H(x,y)$ 在点 $(x,y) = (0,0)$ 取得极小值. 由 H 的连续性知, 任给充分小的常数 $h_0 > 0$, 都存在原点的邻域 U, 使对 $(x,y) \in U$ 有 $H(x,y) < h_0$. 令 $L_h = \{H(x,y) = h|\ (x,y) \in U\}$, $h \in (0, h_0)$. 任取 $A \in L_h$, 由于 $H(x,y)$ 是 (4.4.1) 的首次积分, 方程(4.4.1) 过 A 的轨线也在 L_h 中, 注意到原点是 (4.4.1) 的孤立奇点, 于是由定理 4.2.1 知, 闭集 L_h 中必包含 (4.4.1) 的闭轨线, 因此原点必不能是焦点, 由定理 4.3.2, 只需证明原点也不能是中心焦点. 否则, 在原点的任意小邻域内都存在一条其正负极限集均为闭轨的螺线 (是 (4.4.1) 的轨线), 这一螺线与直线段 $l = \{(r\cos\theta_0, r\sin\theta_0)|\ 0 < r < r_0\}$ 无穷次相交, 且这些交点 (记为 A_n) 在 l 上是严格单调的. 另一方面, 因为 H 是 (4.4.1) 的首次积分, 因此 $H(A_n)$ 是与 n 无关的常数, 这与 $H(r\cos\theta_0, r\sin\theta_0)$ 在 $(0, r_0)$ 上严格单调矛盾. 证毕.   □

由上述证明易见, 首次积分 H 不必是 C^1 的, 只要它在原点连续就行了. 此外, 如果方程 (4.4.1) 是解析系统 (此时中心焦点不可能出现), 则不必要求 $H(r\cos\theta_0, r\sin\theta_0)$ 在 $(0, r_0)$ 上严格单调.

例 4.4.3 考虑三次 Liénard 系统

$$\begin{aligned} \dot{x} &= y - (a_3 x^3 + a_2 x^2 + a_1 x), \\ \dot{y} &= -x, \end{aligned} \tag{4.4.32}$$

其中 a_1, a_2 和 a_3 为实系数. 系统 (4.4.32) 的发散量在原点取值 $-a_1$, 因此当 $a_1 >$

$0\ (<0)$ 时原点是稳定 (不稳定) 的. 进一步, 由定理 4.4.2 知当 $a_1 = 0$ 时 $v_3 = -\dfrac{3}{8} a_3$. 于是, 当 $a_3 > 0\ (<0)$ 时原点是稳定 (不稳定) 的.

当 $a_1 = a_3 = 0$ 时, 由定理 4.4.4 (i) 知原点是中心.

具有细焦点的任一二次系统可经线性变换化为下述形式:

$$
\begin{aligned}
\dot{x} &= -y + a_{20}x^2 + a_{11}xy + a_{02}y^2, \\
\dot{y} &= x + b_{20}x^2 + b_{11}xy + b_{02}y^2.
\end{aligned}
\tag{4.4.33}
$$

对上述系统, 文献 [44] 在前人工作的基础上获得了下述结果.

定理 4.4.5　记

$$
W_1 = A\alpha - B\beta, \quad W_2 = [\beta(5A - \beta) + \alpha(5B - \alpha)]\gamma, \quad W_3 = (A\alpha + B\beta)\gamma\delta,
$$

其中

$$
A = a_{20} + a_{02}, \quad B = b_{20} + b_{02}, \quad \alpha = a_{11} + 2b_{02},
$$

$$
\beta = b_{11} + 2a_{20}, \quad \delta = a_{02}^2 + b_{20}^2 + a_{02}A + b_{20}B,
$$

$$
\gamma = b_{20}A^3 - (a_{20} - b_{11})A^2B + (b_{02} - a_{11})AB^2 - a_{02}B^3.
$$

则原点为 (4.4.33) 的一阶 (二阶或三阶) 细焦点当且仅当 $W_1 \neq 0$ ($W_1 = 0, W_2 \neq 0$ 或 $W_1 = W_2 = 0, W_3 \neq 0$), 且此时其稳定性由 W_1 (W_2 或 W_3) 的符号决定, 原点为 (4.4.33) 的中心当且仅当 $W_1 = W_2 = W_3 = 0$.

需要指出的是上述量 W_k 与 k 阶焦点量 v_{2k+1} 相差一个正常数.

对平面三次系统的焦点与中心的判定问题也有许多研究, 主要限于一些特殊系统. 对一般的三次系统, 其焦点最多是几阶的仍是一个悬而未决的世界难题.

对解析系统, 可以证明下述定理, 常称为李雅普诺夫中心定理, 它给出了解析系统 (4.4.1) 在原点邻域内存在解析首次积分的条件.

定理 4.4.6　如果系统 (4.4.1) 是解析系统, 则它以原点为中心的充分必要条件是它有形如 $V(x,y) = x^2 + y^2 + O(|x,y|^3)$ 的解析首次积分.

证明　由定理 4.4.4 知, 只需证必要性. 设解析系统 (4.4.1) 以原点为中心, 则 $\alpha = 0$. 又不妨设 $\beta = 1$, 则 (4.4.1) 可写为

$$
\dot{x} = y + X_2 + \cdots = X(x,y), \quad \dot{y} = -x + Y_2 + \cdots = Y(x,y), \tag{4.4.34}
$$

其中 X_j 与 Y_j 为 x, y 的 j 次齐次多项式. 引入极坐标 $x = r\cos\theta, y = r\sin\theta$, 由

上式可得

$$\dot{\theta} = -\Big(1 + \sum_{i \geqslant 2} r^{i-1}[P_i(\theta)\sin\theta - Q_i(\theta)\cos\theta]\Big) \equiv S(\theta, r),$$

$$\dot{r} = \sum_{i \geqslant 2} r^i[Q_i(\theta)\sin\theta + P_i(\theta)\cos\theta] \equiv R(\theta, r), \tag{4.4.35}$$

其中 $X_i = r^i P_i(\theta), Y_i = r^i Q_i(\theta), P_i$ 与 Q_i 为 $\sin\theta$ 与 $\cos\theta$ 的 i 次齐次多项式. 方程 (4.4.35) 中两式相除进一步可得解析的 2π 周期系统

$$\frac{\mathrm{d}r}{\mathrm{d}\theta} = \frac{R(\theta, r)}{S(\theta, r)} = V_2(\theta)r^2 + V_3(\theta)r^3 + \cdots. \tag{4.4.36}$$

任给初值 (θ_0, r_0), 设 $(\theta(t), r(t))$ 为 (4.4.35) 的满足 $(\theta(0), r(0)) = (\theta_0, r_0)$ 的解, 则函数 $\theta = \theta(t)$ 有反函数 $t = \tau(\theta)$, 且 $\tau(\theta_0) = 0$, 若令 $\bar{r}(\theta) = r(\tau(\theta))$, 则 $\bar{r}(\theta)$ 为 (4.4.36) 的满足 $\bar{r}(\theta_0) = r_0$ 之解. 由假设知, 当 r_0 充分小时, 函数 $\bar{r}(\theta)$ 为 2π 周期函数, 将它关于 r_0 在 $r_0 = 0$ 展开可知

$$\bar{r}(\theta) = r_0 + p_2(\theta)r_0^2 + p_3(\theta)r_0^3 + \cdots, \tag{4.4.37}$$

于是方程 $r = \bar{r}(\theta)$ 关于 r_0 有唯一解 $r_0 = r + q_2(\theta)r^2 + q_3(\theta)r^3 + \cdots$, 两边平方可得

$$r_0^2 = r^2 + E_3(\theta)r^3 + E_4(\theta)r^4 + \cdots \equiv F(\theta, r). \tag{4.4.38}$$

由于 $r(t) = \bar{r}(\theta(t))$, 故有

$$r_0^2 \equiv F(\theta(t), r(t)).$$

上式两边对 t 求导, 并令 $t = 0$ 可得

$$\frac{\partial F}{\partial \theta}(\theta_0, r_0)S(\theta_0, r_0) + \frac{\partial F}{\partial r}(\theta_0, r_0)R(\theta_0, r_0) = 0,$$

于是由 (θ_0, r_0) 的任意性可得, 对任意 (θ, r) 都有

$$\frac{\partial F}{\partial \theta}(\theta, r)S(\theta, r) + \frac{\partial F}{\partial r}(\theta, r)R(\theta, r) = 0. \tag{4.4.39}$$

上式说明 (4.4.38) 中的函数 $F(\theta, r)$ 是 (4.4.35) 的一个解析的首次积分. 为获得原平面系统 (4.4.34) 的解析的首次积分, 我们取 $\theta_0 = 0$, 并且进一步证明存在 j 次齐次多项式 $F_j(x, y)$ 使成立

$$E_j(\theta) = F_j(\cos\theta, \sin\theta), \quad j \geqslant 3. \tag{4.4.40}$$

这是因为再回到直角坐标, 由上式及 (4.4.38), 就能够从 (4.4.35) 的解析首次积分 $F(\theta, r)$ 得到 (4.4.34) 的解析的首次积分 $x^2 + y^2 + F_3(x, y) + F_4(x, y) + \cdots$. 下面我们用归纳法来证明 (4.4.40).

注意到 (4.4.36) 中诸 V_j 为 $\sin\theta$ 与 $\cos\theta$ 的多项式, 且已取 $\theta_0 = 0$, 则易知 (4.4.37) 中诸 p_j 为 $\sin\theta$ 与 $\cos\theta$ 的多项式, 从而 (4.4.38) 中诸 E_j 为 $\sin\theta$ 与 $\cos\theta$ 的多项式. 将 (4.4.35) 与 (4.4.38) 代入 (4.4.39), 可得下列恒等式:

$$2[P_{i+1}\cos\theta + Q_{i+1}\sin\theta] + \sum_{j=3}^{i+1} K_{ij}(\theta) = E'_{i+2}(\theta), \quad i \geqslant 1, \qquad (4.4.41)$$

其中已设

$$K_{ij} = jE_j[P_{i-j+3}\cos\theta + Q_{i-j+3}\sin\theta] + E'_j[Q_{i-j+3}\cos\theta - P_{i-j+3}\sin\theta].$$

对 $i = 1$, (4.4.41) 成为

$$2[P_2\cos\theta + Q_2\sin\theta] = E'_3(\theta).$$

于是, 由引理 4.4.4 知, 存在 3 次齐次多项式 $F_3(x, y)$, 使 $E_3(\theta) = F_3(\cos\theta, \sin\theta)$.

假设已证存在 j 次齐次多项式 $F_j(x, y)$, 使 $E_j(\theta) = F_j(\cos\theta, \sin\theta)$, $j = 3, \cdots, i+1$, 要证存在 $i+2$ 次齐次式 $F_{i+2}(x, y)$, 使 $E_{i+2}(\theta) = F_{i+2}(\cos\theta, \sin\theta)$.

为此, 令 $x = \cos\theta, y = \sin\theta$, 则

$$E'_j(\theta) = -\left(\frac{\partial F_j}{\partial x}y - \frac{\partial F_j}{\partial y}x\right),$$

于是

$$\begin{aligned}
K_{ij} &= jF_j[X_{i-j+3}x + Y_{i-j+3}y] - \left[\frac{\partial F_j}{\partial x}y - \frac{\partial F_j}{\partial y}x\right][Y_{i-j+3}x - X_{i-j+3}y] \\
&= X_{i-j+3}\left[jxF_j + y^2\frac{\partial F_j}{\partial x} - xy\frac{\partial F_j}{\partial y}\right] + Y_{i-j+3}\left[jyF_j - xy\frac{\partial F_j}{\partial x} + x^2\frac{\partial F_j}{\partial y}\right] \\
&= (x^2 + y^2)\left[X_{i-j+3}\frac{\partial F_j}{\partial x} + Y_{i-j+3}\frac{\partial F_j}{\partial y}\right].
\end{aligned}$$

上式最后一步利用了 j 次齐次多项式 $F_j(x, y)$ 的性质

$$x\frac{\partial F_j}{\partial x} + y\frac{\partial F_j}{\partial y} = jF_j, \quad 3 \leqslant j \leqslant i+1.$$

从而有

$$K_{ij} = X_{i-j+3}\frac{\partial F_j}{\partial x} + Y_{i-j+3}\frac{\partial F_j}{\partial y} = H_{i+2,j}(\cos\theta, \sin\theta),$$

其中 $H_{i+2,j}$ 为一 $i+2$ 次齐次多项式. 将上式代入 (4.4.41), 并注意到 E_{i+2} 为 2π 周期的, 再次利用引理 4.4.4 知存在 $i+2$ 次齐次多项式 $F_{i+2}(x,y)$, 使 $E_{i+2}(\theta) = F_{i+2}(\cos\theta, \sin\theta)$. 因而, (4.4.40) 得证. 至此定理证毕. □

利用上述定理进一步可证

定理 4.4.7　如果系统 (4.4.1) 是解析系统, 且以原点为中心, 则存在于原点邻域内解析的函数 $V(x,y) = x^2 + y^2 + O(|x,y|^3)$ 与 $\mu(x,y)$, 且 $\mu(0,0) \neq 0$, 使得 (4.4.1) 可写成下述形式:

$$\dot{x} = \frac{V_y}{\mu(x,y)}, \quad \dot{y} = -\frac{V_x}{\mu(x,y)}.$$

称函数 μ 为方程 (4.4.1) 的积分因子.

证明　设解析系统 (4.4.1) 以原点为中心, 且已写成 (4.4.34) 的形式. 由定理 4.4.6 知 (4.4.34) 有解析的首次积分 $V(x,y) = x^2 + y^2 + O(|x,y|^3)$, 于是在原点的小邻域内有恒等式 $V_x X(x,y) + V_y Y(x,y) \equiv 0$. 引入新变量 $u = X(x,y), v = Y(x,y)$, 其反函数记为 $(x,y) = (U(u,v), V(u,v)) = (-v, u) + O(|u,v|^2)$, 则这一恒等式就成为

$$V_1(u,v)u + V_2(u,v)v \equiv 0, \tag{4.4.42}$$

其中 $V_1(u,v) = V_x, V_2(u,v) = V_y$. 将解析函数 V_1 与 V_2 写成形式

$$V_1 = V_{10}(u) + vV_{11}(u,v), \quad V_{10}(u) = O(u^2), \quad V_{11}(0,0) = -2;$$
$$V_2 = V_{20}(v) + uV_{21}(u,v), \quad V_{20}(v) = O(v^2), \quad V_{21}(0,0) = 2.$$

代入 (4.4.42) 可得

$$V_{10}(u) = V_{20}(v) = 0, \quad V_{11}(u,v) + V_{21}(u,v) = 0.$$

从而

$$V_1 = -vV_{21}(u,v), \quad V_2 = uV_{21}(u,v),$$

返回到原变量 x,y, 上式就是

$$V_x(x,y) = -Y(x,y)V_{21}(X(x,y), Y(x,y)),$$
$$V_y(x,y) = X(x,y)V_{21}(X(x,y), Y(x,y)).$$

令 $\mu(x,y) = V_{21}(X(x,y), Y(x,y))$ 即得结论.   □

在上述定理的条件下, 积分因子 μ 理论上是一定存在的, 而且满足恒等式

$$(\mu X)'_x + (\mu Y)'_y \equiv 0,$$

但在实际问题中一般是难于求出的. 然而, 我们却可以利用上述恒等式给出 (4.4.1) 具有一些特殊形式的积分因子的充要条件. 例如, 请读者自己给出 (4.4.1) 有只与 x 有关的积分因子的充要条件. 利用上述恒等式还可以给出解析系统 (4.4.1) 为可积系统的必要条件. 事实上, 如果解析系统 (4.4.1) 为可积系统, 则利用上述等式就可以求出 μ 在原点的小邻域内展开式的诸系数 (可设 $\mu(0,0) = 1$).

由上述定理, 易见成立下述结论 (请读者自证).

推论 4.4.3 设解析系统 (4.4.1) 有首次积分 $V(x,y) = x^2 + y^2 + O(|x,y|^3)$ 和恒正的积分因子 $\mu(x,y)$, 又设对 $h > 0$ 充分小由方程 $V(x,y) = h$ 确定的 (4.4.1) 的闭轨 L_h 的周期为 $\bar{T}(h)$, 而 L_h 作为下述哈密顿系统

$$\dot{x} = V_y, \quad \dot{y} = -V_x$$

的闭轨具有周期 $T(h)$ 和参数表示 $(x(t,h), y(t,h))$, 则

$$\bar{T}(h) = \int_0^{T(h)} \mu(x(t,h), y(t,h))\mathrm{d}t = \oint_{L_h} \mu(x,y)\mathrm{d}t.$$

例 4.4.4 考虑能量保守系统

$$\dot{x} = y, \quad \dot{y} = -g(x), \tag{4.4.43}$$

其中 $g(x)$ 为连续可微函数, 由性质 4.1.7 知这是一个哈密顿系统, 且利用公式 (4.1.7) 知

$$H(x,y) = \frac{1}{2}y^2 + G(x), \quad G(x) = \int_0^x g(x)\mathrm{d}x.$$

在力学上函数 H 称为系统 (4.4.43) 的总能量, 其中项 $\frac{1}{2}y^2$ 称为动能, 而 G 称为势能. 易见, 如果 $g(x_0) = 0$, $g'(x_0) > 0$, 则系统 (4.4.43) 以点 $(x_0, 0)$ 为中心奇点. 若点 $(x_0, 0)$ 满足 $g(x_0) = 0$, $g'(x_0) < 0$, 则它就是鞍点. 若取 $g(x) = x^2 - x$, 则得

$$\dot{x} = y, \quad \dot{y} = x - x^2.$$

这一系统有两个奇点: 中心 $(1, 0)$ 与鞍点 $(0, 0)$. 由于此时 $H(x,y) = \frac{1}{2}y^2 - \frac{1}{2}x^2 + \frac{1}{3}x^3$, 特别有 $H(1,0) = -\frac{1}{6}$, $H(0,0) = 0$, 可知当 $h \in \left(-\frac{1}{6}, 0\right)$ 时方

程 $H(x,y) = h$ 确定一条包围中心 $(1,0)$ 的闭轨线 L_h, 而方程 $H(x,y) = 0$ 确定一条非闭轨线 γ, 它是闭轨族 $\{L_h\}$ 的外边界, 且其正、负极限集都是鞍点 $(0,0)$, 像这种正负向趋于同一奇点的轨线称为同宿轨. 上述方程的相图如图 4.4.1 所示.

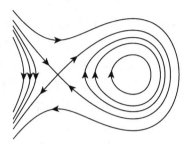

图 4.4.1   系统 (4.4.43) 的相图, 其中 $g(x) = x^2 - x$

由于哈密顿系统的发散量为零, 因此这类系统的初等奇点或是中心或是鞍点. 可按下列步骤作出相图.

(1) 求出哈密顿系统的所有奇点, 不妨设系统有中心 $C_1, \cdots, C_n$ 和鞍点 $S_1, \cdots, S_m$.

(2) 求出哈密顿函数在所有奇点的函数值 $h_j = H(C_j)$ 与 $\bar{h}_k = H(S_k)$.

(3) 对每个 $1 \leqslant j \leqslant n$, 必有以 h_j 为端点的开区间 J (该区间的另一端点为某一 $\bar{h}_k$ 或无穷大), 使得对一切 $h \in J$ 方程 $H(x,y) = h$ 确定一条包围点 C_j 的闭轨 L_h (除了 L_h 外, 方程 $H(x,y) = h$ 还可能确定其他轨线), 若该闭轨族 $\{L_h\}$ 所覆盖的区域是有界的, 则该区域的外边界必是通过鞍点 S_k 的满足方程 $H(x,y) = \bar{h}_k$ 的同宿轨或由若干条异宿轨和鞍点组成的异宿环.

(4) 对每个 $1 \leqslant k \leqslant m$, 若方程 $H(x,y) = \bar{h}_k$ 确定一条通过鞍点 S_k 的有界奇异闭轨, 则必有以 $\bar{h}_k$ 为端点的开区间 $\tilde{J}$ (该区间的另一端点为某一 h_j, 另一 $\bar{h}_{k'}$ 或无穷大), 使得对一切 $h \in \tilde{J}$ 方程 $H(x,y) = h$ 确定一闭轨, 这样的闭轨族所覆盖的区域可能是无界的, 该闭轨族的内边界若是一奇异闭轨, 则该奇异闭轨必包围另一闭轨族.

由于哈密顿系统的任意轨线必满足某一方程 $H(x,y) = h$. 通过分析由方程 $H(x,y) = h$ 所确定的所有曲线 (这些曲线称为函数 H 的等位线), 就不难获得系统的相图了.

习 题 4.4

1. 详细证明推论 4.4.2.

2. 利用推论 4.4.2 讨论系统 $\dot{x} = y - x^2 + ax^3$, $\dot{y} = -x$ 奇点稳定性. (提示: 取 $V(x,y) = x^2 + y^2 + \sum\limits_{i+j=3} c_{ij} x^i y^j$, 其中 c_{ij} 为待定常数.)

3. 求 $\dot{x} = y - x^2$, $\dot{y} = -x$ 的积分因子; 证明系统 $\dot{x} = y - x^2 + ax^3$, $\dot{y} = -x$ 当 $a \neq 0$ 时没有闭轨线.

4. 画出下列哈密顿系统的相图.

(1) $\dot{x} = y - y^2$, $\dot{y} = -x + ax^2$;

(2) $\dot{x} = y$, $\dot{y} = -x + ax^2 + bx^3$;

(3) $\dot{x} = y$, $\dot{y} = \pm x + ax^3 + bx^5$;

(4) $\dot{x} = 2xy$, $\dot{y} = 1 - ax^2 - y^2$;

(5) $\dot{x} = y - y^3$, $\dot{y} = \pm x + ax^3$.

5. 给出三次系统

$$\dot{x} = \sum_{i+j=1}^{3} a_{ij} x^i y^j, \quad \dot{y} = \sum_{i+j=1}^{3} b_{ij} x^i y^j$$

成为哈密顿系统的充要条件, 并在此条件下求出哈密顿函数.

4.5　极　限　环

4.5.1　极限环稳定性与重数

我们已经熟悉闭轨的概念, 例如出现闭轨的最简单的平面系统是以原点为中心的线性系统

$$\dot{x} = -y, \quad \dot{y} = x.$$

事实上, 以原点为圆心的任意圆周都是其闭轨, 它们的参数方程可以取为 $(x, y) = (r\cos t, r\sin t)$. 我们感兴趣的往往是一条孤立的闭轨, 也就是说, 除其自身以外, 它的某一邻域内没有其他闭轨, 我们将称这样的闭轨为极限环 (正式的定义将在后面给出). 先看两个具体例子.

例 4.5.1　考虑系统

$$\dot{x} = -y - x(x^2 + y^2 - 1), \quad \dot{y} = x - y(x^2 + y^2 - 1). \tag{4.5.1}$$

该系统有周期解 $x = \cos t, y = \sin t$, 对应的闭轨为单位圆周 $x^2 + y^2 = 1$. 引进极坐标 $x = r\cos\theta, y = r\sin\theta$, 则 (4.5.1)成为

$$\frac{\mathrm{d}r}{\mathrm{d}t} = -r(r^2 - 1), \quad \frac{\mathrm{d}\theta}{\mathrm{d}t} = 1.$$

于是可得 2π 周期方程

$$\frac{\mathrm{d}r}{\mathrm{d}\theta} = -r(r^2 - 1), \tag{4.5.2}$$

该方程有周期解 $r = 1$, 与上述闭轨相对应. 讨论该周期解的稳定性, 令 $\rho = r - 1$, 可得

$$\frac{\mathrm{d}\rho}{\mathrm{d}\theta} = -\rho(\rho+1)(\rho+2).$$

由定理 3.5.2 知上述方程的零解 $\rho = 0$ 是渐近稳定的, 故 (4.5.2) 的周期解 $r = 1$ 是渐近稳定的, 又注意到当 $t \to +\infty$ 时, $\theta \to +\infty$, 由此易知, 在平面 $\mathbf{R}^2$ 中存在单位圆 $x^2 + y^2 = 1$ 的邻域, 使得方程 (4.5.1) 在该邻域内的任一点的正极限集都是圆周 $x^2 + y^2 = 1$, 从而该圆周是 (4.5.1) 的极限环, 称这样的极限环为稳定极限环.

又易见, 原点是 (4.5.1) 的不稳定焦点. 于是易知 (4.5.1) 与 (4.5.2) 的相图如图 4.5.1 所示.

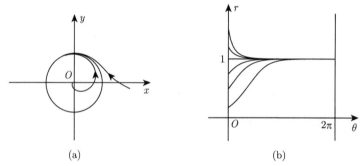

(a)　　　　　　　　　　(b)

图 4.5.1　方程 (4.5.1) 与 (4.5.2) 的相图

例 4.5.2　在例 4.4.1 中我们考虑过方程 (4.4.9)

$$\dot{x} = -y - x^3(ax+1)(x^2+y^2-1), \quad \dot{y} = x$$

位于原点的焦点之稳定性, 在那里我们引入极坐标变换 $(x, y) = (r\cos\theta, r\sin\theta)$ 将上述方程化为 (4.4.10)

$$\frac{\mathrm{d}r}{\mathrm{d}\theta} = \frac{-\cos^4\theta(1+ar\cos\theta)(r^2-1)r^3}{1+\sin\theta\cos^3\theta(1+ar\cos\theta)(r^2-1)r^2}.$$

易见 (4.4.10) 有常数解 $r = 1$, 对应于 (4.4.9) 的闭轨线 $x^2 + y^2 = 1$. 为讨论 (4.4.10) 的解 $r = 1$ 的稳定性, 令 $\rho = r - 1$, 则由 (4.4.10) 可得 2π 周期方程

$$\frac{\mathrm{d}\rho}{\mathrm{d}\theta} = -2\cos^4\theta(1+a\cos\theta)\rho + O(\rho^2) \equiv f(\theta, \rho).$$

由于

$$\int_0^{2\pi} \cos^5\theta\mathrm{d}\theta = 0, \quad \int_0^{2\pi} \cos^4\theta\mathrm{d}\theta > 0,$$

由定理 3.5.2 知 $\rho = 0$ 为渐近稳定的. 故 (4.4.10) 的解 $r = 1$ 为渐近稳定的. 此时对应的闭轨 $x^2 + y^2 = 1$ 为 (4.4.9) 的稳定极限环. 方程 (4.4.10) 与 (4.4.9) 的相图如图 4.5.2 所示 (其中箭头表示时间 t 增加时解的变化情况).

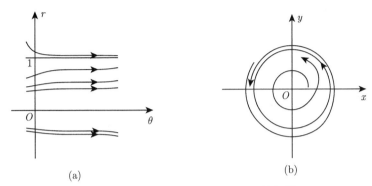

(a)　　　　　　　　　　　　(b)

图 4.5.2　方程 (4.4.10) 与 (4.4.9) 的相图

下面引出一般二维系统极限环的定义. 设有定义于区域 $G \subset \mathbf{R}^2$ 上的平面系统

$$\dot{z} = f(z), \quad z \in G, \tag{4.5.3}$$

其中 $f : G \to \mathbf{R}^2$ 为连续可微函数. 设 (4.5.3) 有闭轨线 L, 其参数方程由 $z = u(t)$ 给出, $0 \leqslant t \leqslant T$, 这里 T 表示 L 的周期. 引入函数

$$v(\theta) = \frac{u'(\theta)}{|u'(\theta)|} = \begin{pmatrix} v_1(\theta) \\ v_2(\theta) \end{pmatrix}, \quad Z(\theta) = \begin{pmatrix} -v_2(\theta) \\ v_1(\theta) \end{pmatrix}.$$

由于 $v_1^2 + v_2^2 = 1$, 求导得 $v_1 v_1' + v_2 v_2' = 0$, 即有

$$(-v_2, v_1) \begin{pmatrix} -v_2' \\ v_1' \end{pmatrix} = Z^{\mathrm{T}}(\theta) \frac{\mathrm{d}Z(\theta)}{\mathrm{d}\theta} = 0, \tag{4.5.4}$$

此处 Z^{T} 表示向量 Z 的转置. 现在我们对方程 (4.5.3) 引入变换 (称之为**曲线坐标变换**)

$$z = u(\theta) + Z(\theta)p, \quad 0 \leqslant \theta \leqslant T, \quad |p| < \varepsilon, \tag{4.5.5}$$

其中 $\varepsilon > 0$ 为适当小的正常数.

引理 4.5.1　变换 (4.5.5) 把方程 (4.5.3) 化为下述关于 θ 为 T 周期的微分方程

$$\begin{aligned} \dot{\theta} &= 1 + g_1(\theta, p), \\ \dot{p} &= A(\theta)p + g_2(\theta, p), \end{aligned} \tag{4.5.6}$$

其中 $A(\theta) = Z^{\mathrm{T}}(\theta)\dfrac{\partial f}{\partial z}(u(\theta))Z(\theta)$, g_1 与 g_2 为连续函数, 关于 θ 为 T 周期的, 关于 p 为连续可微的, 且满足 $g_1(\theta,0) = g_2(\theta,0) = 0$, $\dfrac{\partial g_2}{\partial p}(\theta,0) = 0$.

证明 由 (4.5.5) 与 (4.5.3) 可得

$$(u'(\theta) + Z'(\theta)p)\dot{\theta} + Z(\theta)\dot{p} = f(u(\theta) + Z(\theta)p). \tag{4.5.7}$$

我们要从 (4.5.7) 解出 $\dot{\theta}$ 与 $\dot{p}$. 这样就可以获得 (4.5.6) 了.

首先, 用 v^{T} 左乘 (4.5.7), 并注意到

$$v^{\mathrm{T}}Z = 0, \quad v^{\mathrm{T}}f(u) = v^{\mathrm{T}}u' = |u'| = |f(u)|,$$

可得

$$\dot{\theta} = (|f(u)| + v^{\mathrm{T}}Z'p)^{-1}v^{\mathrm{T}}f(u + Zp) \equiv \widetilde{g}_1(\theta,p).$$

由于 $f(z)$ 为连续可微函数, Z 也是连续可微函数, 故 $\widetilde{g}_1$ 为连续且关于 p 为可微的, 而且成立

$$\widetilde{g}_1(\theta,0) = \frac{v^{\mathrm{T}}f(u)}{|f(u)|} = 1.$$

其次, 用 Z^{T} 左乘 (4.5.7), 利用 (4.5.4), 并注意到 $Z^{\mathrm{T}}Z = 1$, $Z^{\mathrm{T}}f(u) = Z^{\mathrm{T}}u' = 0$, 可得

$$\dot{p} = Z^{\mathrm{T}}f(u + Zp),$$

显然, 函数 $Z^{\mathrm{T}}f(u + Zp)$ 是连续可微的, 且可以写为

$$Z^{\mathrm{T}}f(u + Zp) = A(\theta)p + g_2(\theta,p),$$

其中

$$g_2(\theta,p) = Z^{\mathrm{T}}[f(u + Zp) - f(u) - \frac{\partial f}{\partial z}(u)Zp].$$

易见 g_2 与 $\dfrac{\partial g_2}{\partial p}$ 均为连续函数, 且 $g_2(\theta,0) = 0$, $\dfrac{\partial g_2}{\partial p}(\theta,0) = 0$. 于是引理得证. $\square$

由 (4.5.6) 可得一维 T 周期方程

$$\frac{\mathrm{d}p}{\mathrm{d}\theta} = R(\theta,p), \tag{4.5.8}$$

其中 R 与 $\dfrac{\partial R}{\partial p}$ 均为连续函数, 且 $\dfrac{\partial R}{\partial p}(\theta,0) = A(\theta)$. 由变换 (4.5.5) 易见, (4.5.3) 的闭轨 L 对应于 (4.5.8) 的零解 $p = 0$. 利用 (4.5.8) 的零解可定义极限环及其稳定性等概念.

定义 4.5.1　设 $P(p_0)$ 表示 (4.5.8) 的 Poincaré 映射, 即 $P(p_0) = p(T, p_0)$, 其中 $p(\theta, p_0)$ 为 (4.5.8) 满足 $p(0, p_0) = p_0$ 之解. 我们称 $P(p_0)$ 为平面系统 (4.5.3) 在闭轨道 L 附近的 **Poincaré 映射**, 称周期方程 (4.5.8) 的后继函数

$$d(p_0) = P(p_0) - p_0$$

为平面系统 (4.5.3) 在闭轨道 L 附近的**后继函数**或**分支函数**. 如果 $p_0 = 0$ 为 d 的孤立根, 则称 L 为 (4.5.3) 的**极限环**. 进一步, 如果 $p = 0$ 为 (4.5.8) 的稳定零解 (不稳定零解), 则称 L 为 (4.5.3) 的**稳定极限环** (**不稳定极限环**).

我们指出, 若 L 为 (4.5.3) 的稳定极限环, 则由上述定义和推论 3.5.1 知, $p = 0$ 为 (4.5.8) 的渐近稳定零解 (在李雅普诺夫意义下), 但易证 (请读者自证) L 的参数方程 $z = u(t)$ 作为 (4.5.3) 的周期解并不是渐近稳定的 (在李雅普诺夫意义下). 鉴于此, 定义 4.5.1 中定义的稳定性又常称为轨道稳定性.

关于极限环的稳定性判定, 我们有下述定理.

定理 4.5.1　方程 (4.5.3) 的闭轨 L 为稳定极限环当且仅当存在 $\varepsilon_0 > 0$ 使当 $0 < |p_0| < \varepsilon_0$ 时 $p_0 d(p_0) < 0$. 特别, 若

$$I_L = \oint_L \operatorname{tr} \frac{\partial f}{\partial z}(z)\mathrm{d}t = \int_0^T \operatorname{tr} \frac{\partial f}{\partial z}(u(t))\mathrm{d}t < 0 \ (> 0),$$

则 L 为稳定极限环 (不稳定极限环).

证明　由定理 3.5.1 与推论 3.5.1 即知, 前半部分成立. 为证后半部分, 令 $f(z) = (f_1(z), f_2(z))^{\mathrm{T}}$, 则由 $Z(\theta)$ 的定义知

$$Z^{\mathrm{T}} = \frac{1}{\sqrt{f_1^2(u) + f_2^2(u)}}(-f_2(u), f_1(u)),$$

$$\frac{\partial f}{\partial z}(u) = \begin{pmatrix} \dfrac{\partial f_1}{\partial z_1}(u) & \dfrac{\partial f_1}{\partial z_2}(u) \\ \dfrac{\partial f_2}{\partial z_1}(u) & \dfrac{\partial f_2}{\partial z_2}(u) \end{pmatrix}.$$

故

$$A(\theta) = \frac{1}{f_1^2 + f_2^2}(-f_2, f_1)\begin{pmatrix} \dfrac{\partial f_1}{\partial z_1} & \dfrac{\partial f_1}{\partial z_2} \\ \dfrac{\partial f_2}{\partial z_1} & \dfrac{\partial f_2}{\partial z_2} \end{pmatrix}\begin{pmatrix} -f_2 \\ f_1 \end{pmatrix}\Bigg|_{z=u}$$

$$= \frac{1}{f_1^2 + f_2^2}\left[f_2^2 \frac{\partial f_1}{\partial z_1} - f_1 f_2 \left(\frac{\partial f_1}{\partial z_2} + \frac{\partial f_2}{\partial z_1} \right) + f_1^2 \frac{\partial f_2}{\partial z_2} \right]_{z=u}$$

$$= \left(\frac{\partial f_1}{\partial z_1} + \frac{\partial f_2}{\partial z_2}\right)_{z=u} - \frac{1}{f_1^2 + f_2^2}\left[f_1^2\frac{\partial f_1}{\partial z_1} + f_2^2\frac{\partial f_2}{\partial z_2} + f_1 f_2\left(\frac{\partial f_1}{\partial z_2} + \frac{\partial f_2}{\partial z_1}\right)\right]_{z=u}$$

$$= \mathrm{tr}\,\frac{\partial f}{\partial z}(u(\theta)) - \frac{\mathrm{d}}{\mathrm{d}\theta}\ln|f(u(\theta))|.$$

于是由 $|f(u(0))| = |f(u(T))|$ 可得

$$\int_0^T A(\theta)\mathrm{d}\theta = \int_0^T \mathrm{tr}\,\frac{\partial f}{\partial z}(u(\theta))\mathrm{d}\theta = I_L.$$

从而, 由定理 3.5.2 即得结论, 且有

$$P'(0) = \mathrm{e}^{\int_0^T A(\theta)\mathrm{d}\theta} = \mathrm{e}^{I_L}.$$

证毕.   □

易见, 二阶矩阵 $\dfrac{\partial f}{\partial z}$ 的迹 $\mathrm{tr}\,\dfrac{\partial f}{\partial z}$ 正好是方程 (4.5.3) 的发散量, 即

$$\mathrm{div}f = \frac{\partial f_1}{\partial z_1} + \frac{\partial f_2}{\partial z_2}.$$

称发散量沿 L 的积分 I_L 为极限环 L 的**指数**. 若 $I_L \neq 0$, 我们称 L 为**双曲极限环**或**单重极限环**.

由引理 4.5.1 的证明可以看出, 如果 (4.5.3) 为 C^k 系统, 则 (4.5.8) 的右端函数关于 (θ, p) 是 C^{k-1} 的, 而关于 p 则是 C^k 的. 注意到函数 $\dfrac{\partial p(\theta, p_0)}{\partial p_0}$ 满足

$$\frac{\mathrm{d}}{\mathrm{d}\theta}\frac{\partial p}{\partial p_0} = \frac{\partial R}{\partial p}\frac{\partial p}{\partial p_0}, \quad \frac{\partial p}{\partial p_0}(0, p_0) = 1,$$

故函数 P' 在 $p_0 = 0$ 为 C^{k-1} 的, 从而函数 P 与 d 在 $p_0 = 0$ 为 C^k 的, 于是, 一般地可给出下列定义.

定义 4.5.2 设 (4.5.3) 为 C^k 系统, $k \geqslant 1$, 如果存在 $1 \leqslant l \leqslant k$ 使得

$$d^{(l)}(0) \neq 0, \quad d^{(j)}(0) = 0, \quad j = 0, \cdots, l-1,$$

则称 L 为 (4.5.3) 的 l **重极限环**.

令 $d_l = d^{(l)}(0)/l!$, 由定理 4.5.1 的证明知

$$d_1 = d'(0) = \mathrm{e}^{I_L} - 1,$$

而对方程 (4.5.8) 利用定理 3.5.2 中 $d''(0)$ 的公式可给出 d_2 的计算公式.

由定理 4.5.1 知, 偶数重极限环是不稳定的, 而奇数重极限环是稳定的当且仅当 $d_l < 0$, 其中 l 是极限环的重数.

回到方程 (4.4.9), 我们有

$$\mathrm{div} f|_{x^2+y^2=1} = -x^3(ax+1) \cdot 2x.$$

取 $x^2+y^2=1$ 的参数表示为 $(x,y) = (\cos t, \sin t)$, 则其指数为

$$I_L = \int_0^{2\pi} -2\cos^4 t(a\cos t + 1)\mathrm{d}t$$

$$= -2\int_0^{2\pi} \cos^4 t\mathrm{d}t < 0.$$

于是由定理 4.5.1 知, 圆 $x^2+y^2=1$ 为 (4.4.9) 的单重稳定极限环.

下面我们给出极限环稳定性的几何解释. 设 $p(\theta, p_0)$ 为 (4.5.8) 的解. 将 $p = p(\theta, p_0)$ 代入 (4.5.6) 的第一个方程, 然后求其满足 $\theta(0) = 0$ 的解 $\theta(t, p_0)$, 则 $(\theta(t, p_0), p(\theta(t, p_0), p_0))$ 为 (4.5.6) 的解. 令 $z_0 = u(0) + Z(0)p_0$ 及

$$z(t, z_0) = u(\theta(t, p_0)) + Z(\theta(t, p_0))p(\theta(t, p_0), p_0),$$

则由 (4.5.5) 知 $z(t, z_0)$ 为 (4.5.3) 的解. 因为 $\theta(t, p_0)$ 为 t 的无界严格增加函数. 故存在唯一的 $\tau > 0$ 使

$$\theta(\tau, p_0) = T.$$

于是

$$z(\tau, z_0) = u(\theta(\tau, p_0)) + Z(\theta(\tau, p_0))p(\theta(\tau, p_0), p_0)$$

$$= u(T) + Z(T)p(T, p_0)$$

$$= u(0) + Z(0)P(p_0).$$

因此, 点 z_0 与 $z(\tau, z_0)$ 均位于过点 $u(0) \in L$、以 $Z(0)$ 为方向向量的 "截线" 上. 为进一步说明点 z_0 与 $z(\tau, z_0)$ 的相对位置, 不妨设 L 为顺时针定向的. 注意到单位向量 $v(0)$ 与 $u'(0)$ 同向, 而单位向量 $Z(0)$ 表示 L 在 $u(0)$ 的外法向, 如图 4.5.3 所示.

若 L 为稳定的, 则当 $|p_0|$ 充分小时 $p_0 d(p_0)$ 负定. 故当 $p_0 > 0$ 时 $P(p_0) < p_0$, 这表示点 $z(\tau, z_0)$ 在 z_0 的内侧, 当 $p_0 < 0$ 时 $P(p_0) > p_0$, 这表示点 $z(\tau, z_0)$ 在 z_0 的外侧.

请读者自行画出 L 为不稳定极限环时, L 附近轨线的渐近性态 (分 $p_0 d(p_0)$ 正定及 $p_0 d(p_0)$ 变号两种情况讨论).

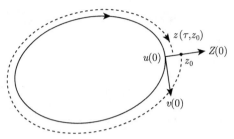

图 4.5.3   稳定极限环的几何性态

上述几何解释表明, 我们也可以利用轨线与截线的交点 $z(\tau, z_0)$ (的上述表达式), 来定义平面系统 (4.5.3) 在闭轨 L 邻近的 Poincaré 映射 $P(p_0)$, 而且利用隐函数定理易见函数 τ 与 P 均与 (4.5.3) 的右端函数有相同的光滑性. 这一工作留给读者完成.

由上述分析易见成立以下引理.

引理 4.5.2   方程 (4.5.3) 在闭轨 L 的邻域内存在闭轨的个数与函数 $d(p_0)$ 在 $p_0 = 0$ 附近关于 p_0 的根的个数一致.

例 4.5.3   考虑系统

$$x' = -y + x(x^2 + y^2 - 1)^k, \quad y' = x + y(x^2 + y^2 - 1)^k, \tag{4.5.9}$$

其中 $k = 1, 2$. 该方程有闭轨 L: $x^2 + y^2 = 1$, 对应的周期解可取为 $x = \cos t$, $y = \sin t$, 此时有 $Z(\theta) = (-\cos\theta, -\sin\theta)^{\mathrm{T}}$, 于是引进极坐标 $x = (1 - p)\cos\theta$, $y = (1 - p)\sin\theta$, 其中 p 充分小, 则 (4.5.9) 成为

$$\frac{\mathrm{d}p}{\mathrm{d}t} = (-1)^{k+1} p^k (1 - p)(2 - p)^k, \quad \frac{\mathrm{d}\theta}{\mathrm{d}t} = 1.$$

于是得 2π 周期方程

$$\frac{\mathrm{d}p}{\mathrm{d}\theta} = (-1)^{k+1} p^k (1 - p)(2 - p)^k. \tag{4.5.10}$$

显然, 若 $k = 1$, 则 $I_L = 4\pi > 0$, 故 L 是不稳定双曲极限环. 注意到此时当 $|p_0|$ 充分小时 $p_0 d(p_0)$ 为正定函数, 由稳定性的几何意义知, L 两侧附近所有点的负极限集都是 L, 我们称这样的极限环是完全不稳定的. 若 $k = 2$, 则 (4.5.10) 的零解 $p = 0$ 是非双曲的, 进一步, 对方程 (4.5.10) 利用定理 3.5.2 中 $d''(0)$ 的公式可得 $d_2 = -8\pi$, 此时易知, L 内侧的轨线正向趋于 L, 而其外侧的轨线负向趋于 L, 我们称这样的不稳定极限环为内侧稳定外侧不稳定的. 不稳定极限环也可能是内侧不稳定外侧稳定的. 这种一侧稳定另一侧不稳定的极限环都称为半稳定极限环.

于是, 对任一极限环 L, 下列结论之一必成立.

(i) 在 L 两侧小邻域内的轨线, 当 $t \to +\infty$ 时都趋近于该极限环, 即 L 为稳定的极限环.

(ii) 在 L 的两侧小邻域内, 轨线当 $t \to -\infty$ 时都趋近于该闭轨, 即 L 为不稳定的极限环, 而且是完全不稳定的.

(iii) 在 L 的某一侧小邻域内, 轨线当 $t \to +\infty$ 时都趋于该极限环, 而另一侧正好相反, 即当 $t \to -\infty$ 时趋于它, 即 L 为不稳定的极限环, 而且是半稳定的.

如果闭轨 L 不是极限环, 即其任意小邻域内都有无穷多个闭轨, 我们就不能利用定义 4.5.1 来判别其 (轨道) 稳定性了, 而且这样的闭轨显然已没有重数概念了.

4.5.2 极限环存在性与唯一性

下面我们进一步讨论极限环的存在性、唯一性与不存在性问题.

定理 4.5.2 设 $D \subset G$ 为一开集, $B : D \to \mathbf{R}$ 为 C^1 函数. 又设量

$$\operatorname{div}(Bf) \equiv \operatorname{tr} \frac{\partial(Bf)}{\partial z}$$

在 D 内常号, 且在 D 内任一开子集中不恒为零.

(i) 若 D 为单连通区域, 则方程 (4.5.3) 在 D 内没有闭轨, 也没有分段光滑的奇闭轨.

(ii) 若 D 为双连通区域 (即 D 是有两条边界曲线的开环域), 则 (4.5.3) 在 D 内至多有一个极限环. 若极限环存在, 且沿着它有 $\operatorname{div}(Bf) \not\equiv 0, B > 0$, 则极限环必为双曲的, 且当 $\operatorname{div}(Bf) \leqslant 0 \ (\geqslant 0)$ 时为稳定 (不稳定) 的.

证明 设 $z = (x, y), f = (f_1, f_2)$. 首先设 D 为单连通区域. 若 (4.5.3) 在 D 中有闭轨或分段光滑的奇闭轨 L. 不妨设 L 为逆时针定向的. 又记 V 为 L 所围的区域, 则 $V \subset D$. 利用格林公式知

$$\iint\limits_V \operatorname{div}(Bf) \mathrm{d}x \mathrm{d}y = \oint_L B(f_1 \mathrm{d}y - f_2 \mathrm{d}x).$$

因为 L 为 (4.5.3) 的闭轨或奇闭轨, 故沿 L 成立 $f_1 \mathrm{d}y = f_2 \mathrm{d}x$. 于是上式右端为 0. 另一方面, 根据所做的假设, 上式左端非零. 矛盾. 结论 (i) 得证.

次设 D 为双连通区域. 若 (4.5.3) 在 D 内有两个闭轨, 则在此两闭轨所围的环域上利用格林公式仿上可得矛盾, 即知 (4.5.3) 在 D 内至多有一个极限环. 又易知

$$\frac{1}{B} \operatorname{div}(Bf) = \frac{1}{B} \left(\frac{\partial B}{\partial x} f_1 + \frac{\partial B}{\partial y} f_2 \right) + \operatorname{div} f.$$

若 (4.5.3) 在 D 内有闭轨 L, 则由上式得

$$\oint_L \frac{1}{B}\mathrm{div}(Bf)\mathrm{d}t = \oint_L \frac{1}{B}\mathrm{d}B + \oint_L (\mathrm{div}f)\mathrm{d}t = \oint_L (\mathrm{div}f)\mathrm{d}t = I_L,$$

从而当 $\mathrm{div}(Bf)|_L \not\equiv 0$ 且 $\mathrm{div}(Bf) \leqslant 0 (\geqslant 0)$ 时 $I_L < 0 (>0)$. 于是由定理 4.5.1 知结论 (ii) 成立. 证毕. □

上述定理的第一个结论常称为判别闭轨不存在的 Dulac 判别法, 称函数 B 为 Dulac 函数.

例 4.5.4 考虑 Lotka-Volterra 人口模型

$$\dot{x} = x(A - a_1 x + b_1 y), \quad \dot{y} = y(B - a_2 y + b_2 x),$$

其中 $a_i > 0, i = 1, 2$. 试证在第一象限内不存在极限环.

证明 取 Dulac 函数 $B = (xy)^{-1}$, 则

$$\mathrm{div}(Bf) = -a_1 y^{-1} - a_2 x^{-1} < 0 \quad (在第一象限内).$$

于是由定理 4.5.2 知结论成立. □

例 4.5.5 考虑系统

$$\dot{x} = x(y-1), \quad \dot{y} = x + y - 2y^2$$

的闭轨的存在性.

解 由于

$$\mathrm{div}f = -3y,$$

由定理 4.5.2 知, 在系统在半平面 $y < 0$ 和 $y > 0$ 上没有完整的闭轨. 我们还需要考虑系统是否有与 $y = 0$ 相交的闭轨. 注意到

$$\dot{y}|_{y=0} = x > 0 (<0), \quad 当 x > 0 (<0) 时,$$

因此, 假若系统有闭轨 Γ 与 x 轴相交, 则 Γ 必包围原点, 从而 Γ 必与 y 轴相交. 但 y 轴是系统的直线解, 矛盾. 故系统没有闭轨.

进一步, 关于极限环的不存在性, 可证下列 Poincaré 的判别法.

定理 4.5.3 设 D 为平面区域, $V : D \to \mathbf{R}$ 为 C^1 函数. 令

$$M = \left\{ (x,y) \in D \left| \frac{\mathrm{d}V}{\mathrm{d}t} = 0 \right. \right\},$$

其中 $\dfrac{\mathrm{d}V}{\mathrm{d}t} = \dfrac{\partial V}{\partial z} \cdot f(z)$. 设 $\dfrac{\mathrm{d}V}{\mathrm{d}t}$ 在 D 中常号, 则

(i) 若 (4.5.3) 在 M 中没有闭轨, 则 (4.5.3) 在 D 中没有闭轨;

(ii) 若 (4.5.3) 在 M 中没有具正长度的轨线段, 且存在常数 k 使 $D = \{(x,y) \mid V \leqslant k\}$, 则 (4.5.3) 不存在与 D 相交的闭轨.

证明   先证 (i). 设 (4.5.3) 在 M 中没有闭轨但在 D 中有闭轨 L, 则沿 L 有 $\dfrac{\mathrm{d}V}{\mathrm{d}t} \not\equiv 0$. 于是

$$0 \neq \oint_L \frac{\mathrm{d}V}{\mathrm{d}t} \mathrm{d}t = \oint_L \left(\frac{\partial V}{\partial x} f_1 \mathrm{d}t + \frac{\partial V}{\partial y} f_2 \mathrm{d}t \right)$$

$$= \oint_L \left(\frac{\partial V}{\partial x} \mathrm{d}x + \frac{\partial V}{\partial y} \mathrm{d}y \right) = \oint_L \mathrm{d}V = 0.$$

矛盾. 于是结论 (i) 得证.

对结论 (ii) 也用反证法. 设 (4.5.3) 存在闭轨 L 且与 D 相交. 首先由结论 (i) 知 L 不能整个位于 D 中, 故必有 L 上一段弧 $\overset{\frown}{AB}$ 位于 D 中, 其中 $A, B \in \partial D \cap L$, ∂D 表示 D 的边界. 从而有 $V(A) = V(B) = k$. 由假设知 $\overset{\frown}{AB}$ 中有点不属于 M, 故沿 $\overset{\frown}{AB}$ 必有 $\dfrac{\mathrm{d}V}{\mathrm{d}t} \not\equiv 0$, 从而

$$0 \neq \int_{AB} \frac{\mathrm{d}V}{\mathrm{d}t} \mathrm{d}t = \int_{AB} \mathrm{d}V = V(B) - V(A) = 0.$$

矛盾. 证毕.   □

例 4.5.6   试证明 van der Pol 方程

$$\dot{x} = y, \quad \dot{y} = -x - (x^2 - 1)y \tag{4.5.11}$$

至多有一个极限环.

证明   取 $V(x,y) = x^2 + y^2$, $D = \{(x,y) \mid x^2 + y^2 \leqslant 1\}$, 则

$$\frac{\mathrm{d}V}{\mathrm{d}t} = 2y^2(1 - x^2).$$

从而 $M = \{(x,y) \mid y = 0, |x| \leqslant 1\}$. 由定理 4.5.3 (ii) 知方程 (4.5.11) 不存在与 D 相交的闭轨. 换句话说, 如果 (4.5.11) 有极限环, 则该环必包围以原点为心的单位圆盘 D. 往证, 这种极限环不多于一个. 事实上, 取 $B(x,y) = (x^2+y^2-1)^{-\frac{1}{2}}$, 则易知

$$\mathrm{div}(Bf) = -(x^2 + y^2 - 1)^{-\frac{3}{2}}(1 - x^2)^2$$

$$< 0 \quad (\text{当 } x^2 + y^2 > 1 \text{ 且 } x^2 \neq 1 \text{ 时}).$$

于是由定理 4.5.2 知, 方程 (4.5.11) 在 D 外至多有一个极限环, 且若存在必为双曲的稳定环. 因此结论得证.

再由对方程 (4.2.2) 的讨论知, (4.5.11) 在全平面恰有一个极限环, 且是双曲稳定环.   □

关于闭轨的存在性, 我们已证明环域定理 (推论 4.2.1), 基于该结论可得下列极限环的存在性定理.

定理 4.5.4 (Poincaré-Bendixson 环域定理)   设方程 (4.5.3) 在由两条闭曲线所界的环域 $D \subset G$ 中为解析的. 如果 D 中没有 (4.5.3) 的奇点, 且 (4.5.3) 从 D 的边界上任一点出发的轨线都正向 (或负向) 进入 D 内, 则 (4.5.3) 在 D 内必有稳定极限环 (完全不稳定极限环).

证明   今以括号外的情况为例证之. 由推论 4.2.1 知, 在 D 的外边界上任取一点, 则该点的正极限集必是外侧为稳定且包含 D 的内边界的闭轨, 记其为 L_1. 若记 d_{L_1} 为 (4.5.3) 在 L_1 的后继函数, 则因为 (4.5.3) 是解析系统, 故 d_{L_1} 为解析函数, 又因为 L_1 是外侧稳定的, d_{L_1} 不能恒为零, 即存在整数 $k \geqslant 1$ 和 $d_k \neq 0$ 使 $d_{L_1}(p_0) = d_k p_0^k + O(p_0^{k+1})$. 若 k 为奇数, 则 L_1 是稳定极限环, 此时结论已证. 若 k 为偶数, 则 L_1 是半稳定极限环, 此时进一步利用推论 4.2.1 知, (4.5.3) 在 L_1 内侧区域必有外侧稳定且包含 D 的内边界的极限环, 记其为 L_2. 同理可知, 如果 L_2 不是稳定的, 则它是半稳定的. 以此类推, 如果 (4.5.3) 在 D 内没有稳定极限环, 则它必有无穷个半稳定且包含 D 的内边界的极限环列 L_k, 而且 L_{k+1} 位于 L_k 的内侧, 由紧集的性质, L_k 必有极限, 记为 L, 则 L 必是 (4.5.3) 的闭轨且包含 D 的内边界在其内部. 显然, (4.5.3) 在 L 的后继函数 d_L 以 $p_0 = 0$ 为非孤立根, 由解析性, 它在 $p_0 = 0$ 附近恒为零, 这蕴含 L 某邻域内的所有轨线都是闭的, 从而当 k 充分大时 L_k 两侧附近的轨线都是闭的, 这与 L_k 为半稳定极限环矛盾. 故定理得证.   □

上述定理不但给出了极限环的存在性, 同时还给出了极限环的存在范围. 然而, 一般来说在实际应用中并非易事. 下面结合李雅普诺夫函数, 给出一个简单应用.

例 4.5.7   判断系统

$$\dot{x} = y - x + x^3, \quad \dot{y} = -x - y + y^3$$

是否存在极限环.

解   取函数 $V(x,y) = x^2 + y^2$, 则该函数沿所述系统轨线的全导数是

$$\frac{\mathrm{d}V}{\mathrm{d}t} = \frac{\partial V}{\partial x}\dot{x} + \frac{\partial V}{\partial y}\dot{y}$$

$$= 2x(y - x + x^3) + 2y(-x - y + y^3)$$

$$= 2[(x^4 + y^4) - (x^2 + y^2)] \equiv 2W(x, y).$$

在相平面上可取两个圆 $\Gamma_1 : x^2 + y^2 = 1 - \varepsilon$ 和 $\Gamma_2 : x^2 + y^2 = 2 + \varepsilon$, 其中 $\varepsilon > 0$ 可任意小, 使沿 Γ_1 有 $W(x, y) < 0$, 而沿 Γ_2 有 $W(x, y) > 0$, 于是系统的轨线与 Γ_1 相交时都进入 Γ_1 内部, 而当轨线和 Γ_2 相交时都进入 Γ_2 的外部. 事实上可证闭曲线 $\Gamma = \{W(x, y) = 0, (x, y) \neq (0, 0)\}$ 必位于由 Γ_1 和 Γ_2 所界的环域 D 内. 这是因为任一直线 $y = kx$ 与 Γ_1、Γ_2 和 Γ 交点的横坐标分别满足

$$x_{1,\pm}^2 = \frac{1 - \varepsilon}{k^2 + 1}, \quad x_{2,\pm}^2 = \frac{2 + \varepsilon}{k^2 + 1}, \quad x_{\pm}^2 = \frac{k^2 + 1}{k^4 + 1},$$

而且成立:

$$x_{1,\pm}^2 < x_{\pm}^2 < x_{2,\pm}^2.$$

另外, 计算易知系统有唯一奇点, 为 $(0, 0)$, 故在由 Γ_1 和 Γ_2 所界的环域上应用定理 4.5.4 知, 系统在该环域内有完全不稳定极限环. 进一步由 ε 的任意性知, 极限环必位于圆周 $x^2 + y^2 = 1$ 与 $x^2 + y^2 = 2$ 之间.

对一给定平面系统, 研究其极限环的个数及其分布方式是一个重要而困难的问题. 1900 年, 希尔伯特曾提出研究一般 n 次多项式系统

$$\dot{x} = P_n(x, y), \quad \dot{y} = Q_n(x, y)$$

极限环的最多个数及其分布, 其中 P_n 与 Q_n 为 (x, y) 的 n 次多项式. 自问题提出以来, 国内外许多优秀数学家为之呕心沥血, 完成了成千上万篇的学术论文, 取得了一批又一批的研究成果. 然而, 即使对 $n = 2$ 这一最简单的非线性系统, 这一问题也没有最终解决. 在 20 世纪 50 年代, 我国数学家率先提出对二次系统进行分类研究, 之后对多项式微分系统的研究越来越深入, 并发展了极限环分支理论方法, 作出了不少世界领先的成果, 详见文献 [29, 33, 35, 43, 45–49] 等.

习　题　4.5

1. 考虑方程 (4.5.9), 试证明单位圆 $x^2 + y^2 = 1$ 是 k 重极限环.

2. 试给出一 C^∞ 系统, 它以单位圆 $x^2 + y^2 = 1$ 为闭轨, 且在其任意小邻域内都有无穷多个闭轨和无穷多个非闭轨.

3. 证明二次系统 $\dot{x} = y(ax + 1) - (x^2 + y^2 - 1)$, $\dot{y} = -x(ax + 1)$ (其中 $0 < a < 1$) 以 $x^2 + y^2 = 1$ 为双曲极限环.

4. 设 $a + b \neq 0$, 试研究三次系统 $\dot{x} = -y + ax(x^2 + y^2 - 1)$, $\dot{y} = x + by(x^2 + y^2 - 1)$ 的极限环 $x^2 + y^2 = 1$ 的稳定性.

5. 证明系统 $\dot{x} = y - (x^3 - ax)$, $\dot{y} = -x(1 - x^2)$ 当 $a \leqslant 0$ 或 $a \geqslant 1$ 时无闭轨, 当 $0 < a < 1$ 时至多一个闭轨.

(提示: 对 $0 < a < 1$, 考虑等价的系统 $\dot{x} = y$, $\dot{y} = -x(1 - x^2) - (3x^2 - a)y$, 取 Dulac 函数的形式为 $B = (V - V_0)^b$, 其中 $V = (x^2 + y^2)/2 - x^4/4$, 而 V_0 与 b 为待定常数. 首先证明极限环 (若存在) 必包围由 $V = V_0$ 定义的闭曲线, 其次证明包围该闭曲线的极限环至多有一个.)

4.6 Liénard 系统的奇点与极限环

所谓 Liénard 方程是指下列二阶微分方程:

$$\ddot{x} + f(x)\dot{x} + g(x) = 0,$$

其中 $f(x)$ 与 $g(x)$ 为定义于某区间上的连续函数. 该微分方程是法国工程师 A. Liénard 于 1928 年在研究电路工程中的非线性振动时建立的数学模型, 之后引起了大批数学家的广泛重视, 方程的形式和相关的研究结果不断得到深化、改进或推广, 迄今仍有许多研究, 也有许多遗留问题悬而未决. 易见, 上述二阶 Liénard 方程等价于二维自治系统

$$\dot{x} = y, \ \dot{y} = -f(x)y - g(x),$$

通过研究这个自治系统的周期解, 就可以获得 Liénard 方程的周期解. 注意到, Liénard 方程可以写为

$$\frac{\mathrm{d}}{\mathrm{d}t}[\dot{x} + F(x)] + g(x) = 0,$$

其中 $F(x) = \displaystyle\int_0^x f(x)\mathrm{d}x$. 因此, 令 $y = \dot{x} + F(x)$, 可知上面的二阶 Liénard 方程又等价于下列二维自治系统:

$$\dot{x} = y - F(x), \quad \dot{y} = -g(x).$$

许多结果就是利用这个形式的微分方程来得到的, 这一微分方程常称为 Liénard 系统.

对 Liénard 系统, 研究的主要问题是焦点与中心的判定、小振幅极限环的个数、大范围内极限环的存在性、不存在性和极限环的唯一性、唯二性等. 我们在这一节介绍有关焦点中心判定问题、极限环的存在性与唯一性问题这两个方面的一些基本结果和方法.

4.6.1　奇点稳定性分析

我们采用从简单到一般的过程来讨论. 首先, 极易证明对线性方程

$$\dot{x} = y - ax, \quad \dot{y} = -x \tag{4.6.1}$$

成立

引理 4.6.1　当 $a = 0$ 时原点为 (4.6.1) 的中心, 当 $0 < |a| < 2$ 时原点为 (4.6.1) 的焦点, 当 $|a| \geqslant 2$ 时原点为结点, 此外当 $a > 0$ (< 0) 时原点为稳定 (不稳定) 的.

进一步考虑方程

$$\dot{x} = y - F(x), \quad \dot{y} = -x, \tag{4.6.2}$$

其中 F 为连续函数, $F(0) = 0$, 且当 $x \neq 0$ 时 F 为 C^1 的. 首先指出, (4.6.2) 过任一常点都存在唯一解. 事实上, 任取点 $(x_0, y_0) \neq (0, 0)$, 若 $x_0 \neq 0$, 则由解的存在唯一性定理即得, 若 $x_0 = 0$, $y_0 \neq 0$, 则在 $(0, y_0)$ 的附近 (4.6.2) 可写为

$$\frac{\mathrm{d}y}{\mathrm{d}x} = \frac{-x}{y - F(x)} \equiv h(x, y),$$

且 h 在 $(0, y_0)$ 附近连续, 关于 y 为 C^∞ 的, 从而又由解的存在唯一性定理知过 $(0, y_0)$ 有唯一解 $y = y^*(x) \in C^1$ 且 $y^*(0) = y_0$, 代入 (4.6.2) 的第一个方程, 并由分离变量积分法知方程 $\dot{x} = y^*(x) - F(x)$ 有满足 $x(0) = 0$ 的唯一解 $x(t)$, 于是令 $y(t) = y^*(x(t))$, 即得所求唯一解 $(x(t), y(t))$.

设 $\gamma^+(A)$ 表示 (4.6.2) 过点 $A(0, y_0)$ 的正半轨, 则有

引理 4.6.2　设 $A = (0, y_0)$. 下列结论对 (4.6.2) 成立.

(1) 若对 $0 \leqslant x \ll 1$ 有 $F(x) \geqslant ax$, $a > -2$, 则当 $y_0 > 0$ 充分小时 $\gamma^+(A)$ 必在原点附近与负 y 轴相交或进入原点;

(2) 若对 $0 \leqslant x \ll 1$ 有 $F(x) \leqslant -2x + x^\alpha$, $\alpha > 1$, 则当 $y_0 > 0$ 充分小时 $\gamma^+(A)$ 必在原点附近不与负 y 轴相交;

(3) 若对 $0 < -x \ll 1$ 有 $F(x) \leqslant -ax$, $a < 2$, 则当 $-y_0 > 0$ 充分小时 $\gamma^+(A)$ 必在原点附近与 y 轴相交或进入原点;

(4) 若对 $0 < -x \ll 1$ 有 $F(x) \geqslant -2x - |x|^\alpha$, $\alpha > 1$, 则当 $-y_0 > 0$ 充分小时 $\gamma^+(A)$ 必在原点附近不与 y 轴相交.

证明　由于类似性, 只以 (1)、(2) 为例证之. 先证 (1). 因为 $a > -2$, 由引理 4.6.1 知原点为 (4.6.1) 的焦点或稳定结点, 故当 $0 < y_0 \ll 1$ 时 (4.6.1) 过点 A 的正半轨 $\gamma_0^+(A)$ 在原点附近与负 y 轴相交于某点 B 或进入原点 (此时可取 $B = 0$). 在轨线段 AB 上任取 (常点) (x, y), 则 $\gamma_0^+(A)$ 在该点的内法向

为 $\omega_1 = (-x, ax - y)$, 而方程 (4.6.2) 在该点的向量场方向为 $\omega_2 = (y - F(x), -x)$, 于是 ω_1 与 ω_2 的内积为 $\omega_1 \cdot \omega_2 = x[F(x) - ax] \geqslant 0$, 由此知方程 (4.6.2) 从弧 AB 上任一点出发的轨线必进入该弧左侧, 从而 $\gamma^+(A)$ 必在 $\gamma_0^+(A)$ 的左侧与负 y 轴相交或进入原点 (这一结论也可将 (4.6.1) 与 (4.6.2) 写成以 y 为自变量的一维方程的形式, 然后利用常微分方程的比较定理来证得), 如图 4.6.1 (a) 所示.

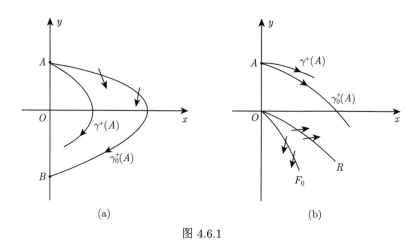

图 4.6.1

次证 (2). 只需证当 $0 < x \ll 1$ 时从点 $(x, F(x))$ 出发的轨线的负半轨必在原点附近进入原点. 由所设条件及比较轨线的方法, 只需证这一结论对方程

$$\dot{x} = y - (-2x + x^\alpha), \quad \dot{y} = -x \tag{4.6.3}$$

成立. 令 $F_0(x) = -2x + x^\alpha$, $R(x) = -x - x^\beta$, 其中 $\beta > 1$ 待定. 由改进的比较定理, 只需证存在 $\beta > 1$, 使当 $0 < x \ll 1$ 且 $y = R(x)$ 时有

$$\left. \frac{\mathrm{d}y}{\mathrm{d}x} \right|_{(4.6.3)} > R'(x)$$

(参考图 4.6.1 (b)), 易知上式等价于

$$0 > (1 - \beta)x^\beta + x^\alpha + \beta x^{\beta-1}(x^\beta + x^\alpha),$$

由此知, 只要取 $1 < \beta < \alpha$ 即可, 例如 $\beta = \dfrac{1}{2}(\alpha + 1)$. 证毕. $\qquad\qquad$ □

关于 (4.6.2) 在原点的稳定性有下列定理.

定理 4.6.1　设 F 为连续函数, $F(0) = 0$, 且对 $x \neq 0$, F 为 C^1 的, 则

(1) 若存在 $\alpha > 1$, 使当 $0 < x \ll 1$ 时 $F(x) \leqslant -2x + x^{\alpha}$; 或当 $0 < -x \ll 1$ 时 $F(x) \geqslant -2x - |x|^{\alpha}$, 则原点是 (4.6.2) 的不稳定奇点.

(2) 若存在 $a < 2$, 使当 $0 < x \ll 1$ 时 $F(x) \geqslant -ax$; 当 $0 < -x \ll 1$ 时 $F(x) \leqslant -ax$, 且当 $0 < x \ll 1$ 时 $F(-x) - F(x) < 0$, 则原点是 (4.6.2) 的渐近稳定奇点.

证明　由引理 4.6.2 的结论 (2) 与 (4) 即得定理的结论 (1). 往证结论 (2) 成立. 固定 $0 < y_0 \ll 1$, 考虑 (4.6.2) 过点 $A(0, y_0)$ 的正半轨 $\gamma^+(A)$. 要证 $\gamma^+(A)$ 必恒在原点附近且趋于原点. 若 $\gamma^+(A)$ 在右半平面沿某方向趋于原点, 则结论已证. 故由引理 4.6.2 可设 $\gamma^+(A)$ 与负 y 轴有交点 $B \neq 0$. 若 $\gamma^+(A)$ 经 B 后在左半平面进入原点, 则结论已证. 因此由引理 4.6.2 又可设 $\gamma^+(A)$ 继 B 之后又与正 y 轴交于某点 C, 现在只要证点 C 位于 A 之下即可.

在 (4.6.2) 中令 $u = -x$, $t \to -t$ 可得

$$\dot{u} = y - F(-u), \quad \dot{y} = -u,$$

显见, 轨线段 BC 关于 y 轴的对称线 (记为 L') 是上述方程的轨线. 于是利用引理 4.6.2 的证明所用的通过取内积来比较轨线的方法或对方程

$$\frac{\mathrm{d}x}{\mathrm{d}y} = \frac{y - F(x)}{-x} \equiv f_1(x, y)$$

与

$$\frac{\mathrm{d}u}{\mathrm{d}y} = \frac{y - F(-u)}{-u} \equiv f_2(u, y)$$

利用比较定理 (因为 $f_1(x, y) - f_2(x, y) = -[F(-x) - F(x)]/x$) 可证 L' 必位于弧 AB 的左侧且点 C 位于点 A 之下方. 证毕.　　　□

由上述证明易得以下推论.

推论 4.6.1　设存在常数 $a < 2$, 使当 $0 < x \ll 1$ 时

$$-ax \leqslant F(x) = F(-x) \leqslant ax,$$

则原点为 (4.6.2) 的中心奇点.

现考虑较一般的方程

$$\dot{x} = y - F(x), \quad \dot{y} = -g(x) \tag{4.6.4}$$

的奇点的稳定性.

定理 4.6.2　设当 $|x|$ 充分小时 F, g 为连续函数, $F(0) = 0$, $xg(x) > 0$ $(x \neq 0)$ 且 F 对 $x \neq 0$ 为 C^1 的.

(1) 若存在 $r > \dfrac{1}{2}$ 使当 $0 < x \ll 1$ 时 $F(x) \leqslant -\sqrt{8G(x)} + [G(x)]^r$; 或当 $0 < -x \ll 1$ 时 $F(x) \geqslant \sqrt{8G(x)} - [G(x)]^r$, 其中 $G(x) = \displaystyle\int_0^x g(u)\mathrm{d}u$, 则原点为 (4.6.4) 的不稳定奇点.

(2) 若存在 $a < \sqrt{8}$ 使当 $0 < x \ll 1$ 时 $F(x) \geqslant -a\sqrt{G(x)}$; 当 $0 < -x \ll 1$ 时 $F(x) \leqslant a\sqrt{G(x)}$, 且当 $0 < x \ll 1$ 时 $F(\alpha(x)) - F(x) < 0$, 其中 $\alpha(x)$ 满足 $G(\alpha(x)) = G(x), x\alpha(x) < 0$ $(x \neq 0)$, 则原点为 (4.6.4) 的渐近稳定奇点.

(3) 若存在 $a < \sqrt{8}$ 使当 $|x| \ll 1$ 时 $|F(x)| \leqslant a\sqrt{G(x)}$, 且当 $0 < x \ll 1$ 时

$$F(\alpha(x)) - F(x) \equiv 0 \ (< 0, \ > 0),$$

则原点为 (4.6.4) 的中心奇点 (稳定焦点、不稳定焦点).

证明　因为当 $0 < x \ll 1$ 时 $xg(x) > 0$, 易知 $\sqrt{2G(x)}\,\mathrm{sgn}x$ 在 $x = 0$ 的小邻域内为严格增函数. 令 $u = \sqrt{2G(x)}\,\mathrm{sgn}x$, 其反函数记为 $x = X(u)$, 则由 (4.6.4) 可得

$$\frac{\mathrm{d}u}{\mathrm{d}t} = \frac{g(X(u))}{u}[y - F^*(u)],$$

$$\frac{\mathrm{d}y}{\mathrm{d}t} = -g(X(u)),$$

其中 $F^*(u) = F(X(u))$. 进一步令 $\mathrm{d}\tau = \dfrac{g(X(u))}{u}\mathrm{d}t$ $(u \neq 0)$, 可得

$$\frac{\mathrm{d}u}{\mathrm{d}\tau} = y - F^*(u), \quad \frac{\mathrm{d}y}{\mathrm{d}\tau} = -u,$$

对上述方程利用定理 4.6.1 及推论 4.6.1 即得结论. 证毕.　　　　□

上述定理的第一个结论源自文献 [27], 而后两个结论则属于 Filippov[45].

现在我们假设 (4.6.4) 中的函数 $F(x)$ 与 $g(x)$ 在 $x = 0$ 的小邻域内均为 C^∞ 的, 并设 $F(0) = g(0) = 0, g'(0) > 0$, 使得原点为 (4.6.4) 的初等奇点. 如果 $F'(0) \neq 0$, 则原点为双曲奇点, 即 (4.6.4) 在原点的线性变分方程的特征值具有非零实部, 此时易知当 $F'(0) > 0$ 时原点是渐近稳定的, 而当 $F'(0) < 0$ 时原点是不稳定的. 下设 $F'(0) = 0$, 此时 $F(x) = O(x^2)$. 注意到 $\sqrt{G(x)} = \sqrt{g'(0)/2}\,|x|(1 + O(x))$, 由定理 4.6.2, 原点的稳定性取决于当 $x > 0$ 充分小时函数 $F(\alpha(x)) - F(x)$ 的符号.

我们知道, 如果方程 (4.6.4) 在原点的小邻域内为 C^∞ 的, 则其后继函数 $d(x)$ 当 $|x|$ 充分小时有下列形式展开式:

$$d(x) = 2\pi \sum_{m \geqslant 1} v_m x^m,$$

该式中第一个不为零的系数 v_{2k+1} 能够决定原点的焦点阶数和稳定性. 因此, 后继函数 $d(x)$ 与函数 $F(\alpha(x)) - F(x)$ 必有密切关系. 事实上, 我们有下列定理 (其证明较长, 这里省去, 详见文献 [50] 或 [35]).

定理 4.6.3　设函数 F 与 g 在 $x = 0$ 的小邻域内为 C^{∞} 函数, $F(0) = g(0) = 0$, $g'(0) > 0$, 则当 $|x|$ 充分小时成立形式展开式

$$V(x) = F(\alpha(x)) - F(x) = \sum_{j \geqslant 1} B_j x^j, \quad G(x) = \int_0^x g\mathrm{d}x,$$

其中 $\alpha(x) = -x + \alpha_2 x^2 + \alpha_3 x^3 + \cdots$ 满足 $G(\alpha(x)) = G(x)$, $|x|$ 充分小. 进一步, 成立下列两个结论:

(i) 对任意 $k > 0$ 存在常数 $l_k > 0$ 使

$$v_{2k+1} = l_k B_{2k+1} + O(|B_1, B_3, \cdots, B_{2k-1}|),$$

从而原点是 (4.6.4) 的 k 阶细焦点当且仅当

$$V(x) = B_{2k+1} x^{2k+1} + O(x^{2k+2}), \quad B_{2k+1} \neq 0,$$

且当 $B_{2k+1} < 0$ $(B_{2k+1} > 0)$ 时原点是稳定 (不稳定) 的[50].

(ii) 如果 $V(x) \equiv 0$ (其中 $|x|$ 充分小), 则原点是 (4.6.4) 的中心奇点.

一般地, 可设函数 F 与 G 有下列展开式:

$$F(x) = \sum_{i \geqslant 1} F_i x^i, \quad G(x) = \sum_{i \geqslant 2} G_i x^i.$$

利用系数 F_i 和 G_j 可以给出系数 B_1, B_3, B_5 和 B_7 的计算公式如下[51].

$B_1 = -2F_1, \quad B_3 = -2F_3 - 2\alpha_2 F_2 + \alpha_3 F_1,$

$B_5 = F_2(-2\alpha_4 + 2\alpha_2\alpha_3) + F_1\alpha_5 - 2F_5 + F_3(3\alpha_3 - 3\alpha_2^2) - 4F_4\alpha_2,$

$B_7 = F_1\alpha_7 - 6F_3\alpha_2\alpha_4 + 3F_3\alpha_2^2\alpha_3 - 3F_3\alpha_3^2 + 3F_3\alpha_5 - 6F_6\alpha_2 + 12F_4\alpha_2\alpha_3$

$\quad - 4F_4\alpha_2^3 - 4F_4\alpha_4 - 2F_7 + 2F_2\alpha_3\alpha_4 + 2F_2\alpha_5\alpha_2 - 2F_2\alpha_6 - 10F_5\alpha_2^2 + 5F_5\alpha_3,$

其中

$$\alpha_2 = -\frac{G_3}{G_2}, \quad \alpha_3 = -\frac{G_3^2}{G_2^2}, \quad \alpha_4 = -\frac{1}{G_2^3}\left(G_5 G_2^2 + 2G_3^3 - 2G_4 G_3 G_2\right),$$

$$\alpha_5 = -\frac{G_3}{G_2^4}\left(4G_3^3 + 3G_5 G_2^2 - 6G_4 G_3 G_2\right),$$

$$\alpha_6 = -\frac{1}{G_2{}^5}(11G_3{}^2 G_5 G_2{}^2 + 9G_3{}^5 - 19G_3{}^3 G_4 G_2 - 2G_4 G_2{}^3 G_5 + 4G_4{}^2 G_2{}^2 G_3$$

$$- 3G_6 G_3 G_2{}^3 + G_7 G_2{}^4),$$

$$\alpha_7 = -\frac{1}{G_2{}^6}(2\,G_5{}^2 G_2{}^4 + 34\,G_5 G_2{}^2 G_3{}^3 - 16\,G_5 G_2{}^3 G_4 G_3 + 21\,G_3{}^6$$

$$- 56\,G_3{}^4 G_4 G_2 + 24\,G_4{}^2 G_3{}^2 G_2{}^2 - 12\,G_6 G_3{}^2 G_2{}^3 + 4\,G_3 G_7 G_2{}^4).$$

例 4.6.1   利用上述定理, 不难证明, 如果 F 与 g 为满足 $F(0) = g(0) = 0$, $g'(0) > 0$ 的 x 的多项式, 且其中之一为奇函数, 那么, 如果方程 (4.6.4) 以原点为焦点, 则其焦点阶数至多是 $\left[\dfrac{\deg F - 1}{2}\right]$.

如果 F 为 x 的 n 次多项式, 而 g 为 x 的二次式, 例如 $g(x) = x + x^2$, 文献 [50] 证明了原点作为焦点, 其阶数至多是 $[(2n-1)/3]$. 当 F 与 g 为具体函数时, 关于其焦点稳定性、焦点与中心判别等已有很多较完整的结果, 但当它们是任意多项式时, 焦点的最高阶数与它们的次数有何种关系, 一直是一个悬而未决的世界难题.

4.6.2 Liénard 系统的极限环

本小节给出几个关于 Liénard 系统 (4.6.4) 的极限环存在性与唯一性的结果. 首先, 我们证明下述定理.

定理 4.6.4   设函数 F 与 g 在区间 $(-\infty, \infty)$ 上连续, 且满足下列条件:

(1) $F(0) = g(0) = 0$, $xg(x) > 0$ $(x \neq 0)$, 且 $G(\pm\infty) = \infty$, 其中 $G(x) = \displaystyle\int_0^x g\mathrm{d}x$;

(2) 当 $0 < |x| \ll 1$ 时 $xF(x) < 0$, 当 $|x| \gg 1$ 时 $\mathrm{sgn}(x)F(x) > k$, k 为正的常数.

则 (4.6.4) 的一切轨线都是正向有界的, 且必存在一条闭轨线. 当 F 与 g 为解析函数时, 该闭轨线就是极限环.

证明   因为 $G(\pm\infty) = \infty$, 不失一般性, 可设 $g(x) = x$, 否则引入变量变换 $u = \sqrt{2G(x)}\,\mathrm{sgn}x$ 即可. 下面利用环域定理来证明, 即根据条件构造两条相套的境界线, 它们围成一个正向不变的区域, 且不含方程的奇点.

首先, 取 $V(x, y) = x^2 + y^2$, 则 $\dot{V} = -2xF(x)$, 于是, 对充分小的 $c_0 > 0$, 圆周 $V(x, y) = c_0$ 可取为环域的内边界线 L_1. 易见, 所述系统从 L_1 上任一点出发的轨线都正向进入其外部.

其次, 我们构造环域的外边界线 L_2, 使得系统 (4.6.4) 从 L_2 上任一点出发的轨线都正向进入其内部. 由假设, 存在 $x_0 > 0$, 使当 $|x| \geqslant x_0$ 时 $\mathrm{sgn}(x)F(x) > k$.

引入两个辅助函数如下:

$$V_i(x,y) = \frac{1}{2}[x^2 + (y + (-1)^i k)^2], \quad i = 1, 2.$$

再取点 $A(x_0, y_a)$, 考虑曲线 $L_{21} : V_1(x, y) = V(A)$, $x \geqslant x_0$, 则当 y_a 充分大时, 该曲线与直线 $x = x_0$ 交于点 $B(x_0, y_b)$, 并且有关系

$$y_a = 2k + |y_b|, \quad y_b < 0.$$

完全类似地, 存在点 $C(-x_0, y_c)$ 与 $D(-x_0, y_d)$, 满足

$$|y_c| = y_d + 2k, \quad y_d > 0$$

使得点 C 与 D 是曲线 $L_{23} : V_2(x, y) = V(C)$ $(x \geqslant x_0)$ 的端点. 直接验证可知, 在所做假设下,

$$\dot{V}_1 \leqslant 0, \ x \geqslant x_0; \quad \dot{V}_2 \leqslant 0, \ x \leqslant -x_0.$$

注意到 $y_a - y_d = 4k - (y_b - y_c)$, 可以选取 y_c 使成立 $y_b - y_c = 2k$, 那么就有 $y_a - y_d = 2k$. 现在连接点 B 与 C (将该线段记为 L_{22}), 再连接点 D 与 A (记其为 L_{24}). 易见, 此两线段的斜率都是 k/x_0.

最后, 注意到当 $|x| \leqslant x_0$ 时一致有

$$\frac{\mathrm{d}y}{\mathrm{d}x} = \frac{-x}{y - F(x)} \to 0 \quad (|y| \to \infty),$$

从而, 只要取 y_a 充分大, 可使在 L_{22} 与 L_{24} 上成立

$$\left| \frac{\mathrm{d}y}{\mathrm{d}x} \right| < \frac{k}{x_0},$$

以及沿 L_{22} 有 $\dot{x} < 0$, 而沿 L_{24} 有 $\dot{x} > 0$.

取 L_2 为由 L_{21}, L_{22}, L_{23} 与 L_{24} 所成的闭曲线, 则由改进的比较定理可知, 系统 (4.6.4) 从该曲线上任一点出发的轨线都正向进入其内. 于是, 由环域定理, 系统 (4.6.4) 必存在闭轨线.

由上面的讨论知, 系统 (4.6.4) 最靠近原点的闭轨线必是内侧稳定的, 因此如果 (4.6.4) 是解析系统, 则它在这条闭轨线内侧邻域内定义的 Poincaré 映射必不能是恒等映射, 由映射的解析性知, 它在该闭轨的外侧邻域内也不能是恒等映射, 即这条最靠近原点的闭轨一定是极限环. 证毕. □

上述证明的关键是比较曲线斜率的思想来构造满足要求的分段光滑的外边界线, 所用到的关于 F 的条件还可以减弱, 也可以给出不同类型的充分条件, 详见文献 [14, 33, 45] 等. 我们这里给出一个由 Filippov 获得的条件比较弱的定理, 它是通过引入一个很巧妙的变换, 把 (4.6.4) 位于左右半平面上的轨线变化到同一区域中, 得到两个方程, 然后比较它们的轨线来构造环域的外边界, 证明见文献 [45].

定理 4.6.5 (Filippov)   考虑 C^1 的 Liénard 系统(4.6.4), 其中当 $x \neq 0$ 时 $xg(x) > 0$, $G(\pm\infty) = \infty$, 设 $x_2(Z) < 0 < x_1(Z)$ 为 $Z = G(x)$ 的反函数, 令 $F_i(Z) = F(x_i(Z))$, $i = 1, 2$. 如果

(1) 存在 $\delta_0 > 0$, $a \in (0, \sqrt{8})$, 使对任意 $0 < \delta < \delta_0$, 当 $0 < Z < \delta$ 时 $F_1(Z) < a\sqrt{Z}$, $F_2(Z) > -a\sqrt{Z}$, $F_1(Z) \leqslant F_2(Z)$, 但不是 $F_1(Z) \equiv F_2(Z)$;

(2) 存在 $Z_0 > 0$, $a \in (0, \sqrt{8})$, 使 $\int_0^{Z_0} (F_1(Z) - F_2(Z)) \mathrm{d}Z > 0$, 且当 $Z > Z_0$ 时 $F_1(Z) \geqslant F_2(Z)$, $F_1(Z) > -a\sqrt{Z}$, $F_2(Z) < a\sqrt{Z}$, 则所述 Liénard 系统 (4.6.4) 的一切轨线都是正向有界的, 且必有闭轨线.

对一个比较具体的 Liénard 系统, 有时候研究极限环的不存在性有助于研究极限环的存在性与唯一性. 苏联数学家 Cherkas 曾证明, 如果对一切 $Z > 0$ 有 $F_1(Z) \neq F_2(Z)$, 则 Liénard 系统 (4.6.4) 必没有闭轨线[45]. 关于 Liénard 系统极限环的唯一性、唯二性以及多个极限环的存在性, 也有不少结果, 我们不再详细讨论, 只列出比较著名的一个唯一性结果, 即张芷芬唯一性定理, 如下所述, 证明见文献 [33].

定理 4.6.6 (张芷芬)   考虑连续可微的 Liénard 系统

$$\dot{x} = h(y) - F(x), \quad \dot{y} = -g(x),$$

其中 $F'(0) < 0$, 且当 $x \neq 0$ 时 $xg(x) > 0$, $F'(x)/g(x)$ 单调不减, 又当 $y \neq 0$ 时 $yh(y) > 0$, $h(y)$ 单调不减, 则所述 Liénard 系统至多有一个极限环.

关于多项式 Liénard 系统极限环的研究有许许多多的结果, 也有很多值得深入研究的问题. 例如, 关于下述 5 次 Liénard 系统

$$\dot{x} = y - (a_5 x^5 + a_4 x^4 + a_3 x^3 + a_2 x^2 + a_1 x), \quad \dot{y} = -x$$

极限环的个数, 利用定理 4.6.4、定理 4.6.6 和闭轨不存在的 Cherkas 条件可知, 当 $a_5 = a_4 = 0$ 时, 上述系统恰有一个极限环当且仅当 $a_3 a_1 < 0$. 又可证 (Rychkov, 1975), 当 $a_4 = a_2 = 0$ 时它至多有两个极限环, 且可以有两个极限环[45]. 半个多世纪以来, 人们一直猜测当 $a_5 = 0$ 时它至多有一个极限环, 直到 2012 年才由李承治与 Llibre 解决了这个问题[52]. 我们认为, 当 $a_1 = 0$ 时它至多有一个极限环, 当 $a_1 \neq 0$ 时它至多有两个极限环. 希望有兴趣的读者考虑这个问题.

接下来, 我们给出一个含有可变参数的简单例子.

例 4.6.2   试讨论三次 Liénard 方程

$$\dot{x} = y - x^3 - ax, \quad \dot{y} = -x \tag{4.6.5}$$

的奇点的稳定性和极限环的存在性.

解 首先, 利用定理 2.2.7 知, 当 $a \geqslant 0$ 时方程 (4.6.2) 在原点的奇点是全局渐近稳定的, 从而此时没有极限环. 进一步, 由定理 4.6.4、定理 4.6.6 可知, 当 $a < 0$ 时方程 (4.6.2) 有唯一的极限环, 而且是稳定的, 记其为 L_a. 我们思考这样一个问题: 当 $a \to 0^-$ 时 L_a 的极限是什么? 我们可以通过研究方程 (4.6.2) 在原点附近的 Poincaré 映射来回答这个问题. 记这个映射为 $P(r, a)$. 易见, 函数 P 关于充分小的 $|r|$ 与 $|a|$ 是解析函数, 当 $a \geqslant 0$ 时, 它关于 $r > 0$ 没有不动点 (因为此时没有极限环), 而当 $a < 0$ 时, 它关于 $r > 0$ 有唯一的不动点 (事实上, 利用 P 关于 r 的泰勒公式可以近似求出该不动点 $r = O(\sqrt{|a|})$). 由此即知, 当 $a \to 0^-$ 时, L_a 趋于原点而消失. 我们还可以换一个方式来看看这个极限环是如何产生的. 我们知道, 当 $a \geqslant 0$ 时, 方程 (4.6.2) 在原点的奇点是渐近稳定的, 而且没有极限环. 当参数 a 从零变成负数时, 极限环 L_a 已经出现了 (它位于原点的小邻域内). 这个过程可以描述为: 原点因为改变稳定性而产生出一个极限环!

习 题 4.6

1. 利用定理 4.6.3 计算系统 $\dot{x} = y - \sum\limits_{i=1}^{n} a_i x^i$, $\dot{y} = -x(1-x)$ (其中 $n \leqslant 5$) 位于原点的焦点之最高阶数, 并由此对任意 n 推测出焦点的最高阶数公式.

2. 证明例 4.6.1 中的结论.

3. 考虑连续可微的 Liénard 系统 $\dot{x} = h(y) - F(x)$, $\dot{y} = -g(x)$, 其中当 $x \neq 0$ 时 $xg(x) > 0$, 当 $y \neq 0$ 时 $h(y)$ 单调不减. 如果当 $0 < Z < \min\{G(\pm\infty)\}$ 时 $F_1(Z) \neq F_2(Z)$ (其中 $F_i(Z)$ 如定理 4.6.5 所给出), 则所述 Liénard 系统没有闭轨线 (Cherkas).

4. 证明三次 Liénard 系统 $\dot{x} = y - (a_3 x^3 + a_2 x^2 + a_1 x)$, $\dot{y} = -x + bx^2$ 至多有一个极限环.

5. 考虑连续可微的 Liénard 系统 $\dot{x} = y - F(x)$, $\dot{y} = -x$. 如果存在 $\Delta > 0$, 使当 $|x| < \Delta$ 时 $xF(x) < 0$, 当 $|x| > \Delta$ 时 $xF(x) > 0$, 且 $F'(x) > 0$, 则所述 Liénard 系统至多有一个极限环 (Sansone, 证明见文献 [45]).

第 5 章 分支理论初步

本章论述含参数的自治系统与周期系统的分支理论, 阐述周期解分支的基本理论和方法, 重点研究平面含参数系统极限环的个数问题, 所用研究方法本质上是函数分析技巧和微分方程基本理论的有机结合, 这种方法称为分支理论, 它不同于前面的定性理论方法, 又可视为微分方程定性理论的延伸和发展. 分支理论的任务是研究当系统所含的参数在分支点附近变化时其相图的变化情况, 特别是奇点、极限环、同宿轨等不变集的个数与性态的演变.

5.1 预 备 知 识

这一节概述结构稳定系统与分支点概念, 并阐述含参数函数族的零点个数的判定准则, 这些内容是将来研究周期解个数的基本工具.

5.1.1 结构稳定与分支

考虑平面 C^k 系统 $(k \geqslant 1)$

$$\dot{x} = f(x) \tag{5.1.1}$$

与

$$\dot{x} = g(x). \tag{5.1.2}$$

我们首先引入方程 (5.1.1) 和 (5.1.2) 在一给定集合上等价的概念.

定义 5.1.1 设 D 为一平面紧集, 如果存在一个同胚 $h : D \to D$, 使得 h 把 (5.1.1) 在 D 中的轨道映为 (5.1.2) 的轨道, 且保持时间定向, 则称**系统** (5.1.1) **与** (5.1.2) **在** D **上是等价的**, 或说向量场 f 与 g 在 D 上是等价的.

我们也可以用解析方式来描述等价性. 设 (5.1.1) 与 (5.1.2) 的流分别为 $\varphi^t(x)$ 与 $\psi^t(x)$, $t \in \mathbf{R}$, 则 (5.1.1) 与 (5.1.2) 在 D 上等价当且仅当存在连续函数 $\alpha : D \times \mathbf{R} \to \mathbf{R}$, $\alpha(x, \pm\infty) = \pm\infty$, 且 $\alpha(x, t)$ 关于 t 为严格增加的, 使成立

$$h(\varphi^t(x)) = \psi^{\alpha(x,t)}(h(x)), \quad (x, t) \in D \times \mathbf{R}.$$

由定义易见, 如果 (5.1.1) 与 (5.1.2) 在 D 上等价, 则它们在 D 中有相同个数的奇点和闭轨, 它们也有相同个数的同宿轨. 但两者相应闭轨的周期未必相同.

例 5.1.1　以原点为中心的线性系统

$$\dot{x} = y, \quad \dot{y} = -x$$

和以原点为焦点或结点的线性系统

$$\dot{x} = y + ax, \quad \dot{y} = -x, \quad a \neq 0$$

在以原点为内点的任何紧集上都不是等价的.

现设 D 有光滑边界, 令 $X^k(D)$ 表示定义在 D 上的所有与 D 的边界不相切的 C^k 向量场 f 所成的集合. 进一步, 对该集合引入距离

$$d(f, g) = \sup_{x \in D} \{|f(x) - g(x)|, |f'(x) - g'(x)|\},$$

则该距离在 $X^k(D)$ 上诱导一个拓扑, 称其为 C^1 拓扑, 使得 $X^k(D)$ 中每点都有一个邻域. 易见, 前面所给出的向量场之间的等价性概念是 $X^k(D)$ 上的一个等价关系, 这样 $X^k(D)$ 可以分解为若干等价类的并, 使得同一个等价类的元素是相互等价的. 所有这些等价类又可分为两大类, 即

$$X^k(D) = X_1^k(D) \cup X_2^k(D),$$

其中 $X_1^k(D)$ 由这样的 $f \in X^k(D)$ 所组成, 其所有邻近的 $g \in X^k(D)$ 都与 f 等价, 也就是说, 按下面的定义, $X_1^k(D)$ 是 $X_k(D)$ 中结构稳定的向量场的全体, 而 $X_2^k(D)$ 是 $X^k(D)$ 中结构不稳定的向量场的全体.

定义 5.1.2　设 $f \in X^k(D)$, 如果存在 $\delta > 0$, 使对满足 $d(f, g) < \delta$ 的一切 $g \in X^k(D)$ 都与 f 在 D 上等价, 则称 f 在 D 上是**结构稳定的**, 若 f 在 D 上不是结构稳定的, 则称 f 在 D 上是**结构不稳定的**.

在很多时候, 我们所考虑的向量场是某含参数向量场族的一员, 而我们希望知道当参数变化时向量场的定性性态是如何变化的. 含参数向量场族的一般形式可写为

$$\dot{x} = f(x, a), \tag{5.1.3}$$

其中 $a \in \mathbf{R}^m$ 为向量参数, 而 f 关于 (x, a) 为 C^k 的. 如果存在 $a = a_0$ 使得相应的向量场 $f(x, a_0)$ 在 D 上是结构不稳定的, 则称点 a_0 为 (5.1.3) 的分支点或分支值.

例 5.1.2   考虑二维系统

$$\dot{x} = x^2 + a, \quad \dot{y} = -y.$$

易见当 $a > 0$ (< 0) 时系统没有奇点 (有两个奇点), 故 $a = 0$ 是分支点 (这样的分支点称为鞍结点分支点), 且当 $a = 0$ 时系统在含原点在其内的任何闭圆盘上是结构不稳定的. 又由下面的定理知, 当 $a \neq 0$ 时系统在以原点为内点的任何闭圆盘上是结构稳定的.

定理 5.1.1   设 $f \in X^k(D), k \geqslant 1$, 则向量场 f 或相应的系统 (5.1.1) 在 D 上是结构稳定的当且仅当下列三点同时成立:

(1) 所有奇点是双曲的;

(2) 所有闭轨是双曲的 (即单重的);

(3) 不存在连接一个鞍点或两个鞍点的轨线 (一条轨线连接某一奇点的含义是该轨线沿某一特征方向趋于该点).

进一步的问题是, 集合 $X^k(D)$ 包含多少结构稳定的向量场呢? 下面的定理给出了一个较明确的回答.

定理 5.1.2   集合 $X^k(D)$ 中的结构稳定向量场的全体 $X_1^k(D)$ 是 $X^k(D)$ 的开子集且在 $X^k(D)$ 中稠密.

上述两个定理是由 Andronov 与 Pontryagin 在 1937 年获得的, 后由 Peixoto 在 1962 年推广到可定向二维紧流形. 详见 Palis 和 de Melo 的文献 [26].

5.1.2 含参数函数族的零点个数

研究微分方程的周期解个数问题往往归结为研究某类函数的零点个数问题. 因此, 作为预备知识, 我们在这里建立研究含参数函数族零点个数的基本理论.

首先给出一个众所周知的定义.

定义 5.1.3   设有 C^k 实函数 $f : I \to \mathbf{R}$, 其中 I 为一个区间, $k \geqslant 1$. 如果存在 $x_0 \in I$ 和 $1 \leqslant l \leqslant k$, 使得

$$f^{(l)}(x_0) \neq 0, \quad f^{(j)}(x_0) = 0, \quad j = 0, 1, \cdots, l-1,$$

则称 x_0 为函数 f 的 l **重根**或 l **重零点**.

下列引理给出了 l 重根的一个等价条件.

引理 5.1.1   设 $x_0 \in I, 1 \leqslant l \leqslant k$. 则 $x = x_0$ 是 C^k 函数 f 的 l 重根当且仅当存在 C^{k-l} 类函数 $g : I \to \mathbf{R}$, 满足 $g(x_0) \neq 0$, 使得

$$f(x) = (x - x_0)^l g(x), \quad x \in I.$$

证明   设 f 以 $x = x_0$ 为 l 重根, 则

$$f^{(l)}(x_0) \neq 0, \quad f^{(j)}(x_0) = 0, \quad j = 0, \cdots, l-1.$$

于是, 由改进的泰勒公式 (引理 3.3.3) 即知

$$f(x) = (x - x_0)^l g(x), \quad x \in I,$$

其中 $g \in C^{k-l}(I)$, 且 $g(x_0) = \dfrac{1}{l!} f^{(l)}(x_0) \neq 0$. 即得必要性.

为证充分性, 设 $f(x) = (x - x_0)^l g(x)$, 其中 $g : I \to \mathbf{R}$ 是一个 C^{k-l} 函数, 且满足 $g(x_0) \neq 0$. 注意到 $k - l \geqslant 0$, 因此函数 g 在点 x_0 连续, 故有

$$f(x) = (x - x_0)^l g(x_0) + o(|x - x_0|^l), \quad |x - x_0| \ll 1. \tag{5.1.4}$$

另一方面, $f \in C^k(I)$, 故由泰勒公式知, 对充分小的 $|x - x_0|$ 成立

$$f(x) = \sum_{j=0}^{l} \frac{1}{j!} f^{(j)}(x_0)(x - x_0)^j + o(|x - x_0|^l). \tag{5.1.5}$$

由 (5.1.4) 和 (5.1.5), 多次取极限可得

$$f^{(j)}(x_0) = 0, \quad j = 0, \cdots, l-1, \quad f^{(l)}(x_0) = l! g(x_0) \neq 0.$$

这表明 $x = x_0$ 是 f 的 l 重根. 即为所证. $\qquad\square$

下面的引理告诉我们, 一个可微函数的导数之根的个数可以控制该函数之根的个数.

引理 5.1.2 设 $1 \leqslant l \leqslant k$, $h \in C^k(I)$. 如果导函数 h' 在区间 I 上至多有 $l-1$ 个根 (包括重数在内), 则函数 h 在 I 上至多有 l 个根 (包括重数在内).

证明 用反证法. 设结论不成立, 即函数 h 在 I 上至少有 $l+1$ 个根 (包括重数在内), 则存在 $1 \leqslant r \leqslant l+1$, 使得这些根中恰有 r 个是不同的, 可设为 $x_1, \cdots, x_r$, 进一步不妨设 $x_1 < \cdots < x_r$, 它们的重数分别是 $n_1, \cdots, n_r$. 于是

$$n_1 + \cdots + n_r \geqslant l+1, \quad n_1 \geqslant 1, \cdots, n_r \geqslant 1.$$

由根的重数定义, $x_1, \cdots, x_r$ 分别是 h' 的 $n_1 - 1, \cdots, n_r - 1$ 重根. 这里, 我们约定, 如果 $n_j - 1 = 0$, 即 $h'(x_j) \neq 0$, 我们说 x_j 是 h' 的零重根. 进一步, 由罗尔定理, 导函数 h' 还有 $r-1$ 个根, 分别位于开区间 $(x_1, x_2), \cdots, (x_{r-1}, x_r)$. 于是, 导函数 h' 在区间 I 上根的总数至少是 (包括重数在内)

$$(n_1 - 1) + \cdots + (n_r - 1) + (r-1) = n_1 + \cdots + n_r - 1 \geqslant l.$$

这与引理的假设矛盾. 证毕. $\qquad\square$

设有 C^k 类函数 $F : I \times D \to \mathbf{R}$, 其中 $I \subset \mathbf{R}$ 为一开区间, $D = \{\lambda \,|\, |\lambda| < \varepsilon\} \subset \mathbf{R}^n, \varepsilon > 0, k \geqslant 1, n \geqslant 1$. 令 $F(x, 0) \equiv f(x)$, 称 f 为 F 的未扰函数, 而 F 则称为 f 的扰动函数. 如果把 x 和 λ 都视为自变量, F 就是一个多元函数, 如果把 x 视为自变量, λ 视为参量, 则 F 可视为一元函数族. 关于扰动函数在其未扰函数多重根附近的性质, 我们有下面的定理[53].

定理 5.1.3   设有 C^k 函数 $F : I \times D \to \mathbf{R}$. 如果 $f(x) = F(x, 0)$ 有 l 重根 $x_0 \in I, 1 \leqslant l \leqslant k$, 则存在 $\varepsilon_0 \in (0, \varepsilon)$ 和 x_0 的小邻域 $U \subset I$ 使对一切 $|\lambda| < \varepsilon_0$ 函数 F 关于 x 在 U 中至多有 l 个根 (包括重数在内).

证明   首先, 从定理本身的内容来看, 如果结论对 $l = k$ 的情况成立, 那么它对 $l < k$ 的情况也成立. 因此, 只需考虑 $l = k$ 的情况就可以了. 下面对 $l = k$ 用归纳法来证明, 分成两步.

第 1 步   考虑 $l = k = 1, F \in C^1(I \times D)$ 的情况, 那么由假设知
$$f(x_0) = 0, \quad f'(x_0) \neq 0,$$
即
$$F(x_0, 0) = 0, \quad F_x(x_0, 0) \neq 0.$$
由隐函数定理可知, 方程 $F(x, \lambda) = 0$ 关于 x 有唯一解 $x = \varphi(\lambda) = x_0 + O(|\lambda|)$, 其中 $|\lambda|$ 充分小. 因此当 $l = k = 1$ 时结论成立.

第 2 步   假设结论对 $l = k = m$ 成立, 即对任何 C^m 函数 $G : I \times D \to \mathbf{R}$, 如果 $g(x) \equiv G(x, 0)$ 有 m 重根 $\bar{x}_0 \in I$, 则存在 $\bar{\varepsilon}_0 \in (0, \varepsilon)$, $\bar{x}_0$ 的邻域 $V \subset I$, 使对一切 $|\lambda| < \bar{\varepsilon}_0$, 函数 G 关于 x 在 V 中至多有 m 个根 (包括重数在内). 我们要利用这个归纳假设来证明定理结论对 $l = k = m + 1$ 成立.

为此, 假设 $F \in C^{m+1}(I \times D)$, 且 $F(x, 0) = f(x)$ 有一 $m+1$ 重根 $x_0 \in I, m \geqslant 1$. 很显然, x_0 是导函数 $f'(x)$ 的 m 重根. 注意到 $F_x \in C^m$ 且 $f'(x) = F_x(x, 0)$. 因此, 由归纳假设, 当 $|\lambda|$ 充分小时 $F_x(x, \lambda)$ 关于 x 在 x_0 的某邻域 U 中至多有 m 个根 (重数包括在内). 对固定的 $|\lambda|$, 应用引理 5.1.2 可知, $F(x, \lambda)$ 关于 x 在 U 中至多有 $m + 1$ 个根 (重数包括在内). 于是得证定理结论对 $l = k = m + 1$ 成立. 这样, 我们应用归纳法完成了证明.   □

进一步, 可给出函数 F 关于 x 在 x_0 附近出现 l 个根的条件, 即有以下结论[35].

定理 5.1.4   设 $F \in C^k(I \times D), 1 \leqslant l \leqslant k$. 令
$$b_j(\lambda) = \frac{1}{j!} \frac{\partial^j F}{\partial x^j}(x_0, \lambda), \quad 0 \leqslant j \leqslant l.$$
如果
$$b_l(0) \neq 0, \quad b_j(0) = 0, \quad 0 \leqslant j \leqslant l - 1,$$

$$\left. \operatorname{rank} \frac{\partial(b_0, \cdots, b_{l-1})}{\partial(\lambda_1, \cdots, \lambda_n)} \right|_{\lambda=0} = l,$$

则任给 $\mu > 0$, 存在 λ, 满足 $|\lambda| < \mu$, 使得函数 F 关于 x 在区间 $(x_0 - \mu, x_0 + \mu) \cap I$ 上有 l 个单根.

证明   从定理的内容来看, 可设 $l = k$. 又为方便计, 设 $x_0 = 0$, 且当 $x \geqslant 0$ 适当小时都有 $x \in I$. 于是由泰勒公式知, 当 $x \geqslant 0$ 适当小时,

$$F(x, \lambda) = b_0 + b_1 x + \cdots + b_k x^k + o(|x|^k), \tag{5.1.6}$$

其中 $b_j = b_j(\lambda)$, $j = 0, \cdots, k$. 因为矩阵 $\operatorname{rank} \dfrac{\partial(b_0, \cdots, b_{l-1})}{\partial(\lambda_1, \cdots, \lambda_n)}|_{\lambda=0}$ 是满秩的, 故由隐函数定理, 在 (5.1.6) 中可视 $b_0, \cdots, b_{k-1}$ 为自由参数, 视 b_k 为非零常数, 此时不妨设 $b_k = c > 0$. 现在我们只需证明, 任给 $\mu > 0$, 存在 $b_0, \cdots, b_{k-1}$, 满足

$$0 < |b_0| \ll |b_1| \ll \cdots \ll |b_{k-1}| \ll \mu, \quad b_j b_{j+1} < 0, \quad j = 0, \cdots, k-1, \tag{5.1.7}$$

使得函数 F 关于 x 在区间 $(0, \mu)$ 上有 k 个单根. 下面我们用三种方法来证明这一结论.

第一种证法, 观察 (5.1.6) 的形式, 令 $x = \varepsilon u$, $b_j = \varepsilon^{k-j} a_j$, $j = 0, \cdots, k-1$, 其中 $\varepsilon > 0$ 可以任意小, a_j 为待定常数. 代入 (5.1.6) 可得

$$F(x, \lambda) = \varepsilon^k [g(u) + r(u, \varepsilon)] \equiv \varepsilon^k \bar{F}(u, \varepsilon),$$

其中

$$g(u) = a_0 + a_1 u + \cdots + a_{k-1} u^{k-1} + b_k u^k, \quad \lim_{\varepsilon \to 0} r(u, \varepsilon) = 0.$$

现选取 $a_0, \cdots, a_{k-1}$, 每两个相邻的都异号, 且使多项式 g 有 k 个单根, 例如可取

$$g(u) = b_k (u - 1)(u - 2) \cdots (u - k).$$

由改进的泰勒公式知, 函数 $\bar{F}$ 是连续的, 由保号性和介值定理可知, 当 $\varepsilon > 0$ 充分小时, 函数 $\bar{F}$ 有 k 个不同的根, 回到函数 $F(x, \lambda)$, 可得它关于 x 的 k 个不同的根. 再由定理 5.1.3 知, 这些根都是单重的. 于是得证结论成立.

第二种证法, 对 k 用归纳法. 当 $k = 1$ 时, (5.1.6) 成为 $F = b_0 + b_1 x + o(|x|)$, 且 $F \in C^1$, $b_1 = c > 0$, 于是, 由隐函数定理知, 当 $0 < -b_0 \ll b_1$ 时, 函数 F 关于 x 有唯一正根 $x = -b_0 / b_1 + o(|b_0 / b_1|)$, 且是单重的. 设当 $k = m$ 时, 结论成立, 往证当 $k = m+1$ 时, 结论也成立. 为此, 设在 (5.1.6) 中 $k = m+1$, 且 $F \in C^{m+1}$. 那么函数 F 可写为

$$F = b_0 + x F_1, \quad F_1 = b_1 + \cdots + b_{m+1} x^m + o(|x|^m), \quad b_{m+1} = c > 0.$$

由改进的泰勒公式知 $F_1 \in C^m$, 因此由归纳假设知, 当

$$0 < |b_1| \ll \cdots \ll |b_m| \ll |b_{m+1}|, \quad b_j b_{j+1} < 0$$

时函数 F_1 关于 x 有 m 个正的单重根, 这 m 个正数也是函数 xF_1 的单重根. 进一步, 固定 $b_1, \cdots, b_m$, 由连续函数的性质知, 当 $|b_0| \ll |b_1|$ 时, 函数 F 必有 m 个不同的正根, 而且都是单重的. 为得到第 $m+1$ 个正根, 取 b_0 满足 $b_0 b_1 < 0$, 注意到 $b_1 \neq 0$ 已固定, 如同第一步, 利用隐函数定理可得第 $m+1$ 个正根 $x = -b_0/b_1 + o(|b_0/b_1|)$, 而且是单根. 这样, 我们利用归纳法证明了结论.

第三种证法, 依次改变系数 $b_{k-1}, \cdots, b_0$ 的符号, 导致函数 F 的符号发生 k 次改变, 由此获得 k 个正根. 第一步, 取 $b_0 = \cdots = b_{k-2} = 0$, 变化 b_{k-1}, 使有 $b_{k-1} b_k < 0$, $|b_{k-1}| \ll |b_k|$, 因为当 $b_{k-1} = 0$ 时, 存在 $x^* > 0$ 使 $F|_{x=x^*} > 0$ (注意已设 $b_k > 0$), 而当 $0 < -b_{k-1} \ll b_k$ 时则有 $F|_{x=x^*} > 0$ 和 $F|_{0 < x \ll x^*} < 0$, 这后一不等式成立是因为 b_{k-1} 已固定. 于是由介值定理, 当 $0 < -b_{k-1} \ll b_k$ 时, F 有一个正根, 记为 x_1. 注意, 函数 F 在这个根的两侧附近是异号的, 这一性质能够使得它在微扰之下不消失. 第二步, 取 $b_0 = \cdots = b_{k-3} = 0$, 变化 b_{k-2}, 使有 $b_{k-2} b_{k-1} < 0$, $|b_{k-2}| \ll |b_{k-1}|$, 那么同上道理又得到一个正根, 记为 x_2. 由连续函数的性质知, 第一步得到的根 x_1 不会消失, 仍记为 x_1. 这样, 在第二步就获得了两个正根. 依此类推, 经过 k 步就可以获得函数 F 的 k 个根. 再利用定理 5.1.3 可知, 这些根都是单重的. 定理证毕. $\qquad\square$

我们指出, 上面三种证法, 第一种充分利用了函数 F 的形式, 所得到的出现 k 个根的条件也比较明确. 这是这种方法的优势, 但这种方法也有缺点, 就是它不宜用来论证其他形式的 F 的多个根的存在性, 第三种证法则不受这个限制. 见本节习题. 此外, 关于 k 个根的存在性部分, 也可以利用后面的定理 5.1.6 来得到.

上面两个定理是论述含参量的函数在未扰函数的某多重根小邻域内的根的个数问题. 下面我们要讨论函数在一个给定区间上根的个数问题.

设有定义于 $I \times V \times D$、取值于 $\mathbf{R}$ 的 C^k 函数 $F(x, a, \lambda)$, 其中 $I \subset \mathbf{R}$ 为一开区间, $D = \{\lambda \in \mathbf{R}^m \mid |\lambda| < \varepsilon\}$, V 是 $\mathbf{R}^n$ 中紧集, 又令 $f(x, a) = F(x, a, 0)$. 可证下列结果[53].

定理 5.1.5 设 $F \in C^k(I \times V \times D)$. 如果对每个 $a \in V$ 函数 $f(x, a)$ 关于 x 在 I 上至多有 l 个零点 (包括重数在内), 其中 $1 \leqslant l \leqslant k$, 则对任何闭区间 $I^* \subset I$, 存在 $\varepsilon^* > 0$ (与 I^* 有关), 使对所有的 $a \in V$ 和 $|\lambda| < \varepsilon^*$, 函数 $F(x, a, \lambda)$ 关于 x 在 I^* 上至多有 l 个零点 (包括重数在内).

证明 用反证法. 假设结论不对, 则存在闭区间 $I^* \subset I$ 使对任意 $\tilde{\varepsilon} > 0$, 都存在 (a, λ), 满足 $a \in V$, $|\lambda| < \tilde{\varepsilon}$, 使得函数 $F(x, a, \lambda)$ 关于 x 在 I^* 上有 $l+1$ 个零点 (包括重数在内). 对充分大的 $n \geqslant 1$, 取 $\tilde{\varepsilon} = \dfrac{1}{n}$, 则相应地有 (a_n, λ_n), $a_n \in V$,

$|\lambda_n| < \dfrac{1}{n}$, 使得函数 $F(x, a_n, \lambda_n)$ 有零点 $x_1^{(n)}, \cdots, x_{r_n}^{(n)} \in I^*$, 且满足

$$
\begin{aligned}
& x_1^{(n)} < \cdots < x_{r_n}^{(n)}, \quad 1 \leqslant r_n \leqslant l+1, \\
& k_{1n} + \cdots + k_{r_n n} \geqslant l+1, \quad k_{jn} \geqslant 1, \quad j = 1, \cdots, r_n,
\end{aligned}
\tag{5.1.8}
$$

其中 k_{jn} 表示零点 $x_j^{(n)}$ 的重数.

数列 r_n 必有收敛子列, 不妨设 $r_n \to r \ (n \to \infty)$, 则 $1 \leqslant r \leqslant l+1$. 由于 r_n 与 r 都是整数, 当 n 充分大时必有 $r_n = r$. 又注意到 V 与 I^* 均为紧集, 可进一步设当 $n \to \infty$ 时有

$$
a_n \to \bar{a} \in V, \quad x_j^{(n)} \to \bar{x}_j \in I^*, \quad k_{jn} \to \bar{k}_j \geqslant 1, \quad j = 1, \cdots, r.
$$

且由 (5.1.8) 知

$$
\bar{k}_1 + \cdots + \bar{k}_r \geqslant l+1. \tag{5.1.9}
$$

由于 k_{jn} 与 $\bar{k}_j$ 也都是整数, 可知当 n 充分大时必有 $k_{jn} = \bar{k}_j$. 于是, 对 $j = 1, \cdots, r$, 必成立

$$
\frac{\partial^i F}{\partial x^i}(x_j^{(n)}, a_n, \lambda_n) = 0, \quad i = 0, \cdots, \bar{k}_j - 1, \tag{5.1.10}
$$

令 $n \to \infty$ 可得

$$
\frac{\partial^i F}{\partial x^i}(\bar{x}_j, \bar{a}, 0) = 0, \quad i = 0, \cdots, \bar{k}_j - 1.
$$

这表明每个 $\bar{x}_j \in I^*$ 都是函数 $f(x, \bar{a})$ 的重数至少为 $\bar{k}_j$ 的零点. 如果 $\bar{x}_1, \cdots, \bar{x}_r$ 互不相同, 则由 (5.1.9) 可知函数 $f(x, \bar{a})$ 关于 x 在 I^* 中的零点的总个数 (包括重数在内) 至少是 $\bar{k}_1 + \cdots + \bar{k}_r \geqslant l+1$. 这与定理中关于函数 f 的假设矛盾.

现设 $\bar{x}_1, \cdots, \bar{x}_r$ 不是互不相同的, 此时我们将函数 F 写成如下形式:

$$
F(x, a, \lambda) = f(x, \bar{a}) + f_1(x, \mu) \equiv \bar{F}(x, \mu), \quad \mu = (a - \bar{a}, \lambda) \in \mathbf{R}^{n+m},
$$

其中 $f_1(x, 0) = 0$. 由于类似性和为了方便, 我们只考虑下面一种有可能发生的简单情形 (其他情形证法一样):

$$
\bar{x}_1 = \bar{x}_2 < \cdots < \bar{x}_r. \tag{5.1.11}
$$

令 $\mu_n = (a_n - \bar{a}, \lambda_n)$, 则由 (5.1.11) 和 (5.1.10), 函数 $\bar{F}(x, \mu_n)$ 在 $\bar{x}_1$ 附近有 $\bar{k}_1 + \bar{k}_2$ 个零点 (包括重数在内). 于是, 由定理 5.1.3 可知, $\bar{x}_1$ 是函数 $f(x, \bar{a}) = \bar{F}(x, 0)$ 的至少 $\bar{k}_1 + \bar{k}_2$ 重的零点. 因此, 函数 $f(x, \bar{a})$ 零点的总个数 (包括重数在内) 至少是 $(\bar{k}_1 + \bar{k}_2) + \cdots + \bar{k}_r \geqslant l+1$, 又有矛盾. 证毕.　□

我们指出, 上述定理中出现了条件 $l \leqslant k$ 与 I^* 为 I 的闭区间, 这两个条件是不能随意去掉的, 否则定理结论就不成立了 (建议读者给出这样的反例, 参考文献 [15]1.3 节与 4.3 节).

现在我们假设函数 $f(x,a)$ 可以写成 n 个函数的线性组合, 即

$$f(x,a) = \sum_{j=1}^{n} a_j f_j(x), \quad x \in I.$$

定义 5.1.4   称函数组 $f_i : I \subset \mathbf{R} \to \mathbf{R}$, $i = 1, \cdots, n$ 在区间 I 上为**线性相关的**, 如果存在不全为零的常数组 $k_i, i = 1, \cdots, n$ 使

$$\sum_{i=1}^{n} k_i f_i(x) \equiv 0, \quad x \in I. \tag{5.1.12}$$

如果该函数组不是在区间 I 上为线性相关的, 就称它们在区间 I 上为**线性无关的**.

易见, 函数组 $f_i : I \subset \mathbf{R} \to \mathbf{R}$, $i = 1, \cdots, n$ 在区间 I 上为线性无关的充分必要条件是对任意常数组 $k_i, i = 1, \cdots, n$, 如果 (5.1.12) 成立, 则必有 $k_i = 0, i = 1, \cdots, n$. 又由上述定义可知, 如果函数组 $f_i : I \to \mathbf{R}, i = 1, \cdots, n$ 在区间 I 上为线性相关的, 则这组函数在 I 的任一子区间上都是线性相关的; 如果函数组 $f_i : I \to \mathbf{R}, i = 1, \cdots, n$ 在区间 I 的某一非空子区间上为线性无关的, 则这组函数在 I 上必是线性无关的.

下面我们证明线性无关函数组的一个性质.

定理 5.1.6 [54]   设有线性无关函数组 $f_i : I \to \mathbf{R}$, $i = 1, \cdots, n, n \geqslant 2$. 则下列两个结论成立:

(i)   任给 $n-1$ 个数 $x_i \in I$, $i = 1, 2, \cdots, n-1$, 都必存在 n 个常数 C_i, $i = 1, \cdots, n$, 使

$$f(x) := \sum_{i=1}^{n} C_i f_i(x) \tag{5.1.13}$$

是一个满足 $f(x_i) = 0$, $i = 1, 2, \cdots, n-1$ 的非零函数.

(ii)   进一步, 如果每个 f_i 都是 I 上的解析函数, 则对 I 的任一非空开区间 I_0, 都存在一个形如 (5.1.13) 的函数 f, 它在 I_0 上至少有 $n-1$ 个单根.

证明   先证结论 (i). 对给定的 $n-1$ 个数 $x_i \in I$, $i = 1, 2, \cdots, n-1$ 和形如 (5.1.13) 的函数 f, 需要确定 n 个常数 C_i, $i = 1, \cdots, n$, 不全为零, 且使成立

$$f(x_i) = 0, \quad i = 1, 2, \cdots, n-1.$$

事实上, 这是含有 $n-1$ 个方程和 n 个未知数的线性方程组, 由线性代数知识可知, 它关于 C_i, $i = 1, \cdots, n$ 必有非零解, 用这个解和 (5.1.13) 来构造的函数 f 即满

足要求. 例如, 取 $n=2$, 上述方程组成为 $C_1 f_1(x_1) + C_2 f_2(x_1) = 0$, 显然, 它总有非零解 (C_1, C_2), 其实有无穷多个非零解. 取定一非零解, 则 $C_1 f_1(x) + C_2 f_2(x)$ 就不是零函数.

再证结论 (ii). 设 I_0 为 I 的任一非空开区间. 由线性无关性, 函数 f_1 在 I 上不能恒为零, 又因为 f_1 是 I 上的解析函数, 则它在 I_0 上只可能有孤立零点. 故存在 I_0 的闭子区间 K, 长度为正, 使 f_1 在 K 上恒不为零, 不妨设 $f_1|_K > 0$, 只需证存在一个形如 (5.1.13) 的函数 f, 它在 K 上至少有 $n-1$ 个单根. 在 K 内任取 $n-1$ 个不同点 x_i, $i = 1, \cdots, n-1$, 则由结论 (i), 存在一个非零的解析函数 f, 以这些点为根. 设 f 在 K 中共有 k 个不同的根, 则 $k \geqslant n-1$, f 的解析性保证了每个根的重数都是正整数. 现将这些根分成三类. 第一类是 f 的极小值点 (偶重根), 设有 p_1 个; 第二类是极大值点 (偶重根), 设有 p_2 个; 第三类是奇重根, 设有 p_3 个, 则 $p_1 + p_2 + p_3 = k$. 进一步, 不妨设 $p_1 \geqslant p_2$. 下面分两种情况来讨论.

(1) $p_1 \geqslant 1$. 则 f 至少有一个极小值点, 不妨设 x_1 就是极小值点, 其重数为偶数 m, 则存在常数 $a > 0$ 和 x_1 的邻域 $V \subset K$, 使有

$$f(x) = a\,(x - x_1)^m + O((x - x_1)^{m+1}), \quad x \in V.$$

则对所有 $x \in V$,

$$f_1(x) = \sum_{i=0}^{m} b_i\,(x - x_1)^i + O((x - x_1)^{m+1})),$$

其中 $b_0 = f_1(x_1) > 0$. 令

$$f_\varepsilon(x) = f(x) - \varepsilon f_1(x), \quad x \in I,$$

可证, 只要 $\varepsilon > 0$ 足够小, 函数 f_ε 在 f 的每个极小值点附近都有两个单根. 事实上, 首先在 x_1 附近考察解析函数 $F(\varepsilon, z) = f_\varepsilon(z + x_1)$, 它满足

$$F(0,0) = 0, \quad \frac{\partial F}{\partial \varepsilon}(0,0) \neq 0.$$

利用隐函数定理, 在 $(0,0)$ 附近存在唯一的函数 $\varepsilon = \varepsilon(z) = \dfrac{a}{b_0} z^m + O(z^{m+1})$ 使得 $F(\varepsilon(z), z) = 0$. 从 $\varepsilon = \varepsilon(z)$ 可解得

$$z = z_\pm(\varepsilon) = \pm \sqrt[m]{\frac{b_0}{a}} \varepsilon^{\frac{1}{m}} + O(\varepsilon^{\frac{2}{m}}),$$

进一步易证, 存在常数 $\varepsilon_0 > 0$, 使得

$$F_z(\varepsilon, z_\pm(\varepsilon)) \neq 0, \quad 0 < \varepsilon \leqslant \varepsilon_0.$$

于是, 函数 f_ε 在 V 中有两个单根 $x_1 + z_\pm(\varepsilon)$, 显然, 它们都在 K 中.

其次, 类似可证函数 f_ε 在其他极小值点 (如果还有) 的两侧都能够扰出两个单根, 都在 K 中, 只要 $\varepsilon > 0$ 足够小.

注意到 $p_1 \geqslant p_2$, 易见如果 $p_3 = 0$, 则结论已证. 如果 $p_3 \geqslant 1$, 则同上可证, f 的每一个奇数重根都能够扰出 f_ε 的一个单重根 (其中 $\varepsilon > 0$ 足够小), 于是 f_ε 在 K 中的单根总数至少是 $2p_1 + p_3 \geqslant k \geqslant n - 1$.

(2) $p_1 = 0$. 则 $p_2 = 0$, 此时 $p_3 = k$, 由上面的讨论可知, 当 $\varepsilon > 0$ 充分小时, f 的每一个奇数重根都能够扰出 f_ε 的一个单重根, 因此结论成立. 于是, 结论得证. $\qquad\square$

我们指出, 在文献 [54] 中出现的定理 5.1.6 的结论 (ii) 是这样的: "进一步, 如果每个 f_i 都是 I 上的解析函数, 且存在 $j \in \{1, \cdots, n\}$ 使对一切 $x \in I$ 有 $f_j(x)$ 不变号, 则存在一个形如 (5.1.13) 的函数 f, 它在 I 上至少有 $n - 1$ 个单根." 因此, 定理 5.1.6 实际上是文献 [54] 中相关结果的改进.

习 题 5.1

1. 设 $k \geqslant 0$ 为自然数, 试用连续函数的性质证明: 任给 $x_0 > 0$, 都存在实数 $c_0, \cdots, c_{2k+1}$, 使得函数

$$F(x, c) = \sum_{i=0}^{k} (c_{2i} x^i + c_{2i+1} x^{i+1} \ln x)$$

关于 x 在区间 $(0, x_0)$ 上至少有 $2k + 1$ 个孤立根.

2. 设 $k \geqslant 0$ 为自然数, 则存在 $x_0 > 0$, 使对任意实数 $c_0, \cdots, c_{2k+1}$, 函数

$$F(x, c) = \sum_{i=0}^{k} (c_{2i} x^i + c_{2i+1} x^{i+1} \ln x)$$

关于 x 在区间 $(0, x_0)$ 上至多有 $2k + 1$ 个孤立根.

(提示: 对下面更广一类的函数族用归纳法:

$$F(x, c) = \sum_{i=0}^{k} (c_{2i} x^i + c_{2i+1} x^{i+1} (a_i + \ln x)),$$

其中 a_i 为常数.)

3. 设有线性无关的解析函数组 $f_i : I \to \mathbf{R}$, $i = 1, \cdots, n$, $n \geqslant 2$. 考虑含参数 $\delta = (\delta_1, \cdots, \delta_k) \in \mathbf{R}^k$ 的函数族

$$f(x, \delta) = \sum_{j=1}^{n} a_j(\delta) f_j(x), \quad x \in I,$$

其中 $a_j(\delta)$ 为 δ 的一次齐次函数. 试证如果

$$\mathrm{rank}\frac{\partial(a_1,\cdots,a_n)}{\partial(\delta_1,\cdots,\delta_k)}=l,$$

则对 I 的任一非空开区间 I_0, 都存在 $\delta\in\mathbf{R}^k$, 使得函数 $f(x,\delta)$ 在 I_0 上至少有 $l-1$ 个单根.

提示: ① 不妨设 $\det\frac{\partial(a_1,\cdots,a_l)}{\partial(\delta_1,\cdots,\delta_l)}\neq 0$. 此时成立

$$\begin{pmatrix}\tilde{a}_1\\\tilde{a}_2\end{pmatrix}=\begin{pmatrix}A_1 & A_2\\A_3 & A_4\end{pmatrix}\begin{pmatrix}\tilde{\delta}_1\\\tilde{\delta}_2\end{pmatrix},$$

其中 $\tilde{a}_1=(a_1,\cdots,a_l)^{\mathrm{T}}$, $\tilde{\delta}_1=(\delta_1,\cdots,\delta_l)^{\mathrm{T}}$, $\det A_1\neq 0$. ② 利用定理 5.1.6.

4. 设有解析函数组 $f_i:[0,1)\to\mathbf{R}$, $i=1,\cdots,n$, $n\geqslant 2$. 如果存在 $k\geqslant 0$, 使当 $0<x\ll 1$ 时

$$f_j(x)=\sum_{i\geqslant k}a_{ij}x^i,\quad j=1,\cdots,n,$$

且 $(a_{ij})_{1\leqslant j\leqslant n,k\leqslant i\leqslant k+n-1}$ 为 n 阶可逆矩阵, 则 $f_1,\cdots,f_n$ 在 $[0,1)$ 上为线性无关的.

5.2   基本分支问题研究

本节考虑含参数的二维系统 (5.1.3), 假设存在分支点 $a_0\in\mathbf{R}^m$, 使当 $a=a_0$ 时, (5.1.3) 在某平面紧集内是结构不稳定的, 则由定理 5.1.1 知, 此时 (5.1.3) 出现非双曲奇点、非双曲闭轨或存在连接鞍点的同宿或异宿轨线. 我们本节将分别考虑这几种现象. 先设当 $a=a_0$ 时 (5.1.3) 有一非双曲奇点. 不失一般性, 可设 $a_0=0$ 且该奇点在原点, 这意味着 f 满足 $f(0,0)=0$ 且二阶矩阵 $f_x(0,0)$ 有零实部的特征值. 于是 $f_x(0,0)$ 的实若尔当型 J 必为下列情形之一:

(1) $J=\begin{pmatrix}0 & 0\\0 & \lambda\end{pmatrix}$, $\lambda\in\mathbf{R}$;

(2) $J=\begin{pmatrix}0 & \beta\\-\beta & 0\end{pmatrix}$, $\beta\neq 0$;

(3) $J=\begin{pmatrix}0 & 1\\0 & 0\end{pmatrix}$.

下面我们分别考虑这三种情形.

5.2.1   鞍结点分支

先考虑情形 (1), 并假设 $\lambda\neq 0$ (此时可设 $\lambda=-1$). 考虑定义于原点某邻域

内的平面解析系统

$$\dot{x} = P(x, y, a),$$
$$\dot{y} = -y + Q(x, y, a),$$

(5.2.1)

其中 $P(x, y, 0) = O(|x, y|^2)$, $Q(x, y, 0) = O(|x, y|^2)$, $a \in \mathbf{R}^m, m \geqslant 1$. 于是, 利用隐函数定理, 方程

$$-y + Q(x, y, a) = 0$$

有唯一解 $y = \varphi(x, a) = \varphi_0(a) + \varphi_1(a)x + \varphi_2(a)x^2 + O(x^3)$, 令

$$G(x, a) = P(x, \varphi(x, a), a)$$
$$= b_0(a) + b_1(a)x + b_2(a)x^2 + O(x^3).$$

(5.2.2)

易见, 当 $|a|$ 充分小时, 方程 (5.2.1) 在原点附近有奇点当且仅当函数 G 关于 x 在 $x = 0$ 附近有根, 因此我们称函数 G 为 (5.2.1) 的分支函数. 易见 (5.2.2) 中函数 b_0, b_1 满足 $b_0(0) = b_1(0) = 0$. 若 $b_2(0) = b_{20} \neq 0$, 则由定理 4.3.3 知, 当 $a = 0$ 时, (5.2.1) 以原点为鞍结点. 由于

$$G_x = b_1(a) + 2b_2(a)x + O(x^2),$$

故当 $b_{20} \neq 0$ 时存在唯一函数 $x = \psi(a) = -\dfrac{b_1}{2b_2} + O(|b_1|^2)$ 使 $G_x(\psi(a), a) = 0$. 于是由泰勒公式 (见引理 3.3.3) 得

$$G(x, a) = G(\psi(a), a) + \frac{1}{2}G_{xx}(\psi(a), a)u^2 + O(u^3)$$
$$= \frac{1}{2}G_{xx}(\psi(a), a)[\Delta(a) + u^2(1 + \delta(u))],$$

(5.2.3)

其中 $u = x - \psi(a)$, $\delta(u) = O(u)$,

$$\Delta(a) = \frac{2G(\psi(a), a)}{G_{xx}(\psi(a), a)} = \frac{b_0 - \dfrac{b_1^2}{4b_2} + O(b_1^3)}{b_2 + O(b_1)}.$$

可证下述定理.

定理 5.2.1 (鞍结点分支) 设 $b_{20} = \dfrac{1}{2}G_{xx}(0, 0) \neq 0$, 则存在 $\varepsilon_0 > 0$, 使对 $|a| < \varepsilon_0$, 有

(1) 当 $\Delta(a) > 0$ 时 (5.2.1) 在原点附近没有奇点;

(2) 当 $\Delta(a) = 0$ 时 (5.2.1) 在原点附近有唯一奇点且为鞍结点;

(3) 当 $\Delta(a) < 0$ 时 (5.2.1) 在原点附近恰有两个奇点, 均为双曲, 一个是鞍点, 一个是稳定结点.

证明　由 (5.2.3) 知, 当 $\Delta(a) > 0$ 时有 $G(x, a) \neq 0$. 即 (5.2.1) 在原点附近没有奇点. 当 $\Delta(a) = 0$ 时, 令

$$u = x - \psi(a), \quad v = y - \varphi(\psi(a), a),$$

并对所设系统应用定理 4.3.3 知, 原系统 (5.2.1) 以 $(\psi(a), \varphi(\psi(a), a))$ 为鞍结点. 下设 $\Delta(a) < 0$. 由 (5.2.3) 知, 方程 $G(x, a) = 0$ 等价于

$$u^2(1 + \delta(u)) = -\Delta(a) \quad \text{或} \quad |u|(1 + \delta(u))^{\frac{1}{2}} = \sqrt{-\Delta}.$$

对方程

$$G_1(u, w) \equiv u(1 + \delta(u))^{\frac{1}{2}} - w = 0$$

应用隐函数定理知存在唯一的解析函数 $h(w) = w + O(w^2)$ 使 $G_1(h(w), w) = 0$, 从而方程 $G(x, a) = 0$ 关于 x 恰有两个解 $x = \psi(a) + h(\pm\sqrt{-\Delta}) \equiv x_{\pm}(a)$. 于是, 两次利用下述牛顿–莱布尼茨公式

$$F(x) - F(x_0) = \int_0^1 F'(x_0 + t(x - x_0))\mathrm{d}t(x - x_0)$$

可知, 存在 x 的解析函数 $\bar{G}(x, a) = b_{20} + O(|x| + |a|)$ 使

$$G(x, a) = (x - x_+(a))(x - x_-(a)) \cdot \bar{G}(x, a). \tag{5.2.4}$$

进一步令 $y_{\pm}(a) = \varphi(x_{\pm}(a), a)$, 则 $(x_{\pm}(a), y_{\pm}(a))$ 为 (5.2.1) 在原点附近仅有的奇点. 为讨论它们的性质, 引入坐标变换 $v = y - \varphi(x, a)$, 则由 (5.2.1) 可得

$$\dot{x} = \bar{P}(x, v), \quad \dot{v} = \bar{Q}(x, v), \tag{5.2.5}$$

其中

$$\bar{P}(x, v) = P(x, v + \varphi, a),$$

$$\bar{Q}(x, v) = -v - \varphi + Q(x, v + \varphi, a) - \varphi_x \cdot \bar{P}.$$

易知

$$\bar{P}(x, v) = G(x, a) + G_1(x, a)v + O(v^2),$$

$$\bar{Q}(x, v) = V_0(x, a) + V_1(x, a)v + O(v^2),$$

其中

$$G_1(x,a) = P_y(x,\varphi,a), \quad V_0(x,a) = -\varphi_x G(x,a),$$

$$V_1(x,a) = -1 + Q_y(x,\varphi,a) - \varphi_x G_1.$$

方程 (5.2.5) 有奇点 $(x_\pm, 0)$, 且

$$B_\pm(a) = \left.\frac{\partial(\bar{P},\bar{Q})}{\partial(x,v)}\right|_{\substack{x=x_\pm \\ v=0}} = \left.\begin{pmatrix} G_x & G_1 \\ \dfrac{\partial V_0}{\partial x} & V_1 \end{pmatrix}\right|_{x=x_\pm}.$$

注意到

$$\det \left.\begin{pmatrix} G_x & G_1 \\ \dfrac{\partial V_0}{\partial x} & V_1 \end{pmatrix}\right|_{G=0} = G_x \cdot [-1 + Q_y(x,\varphi,a)],$$

进一步由 (5.2.4) 可得行列式 $\det B_\pm(a)$ 的值, 即

$$\det B_\pm(a) = \pm\overline{G}(x_\pm, a)(x_+ - x_-)[-1 + Q_y(x_\pm, y_\pm, a)].$$

于是, 当 $|a|$ 充分小时有

$$\det B_+(a) \det B_-(a) < 0.$$

因为

$$x_+ - x_- = h(\sqrt{-\Delta}) - h(-\sqrt{-\Delta}) = 2\sqrt{-\Delta} + O(|\Delta|),$$

$$\overline{G}(x_\pm, a) = b_{20} + O(\sqrt{-\Delta} + |a|).$$

故当 $|a|$ 充分小且使 $\Delta < 0$ 时, 矩阵 $B_\pm(a)$ 有两个非零实特征值 $\lambda_1^\pm(a)$ 与 $\lambda_2^\pm(a)$, 其中一个在 -1 附近, 一个在 0 附近 (例如可设 $\lambda_1^\pm(0) = 0$, $\lambda_2^\pm(0) = -1$). 注意到 $\det B_\pm(a) = \lambda_1^\pm(a)\lambda_2^\pm(a)$, 因此 $\lambda_1^+(a)\lambda_1^-(a)$ 与 $\det B_+(a) \det B_-(a)$ 同号, 进而可得 $\lambda_1^+(a)\lambda_1^-(a) < 0$ (当 $\Delta < 0$). 于是 (5.2.5) 的奇点 $(x_\pm, 0)$ 中一个是鞍点, 一个是稳定结点. 证毕.   □

在定理 5.2.1 中, 我们假设 (5.2.1) 在原点附近为解析系统, 这是出于论证上的方便. 其实, 从其证明不难看出, 只要 (5.2.1) 的右端函数在原点附近为 C^2 光滑的, 则定理 5.2.1 仍成立.

例 5.2.1   考虑

$$\dot{x} = x^2 + y^2 - a_1, \quad \dot{y} = -y + x + a_2.$$

尽管该方程不具有 (5.2.1) 的形式, 但上面的方法仍适用. 即令 $-y + x + a_2 = 0$, 得 $y = x + a_2$, 于是

$$G(x, a_1, a_2) = x^2 + (x + a_2)^2 - a_1$$
$$= 2\left(x + \frac{a_2}{2}\right)^2 + \frac{1}{2}(a_2^2 - 2a_1),$$

因此, 由定理 5.2.1 知对充分小的 a_1 与 a_2, 所述方程当 $a_2^2 - 2a_1 > 0 \ (= 0, < 0)$ 时在原点邻域内没有奇点 (有唯一鞍结点、有一个鞍点和一个稳定结点). 在 (a_1, a_2) 平面由 $a_2^2 - 2a_1 = 0$ 所定义的曲线称为鞍结点分支曲线.

如果 $b_{20} = 0$, 则方程 (5.2.1) 一般会出现更复杂的奇点分支现象. 详略. 以下仅举一例.

例 5.2.2　考虑

$$\dot{x} = x(x^2 + y^2 - a), \quad \dot{y} = -y.$$

此时我们有

$$G(x, a) = x(x^2 - a), \quad G_x(x, a) = 3x^2 - a,$$

从而

$$G_x(0, a) = -a, \quad G_x(\pm\sqrt{a}, a)|_{a>0} = 2a,$$

由此, 与定理 5.2.1 类似可证, 对充分小的 a, 当 $a \leqslant 0$ 时原点为鞍点, 当 $a > 0$ 时原点为稳定结点且另有两个鞍点 $(\pm\sqrt{a}, 0)$.

上述分支现象称为叉型分支, "叉型" 一词, 来自于在 (x, a) 平面的原点邻域内由 $G(x, a) = 0$ 所定义的曲线之形状 (图 5.2.1).

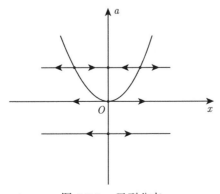

图 5.2.1　叉型分支

5.2.2 Hopf 分支基本理论

本节考虑下述含参数扰动系统:

$$\dot{x} = f(x,y) + \varepsilon p(x,y,\delta),$$
$$\dot{y} = g(x,y) + \varepsilon q(x,y,\delta), \tag{5.2.6}$$

其中 $\varepsilon \in \mathbf{R}$ 为小参数, $\delta \in \mathbf{R}^m$ 为有界向量参数, f, g, p 与 q 为 C^∞ 函数, 且 $f(0,0) = g(0,0) = 0$,

$$\left.\frac{\partial(f,g)}{\partial(x,y)}\right|_{(0,0)} = \begin{pmatrix} 0 & b \\ -b & 0 \end{pmatrix}, \quad b \neq 0.$$

由隐函数定理 (5.2.6) 在原点附近有唯一奇点, 它是初等奇点, 可能是焦点, 也可能是中心或中心焦点, 将其移到原点, 则所得新方程以原点为奇点, 因此不妨设 $p(0,0,\delta) = q(0,0,\delta) = 0$. 进一步利用矩阵的若尔当标准形理论又可设方程 (5.2.6)的线性部分已具有标准形式, 即

$$\left.\frac{\partial(f + \varepsilon p, g + \varepsilon q)}{\partial(x,y)}\right|_{(0,0)} = \begin{pmatrix} \alpha(\varepsilon,\delta) & \beta(\varepsilon,\delta) \\ -\beta(\varepsilon,\delta) & \alpha(\varepsilon,\delta) \end{pmatrix}.$$

因此, 由 4.4 节 Poincaré 映射的定义知(5.2.6)在原点附近的 Poincaré 映射 $P(r,\varepsilon,\delta)$ 为 C^∞ 函数, 故具有下述形式:

$$P(r,\varepsilon,\delta) = r + 2\pi \sum_{i \geqslant 1} v_i(\varepsilon,\delta) r^i. \tag{5.2.7}$$

令 $d(r,\varepsilon,\delta) = P(r,\varepsilon,\delta) - r$, 称函数 d 为 (5.2.6) 的后继函数或分支函数. 首先由第 4 章 (4.4.7) 易见成立下面的引理.

引理 5.2.1 方程 (5.2.6) 在原点附近有一包围原点的闭轨线当且仅当后继函数 $d(r,\varepsilon,\delta)$ 在 $r = 0$ 附近有一正一负的根, 且它们是闭轨与 x 轴交点的横坐标.

进一步可证以下引理.

引理 5.2.2 式 (5.2.7) 中的系数满足

$$v_{2m} = O(|v_1, v_3, v_5, \cdots, v_{2m-1}|), \quad m \geqslant 1, \tag{5.2.8}$$

即存在 C^∞ 函数 $\varphi_{jm}(\varepsilon,\delta)$, $j = 1, \cdots, m$, 使

$$v_{2m} = \sum_{j=1}^{m} \varphi_{jm} v_{2j-1}.$$

从而当 $|r|$ 充分小时, 形式上成立

$$d(r,\varepsilon,\delta) = 2\pi \sum_{j\geqslant 0} v_{2j+1} r^{2j+1}(1 + P_j(r,\varepsilon,\delta)),$$

其中 $P_j = O(r)$, $j \geqslant 0$.

证明　方程 (5.2.6) 关于 α 为线性的, 故所有 v_j 关于 α 为解析的, 进一步由推论 4.4.1 知

$$v_1 = O(\alpha), \quad \left.\frac{\partial v_1}{\partial \alpha}\right|_{\alpha=0} > 0,$$

且当 $\alpha = 0$ 时 $v_2 = 0$, 于是必有 $v_2 = O(\alpha) = O(v_1)$. 从而注意到

$$v_j = v_j|_{\alpha=0} + O(\alpha) = v_j|_{\alpha=0} + O(v_1), \quad j \geqslant 3,$$

由定理 4.4.3 (i) 易证, 结论 (5.2.8)成立. 由 (5.2.8) 及 (5.2.7) 可知形式上成立

$$\begin{aligned}
d(r,\varepsilon,\delta) &= 2\pi(v_1 r + O(v_1)r^2) + 2\pi(v_3 r^3 + O(|v_1,v_3|)r^4) + \cdots \\
&\quad + 2\pi(v_{2k+1}r^{2k+1} + O(|v_1,v_3,\cdots,v_{2k+1}|)r^{2k+2}) + \cdots \\
&= 2\pi \sum_{j\geqslant 0} v_{2j+1} r^{2j+1}(1 + P_j(r,\varepsilon,\delta)),
\end{aligned}$$

其中 $P_j = O(r)$, $j \geqslant 0$.　$\square$

利用上述引理, 用反证法和 (多次利用) 罗尔定理可证下列经典结果.

定理 5.2.2　考虑 C^∞ 系统 (5.2.6), 设其未扰系统 $(5.2.6)|_{\varepsilon=0}$ 以原点为 k 阶细焦点, 即

$$v_i(0,\delta) = 0, \quad i = 1,\cdots,2k, \quad v_{2k+1}(0,\delta) \neq 0,$$

此时 $d(r,0,\delta) = 2\pi v_{2k+1}(0,\delta)r^{2k+1} + O(r^{2k+2})$, 则

(1) 任给 $N > 0$, 存在 $\varepsilon_0 > 0$ 和原点的邻域 U, 使当 $|\varepsilon| < \varepsilon_0$, $|\delta| < N$ 时 (5.2.6) 在 U 中至多有 k 个极限环 (包括重数在内).

(2) 此外, 如果存在 $\delta_0 \in \mathbf{R}^m$ 使

$$v_{2j+1}^*(\delta_0) = 0, \quad j = 0,\cdots,k-1, \quad \mathrm{rank}\frac{\partial(v_1^*,v_3^*,\cdots,v_{2k-1}^*)}{\partial(\delta_1,\cdots,\delta_m)}(\delta_0) = k,$$

其中 $v_{2j+1}^* = \left.\dfrac{\partial v_{2j+1}}{\partial \varepsilon}\right|_{\varepsilon=0}$, 则对原点的任一邻域, 存在 (ε,δ), 充分靠近 $(0,\delta_0)$, 使 (5.2.6) 在该邻域内有 k 个极限环.

证明 由 (5.2.7) 和定理的假设知, 方程 (5.2.6) 的后继函数可写为

$$d(r,\varepsilon,\delta) = 2\pi r\left[\varepsilon\sum_{i=0}^{2k-1}\tilde{v}_{i+1}(\varepsilon,\delta)r^i + v_{2k+1}r^{2k} + O(|r|^{2k+1})\right].$$

应用定理 5.1.3 可知, 函数 $d(r,\varepsilon,\delta)$ 关于充分小的 $|r|$ 至多有 $2k$ 个非零根, 进而利用引理 5.2.1 知结论 (1) 成立.

进一步, 与定理 5.1.4 完全类似可证结论 (2) 成立. 例如, 不妨设 $k=2$, 设存在 $\delta_0 \in \mathbf{R}^m$ 使

$$\mathrm{rank}\frac{\partial(v_1^*, v_3^*)}{\partial(\delta_1,\cdots,\delta_m)}(\delta_0) = 2,$$

不失一般性可设

$$\det\frac{\partial(v_1^*, v_3^*)}{\partial(\delta_1,\delta_2)}(\delta_0) \neq 0,$$

由 (5.2.6) 的形式及 $v_1(0,\delta) = v_3(0,\delta) = 0$ 知

$$v_{2j-1}(\varepsilon,\delta) = \varepsilon\tilde{v}_{2j-1}(\varepsilon,\delta) = \varepsilon(v_{2j-1}^* + O(\varepsilon)),\quad j = 1,2,$$

令 $\mu_j = \tilde{v}_{2j-1}(\varepsilon,\delta_1,\delta_2,\delta_{30},\cdots,\delta_{m0})$, $j=1,2$, 则由隐函数定理可解得

$$\delta_j = \varphi_j(\varepsilon,\mu_1,\mu_2) = \delta_{j0} + O(|\varepsilon,\mu_1,\mu_2|),\quad j = 1,2,$$

代入到 (5.2.7), 并利用引理 5.2.2 可得当 $\delta = (\delta_1,\delta_2,\delta_{30},\cdots,\delta_{m0})$ 时

$$\begin{aligned}
d(r,\varepsilon,\delta) &= 2\pi r\{\varepsilon\mu_1 + O(\varepsilon\mu_1)r + \varepsilon\mu_2 r^2 + O(\varepsilon|\mu_1,\mu_2|)r^3 \\
&\quad + [v_5(0,\delta) + O(|\varepsilon|)]r^4 + O(r^5)\} \\
&= 2\pi r[\varepsilon\mu_1(1 + O(r)) + \varepsilon\mu_2 r^2(1 + O(r)) + v_5(0,\delta)r^4(1 + O(|\varepsilon,r|))] \\
&\equiv \tilde{d}(r,\varepsilon,\mu_1,\mu_2).
\end{aligned}$$

因为 $v_5(0,\delta) \neq 0$, 可设 $v_5(0,\delta) > 0$ 且 $\varepsilon > 0$. 于是当 $(\mu_1,\mu_2) = (0,0)$ 时 $\tilde{d} = 2\pi v_5 r^5 + O(r^6) > 0$ (当 $r > 0$ 充分小时). 下面分两步来获得 $\tilde{d}$ 的两个正根. 首先, 让 $\mu_1 = 0, 0 < -\mu_2 \ll 1$, 此时当 $0 < r \ll 1$ 有 $\tilde{d} = 2\pi\varepsilon\mu_2 r^3 + O(r^4) < 0$, 即后继函数 $\tilde{d}$ 已改变符号, 因此必有一正 (单) 根出现, 记为 r_1. 其次, 固定 μ_2 与 ε, 改变 μ_1 使成立

$$0 < \mu_1 \ll -\mu_2,$$

则函数 $\tilde{d}$ 又一次改变符号, 因此又产生一正根, 记为 r_2, 而由 $\mu_1 \ll |\mu_2|$ 知, 此时根 r_1 仍存在. 结论 (2) 得证. 证毕.   □

由于 v_1 与 α 同号, 并注意到 $v_2 = O(v_1)$, 由上述定理及其证明不难得到下述平面 Hopf 分支定理.

定理 5.2.3　设 $v_1(0,\delta) = 0$, $\bar{v}_3 = v_3(0,\delta) \neq 0$, 则当 ε 充分小, δ 有界时 (5.2.6) 在原点的小邻域内有唯一极限环当且仅当 $\alpha(\varepsilon,\delta)\bar{v}_3 < 0$.

上述定理中极限环的产生机理是原点的稳定性一旦改变则导致极限环的出现.

利用 (5.2.7) 与引理 5.2.2 进一步可证下列定理.

定理 5.2.4　设 (5.2.6) 是解析系统. 若存在 $k \geqslant 1$ 使

$$v_{2j+1} = O(|v_1, v_3, v_5, \cdots, v_{2k+1}|), \quad j \geqslant k+1, \tag{5.2.9}$$

则任给 $N > 0$, 当 $|v_1| + |v_3| + \cdots + |v_{2k+1}| < N$ 时 (5.2.6) 在原点邻域内至多有 k 个极限环.

证明　由 (5.2.7), (5.2.8) 和 (5.2.9) 易见

$$
\begin{aligned}
d(r,\varepsilon,\delta) &= 2\pi(v_1 r + O(v_1)r^2) + 2\pi(v_3 r^3 + O(|v_1, v_3|)r^4) + \cdots \\
&\quad + 2\pi(v_{2k+1} r^{2k+1} + O(|v_1, v_3, \cdots, v_{2k+1}|)r^{2k+2}) \\
&\quad + \sum_{j \geqslant k+1} [O(|v_1, v_3, \cdots, v_{2k+1}|)r^{2j+1} + O(|v_1, v_3, \cdots, v_{2k+1}|)r^{2j+2}] \\
&= 2\pi \sum_{j=0}^{k} v_{2j+1} r^{2j+1}(1 + P_j(r,\varepsilon,\delta)),
\end{aligned}
$$

其中 $P_j = O(r)$, $j = 0, \cdots, k$. 由于 (5.2.6) 是解析系统, 故每个函数 P_j 为解析函数. 上式可写为

$$d(r,\varepsilon,\delta) = 2\pi r(1 + P_0)Q_1(r,\varepsilon,\delta),$$

其中

$$Q_1 = v_1 + v_3 r^2(1 + P_{11}) + \cdots + v_{2k+1} r^{2k}(1 + P_{k1}),$$

而 $P_{j1} = O(r)$ 为解析函数, $j = 1, \cdots, k$. 证明函数 d 关于 $r > 0$ 至多有 k 个根等价于证明函数 Q_1 关于 $r > 0$ 至多有 k 个根, 而要证 Q_1 关于 $r > 0$ 至多有 k 个根只需证 $\dfrac{\partial Q_1}{\partial r}$ 关于 $r > 0$ 至多有 $k-1$ 个根. 由于

$$
\begin{aligned}
\frac{\partial Q_1}{\partial r} &= v_3 r(2 + P_{12}) + \cdots + v_{2k+1} r^{2k-1}(2k + P_{k2}) \\
&= r(2 + P_{12})[v_3 + 2v_5 r^2(1 + P_{23}) + \cdots + k v_{2k+1} r^{2k-2}(1 + P_{k3})] \\
&\equiv r(2 + P_{12})Q_2(r,\varepsilon,\delta).
\end{aligned}
$$

函数 Q_2 与 Q_1 形式相同, 且 Q_2 少了 r^{2k} 项, 因此对 k 利用归纳法可证结论成立. □

上述证明思想源自数学家 Bautin, 他在 1952 年证明二次系统在其焦点或中心的小邻域内至多有 3 个极限环. 这需要对 $k = 3$ 来验证条件 (5.2.9), 这是一项技术性很高的工作, 详见文献 [45].

上面 3 个定理构成了平面系统 Hopf 分支的基本理论 (当然, 还有其他若干变形或附加条件, 例如, 有的文献假设 $\frac{\partial \alpha}{\partial \varepsilon}(0, \delta) \neq 0$, 称之为横截条件). 此外我们指出, 如果所考虑的微分方程不具有 (5.2.6) 的形式, 那么仍可以利用 (5.2.7) 与 (5.2.8) 以及上面诸定理的证明方法来研究极限环的 Hopf 分支问题.

例 5.2.3 考虑三次 Liénard 方程

$$\dot{x} = y - (x^3 + x^2 + ax), \quad \dot{y} = -x(1 + x^2), \tag{5.2.10}$$

当 $a = 0$ 时原点是细焦点, 且由定理 4.4.2 知此时 $v_3 = -\dfrac{3}{8} < 0$, 故当 $a = 0$ 时原点是一阶稳定细焦点. 方程 (5.2.10) 在原点的发散量是 $-a$, 因此 $2\alpha = -a$, 于是由定理 5.2.3 知当 $|a|$ 充分小时 (5.2.10) 在原点附近有唯一极限环当且仅当 $a < 0$, 如图 5.2.2 所示.

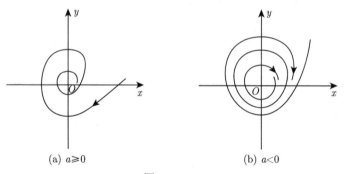

(a) $a \geqslant 0$ (b) $a < 0$

图 5.2.2

例 5.2.4 考虑

$$\dot{x} = y - \sum_{j=0}^{n} a_j x^{2j+1}, \quad \dot{y} = -x, \tag{5.2.11}$$

则 (5.2.11) 在原点附近至多有 n 个极限环, 且当 $a_n = 1$, $a_0, a_1, \cdots, a_{n-1}$ 均充分小时可以出现 n 个极限环. 此时我们说 (5.2.11) 在原点的环性数是 n.

事实上, 注意到

$$v_1 = \mathrm{e}^{-a_0 \pi} - 1 = \mathrm{e}^{\frac{1}{2} B_1 \pi} - 1,$$

上述结论可利用定理 4.6.3 以及定理 5.2.2 与 定理 5.2.4 的证明方法获得, 请读者自行完成.

以上讨论是焦点的扰动分支, 极限环的个数与未扰系统的焦点阶数有关. 极限环也可以通过扰动中心奇点产生出来, 这是一类退化的 Hopf 分支. 将在 5.3 节讨论.

关于高维系统的 Hopf 分支与退化的 Hopf 分支也已经建立系统的理论和计算方法, 并对由微分方程给出的许多实际问题的数学模型有广泛而深入的应用分析, 研究的主要方法有规范型理论、中心流形理论和李雅普诺夫–施密特方法等, 有兴趣的读者可查阅文献 [4,14,17,29,42,55–59] 等, 文献 [14] 在其第三章第 5 节还给出了一些分支量的计算公式. 下面给出应用中心流形理论来研究三维自治系统的 Hopf 分支的例子, 该例取自文献 [56] 第六章第 5 节, 它给出了在中心流形上存在唯一极限环的条件, 但有关主要结果与方法已在文献 [57,59] 中阐明.

例 5.2.5 [56]　考虑形如 (4.1.26) 的三维系统

$$\dot{x} = f_1(x,y,a), \quad \dot{y} = f_2(x,y,a), \tag{5.2.12}$$

其中 a 为小参数 (可以是向量), f_1 与 f_2 为 C^r 函数, $r \geqslant 3$, 且在原点的小邻域内满足

$$f_1(x,y,a) = \begin{pmatrix} \alpha(a) & -\beta(a) \\ \beta(a) & \alpha(a) \end{pmatrix} x + g_1(x,y,a), \quad \alpha(0) = 0, \quad \beta(0) \neq 0,$$

$$f_2(x,y,a) = B(a)y + g_2(x,y,a), \quad B(0) < 0,$$

这里 $g_i(x,y,a) = O(|x,y|^2), i = 1,2$. 试给出当 $a = 0$ 时原点稳定性的一阶判别量公式, 并给出当 $|a|$ 充分小时, (5.2.12) 在原点的小邻域内存在唯一极限环的条件.

首先, 由对 (4.1.26) 的讨论可知, 存在正常数 a_0, 使该方程的局部中心流形可表示为

$$W_a = \{(x,y)|y = h(x,a), |x| < a_0, |a| < a_0\},$$

且函数 h 满足 $h(0,a) = 0, h_x(0,a) = 0$ 和下面方程

$$Bh(x,a) + g_2(x,h(x,a),a) = h_x(x,a)\left(\begin{pmatrix} \alpha & -\beta \\ \beta & \alpha \end{pmatrix} x + g_1(x,h(x,a),a)\right), \tag{5.2.13}$$

其中 $B = B(a)$, $\alpha = \alpha(a)$, $\beta = \beta(a)$.

利用 (5.2.13) 及待定系数法可以求出 h 关于 x 在 $x = 0$ 的泰勒展式的二次与三次项等, 这些项都是唯一确定的 (但如 4.1 节所述局部中心流形一般是不唯一的). (5.2.12) 在中心流形 W_a 上轨线的局部性态由下列二维自治系统确定:

$$\dot{x} = \begin{pmatrix} \alpha & -\beta \\ \beta & \alpha \end{pmatrix} x + g_1(x, h(x,a), a). \tag{5.2.14}$$

特别地, 若二维系统 (5.2.14) 在原点附近有闭轨 $L_a : x = x(t,a), t \in \mathbf{R}$, 则 (5.2.12) 在 W_a 上有闭轨

$$L_a^* : x = x(t,a), \ y = h(x(t,a),a), \ t \in \mathbf{R},$$

且 (5.2.14) 在 W_a 外没有闭轨.

为讨论 (5.2.14) 的极限环的存在条件, 需计算当 $a = 0$ 时 (5.2.14) 的细焦点量公式, 为此, 设 $a = 0$, 并将函数 g_1, g_2 与 h 在原点展开如下:

$$g_1(x,y,0) = \begin{pmatrix} \displaystyle\sum_{i+j+k=2}^{3} a_{ijk} x_1^i x_2^j y^k + o(|x,y|^3) \\ \displaystyle\sum_{i+j+k=2}^{3} b_{ijk} x_1^i x_2^j y^k + o(|x,y|^3) \end{pmatrix}, \tag{5.2.15}$$

$$g_2(x,y,0) = \sum_{i+j+k=2}^{3} c_{ijk} x_1^i x_2^j y^k + o(|x,y|^3), \tag{5.2.16}$$

$$h(x,0) = \sum_{i+j=2}^{3} h_{ij} x_1^i x_2^j + o(|x,y|^3), \tag{5.2.17}$$

其中 h_{ij} 为待定系数, 将以上三式代入 (5.2.13) $(a = 0)$ 可得

$$B_0 \sum_{i+j=2}^{3} h_{ij} x_1^i x_2^j + c_{200} x_1^2 + c_{110} x_1 x_2 + c_{020} x_2^2$$

$$+ c_{101} x_1 (h_{20} x_1^2 + h_{11} x_1 x_2 + h_{02} x_2^2) + c_{011} x_2 (h_{20} x_1^2 + h_{11} x_1 x_2 + h_{02} x_2^2)$$

$$+ c_{300} x_1^3 + c_{210} x_1^2 x_2 + c_{120} x_1 x_2^2 + c_{030} x_2^3$$

$$= -\beta_0 x_2 (2 h_{20} x_1 + h_{11} x_2 + 3 h_{30} x_1^2 + 2 h_{21} x_1 x_2 + h_{12} x_2^2)$$

$$+ (2 h_{20} x_1 + h_{11} x_2)(a_{200} x_1^2 + a_{020} x_2^2 + a_{110} x_1 x_2)$$

$$+ \beta_0 x_1 (h_{11} x_1 + 2 h_{02} x_2 + h_{21} x_1^2 + 2 h_{12} x_1 x_2 + 3 h_{03} x_2^2)$$

$$+ (h_{11} x_1 + 2 h_{02} x_2)(b_{200} x_1^2 + b_{020} x_2^2 + b_{110} x_1 x_2) + o(|x|^3),$$

比较等式两边二次项和三次项的系数可得关于 h_{20}, h_{11} 与 h_{02} 的线性方程组

$$B_0 h_{20} - \beta_0 h_{11} = -c_{200}$$

$$2\beta_0 h_{20} + B_0 h_{11} - 2\beta_0 h_{02} = -c_{110}, \tag{5.2.18}$$

$$\beta_0 h_{11} + B_0 h_{02} = -c_{020},$$

以及关于 h_{30}, h_{21}, h_{12} 与 h_{03} 的线性方程组

$$B_0 h_{30} - \beta_0 h_{21} = -c_{300} - c_{101} h_{20} + 2h_{20} a_{200} + h_{11} b_{200},$$

$$3h_{30}\beta_0 + B_0 h_{21} - 2h_{12}\beta_0 = -c_{210} + (-c_{101} + a_{200} + b_{110})h_{11}$$

$$+2b_{200} h_{02} + 2a_{110} h_{20} - c_{011} h_{20},$$

$$2h_{21}\beta_0 + B_0 h_{12} - 3h_{03}\beta_0 = -c_{120} - (c_{101} - 2b_{110})h_{02} \tag{5.2.19}$$

$$+(-c_{011} + b_{020} + a_{110})h_{11} + 2a_{020} h_{20},$$

$$\beta_0 h_{12} + B_0 h_{03} = (-c_{011} + 2b_{020})h_{02} + h_{11} a_{020} - c_{030},$$

这两个方程组的系数矩阵的行列式分别为

$$\begin{vmatrix} B_0 & -\beta_0 & 0 \\ 2\beta_0 & B_0 & -2\beta_0 \\ 0 & \beta_0 & B_0 \end{vmatrix} = B_0^3 + 4\beta_0^2 B_0$$

和

$$\begin{vmatrix} B_0 & -\beta_0 & 0 & 0 \\ 3\beta_0 & B_0 & -2\beta_0 & 0 \\ 0 & 2\beta_0 & B_0 & -3\beta_0 \\ 0 & 0 & \beta_0 & B_0 \end{vmatrix} = B_0^4 + 10 B_0^2 \beta_0^2 + 9\beta_0^4.$$

它们均不为零, 由 (5.2.18) 和 (5.2.19) 并利用克拉默法则可分别求得 h_{20}, h_{11}, h_{02} 和 $h_{30}, h_{21}, h_{12}, h_{03}$. 注意到函数 $g_1(x,y,0)$ 与 $h(x,0)$ 的展开式均不含 (x,y) 的线性项, 为确定当 $a = 0$ 时, (5.2.14) 右端关于 x 展开式的二次与三次项, 只需求 $h(x,0)$ 关于 x 的二次项, 因此下面只给出 h_{20}, h_{11} 和 h_{02} 的结果:

$$h_{20} = -\frac{1}{(B_0^2 + 4\beta_0^2)B_0}((B_0^2 + 2\beta_0^2)c_{200} + 2\beta^2 c_{020} - \beta_0 B_0 c_{110}),$$

$$h_{11} = -\frac{1}{B_0^2 + 4\beta_0^2}(2\beta_0 c_{200} + B_0 c_{110} - 2\beta_0 c_{020}),$$

$$h_{02} = -\frac{1}{(B_0^2 + 4\beta_0^2)B_0}((B_0^2 + 2\beta_0^2)c_{020} + \beta_0 B_0 c_{110} + 2\beta_0^2 c_{200}).$$

将 (5.2.17) 代入 (5.2.15), 可得

$$g_1(x, h(x,0), 0) = \begin{pmatrix} \sum\limits_{i+j=2}^{3} a_{ij}^* x_1^i x_2^j + o(|x_1, x_2|^3) \\ \sum\limits_{i+j=2}^{3} b_{ij}^* x_1^i x_2^j + o(|x_1, x_2|^3) \end{pmatrix},$$

其中

$$a_{ij}^* = a_{ij0}, \quad b_{ij}^* = b_{ij0}, \ i+j=2,$$

$$a_{30}^* = a_{300} + a_{101}h_{20}, \quad b_{30}^* = b_{300} + b_{101}h_{20},$$

$$a_{21}^* = a_{210} + a_{101}h_{11} + a_{011}h_{20},$$

$$b_{21}^* = b_{210} + b_{101}h_{11} + b_{011}h_{20},$$

$$a_{12}^* = a_{120} + a_{101}h_{02} + a_{011}h_{11},$$

$$b_{12}^* = b_{120} + b_{101}h_{02} + b_{011}h_{11},$$

$$a_{03}^* = a_{030} + a_{011}h_{02}, \quad b_{03}^* = b_{030} + b_{011}h_{02}.$$

再将 a_{ij}^*, b_{ij}^* 代入定理 4.4.2 中计算一阶焦点量的公式 v_3 即得下面结果:

$$v_3 = \frac{1}{8|\beta_0|\beta_0} [b_{200}b_{110} - a_{200}a_{110} - a_{110}a_{020} - 2\,a_{020}b_{020} + 2\,a_{200}b_{200}$$

$$+b_{110}b_{020} + 3\,\beta_0\,(a_{101}h_{20} + a_{300}) + \beta_0\,(a_{101}h_{02} + a_{011}h_{11} + a_{120})$$

$$+\beta_0\,(b_{101}h_{11} + b_{011}h_{20} + b_{210}) + 3\,\beta_0\,(b_{011}h_{02} + b_{030})].$$

若 $v_3 \neq 0$, 则当 $|a|$ 充分小且 $\alpha(a)v_3 < 0 \ (\geqslant 0)$ 时 (5.2.12) 在原点邻域内有唯一 (没有) 极限环.

5.2.3 多重极限环的扰动分支

考虑下列含参数系统:

$$\dot{x} = f(x) + F(x, \mu), \tag{5.2.20}$$

其中 $\mu \in \mathbf{R}^m$ 为向量参数, $m \geqslant 1$, 而 f 与 F 为 C^∞ 函数, 且满足 $F(x, 0) = 0$.

假设当 $\mu = 0$ 时 (5.2.20) 有极限环 $L : x = u(t), 0 \leqslant t \leqslant T$, 引入

$$v(\theta) = \frac{u'(\theta)}{|u'(\theta)|} = \begin{pmatrix} v_1(\theta) \\ v_2(\theta) \end{pmatrix}, \quad Z(\theta) = \begin{pmatrix} -v_2(\theta) \\ v_1(\theta) \end{pmatrix},$$

则与引理 4.5.1 完全类似可证以下引理.

引理 5.2.3 变换

$$x = u(\theta) + Z(\theta)b, \quad 0 \leqslant \theta \leqslant T, \quad |b| < \varepsilon$$

把 (5.2.20) 变为 C^∞ 系统

$$\begin{aligned}
\dot{\theta} &= 1 + g_1(\theta, b) + h(\theta, b)F(u(\theta) + Z(\theta)b, \mu), \\
\dot{b} &= A(\theta)b + g_2(\theta, b) + Z^{\mathrm{T}}(\theta)F(u(\theta) + Z(\theta)b, \mu),
\end{aligned} \tag{5.2.21}$$

其中函数 A, g_1 与 g_2 如引理 4.5.1 所述, $h(\theta, b) = (|f(u(\theta))| + v^{\mathrm{T}}(\theta)Z'(\theta)b)^{-1}v^{\mathrm{T}}(\theta)$.
由 (5.2.21) 可得

$$\frac{\mathrm{d}b}{\mathrm{d}\theta} = R(\theta, b, \mu), \tag{5.2.22}$$

其中 $R(\theta, b, \mu) = A(\theta)b + Z^{\mathrm{T}}(\theta)F_\mu(u(\theta), 0)\mu + O(|b, \mu|^2)$.
设 $b(\theta, a, \mu)$ 表示 (5.2.22) 满足 $b(0, a, \mu) = a$ 之解. 利用泰勒公式可将它写成

$$b(\theta, a, \mu) = b_1(\theta)a + b_0(\theta)\mu + O(|a, \mu|^2),$$

其中 $b_1(0) = 1, b_0(0) = 0$. 将上式代入 (5.2.22) 得到

$$b_1' = Ab_1, \quad b_0' = Ab_0 + Z^{\mathrm{T}}F_\mu(u(s), 0).$$

解上述方程可得

$$b_1(\theta) = \exp\int_0^\theta A(s)\mathrm{d}s, \quad b_0(\theta) = b_1(\theta)\int_0^T b_1^{-1}(s)Z^{\mathrm{T}}(s)F_\mu(u(s), 0)\mathrm{d}s.$$

因此,

$$b(T, a, \mu) = \exp\int_0^T A(s)\mathrm{d}s[a + \int_0^T b_1^{-1}(s)Z^{\mathrm{T}}(s)F_\mu(u(s), 0)\mathrm{d}s\mu] + O(|a, \mu|^2). \tag{5.2.23}$$

于是由定义 4.5.1 及 4.4 节的讨论, 我们把周期方程 (5.2.22) 的 Poincaré 映射 $P(a, \mu) = b(T, a, \mu)$ 定义为平面方程 (5.2.20) 的 Poincaré 映射. 由引理 4.5.2, 对充分小的 $|\mu|$ (5.2.20) 在 L 附近有闭轨当且仅当函数 P 关于 a 在 $a = 0$ 附近有不动点.

首先设 L 是双曲的, 此时可证下述定理.

定理 5.2.5 设 L 是双曲的, 则存在 $\varepsilon > 0$ 和 L 的邻域 U, 使对 $|\mu| < \varepsilon$ 方程 (5.2.20) 在 U 中有唯一极限环. 此外, 该极限环也是双曲的且与 L 有相同的稳定性.

证明　由 (5.2.23),

$$P(a,\mu) - a = (\mathrm{e}^{I(L)} - 1)a + N_0\mu + O(|a,\mu|^2), \tag{5.2.24}$$

其中

$$N_0 = \mathrm{e}^{I(L)} \int_0^T \exp\left(-\int_0^t A(s)\mathrm{d}s\right) Z^{\mathrm{T}}(s) F_\mu(u(s),0)\mathrm{d}s.$$

由于 L 是双曲的, 故 $P_a'(0,0) \neq 1$, 即 $I(L) = \oint_L \mathrm{div} f \mathrm{d}t \neq 0$. 于是由 (5.2.24) 和隐函数定理知, 对充分小的 $|a| + |\mu|$ 方程 $P(a,\mu) - a = 0$ 有唯一解 $a = a^*(\mu) = O(\mu)$. 因此当 $|\mu|$ 充分小时, (5.2.20) 在 L 的某邻域内有唯一极限环, 记为 L_μ. 该环有表示式

$$u^*(t,\mu) = u(\theta(t,\mu)) + Z(\theta(t,\mu))b(\theta(t,\mu), a^*(\mu), \mu) = u(t) + O(\mu),$$

其中 $\theta(t,\mu)$ 为 (5.2.21) 的第一个方程当用 $b = b(\theta, a^*(\mu), \mu)$ 代入时满足 $\theta(0,\mu) = 0$ 的解. 令 $T^*(\mu) > 0$ 满足 $\theta(T^*, \mu) = T$, 则 $T^*(\mu) = T + O(\mu)$ 为 L_μ 的周期, 因此

$$I(L_\mu) = \oint_{L_\mu} \mathrm{div}(f + F)\mathrm{d}t = I(L) + O(\mu).$$

因而当 $|\mu|$ 充分小时 $I(L_\mu)$ 与 $I(L)$ 同号, 即 L_μ 是双曲的, 且与 L 有相同的稳定性. 证毕.　　　　　□

进一步对非双曲情况可证以下定理.

定理 5.2.6　设 L 是非双曲的, 则

(i) 如果 L 为 2 重极限环, 则存在 $\varepsilon > 0$, L 的邻域 U 和 C^∞ 函数 $\Delta(\mu) = O(\mu)$ 使得对 $|\mu| < \varepsilon$ 当 $\Delta(\mu) < 0$ $(= 0$ 或 $> 0)$ 时 (5.2.20) 在 U 中没有极限环 (有一个 2 重环或两个双曲极限环).

(ii) 如果 L 为 k 重极限环, $k \geqslant 3$, 则存在 $\varepsilon > 0$ 和 L 的邻域 U, 使得当 $|\mu| < \varepsilon$ 时 (5.2.20) 在 U 中至多有 k 个极限环 (包括重数在内). 此外, 若 k 是奇数, 则当 $|\mu| < \varepsilon$ 时 (5.2.20) 在 U 中至少有 1 个极限环.

证明　设 L 为 2 重环, 则 (5.2.24) 可写为

$$P(a,\mu) - a = Q_0(\mu) + Q_1(\mu)a + Q_2(\mu)a^2(1 + O(a)),$$

其中 $Q_0(0) = Q_1(0) = 0$, $Q_2(0) = \dfrac{1}{2}P_{aa}(0,0) \neq 0$.

设 $G(a,\mu) = P(a,\mu) - a$, 称其为平面系统 (5.2.20) 在 L 的后继函数或分支函数. 由隐函数定理, 存在 C^∞ 函数 $q(\mu) = O(\mu)$ 使得 $G_a(q(\mu), \mu) = 0$. 因此利

用改进的泰勒公式知

$$G(a,\mu) = G(q(\mu),\mu) + \frac{1}{2}G_{aa}(q(\mu),\mu)(a - q(\mu))^2(1 + O(a - q(\mu))),$$

令

$$\Delta(\mu) = -\frac{2G(q(\mu),\mu)}{G_{aa}(q(\mu),\mu)},$$

则与定理 5.2.1 类似可证结论 (i) 成立.

再证结论 (ii). 由于 L 为 k 重极限环, $k \geqslant 3$, 则

$$q_k \equiv \frac{1}{k!}\frac{\partial^k G}{\partial a^k}(0,0) \neq 0.$$

于是, 对分支函数 G 利用定理 5.1.3 即知当 $|\mu|$ 充分小时 (5.2.20) 在 L 附近至多有 k 个极限环 (包括重数在内).

最后, 如果 k 是奇数, 则对充分小的 $\varepsilon > 0$ 当 $|a| = \varepsilon$ 时有 $q_k a[P(a,0)-a] > 0$, 于是存在 $\delta > 0$ 使得当 $|a| = \varepsilon$, $|\mu| \leqslant \delta$ 时有 $q_k a[P(a,\mu) - a] > 0$. 因而存在 $a^*(\mu)$ 且 $|a^*(\mu)| < \varepsilon$ 使 $P(a^*(\mu),\mu) - a^*(\mu) = 0, |\mu| < \delta$. 证毕. □

例 5.2.6 考虑含两个参数的系统

$$\begin{aligned}\dot{x} &= -y + x(x^2 + y^2 - 1)^2 - x[\mu_1(x^2 + y^2) + \mu_2],\\ \dot{y} &= x + y(x^2 + y^2 - 1)^2 - y[\mu_1(x^2 + y^2) + \mu_2],\end{aligned} \quad (5.2.25)$$

当 $\mu_1 = \mu_2 = 0$ 时, (5.2.25) 有唯一极限环

$$L : x = \cos t, \quad y = \sin t, \quad 0 \leqslant t \leqslant 2\pi.$$

由例 4.5.3 知, L 是 2 重环且 $P_a''(0,0) = -16\pi$. 做变换 $(x,y) = (1-b)(\cos\theta,\sin\theta)$, $0 \leqslant \theta \leqslant 2\pi$, 可使 (5.2.25) 成为

$$\dot{\theta} = 1, \quad \dot{b} = -(1-b)[h^2 - \mu_1 h - (\mu_1 + \mu_2)],$$

其中 $h = (1-b)^2 - 1$. 于是

$$\frac{\mathrm{d}b}{\mathrm{d}\theta} = -(1-b)[h^2 - \mu_1 h - (\mu_1 + \mu_2)].$$

显然, 上述方程满足 $b(0,a,\mu_1,\mu_2) = a$ 的解 $b(\theta,a,\mu_1,\mu_2)$ 是 2π 周期的当且仅当初值 a 满足

$$G^*(a,\mu_1,\mu_2) \equiv a^2 - \mu_1 a - (\mu_1 + \mu_2) = 0.$$

由此, 如果令 $\Delta(\mu_1; \mu_2) = \mu_1^2 + 4(\mu_1 + \mu_2)$, 则对位于 $(0,0)$ 附近的 (μ_1, μ_2), 当 $\Delta(\mu_1, \mu_2) < 0$ ($= 0$ 或 > 0) 时 (5.2.25) 没有极限环 (有唯一 2 重环或有两个双曲极限环). 在 (μ_1, μ_2) 平面由方程 $\Delta(\mu_1, \mu_2) = 0$ 定义的曲线 $\mu_2 = -\mu_1 - \dfrac{1}{4}\mu_1^2$ 称为极限环的鞍结点型分支曲线, 见图 5.2.3.

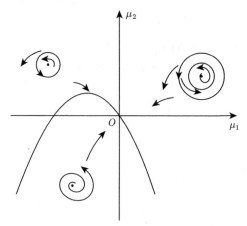

图 5.2.3　方程 (5.2.25) 的极限环分支图 (鞍结点型)

回到方程 (5.2.20). 注意到

$$A(\theta) = \operatorname{tr} f_x(u) - \frac{\mathrm{d}}{\mathrm{d}\theta}\ln|f(u)|, \quad Z(\theta) = \frac{1}{|f(u)|}(-f_2(u), f_1(u)).$$

式 (5.2.24) 中的常数 N_0 可写为

$$N_0 = \frac{1}{|f(u(0))|}\mathrm{e}^{I(L)}M,$$

其中

$$M = \int_0^T \mathrm{e}^{-\int_0^t \operatorname{tr} f_x(u(s))\mathrm{d}s} f(u(t)) \wedge F_\mu(u(t), 0)\mathrm{d}t, \tag{5.2.26}$$

而 $(a_1, a_2) \wedge (b_1, b_2) = a_1 b_2 - a_2 b_1$, $\mu \in \mathbf{R}$. 如果 $P(a, 0) - a = q_k a^k + o(a^k)$, 则式 (5.2.24) 可写为

$$G(a, \mu) = P(a, \mu) - a = q_k a^k + \frac{\mathrm{e}^{I(L)}}{|f(u(0))|}M\mu + o(|\mu, a^k|). \tag{5.2.27}$$

利用 (5.2.27) 可证以下定理[29].

定理 5.2.7　设 (5.2.20) 是解析系统, 且 $\mu \in \mathbf{R}$. 如果 $M \neq 0$, 则存在 $\varepsilon > 0$ 和 L 的邻域 U 使对 $0 < |\mu| < \varepsilon$,

(i) 若 L 是奇数重的, 则方程 (5.2.20) 在 U 中有唯一极限环, 且是双曲的;

(ii) 若 L 是偶数重的, 则对位于 $\mu = 0$ 一侧的 μ 方程 (5.2.20) 在 U 中有两个极限环, 且均为双曲的, 而对 $\mu = 0$ 另一侧的 μ 方程 (5.2.20) 在 U 中没有极限环;

(iii) 若 L 是非孤立的, 则方程 (5.2.20) 在 U 中没有极限环.

证明　由定理 5.2.5 可设 $I(L) = 0$. 由 (5.2.27), 存在唯一函数

$$\mu = -\frac{q_k}{M}|f(u(0))|a^k + O(a^{k+1}) = \mu^*(a) \tag{5.2.28}$$

使 $G(a, \mu^*(a)) = 0$. 若 k 是奇数, 且 $q_k \neq 0$, 则函数 μ^* 有唯一反函数

$$a = \left(\frac{-M\mu}{q_k|f(u(0))|}\right)^{\frac{1}{k}}(1 + o(\mu^{\frac{1}{k}})) = a^*(\mu),$$

满足 $\frac{\partial G}{\partial a}(a^*(\mu), \mu) \neq 0$. 由此即得结论 (i). 结论 (ii) 类似可得.

若 L 是非孤立的, 则对充分小的 $|a|$ 有 $G(a, 0) \equiv 0$. 这意味着 $\mu^*(a) \equiv 0$ (因为 $G(a, \mu) = 0$ 当且仅当 $\mu = \mu^*(a)$). 故, 对所有充分小的 $|\mu| > 0$ 有 $G(a, \mu) \neq 0$. 这表示 (5.2.20) 在 L 附近没有极限环. 证毕. □

例 5.2.7　考虑 (5.2.25), 其中假设 (μ_1, μ_2) 在一直线上变化, 即设 $\mu_1 = \mu, \mu_2 = c\mu, c$ 为常数. 此时 (5.2.25) 成为

$$\begin{aligned}\dot{x} &= -y + x(x^2 + y^2 - 1)^2 - \mu x(x^2 + y^2 + c), \\ \dot{y} &= x + y(x^2 + y^2 - 1)^2 - \mu y(x^2 + y^2 + c).\end{aligned} \tag{5.2.29}$$

由 (5.2.26), 我们有 $M = 2\pi(1+c)$. 注意到 $q_2 = \frac{1}{2}P_a''(0,0) = -8\pi$, 公式 (5.2.28) 成为 $\mu^*(a) = \frac{4}{1+c}a^2 + O(a^3)$, 其反函数为

$$a = a_j(\mu) = \left[\frac{1+c}{4}\mu\right]^{\frac{1}{2}}[(-1)^j + O(|\mu|^{\frac{1}{2}})], \quad j = 1, 2.$$

于是, 若 $1 + c \neq 0$, 则当 $(1+c)\mu < 0 \ (> 0)$ 时 (5.2.29) 没有极限环 (2 个极限环). 若 $1 + c = 0$, 则 (5.2.29) 总有两个极限环, 分别由 $x^2 + y^2 = 1$ 和 $x^2 + y^2 = 1 + \mu$ 给出.

上例说明在定理 5.2.7 中条件 $M \neq 0$ 不能去掉.

下面我们对引理 5.2.3 做一点延伸.

设当 $\mu = 0$ 时 (5.2.20) 有一轨线段 $L : x = u(t)$, $t_1 \leqslant t \leqslant t_2$. 如前引入向量 $v(\theta)$ 和 $Z(\theta)$. 易见, 如果把变化区间 $0 \leqslant \theta \leqslant T$ 改为 $t_1 \leqslant \theta \leqslant t_2$, 则引理 5.2.3 仍成立. 进一步设 $b(\theta, a, \mu)$ 表示 (5.2.22) 满足条件 $b(t_1, a, \mu) = a$ 之解, 则与 (5.2.23) 完全类似可得

$$
\begin{aligned}
b(t_2, a, \mu) = \exp \int_{t_1}^{t_2} A(s)\mathrm{d}s \left[a + \int_{t_1}^{t_2} \exp\left(-\int_{t_1}^{\theta} A(s)\mathrm{d}s \right) Z^{\mathrm{T}}(\theta) F_\mu(u(\theta), 0)\mathrm{d}\theta \cdot \mu \right] \\
+ O(|a, \mu|^2).
\end{aligned}
$$

$$(5.2.30)$$

由定理 4.5.1 的证明知

$$
A(\theta) = \mathrm{tr}\frac{\partial f}{\partial x}(u(\theta)) - \frac{\mathrm{d}}{\mathrm{d}\theta} \ln |f(u(\theta))|.
$$

于是, 由 (5.2.30) 知

$$
b(t_2, a, \mu) = \frac{|f(u(t_1))|}{|f(u(t_2))|} \exp\left(\int_{t_1}^{t_2} \mathrm{tr}\frac{\partial f}{\partial x}(u(s)) \mathrm{d}s \right) a + K\mu + O(|a, \mu|^2), \quad (5.2.31)
$$

其中

$$
K = \frac{1}{|f(u(t_2))|} \int_{t_1}^{t_2} |f(u(\theta))| \exp\left(-\int_{t_1}^{\theta} \mathrm{tr}\frac{\partial f}{\partial x}(u(s))\mathrm{d}s \right) Z^{\mathrm{T}}(\theta) F_\mu(u(\theta), 0)\mathrm{d}\theta.
$$

与 (5.2.26) 类似可得

$$
K = \frac{1}{|f(u(t_2))|} \int_{t_1}^{t_2} \exp\left(-\int_{t_1}^{\theta} \mathrm{tr}\frac{\partial f}{\partial x}(u(s))\mathrm{d}s \right) f(u(\theta)) \wedge F_\mu(u(\theta), 0)\mathrm{d}\theta. \quad (5.2.32)
$$

设 $(\bar{\theta}(t), \bar{b}(t))$ 为 (5.2.21) 满足条件 $(\bar{\theta}(t_1), \bar{b}(t_1)) = (t_1, a)$ 的解, 则

$$
x(t) = u(\bar{\theta}(t)) + Z(\bar{\theta}(t))\bar{b}(t)
$$

为 (5.2.20) 的解, 且满足 $x(t_1) = u(t_1) + Z(t_1)a$. 同时又有 $\bar{b}(t) = b(\bar{\theta}(t), a, \mu)$. 由此可知, 如果设 $\tau = t_2 + O(|a, \mu|)$ 为方程 $\bar{\theta}(t) = t_2$ 的唯一解, 则成立

$$
x(\tau) = u(\bar{\theta}(\tau)) + Z(\bar{\theta}(\tau))\bar{b}(\tau) = u(t_2) + Z(t_2)b(t_2, a, \mu),
$$

其中 $b(t_2, a, \mu)$ 由 (5.2.31) 给出. 于是, 我们证明了下述引理.

引理 5.2.4　设当 $\mu = 0$ 时 (5.2.20) 有一轨线段 $L : x = u(t)$, $t_1 \leqslant t \leqslant t_2$. 过点 $u(t_1)$ 与 $u(t_2)$ 分别定义与 L 正交的截线如下:

$$l_i : x = u(t_i) + Z(t_i)a, \quad i = 1, 2, \quad |a| \leqslant \varepsilon_0.$$

则任取点 $A \in l_1$, $A = u(t_1) + Z(t_1)a$, 系统 (5.2.20) 过 A 之轨线必交 l_2 于某点 $B \in l_2$, 且 B 可表示为 $B = u(t_2) + Z(t_2)a_1$, 其中

$$a_1 = \frac{|f(u(t_1))|}{|f(u(t_2))|} \exp\left(\int_{t_1}^{t_2} \operatorname{tr} \frac{\partial f}{\partial x}(u(s))\mathrm{d}s\right) a + K\mu + O(|a,\mu|^2),$$

常量 K 由 (5.2.32) 给出.

有时候, 我们选取的截线未必与未扰轨线段正交, 此时利用上述引理和三角形的正弦定理可以证明下述结论.

引理 5.2.5　设当 $\mu = 0$ 时, (5.2.20) 有一轨线段 $L : x = u(t)$, $t_1 \leqslant t \leqslant t_2$. 过点 $u(t_1)$ 与 $u(t_2)$ 分别定义截线 $\bar{l}_1$ 与 $\bar{l}_2$ 如下:

$$\bar{l}_i : x = u(t_i) + n_i a, \quad i = 1, 2, \quad |a| \leqslant \varepsilon_0,$$

其中 $\langle n_i, Z(t_i) \rangle = \cos \alpha_i > 0$, $i = 1, 2$, α_i 为 n_i ($\bar{l}_i$ 的单位方向向量) 与 $Z(t_i)$ 的夹角, 则任取点 $\bar{A} \in \bar{l}_1$, $\bar{A} = u(t_1) + n_1 a$, 系统 (5.2.20) 过 $\bar{A}$ 之轨线必交 $\bar{l}_2$ 于某点 $\bar{B} \in \bar{l}_2$, 且 $\bar{B}$ 可表示为 $B = u(t_2) + n_2 a_1$, 其中

$$a_1 = \frac{\cos \alpha_1 |f(u(t_1))|}{\cos \alpha_2 |f(u(t_2))|} \exp\left(\int_{t_1}^{t_2} \operatorname{tr} \frac{\partial f}{\partial x}(u(s))\mathrm{d}s\right) a + \frac{1}{\cos \alpha_2} K\mu + O(|a,\mu|^2),$$

常量 K 由 (5.2.32) 给出, 并成立

$$\cos \alpha_i |f(u(t_i))| = \det\left(f(u(t_i)), n_i\right), \quad i = 1, 2.$$

事实上, 系统 (5.2.20) 过点 $\bar{A}$ 之轨线必在点 $u(t_1)$ 附近在某时刻 $t_1 + O(|a,\mu|)$ 与引理 5.2.5 中的截线 l_1 交于某点 A. 易见点 A 可表示为 $A = u(t_1) + Z(t_1)\tilde{a}$. 直线段 $A\bar{A}$ 与截线 l_1 和 $\bar{l}_1$ 构成一三角形, 对此三角形利用正弦定理, 并注意到以 A 为顶点的内角趋于 $\pi/2$ (当 $|a| + |\mu| \to 0$ 时), 可得下列关系式:

$$\tilde{a} = \left[\sin\left(\frac{\pi}{2} - \alpha_1\right) + O(|a,\mu|)\right] a.$$

进一步, 系统 (5.2.20) 过点 $\bar{A}$ 之轨线必在点 $u(t_2)$ 附近分别交 l_2 和 $\bar{l}_2$ 于某点 B 和 $\bar{B}$ (其中 l_2 为引理 5.2.5 中的截线), 这两点可分别表示为

$$B = u(t_2) + Z(t_2)\tilde{a}_1, \quad \bar{B} = u(t_2) + n_2 a_1.$$

则完全类似可得 $\tilde{a}_1$ 与 a_1 有下述关系式:

$$a_1 = \frac{1}{\sin\left(\frac{\pi}{2} - \alpha_2\right)}\left(1 + O(|\tilde{a}_1, \mu|)\right)\tilde{a}_1.$$

再由引理 5.2.5, 可得量 $\tilde{a}_1$ 与 $\tilde{a}$ 的关系, 于是易得结论成立.

我们经常对微分方程施行变量变换, 此时原方程的直线截线就变为新方程的曲线截线了, 因此有时候不可避免地需要引入曲线截线. 同前, 仍设当 $\mu = 0$ 时 (5.2.20) 有一轨线段 $L: x = u(t)$, $t_1 \leqslant t \leqslant t_2$. 设有 C^r 函数 $q: (-\varepsilon_0, \varepsilon_0) \to \mathbf{R}^2$, 满足

$$q(0) = 0, \quad \det(f(u(t_1)), q'(0)) > 0,$$

其中 $r \geqslant 1$, $\varepsilon_0 > 0$, 则这个向量函数确定一个过点 $u(t_1)$ 的曲线截线如下:

$$\tilde{l}: x = u(t_1) + q(a), \quad a \in (-\varepsilon_0, \varepsilon_0).$$

如前用 l_1 表示过点 $u(t_1)$ 且与 L 正交的直线截线, 即

$$l_1: x = u(t_1) + Z(t_1)a, \quad a \in (-\varepsilon_0, \varepsilon_0).$$

再设未扰系统 (5.2.20)$|_{\mu=0}$ 从 l_1 中点 $A = u(t_1) + Z(t_1)a$ 出发的轨线在点 A 附近与曲线截线 $\tilde{l}$ 相交于某点 $\tilde{A}$, 则该点可表示为

$$\tilde{A} = u(t_1) + q(\tilde{a}), \quad \tilde{a} = h(a).$$

由文献 [35] 第一章引理 1.2.1 及其证明知, 函数 h 为 C^r 的, 且满足

$$h(0) = 0, \ h'(0) = (|q'(0)|\sin\alpha)^{-1},$$

其中 $|q'(0)|$ 表示 $q'(0)$ 的欧氏范数, $\alpha \in \left(0, \frac{\pi}{2}\right]$ 表示向量 $f(u(t_1))$ 与 $q'(0)$ 之间的夹角.

5.2.4 同宿分支

前面研究了一些简单的非双曲奇点与非双曲极限环的扰动分支, 本节进一步研究具有第三个特征 (即存在连接鞍点的轨线) 的平面结构不稳定系统的扰动分支, 主要是研究同宿分支.

先看两个例子.

例 5.2.8 考虑下述二次系统:

$$\dot{x} = x(1-x), \quad \dot{y} = y(2x-1) + \varepsilon x(1-x). \tag{5.2.33}$$

注意到 (5.2.33) 右端函数的导数矩阵为

$$\begin{pmatrix} 1-2x & 0 \\ 2y+\varepsilon(1-2x) & 2x-1 \end{pmatrix},$$

易知该系统只有两个奇点 $(0,0)$ 与 $(1,0)$, 且它们均为鞍点.

方程 (5.2.33) 有直线解 $x=0$ 与 $x=1$, 这两条直线均由一个奇点和两条轨线组成. 当 $\varepsilon=0$ 时 (5.2.33) 还有直线解 $y=0$, 该直线由两个鞍点和三条轨线组成, 利用 (5.2.33) 第一式可求得中间那条轨线的参数方程为

$$\left(\frac{x_0 \mathrm{e}^t}{1-x_0+x_0\mathrm{e}^t}, 0 \right), \quad 0 < x_0 < 1.$$

上述解当 $t \to +\infty$ 与 $-\infty$ 时分别趋于点 $(1,0)$ 与 $(0,0)$. 我们称这种正、负向沿某特征方向趋于不同奇点的轨线为异宿轨. 因此当 $\varepsilon=0$ 时方程 (5.2.33) 有连接鞍点 $(0,0)$ 与 $(1,0)$ 的异宿轨, 它位于 x 轴上, 如图 5.2.4 (a) 所示. 当 $\varepsilon>0$ 时, 由于 $\dot{y}|_{y=0}=\varepsilon x(1-x)$, 易知 (5.2.33) 已不存在连接鞍点 $(0,0)$ 与 $(1,0)$ 的轨线, 如图 5.2.4 (b) 所示.

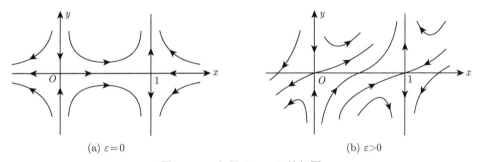

(a) $\varepsilon=0$　　　　　　　　　　　　(b) $\varepsilon>0$

图 5.2.4　方程 (5.2.33) 的相图

例 5.2.9　考虑下述 4 次系统:

$$\dot{x}=y, \quad \dot{y}=x-x^2-y(H(x,y)+\varepsilon), \tag{5.2.34}$$

其中 $H(x,y)=\frac{1}{2}y^2-\frac{1}{2}x^2+\frac{1}{3}x^3, |\varepsilon|<\frac{1}{6}$. 该方程恰有两个奇点 $(0,0)$ 与 $(1,0)$, 易知 $(0,0)$ 为鞍点. 注意到 $H(1,0)=-\frac{1}{6}$, (5.2.34) 在 $(1,0)$ 的发散量为 $\frac{1}{6}-\varepsilon>0$, 故 $(1,0)$ 为不稳定焦点. 考察函数 H 沿 (5.2.34) 轨线的全导数

$$\dot{H}=H_x\dot{x}+H_y\dot{y}=-y^2(H(x,y)+\varepsilon), \tag{5.2.35}$$

先设 $\varepsilon = 0$, 则对任一 $h \in \left(-\dfrac{1}{6}, 0\right)$, 沿方程 $H(x, y) = h$ 在 $x > 0$ 中定义的闭曲线 L_h 有

$$\dot{H} = -y^2 h > 0 \ (y \neq 0),$$

这意味着当 $\varepsilon = 0$ 时, 方程 (5.2.34) 从 L_h 上任一点出发的轨线都正向进入 L_h 的外侧. 进一步 (仍设 $\varepsilon = 0$), 沿 $H = 0$ 有 $\dot{H} = 0$, 这表明当 $\varepsilon = 0$ 时 (5.2.34) 从曲线 $H = 0$ 上任一点出发的轨线必恒位于该曲线上, 即曲线 $H = 0$ 是 (5.2.34) 的不变曲线. 该曲线由原点和三条非平凡轨线组成, 其中位于 $x > 0$ 的部分是正负向都趋于原点的同宿轨 L_0, 由此易得 (5.2.34) 的相图如图 5.2.5 (a) 所示.

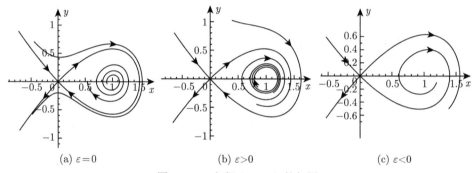

(a) $\varepsilon = 0$ (b) $\varepsilon > 0$ (c) $\varepsilon < 0$

图 5.2.5   方程 (5.2.34) 的相图

现设 $\varepsilon \neq 0$. 由 (5.2.35) 知

$$\dot{H}|_{H=-\varepsilon} = 0,$$

由此知当 $0 < \varepsilon < \dfrac{1}{6}$ 时由 $H = -\varepsilon$ 定义的闭曲线 $L_{-\varepsilon}$ 为 (5.2.34) 的闭轨线, 为确定其稳定性, 我们来估计其指标的符号, 事实上,

$$I(L_{-\varepsilon}) = \oint_{L_{-\varepsilon}} \mathrm{div}(5.2.34)\mathrm{d}t = -\oint_{L_{-\varepsilon}} y^2 \mathrm{d}t < 0,$$

故 $L_{-\varepsilon}$ 为 (5.2.34) 的稳定极限环, 如图 5.2.5 (b) 所示.

当 $\varepsilon < 0$ 时方程 $H(x, y) = -\varepsilon$ 没有闭分支, 且对任一 $h \in \left(-\dfrac{1}{6}, 0\right]$, 由 (5.2.35) 知, 全导数沿 L_h 有

$$\dot{H} = -y^2(h + \varepsilon) > 0 \quad (\text{当 } y \neq 0 \text{ 时}).$$

这表示 (5.2.34) 从 L_h 上任一点出发的轨线都进入其外侧, 特别 (5.2.34) 从同宿轨 L_0 上任一点出发的轨线都进入其外侧, 如图 5.2.5 (c) 所示.

上面两个例子描述了两种分支现象, 前一个例子表明, 异宿轨在任意小的扰动之下可以不复存在, 称为异宿分支; 而后一个例子表明, 同宿轨在任意小的扰动之下可以不复存在, 却可能产生极限环, 这一分支现象称为同宿分支.

下面我们给出一般系统同宿分支的基本理论与方法 (见引理 5.2.6 与引理 5.2.7 和定理 5.2.8 与定理 5.2.9 等), 由于引理证明已超出本书范围, 此处我们引而不证.

现考虑 C^∞ 系统 (5.2.6),

$$\dot{x} = f(x,y) + \varepsilon p(x,y,\varepsilon,\delta),$$
$$\dot{y} = g(x,y) + \varepsilon q(x,y,\varepsilon,\delta).$$

设当 $\varepsilon = 0$ 时上述系统有一双曲鞍点 S_0 和正负向均趋于 S_0 的同宿轨

$$L_0 = \{(x(t),y(t))|t \in \mathbf{R}\},$$

即 $\omega(L_0) = \alpha(L_0) = S_0$. 为确定计, 设 L_0 为顺时针定向的, 且 Poincaré 映射在 L_0 内侧有定义. 当 $|\varepsilon|$ 充分小时 (5.2.6) 在 S_0 附近有双曲鞍点 $S(\varepsilon,\delta)$, 而 (5.2.6) 在 L_0 的邻域内有分别位于 $S(\varepsilon,\delta)$ 的稳定、不稳定流形上的分界线 $L^s(\varepsilon,\delta)$ 与 $L^u(\varepsilon,\delta)$. 任取定点 $A_0 \in L_0$, 过点 A_0 作 (5.2.6) 的截线 l, 其方向向量取为

$$n_0 = \frac{1}{|f(A_0),g(A_0)|}(-g(A_0),f(A_0)).$$

则分界线 L^s 与 L^u 必与 l 有交点, 分别记为 A^s 与 A^u. 可证下述引理 (文献 [14, 17, 55]).

引理 5.2.6 (Melnikov 引理)　存在函数 $a^{s,u}(\varepsilon,\delta) = O(\varepsilon)$ 使

$$A^{s,u} = A_0 + a^{s,u}(\varepsilon,\delta)n_0.$$

若令 $d(\varepsilon,\delta,A_0) = a^u(\varepsilon,\delta) - a^s(\varepsilon,\delta)$, 则

$$d(\varepsilon,\delta,A_0) = \frac{\varepsilon M(\delta)}{|f(A_0),g(A_0)|} + O(\varepsilon^2),$$

其中

$$M(\delta) = \int_{-\infty}^{+\infty}(fq-gp)e^{-\int_0^t(f_x+g_y)d\tau}\bigg|_{\varepsilon=0,L_0}dt \in \mathbf{R}.$$

量 d 的符号决定了分界线 L^s 与 L^u 的相对位置, 如图 5.2.6 所示.

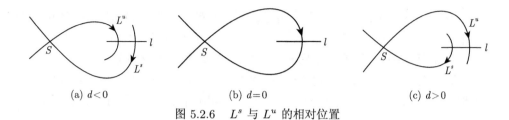

(a) $d < 0$ (b) $d = 0$ (c) $d > 0$

图 5.2.6 L^s 与 L^u 的相对位置

截线 l 上点 A^s 左侧附近的任一点 A 可表示为

$$A = A_0 + a n_0, \quad a \leqslant a^s(\varepsilon, \delta).$$

设 (5.2.6) 从点 A 出发的正半轨线与 l 的后继交点为 B, 则点 B 可表示为

$$B = A_0 + P(a, \varepsilon, \delta) n_0, \quad a < a^s(\varepsilon, \delta).$$

由鞍点的性质易见成立

$$\lim_{a \to a^s -} P(a, \varepsilon, \delta) = a^u(\varepsilon, \delta).$$

我们称函数 $P : l \to l$ 为 (5.2.6) 在 L_0 附近的 Poincaré 映射, 其定义域可扩充为 $a \leqslant a^s(\varepsilon, \delta)$, 且 $|a|$ 充分小, 而称

$$F(a, \varepsilon, \delta) = P(a, \varepsilon, \delta) - a$$

为 (5.2.6) 在 L_0 附近的后继函数. 于是

$$F(a^s, \varepsilon, \delta) = a^u(\varepsilon, \delta) - a^s(\varepsilon, \delta) = d(\varepsilon, \delta, A_0). \tag{5.2.36}$$

进一步可证以下引理 (文献 [14, 17, 60]).

引理 5.2.7   *函数 F 关于 a 的导数满足*

$$\frac{\partial F}{\partial a} = -1 + \frac{1}{1 + O(F)} e^{\int_{AB} (f_x + g_y + \varepsilon (p_x + q_y)) \mathrm{d}t}.$$

利用上述引理可证下述非退化的同宿分支定理.

定理 5.2.8   设 $\sigma_0 = (f_x + g_y)(S_0)$. 若 $\sigma_0 \neq 0$, 则

(i) 当 $\sigma_0 < 0 \ (> 0)$ 时同宿轨 L_0 为内侧稳定 (不稳定) 的[36];

(ii) 存在 $\varepsilon_0 > 0$ 及 L_0 的邻域 V, 使当 $0 < |\varepsilon| < \varepsilon_0$, δ 有界时 (5.2.6) 在 V 中至多有一个极限环, 且极限环存在当且仅当 $\sigma_0 d(\varepsilon, \delta, A_0) > 0$, 而且其稳定性由 σ_0 的符号决定.

证明 不妨设 $\sigma_0 < 0$. 取 S_0 的邻域 U, 使当 $|\varepsilon|$ 充分小且 $(x, y) \in U$ 时有

$$f_x + g_y + \varepsilon(p_x + q_y) < \frac{\sigma_0}{2} < 0,$$

又设 L_1 表示轨线段 AB 与 U 的交, L_2 表示 AB 的其余部分, 则当 $a \to a^s$ 时

$$L_1 \to L^s \cap U, \qquad \int_{L_1} (f_x + g_y + \varepsilon(p_x + q_y)) \mathrm{d}t \to -\infty,$$

而

$$\int_{L_2} (f_x + g_y + \varepsilon(p_x + q_y)) \mathrm{d}t$$

趋于一有界量 (因为沿 $L^s \cap U$, t 趋于正无穷, 而沿 L^s 的其余部分 t 有界), 故由引理 5.2.7 知, 当 $a \to a^s$ 时 $\frac{\partial F}{\partial a} \to -1$, 特别地由 $a^s = O(\varepsilon)$ 知当 $|a|$ 充分小且 $a < 0$ 时 $F(a, 0, \delta) > F(0, 0, \delta) = 0$, 且当 $|a| + |\varepsilon|$ 充分小时 F 关于 a 为严格减少的, 从而关于 a 至多有一个根, 这表示 L_0 为稳定的, 且 (5.2.6) 在 L_0 附近至多有一个极限环.

进一步取 $a_0 < 0$ 且 $|a_0|$ 很小, 使 $F(a_0, 0, \delta) > 0$, 则存在 $\varepsilon_0 > 0$ 使当 $|\varepsilon| < \varepsilon_0$ 时 $F(a_0, \varepsilon, \delta) > 0$, 而由 (5.2.36) 知, 当 $d(\varepsilon, \delta, A_0) < 0 \ (> 0)$ 时 $F(a^s, \varepsilon, \delta) < 0 \ (> 0)$, 故由 F 的连续性知当 $|\varepsilon| < \varepsilon_0$ 且 $d(\varepsilon, \delta, A_0) < 0 \ (> 0)$ 时 F 在区间 $(a_0, a^s(\varepsilon, \delta))$ 上有唯一 (没有) 根, 于是当 $|\varepsilon| < \varepsilon_0$, $d(\varepsilon, \delta, A_0) < 0 \ (> 0)$ 时 (5.2.6) 在 L_0 附近有唯一稳定极限环 (没有极限环). 证毕. □

注 5.2.1 若 $\sigma_0 = 0$, 则可证广义积分 $\oint_{L_0} (f_x + g_y) \mathrm{d}t$ 为有限量, 且当它为正 (负) 时 L_0 是不稳定 (稳定) 的, 并且它在光滑扰动下至多产生两个极限环, 而且经适当扰动可以出现两个极限环. 有兴趣的读者可参看文献 [29, 35].

如果 $f_x + g_y = 0$ (此时必存在函数 $H(x, y)$ 使 $f = H_y$, $g = -H_x$), 则引理 5.2.6 中的量 $M(\delta)$ 成为

$$M(\delta) = \oint_{L_0} (fq - gp)|_{\varepsilon=0} \mathrm{d}t = \oint_{L_0} (q\mathrm{d}x - p\mathrm{d}y)|_{\varepsilon=0}. \qquad (5.2.37)$$

定理 5.2.9 [14,60] 设存在函数 $H(x, y)$ 使 $f = H_y$, $g = -H_x$, 则

(i) 当 $|\varepsilon|$ 充分小, δ 有界时 (5.2.6) 在 L_0 附近存在极限环的必要条件是存在 $\delta_0 \in \mathbf{R}^m$ 使 $M(\delta_0) = 0$;

(ii) 设 $M(\delta_0) = 0$, 又设

$$\sigma(\delta_0) \equiv (p_x + q_y)(S_0, 0, \delta_0) \neq 0,$$

则存在 $\varepsilon_0 > 0$, L_0 的邻域 V, 使当 $0 < |\varepsilon| < \varepsilon_0$, $|\delta - \delta_0| < \varepsilon_0$ 时 (5.2.6) 在 V 中至多有一个极限环, 且极限环存在当且仅当 $\sigma(\delta_0)d^*(\varepsilon, \delta) > 0$, 而且其稳定性由 $\varepsilon\sigma(\delta_0)$ 的符号决定, 其中

$$d^*(\varepsilon, \delta) = \frac{1}{\varepsilon}d(\varepsilon, \delta, A_0) = \frac{M(\delta)}{|f(A_0), g(A_0)|} + O(\varepsilon).$$

证明　首先证明

$$F(a, \varepsilon, \delta) = \varepsilon F^*(a, \varepsilon, \delta), \tag{5.2.38}$$

其中 F^* 在 F 的定义域上是一致连续的. 事实上, 由假设知

$$\begin{aligned}
H(B) - H(A) &= \varepsilon \int_{AB} (fq - gp)\mathrm{d}t \\
&= \varepsilon \int_{AB} [(f + \varepsilon p)q - (g + \varepsilon q)p]\mathrm{d}t \\
&= \varepsilon \int_{AB} q\mathrm{d}x - p\mathrm{d}y.
\end{aligned}$$

另一方面, 由微积分基本定理知

$$\begin{aligned}
H(B) - H(A) &= \int_0^1 DH(A + s(B - A))(B - A)\mathrm{d}s \\
&= \int_0^1 DH(A + sFn_0)n_0\mathrm{d}s F(a, \varepsilon, \delta),
\end{aligned}$$

于是由以上两式得

$$F^*(a, \varepsilon, \delta) = \frac{\displaystyle\int_{AB} q\mathrm{d}x - p\mathrm{d}y}{\displaystyle\int_0^1 DH(A + sFn_0)n_0\mathrm{d}s}.$$

由 n_0 的定义易见

$$\int_0^1 DH(A + sFn_0)n_0\mathrm{d}s = |f(A_0), g(A_0)| + O(|a, F|) > 0.$$

从而 (5.2.38) 得证. 进一步由引理 5.2.5 及 (5.2.38) 可得

$$F^*(a^s, \varepsilon, \delta) = d^*(\varepsilon, \delta), \quad \frac{\partial F^*}{\partial a} = \frac{1}{\varepsilon}\left[-1 + \frac{x_0^\varepsilon}{1 + O(F)}\right] = \frac{-1}{1 + O(F)}[\beta + O(F^*)],$$
$$(5.2.39)$$

其中

$$\beta = \omega(x_0, \varepsilon) = \begin{cases} \dfrac{1 - x_0^\varepsilon}{\varepsilon}, & \varepsilon \neq 0, \\ -\ln x_0, & \varepsilon = 0, \end{cases} \qquad x_0 = \exp\int_{AB}(p_x + q_y)\mathrm{d}t.$$

易证 $\lim\limits_{\varepsilon \to 0}\omega(x_0, \varepsilon) = -\ln x_0$. 又可证

$$\lim_{(x_0, \varepsilon) \to (0,0)}\omega(x_0, \varepsilon) = +\infty.$$

事实上, 若上式不成立, 则存在点列 $(x_n, \varepsilon_n) \to (0,0)$ 使 $\omega(x_n, \varepsilon_n) \to k \in \mathbf{R}$, 则 $1 - x_n^{\varepsilon_n} = \varepsilon_n\omega(x_n, \varepsilon_n) \to 0$, 从而 $\varepsilon_n \ln x_n \to 0$, 于是当 n 充分大时

$$1 - x_n^{\varepsilon_n} = 1 - \mathrm{e}^{\varepsilon_n \ln x_n} = -(\varepsilon_n \ln x_n)(1 + O(1)),$$

由此知当 $n \to \infty$ 时

$$\omega(x_n, \varepsilon_n) = \frac{1}{\varepsilon_n}(1 - x_n^{\varepsilon_n}) \to +\infty,$$

与 $k < \infty$ 矛盾.

由于

$$d^*(0, \delta) = \frac{M(\delta)}{|f(A_0), g(A_0)|},$$

由 (5.2.39) 第一式即知结论 (i) 成立. 如果 $\sigma(\delta_0) < 0$, 则当 $(a, \varepsilon) \to (0,0), \delta \to \delta_0$ 时有

$$\int_{AB}(p_x + q_y)\mathrm{d}t \to -\infty,$$

从而 $x_0 \to 0$, 于是由 (5.2.39), 与定理 5.2.8 完全类似可证结论 (ii) 成立.

若 $\sigma(\delta_0) > 0$, 则利用

$$\beta = -\omega(x_0^{-1}, -\varepsilon)$$

同样可证结论 (ii) 成立. 证毕. $\qquad\qquad\square$

由引理 5.2.6 与定理 5.2.9 即得如下推论.

推论 5.2.1　*设存在 $\delta_0 \in \mathbf{R}$ 使*

$$M(\delta_0) = 0, \quad M'(\delta_0) \neq 0, \quad \sigma(\delta_0) \neq 0,$$

则存在连续函数 $\delta^*(\varepsilon) = \delta_0 + O(\varepsilon)$ 及 $\varepsilon_0 > 0$ 使对 $0 < |\varepsilon| < \varepsilon_0$, $|\delta - \delta_0| < \varepsilon_0$, (5.2.6) 在 L_0 附近有唯一极限环当且仅当

$$\sigma(\delta_0)M'(\delta_0)(\delta - \delta^*(\varepsilon)) > 0,$$

而在 L_0 附近有同宿轨当且仅当 $\delta = \delta^*(\varepsilon)$, 且同宿轨的稳定性由 $\varepsilon\sigma(\delta_0)$ 的符号决定. 在 (ε, δ) 平面, 称由 $\delta = \delta^*(\varepsilon)$ 给出的曲线为同宿分支曲线.

注 5.2.2　若 $\sigma(\delta_0) = 0$, $\oint_{L_0} (p_x + q_y)|_{(\varepsilon,\delta)=(0,\delta_0)}\mathrm{d}t \neq 0$, 则 L_0 在光滑扰动下至多产生两个极限环, 而且经适当扰动可以出现两个极限环. 详见文献 [14].

例 5.2.10　考虑二次 Liénard 系统

$$\dot{x} = y - \varepsilon(ax + x^2), \quad \dot{y} = x - x^2. \tag{5.2.40}$$

当 $\varepsilon = 0$ 时 (5.2.40) 有首次积分 $H = \dfrac{1}{2}(y^2 - x^2) + \dfrac{1}{3}x^3$, 且方程 $H = 0$ 定义了同宿轨 L_0 位于 $x > 0$ 中. 由 (5.2.37) 和 (5.2.40) 知

$$M(a) = \oint_{L_0} (ax + x^2)\mathrm{d}y = -aI_0 - 2I_1,$$

其中 (由分部积分公式)

$$I_j = \oint_{L_0} x^j y\mathrm{d}x, \quad j = 0, 1.$$

易见

$$I_j = 2\int_0^{\frac{3}{2}} x^{j+1}\sqrt{1 - \frac{2}{3}x}\,\mathrm{d}x, \quad j = 0, 1,$$

即得 $I_0 = \dfrac{6}{5}$, $I_1 = \dfrac{36}{35}$, 故

$$M(a) = -\frac{6}{5}\left(a + \frac{12}{7}\right).$$

令 $a_0 = -\dfrac{12}{7}$, 则 $M(a_0) = 0$, $M'(a_0) < 0$, $\sigma(a_0) = -a_0 > 0$, 于是, 由推论 5.2.1 知存在 $\varepsilon_0 > 0$, $a^*(\varepsilon) = -\dfrac{12}{7} + O(\varepsilon)$, 使当 $|a|$ 有界, $0 < |\varepsilon| < \varepsilon_0$ 时 (5.2.40) 在 L_0 附

近有唯一极限环当且仅当 $a < a^*(\varepsilon)$, 且当 $\varepsilon < 0$ (> 0) 时极限环稳定 (不稳定), 有同宿轨当且仅当 $a = a^*(\varepsilon)$.

习　题　5.2

1. 设 (5.2.6) 为解析系统, 且不含参数 δ, 试证明如果 $\dfrac{\partial \alpha}{\partial \varepsilon}(0) \neq 0$, 则该系统在原点附近至多有一个极限环[29].

2. 讨论下列系统的 Hopf 分支.

(1) $\dot{x} = -y + kx + lx^2 + mxy$, $\dot{y} = x(1 + ax)$;

(2) $\dot{x} = y + a_4x^4 + a_3x^3 + a_2x^2 + a_1x$, $\dot{y} = -x(1 - x)$.

3. 证明例 5.2.4 中的结论.

4. 讨论系统 $\dot{x} = y$, $\dot{y} = x(1 - x^2) - \varepsilon(a + x^2)y$ 的同宿分支.

5. 利用稳定流形定理 (定理 4.1.7) 证明注 5.2.1 中的结论: 若 $\sigma_0 = 0$, 则广义积分 $\oint_{L_0} (f_x + g_y)\mathrm{d}t$ 为有限量.

6. 设 C^∞ 系统 (5.2.6) 的未扰系统 (即 $\varepsilon = 0$) 有双曲鞍点 S_0, 则必有 C^∞ 变换把该系统化为下列形式:

$$\dot{u} = \lambda_1 u(1 + h_1(u, v)), \quad \dot{v} = \lambda_2 v(1 + h_2(u, v)),$$

其中 $h_j = O(uv)$[14].

7. 利用上题和引理 5.2.7 证明注 5.2.1 中的结论: 若 $\sigma_0 = 0$, $\oint_{L_0} (f_x + g_y)\mathrm{d}t < 0$ (> 0), 则 L_0 为稳定 (不稳定) 的[14].

5.3　近哈密顿系统的极限环分支

本节研究下述形式的 C^∞ 平面系统:

$$\dot{x} = H_y + \varepsilon p(x, y, \varepsilon, \delta), \quad \dot{y} = -H_x + \varepsilon q(x, y, \varepsilon, \delta), \quad (x, y) \in \mathbf{R}^2, \qquad (5.3.1)$$

其中 $H(x, y), p(x, y, \varepsilon, \delta), q(x, y, \varepsilon, \delta)$ 为 C^∞ 函数, $\varepsilon \geqslant 0$ 是小参数, 而 $\delta \in D \subset \mathbf{R}^m$ 是向量参数, D 是有界集. 当 $\varepsilon = 0$ 时 (5.3.1) 成为

$$\dot{x} = H_y, \quad \dot{y} = -H_x, \qquad (5.3.2)$$

这是一个哈密顿系统, 因此我们称 (5.3.1) 为近哈密顿系统. 下面我们阐述研究近哈密顿系统 (5.3.1) 极限环分支的基本方法, 首先从建立 Melnikov 函数和后继函数入手.

5.3.1 Melnikov 函数

假设存在开区间 $J = (\alpha, \beta)$, 使对 $h \in J$, 方程 $H(x,y) = h$ 确定了一闭曲线 L_h, 它是 (5.3.2) 的闭轨, 而当 h 趋于区间 J 的端点时 L_h 的极限 (若存在有限) 不再是 (5.3.2) 的闭轨. 引入开集 G 如下:

$$G = \bigcup_{\alpha < h < \beta} L_h.$$

若 G 有界, 则其边界 ∂G 由两条闭曲线组成或由一点 (中心) 与一闭曲线组成, 这样的闭曲线中必含有 (5.3.2) 的奇点, 此时, 对方程 (5.3.1) 的任务就是研究当 ε 充分小时, 紧集 $\overline{G} = G \cup \partial G$ 某邻域内的极限环之个数. 一般来说, 这是一个很难的问题, 而且涉及不同类型的分支现象. 由含参数 h 的闭轨族所组成的开集 G 称为一个周期带 (period annulus), 研究这个周期带产生极限环的问题称为 Poincaré 分支. 如果 G 的内边界是一个初等中心, 那么研究这个中心的小邻域内极限环的分支问题称为退化的 Hopf 分支问题, 简称为 Hopf 分支. 如果 G 的内边界或外边界是一条同宿环或异宿环, 那么这个同宿环或异宿环小邻域内极限环的分支问题称为同宿分支或异宿分支. 简单说来, 研究这几类分支问题的方法都是建立相应的 Poincaré 映射, 但严格说来, 所用的具体思路是不一样的. 本节要研究的分支问题主要是 Poincaré 分支、Hopf 分支与同宿分支, 研究的核心问题是极限环的个数. 首先引入研究这些分支问题的基本工具: 后继函数与 Melnikov 函数.

取 $h_0 \in J$, $A_0 \in L_{h_0}$, 过点 A_0 作 (5.3.2) 的截线 l, 见图 5.3.1. 设其单位方向向量为 $\vec{n}_l$, 则 $\vec{n}_0 \cdot \vec{n}_l \neq 0$, 其中 $\vec{n}_0 = (H_x(A_0), H_y(A_0))$. 截线 l 可表示为

$$l = \{A_0 + u\vec{n}_l : u \in \mathbf{R}, |u| \text{ 充分小}\}.$$

考虑方程

$$G(h, u) \equiv H(A_0 + u\vec{n}_l) - h = 0.$$

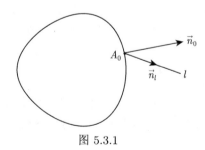

图 5.3.1

由于 $G(h_0, 0) = H(A_0) - h_0 = 0$, $\frac{\partial G}{\partial u}(h_0, 0) = \vec{n}_0 \cdot \vec{n}_l \neq 0$, 由隐函数定理知, 存在唯一 C^∞ 函数 $u = a(h) = O(h - h_0)$, 满足 $a'(h_0) \neq 0$, 使 $G(h, a(h)) = 0$. 令

$$A(h) = A_0 + a(h)\vec{n}_l,$$

则 $A(h) \in C^\infty$, $H(A(h)) = h$. 易见点 $A(h)$ 为 L_h 与截线 l 的交点.

设 $T(h)$ 表示 L_h 的周期, $\varphi(t, A, \varepsilon, \delta)$ 表示 (5.3.1) 满足 $\varphi(0, A, \varepsilon, \delta) = A$ 的解. 再考虑方程

$$G_1(t, h, \varepsilon, \delta) \equiv (\varphi(t, A, \varepsilon, \delta) - A) \cdot \vec{n}_l^\perp = 0,$$

其中 $\vec{n}_l^\perp$ 表示与 l 正交的非零向量. 由于

$$G_1(T(h_0), h_0, 0, \delta) = 0, \quad \frac{\partial G_1}{\partial t}(T(h_0), h_0, 0, \delta) = \vec{n}_0^\perp \cdot \vec{n}_l^\perp \neq 0,$$

其中 $\vec{n}_0^\perp = (H_y(A_0), -H_x(A_0))$, 仍由隐函数定理知存在 C^∞ 函数 $\tau(h, \varepsilon, \delta) = T(h_0) + O(|\varepsilon| + |h - h_0|)$ 使

$$G_1(\tau, h, \varepsilon, \delta) = 0 \quad \text{或} \quad (\varphi(\tau, A, \varepsilon, \delta) - A) \cdot \vec{n}_l^\perp = 0.$$

上式表示向量 $\varphi(\tau, A, \varepsilon, \delta) - A$ 与 $\vec{n}_l$ 平行, 故由 $A(h) \in l$ 知 $\varphi(\tau, A, \varepsilon, \delta) \in l$. 注意到 $T(h) = \tau(h, 0, \delta)$, 故 $T(h) \in C^\infty$. 令 $B(h, \varepsilon, \delta) = \varphi(\tau, A, \varepsilon, \delta)$, 则 $B \in C^\infty$ 且可以表示为

$$B(h, \varepsilon, \delta) = A_0 + b(h, \varepsilon, \delta)\vec{n}_l, \quad b(h, \varepsilon, \delta) = a(h) + O(\varepsilon).$$

见图 5.3.2.

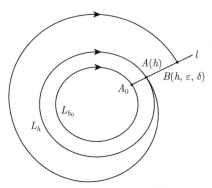

图 5.3.2　Poincaré 映射

我们有

$$
\begin{aligned}
H(B) - H(A) &= \int_{\widehat{AB}} \mathrm{d}H = \int_{\widehat{AB}} H_x \mathrm{d}x + H_y \mathrm{d}y \\
&= \int_0^\tau [H_x(H_y + \varepsilon p) + H_y(-H_x + \varepsilon q)] \mathrm{d}t \\
&= \varepsilon \int_0^\tau (H_x p + H_y q) \mathrm{d}t \equiv \varepsilon F(h, \varepsilon, \delta).
\end{aligned} \tag{5.3.3}
$$

显然有

$$
F(h, 0, \delta) = \oint_{L_h} (H_y q + H_x p)|_{\varepsilon=0} \mathrm{d}t = \oint_{L_h} (q\mathrm{d}x - p\mathrm{d}y)|_{\varepsilon=0} \equiv M(h, \delta), \quad h \in J. \tag{5.3.4}
$$

易见函数 $F(h, \varepsilon, \delta)$ 在其定义域上为 C^∞ 函数, 于是, 由改进的泰勒公式可知, 存在 C^∞ 函数 $F_1(h, \varepsilon, \delta)$, 使得

$$
F(h, \varepsilon, \delta) = M(h, \delta) + \varepsilon F_1(h, \varepsilon, \delta).
$$

定义 5.3.1 称函数 $F(h, \varepsilon, \delta) = \int_0^\tau (H_x p + H_y q) \mathrm{d}t$ 为 (5.3.1) 的后继函数, 称函数 F 的主项 $M(h, \delta) = \oint_{L_h} (q\mathrm{d}x - p\mathrm{d}y)|_{\varepsilon=0}$ 为 (5.3.1) 的**首阶 Melnikov 函数**.

函数 F 关于 h 的最大定义域很难明确给出, 它一般依赖于参数 ε, 与 (5.3.1) 中的扰动项有密切关系.

关于 F 的基本性质我们有下述引理.

引理 5.3.1 设 $h_0 \in (\alpha, \beta)$, 则

(i) 当 $|\varepsilon| + |h - h_0|$ 充分小且 $\delta \in D$ 时函数 F 与 F_1 关于 (h, ε, δ) 为 C^∞ 的, 特别, 对 $h \in (\alpha, \beta)$ 有 $M \in C^\infty$.

(ii) 当 $|\varepsilon|$ 充分小, $\delta \in D$ 时 (5.3.1) 在 L_{h_0} 附近有周期解当且仅当方程 $F(h, \varepsilon, \delta) = 0$ 关于 h 在 h_0 附近有根.

证明 由 F 与 F_1 的定义即知结论 (i) 成立. 下证结论 (ii). 方程 (5.3.1) 从点 $A(h)$ 出发的轨线记为 $\gamma^+(h, \varepsilon, \delta)$. 很显然, 该轨线为闭轨当且仅当 $A = B$, 因此, 我们只要证明 $A = B$ 当且仅当 $H(A) = H(B)$. 事实上, 由微分中值定理知

$$
\begin{aligned}
H(B) - H(A) &= DH(A + O(B - A)) \cdot (B - A) \\
&= DH(A + O(\varepsilon)) \cdot (B - A)
\end{aligned}
$$

$$= [DH(A_0) + O(|h - h_0| + |\varepsilon|)] \cdot (b - a)\vec{n}_l$$

$$= [\vec{n}_0 \cdot \vec{n}_l + O(|h - h_0| + |\varepsilon|) \cdot \vec{n}_l](b - a),$$

因此由 $\vec{n}_0 \cdot \vec{n}_l \neq 0$ 知

$$A = B \Leftrightarrow a = b \Leftrightarrow H(B) = H(A).$$

证毕.　　　　　　　　　　　　　　　　　　　　　　　　　　　　　□

下面定理 (以及后面的定理 5.3.2 常称为 Poincaré-Pontryagin-Andronov 定理) 说明函数 M 在研究极限环的分支时起着十分关键的作用.

定理 5.3.1　设 $h_0 \in (\alpha, \beta)$, $\delta_0 \in D$.

(i) 若 $M(h_0, \delta_0) \neq 0$, 则当 $|\varepsilon| + |\delta - \delta_0|$ 充分小时, (5.3.1) 在 L_{h_0} 附近没有极限环.

(ii) 若 $M(h_0, \delta_0) = 0$, $M_h(h_0, \delta_0) \neq 0$, 则当 $|\varepsilon| + |\delta - \delta_0|$ 充分小时, (5.3.1) 在 L_{h_0} 附近有唯一极限环.

(iii) 若 $M_h^{(j)}(h_0, \delta_0) = 0$, $j = 0, 1, \cdots, k-1$, $M_h^{(k)}(h_0, \delta_0) \neq 0$, 则当 $|\varepsilon| + |\delta - \delta_0|$ 充分小时, (5.3.1) 在 L_{h_0} 附近至多有 k 个极限环 (包括重数在内), 且当 k 为奇数时至少有一个极限环.

证明　由 (5.3.3) 及引理 5.3.1 即知结论 (i) 成立. 为证结论 (ii), 设 h_0 为 $M(h, \delta_0)$ 的单根, 则对函数 $F(h, \varepsilon, \delta)$ 应用隐函数定理知函数 F 在 h_0 附近有唯一根 $h = h^*(\varepsilon, \delta) = h_0 + O(|\varepsilon| + |\delta - \delta_0|)$, 于是由引理 5.3.1 即知, 当 $|\varepsilon| + |\delta - \delta_0|$ 充分小时, (5.3.1) 在 L_{h_0} 附近有唯一极限环.

再证结论 (iii). 注意到

$$F(h, \varepsilon, \delta) = M(h, \delta_0) + [M(h, \delta) - M(h, \delta_0)] + \varepsilon F_1(h, \varepsilon, \delta),$$

取 $\lambda = (\varepsilon, \delta - \delta_0)$, 利用定理 5.1.3 即知当 $|\varepsilon| + |\delta - \delta_0|$ 充分小时, (5.3.1) 在 L_{h_0} 附近至多有 k 个环.

最后设 k 为奇数. 则存在 $\varepsilon_0 > 0$, 使

$$M(h_0 - \varepsilon_0, \delta_0) \cdot M(h_0 + \varepsilon_0, \delta_0) < 0,$$

由此可知当 $|\varepsilon|$ 与 $|\delta - \delta_0|$ 均充分小时, 有

$$F(h_0 - \varepsilon_0, \varepsilon, \delta)F(h_0 + \varepsilon_0, \varepsilon, \delta) < 0.$$

因此由 F 的连续性知 F 关于 h 在区间 $(h_0 - \varepsilon_0, h_0 + \varepsilon_0)$ 必有根. 证毕.　　□

由上述定理易得以下推论.

推论 5.3.1 设 $\delta_0 \in D$. 如果 $M(h,\delta_0)$ 在 (α,β) 内有 k 个单根或更一般地有 k 个奇重根, 则当 $|\varepsilon| + |\delta - \delta_0|$ 充分小时 (5.3.1) 在开集 G 内必有 k 个极限环.

进一步, 由定理 5.1.5 可证以下定理 (请读者自证, 见文献 [53])

定理 5.3.2 如果对一切 $\delta \in D$ 函数 $M(h,\delta)$ 关于 h 在 (α,β) 内至多有 k 个根 (包括重数在内), 那么任给 G 的任一紧子集 V 以及 D 的任一紧集 D_1, 存在 $\varepsilon_0 > 0$, 使对一切 $|\varepsilon| < \varepsilon_0$, $\delta \in D_1$ (5.3.1) 在 V 中至多有 k 个极限环 (包括重数在内). 此时我们说周期带 G 至多产生 k 个极限环 (包括重数在内).

上述定理对研究近哈密顿多项式平面系统的 Poincaré 分支有十分广泛的应用. 之前的结论中没有考虑到极限环的重数 (从其原来的证明中可以看出这个事实).

关于 M 的导数, 我们有以下引理.

引理 5.3.2 设 M 如 (5.3.4) 所定义, 则

$$M_h(h,\delta) = \oint_{L_h} (p_x + q_y)|_{\varepsilon=0}\mathrm{d}t, \quad h \in J.$$

证明 任取 $h_0 \in J$, 设 $A(h_0)$ 为 L_{h_0} 的最右点, 则

$$H_y(A(h_0)) = 0, \quad H_x(A(h_0)) \neq 0.$$

显然, 当 $H_x(A(h_0)) < 0 \ (>0)$ 时 L_{h_0} 为逆时针 (顺时针) 定向的. 如前引入(5.3.2) 过 $A(h_0)$ 的截线 l, 记 $A(h) = L_h \cap l = (a_1(h), a_2(h))$, 则 $A(h)$ 满足 $H(A(h)) = h$, 从而

$$H_x(A(h))a_1'(h) + H_y(A(h))a_2'(h) = 1,$$

特别取 $h = h_0$ 得

$$H_x(A(h_0))a_1'(h_0) = 1, \quad a_1'(h_0) \neq 0.$$

因此当 $a_1'(h_0) < 0 \ (> 0)$ 时, L_{h_0} 为逆时针 (顺时针) 定向的. 另一方面, 易见若 $a_1'(h_0) < 0 \ (>0)$, 则 L_h 随着 h 的增加而缩小 (扩大).

现为确定计, 设 L_h 为顺时针定向的, 则 $a_1'(h_0) > 0$, 从而 L_h 随 h 的增加而扩大. 设 $u(t,h)$ 表示 L_h 的参数方程, 则它满足

$$H(u(t,h)) = h, \quad 0 \leqslant t \leqslant T(h).$$

因此

$$DH(u(t,h)) \cdot u_h(t,h) = 1,$$

即

$$\det \frac{\partial u(t,h)}{\partial(t,h)} = 1. \tag{5.3.5}$$

设 $h > h_0$, $h \in J$, 用 $\Delta(h)$ 表示由 L_h 与 L_{h_0} 所围的环域, 则应用格林公式可得

$$M(h,\delta) - M(h_0,\delta) = \iint\limits_{\Delta(h)} (p_x + q_y)|_{\varepsilon=0} \mathrm{d}x\mathrm{d}y,$$

对上式二重积分引入积分变换

$$(x,y) = u(t,r), \quad 0 \leqslant t \leqslant T(r), \quad h_0 < r < h,$$

利用 (5.3.5) 可得

$$M(h,\delta) - M(h_0,\delta) = \int_{h_0}^{h} \mathrm{d}r \int_0^{T(r)} (p_x + q_y)(u(t,r),0,\delta)\mathrm{d}t,$$

对 h 求导可得

$$M_h(h,\delta) = \int_0^{T(h)} (p_x + q_y)(u(t,h),0,\delta)\mathrm{d}t.$$

证毕. □

若对方程 (5.3.1) 引入线性变换

$$u = a(x - x_0) + b(y - y_0), \quad v = c(x - x_0) + d(y - y_0)$$

及时间改变 $\tau = kt$, 其中 $k \neq 0$, $D = ad - bc \neq 0$, 使得 (5.3.1) 成为

$$\frac{\mathrm{d}u}{\mathrm{d}\tau} = \widetilde{H}_v + \varepsilon\widetilde{p}, \quad \frac{\mathrm{d}v}{\mathrm{d}\tau} = -\widetilde{H}_u + \varepsilon\widetilde{q}. \tag{5.3.6}$$

设 $\widetilde{M}(h,\delta)$ 表示 (5.3.6) 的首阶 Melnikov 函数, 即

$$\widetilde{M}(h,\delta) = \oint_{\widetilde{H}(u,v)=h} (\widetilde{q}\mathrm{d}u - \widetilde{p}\mathrm{d}v)|_{\varepsilon=0}.$$

则可证以下引理. (请读者自证)

引理 5.3.3 式 (5.3.1) 与 (5.3.6) 的首阶函数 M 与 $\widetilde{M}$ 有下列关系式:

$$M(h,\delta) = \frac{|k|}{D} \widetilde{M}\left(\frac{D}{k}h,\delta\right), \quad h \in J.$$

例 5.3.1   考虑 van der Pol 方程

$$\dot{x} = y, \quad \dot{y} = -x - \varepsilon(x^2 - 1)y. \tag{5.3.7}$$

当 $\varepsilon = 0$ 时 (5.3.7) 有哈密顿函数 $H(x, y) = \dfrac{1}{2}(x^2 + y^2)$. 由 (5.3.4) 及格林公式可得

$$M(h) = \iint\limits_{x^2 + y^2 \leqslant 2h} (1 - x^2)\mathrm{d}x\mathrm{d}y = \pi h(2 - h).$$

因此 M 有唯一正单根 $h = 2$, 故由定理 5.3.1 知当 $|\varepsilon|$ 充分小时 (5.3.7) 在 L_2: $x^2 + y^2 = 4$ 附近有唯一极限环 Γ^ε. 为考虑 Γ^ε 的稳定性, 我们来考察量

$$I(\Gamma^\varepsilon) = \varepsilon \oint_{\Gamma^\varepsilon} (1 - x^2)\mathrm{d}t = \varepsilon \left[\oint_{L_2} (1 - x^2)\mathrm{d}t + O(\varepsilon) \right].$$

由引理 5.3.2 知

$$\oint_{L_2} (1 - x^2)\mathrm{d}t = M'(2) = -2\pi,$$

故 $I(\Gamma^\varepsilon) = -2\pi\varepsilon + O(\varepsilon^2)$, 于是对充分小的 $|\varepsilon| > 0$, 当 $\varepsilon > 0 \ (< 0)$ 时, Γ^ε 是稳定 (不稳定) 的.

例 5.3.2   考虑多项式 Liénard 方程

$$\dot{x} = y - \sum_{i=0}^{n} a_i x^{2i+1} \quad \dot{y} = -x,$$

其中 $n \geqslant 1$, 诸 a_i 为小参数. 引入小参数 ε 和有界量 $b = (b_0, \cdots, b_n)$ 如下:

$$\varepsilon = \sqrt{\sum_{i=0}^{n} a_i^2}, \quad b_i = \frac{a_i}{\varepsilon},$$

则上述方程成为

$$\dot{x} = y - \varepsilon \sum_{i=0}^{n} b_i x^{2i+1}, \quad \dot{y} = -x,$$

其中 $\sum_{i=0}^{n} b_i^2 = 1$. 注意到 $H(x, y) = \dfrac{1}{2}(x^2 + y^2)$, 由 $H(x, y) = h(> 0)$ 给出的曲线 L_h 有参数表示 $(x, y) = \sqrt{2h}\,(\cos t, -\sin t)$. 于是由 (5.3.4) 易得

$$M(h, b) = -\sum_{j=0}^{n} 2^{j+1} N_j\, b_j h^{j+1}, \quad h > 0,$$

其中

$$N_j = \int_0^{2\pi} \cos^{2(j+1)} t \, \mathrm{d}t > 0.$$

因此由定理 5.3.2 知所述 Liénard 方程在含原点的任一紧集内至多有 n 个极限环. 再由例 5.2.4 的结论, 仿定理 5.3.2 可证上述 Liénard 方程在平面任一紧集内至多有 n 个极限环.

5.3.2　中心奇点与同宿轨附近的极限环

本节我们给出近哈密顿系统 (5.3.1) 的 Melnikov 函数在中心奇点及含双曲鞍点的同宿轨附近的渐近展开式, 阐述利用这些展开式的系数来研究极限环的 Hopf 分支与同宿分支的基本理论与方法. 限于篇幅, 我们只给出若干定理的叙述和简单的应用例子, 其证明可查阅有关文献.

假设 (5.3.2) 以原点为初等中心, 这就是说函数 H 满足 $H_x(0,0) = H_y(0,0) = 0$, 及

$$\det \frac{\partial(H_y, -H_x)}{\partial(x,y)}(0,0) > 0.$$

于是, 不失一般性可设

$$H_{yy}(0,0) = \omega, \quad H_{xx}(0,0) = \omega, \quad H_{xy}(0,0) = 0, \quad \omega > 0.$$

因此 H 在原点附近有如下形式的展开式:

$$H(x,y) = \frac{\omega}{2}(x^2 + y^2) + \sum_{i+j \geqslant 3} h_{ij} x^i y^j, \quad \omega > 0. \tag{5.3.8}$$

此时, 易见 $J = (0, \beta)$, 而函数 M 关于 h 的定义域可延拓为 $[0, \beta)$, 且 $M(0, \delta) = 0$. 文献 [61] 证明了下列三个定理.

定理 5.3.3　设 (5.3.8) 成立. 则函数 $M(h, \delta)$ 关于 h 在 $h = 0$ 是 C^∞ 的. 若 (5.3.1) 是解析系统, 则该函数在 $h = 0$ 是解析的, 从而成立

$$M(h, \delta) = h \sum_{l \geqslant 0} b_l(\delta) h^l, \quad 0 \leqslant h \ll 1. \tag{5.3.9}$$

定理 5.3.4　设 (5.3.8) 成立. 如果存在 $k \geqslant 1, \delta_0 \in D$ 使有

$$b_k(\delta_0) \neq 0, \quad b_j(\delta_0) = 0, \quad j = 0, 1, \cdots, k-1,$$

则存在 $\varepsilon_0 > 0$ 和原点的邻域 V 使得对 $0 < |\varepsilon| < \varepsilon_0, |\delta - \delta_0| < \varepsilon_0$ (5.3.1) 在 V 中至多有 k 个极限环. 若进一步有

$$\operatorname{rank} \frac{\partial(b_0, \cdots, b_{k-1})}{\partial(\delta_1, \cdots, \delta_m)} \bigg|_{\delta = \delta_0} = k, \quad m \geqslant k,$$

则对原点的任一邻域都有 (ε, δ) (在 $(0, \delta_0)$ 附近) 使 (5.3.1) 在该邻域内有 k 个极限环.

定理 5.3.5   设 (5.3.8) 成立. 又设 (5.3.1) 中的函数 p 与 q 关于 δ 为线性的. 若存在整数 $k \geqslant 1$ 使有

(i) rank $\dfrac{\partial(b_0, \cdots, b_{k-1})}{\partial(\delta_1, \cdots, \delta_m)} = k, \ m \geqslant k$;

(ii) 当 $b_j(\delta) = 0, j = 0, 1, \cdots, k-1$ 时, 系统 (5.3.1) 以原点为中心, 则任给 $N > 0$, 存在 $\varepsilon_0 > 0$ 和原点的邻域 V 使对 $0 < |\varepsilon| < \varepsilon_0, |\delta| \leqslant N$ 系统 (5.3.1) 在 V 中至多有 $k-1$ 个极限环. 此外 $k-1$ 个极限环可以在原点的任一邻域内出现 (对某些充分靠近 $(0, \delta_0)$ 的 (ε, δ)).

注 5.3.1   设 (5.3.8) 与 (5.3.9) 成立, 如果 $p(0, 0, \varepsilon, \delta) = q(0, 0, \varepsilon, \delta) = 0$, 则通过建立 (5.3.3) 中函数 $F(h, \varepsilon, \delta)$ 与系统 (5.3.1) 在原点的后继函数 $d(r, \varepsilon, \delta)$ 的关系 (取 $A(h) = (r, 0)$), 易证下述关系[62]:

$$b_0 = 4\pi v_1^* = \frac{2\pi}{\omega}(p_x + q_y)(0, 0, 0, \delta),$$

$$b_j = \frac{2^{2+j}\pi}{\omega^j}[v_{2j+1}^* + O(|v_1^*, v_3^*, \cdots, v_{2j-1}^*|)], \quad j = 1, \cdots, k-1,$$

其中

$$v_{2j+1}^* = \frac{\partial v_{2j+1}}{\partial \varepsilon}\bigg|_{\varepsilon=0}, \quad j = 0, \cdots, k-1,$$

而 v_{2j+1} 是系统 (5.3.1) 在原点的第 j 阶焦点量 (李雅普诺夫常数) (即 (5.2.7) 中的系数). 特别指出的是, 定理 5.3.4 与定理 5.3.5 也是利用函数 $F(h, \varepsilon, \delta)$ 与函数 $d(r, \varepsilon, \delta)$ 的关系来获得证明的.

注 5.3.2   设 (5.3.8) 与 (5.3.9) 成立, 且 $p(0, 0, \varepsilon, \delta) = q(0, 0, \varepsilon, \delta) = 0$, 则由注 5.3.1, 与定理 5.2.3 完全类似可证, 如果存在 $\delta_0 \in D$ 使 $b_0(\delta_0) = 0, b_1(\delta_0) \neq 0$, 则对一切靠近 $(0, \delta_0)$ 的 (ε, δ) 系统 (5.3.1) 在原点附近有唯一极限环当且仅当 $(p_x + q_y)(0, 0, \varepsilon, \delta) b_1(\delta_0) < 0$. 如果 $\delta \in \mathbf{R}$, 则称 (ε, δ) 平面中由方程 $(p_x + q_y)(0, 0, \varepsilon, \delta) = 0$ 定义的曲线为 Hopf 分支曲线.

注 5.3.3   文献 [63] 给出了定理 5.3.3 的新证明及其改进 (可以允许哈密顿函数中含有参数), 并以此为基础给出了计算 (5.3.9) 中系数的一个算法, 作为应用还证明了二次系统的中心奇点在三次多项式扰动下可以出现 5 个极限环, 且最多只有 5 个极限环 (当只利用首阶 Melnikov 函数时, 即只考虑到 $O(\varepsilon)$ 阶后继函数). 文献 [15] 又给出了定理 5.3.3 的另一新证明. 进一步, 由定理 5.3.2 知, 定理 5.3.4 与定理 5.3.5 结论中极限环的个数包括重数在内时仍成立.

下面例子是利用定理 5.3.4 来研究初等中心附近的极限环个数.

例 5.3.3　考虑系统

$$\dot{x} = y, \quad \dot{y} = -x + \frac{3}{2}x^2 + x^3 + \varepsilon y f(x,y), \tag{5.3.10}$$

在原点附近的极限环个数, 其中 $f(x,y) = \sum\limits_{0 \leqslant i+j \leqslant 3} a_{ij} x^i y^j$.

当 $\varepsilon = 0$ 时, 原点是系统 (5.3.10) 的初等中心, $S_1\left(\dfrac{1}{2}, 0\right)$, $S_2(-2, 0)$ 是两个双曲鞍点. 其哈密顿函数为

$$H(x,y) = \frac{1}{2}(y^2 + x^2) - \frac{1}{2}x^3 - \frac{1}{4}x^4.$$

注意到 $H\left(\dfrac{1}{2}, 0\right) = \dfrac{3}{64}$, $H(-2, 0) = 2$, 易知方程 $H(x,y) = \dfrac{3}{64}$ 定义了一个同宿轨, 记为 L_0, 而当 $0 < h < \dfrac{3}{64}$ 时方程 $H(x,y) = h$ 定义了一族周期轨 L_h, 相应的 Melnikov 函数为

$$
\begin{aligned}
M(h,\delta) &= \oint_{L_h} y f(x,y)\mathrm{d}x \\
&= \oint_{L_h} \left[a_{00}y + a_{10}xy + a_{01}\left(\frac{x^4}{2} + x^3 - x^2 + 2h\right) + a_{20}x^2 y \right. \\
&\qquad + a_{11}x\left(\frac{x^4}{2} + x^3 - x^2 + 2h\right) \\
&\qquad + a_{02}y^3 + a_{30}x^3 y + a_{21}x^2\left(\frac{x^4}{2} + x^3 - x^2 + 2h\right) \\
&\qquad \left. + a_{12}xy^3 + a_{03}\left(\frac{x^4}{2} + x^3 - x^2 + 2h\right)^2 \right] \mathrm{d}x \\
&= \oint_{L_h} \left(a_{00}y + a_{10}xy + a_{20}x^2 y + a_{02}y^3 + a_{12}xy^3 + a_{30}x^3 y \right) \mathrm{d}x.
\end{aligned}
$$

当 $0 < h \ll 1$ 时 (5.3.9) 成立, 公式中的系数可利用文献 [63] 中的程序进行计算, 结果如下:

$$b_0(\delta) = 2\pi a_{00}, \quad b_1(\delta) = \pi\left(\frac{21}{8}a_{00} + a_{20} + 3a_{02} + \frac{3}{2}a_{10}\right),$$

$$b_2(\delta) = \pi\left(\frac{2555}{128}a_{00} + \frac{175}{16}a_{10} + \frac{45}{8}a_{20} + \frac{3}{2}a_{12} + \frac{21}{8}a_{02} + \frac{5}{2}a_{30}\right),$$

$$b_3(\delta) = \pi \left(\frac{525}{64} a_{12} + \frac{7665}{512} a_{02} + \frac{895125}{4096} a_{00} + \frac{1785}{64} a_{30} \right.$$

$$\left. + \frac{118965}{1024} a_{10} + \frac{30135}{512} a_{20} \right),$$

$$b_4(\delta) = \pi \left(\frac{537075}{4096} a_{02} + \frac{71379}{1024} a_{12} + \frac{371504133}{131072} a_{00} + \frac{369369}{1024} a_{30} \right.$$

$$\left. + \frac{12153141}{8192} a_{10} + \frac{3066063}{4096} a_{20} \right),$$

$$b_5(\delta) = \pi \left(\frac{12153141}{16384} a_{12} + \frac{371504133}{262144} a_{02} + \frac{85208866743}{2097152} a_{00} + \frac{84489405}{16384} a_{30} \right.$$

$$\left. + \frac{11046976941}{524288} a_{10} + \frac{2781105327}{262144} a_{20} \right), \tag{5.3.11}$$

其中 $\delta = (a_{00}, a_{10}, a_{01}, a_{20}, \cdots, a_{03})$. 易知

$$\frac{\partial(b_0, \cdots, b_3)}{\partial(a_{00}, a_{10}, a_{20}, a_{02})} = 4.$$

存在 $\delta_0 = (a_{00}^*, a_{10}^*, a_{01}, a_{20}^*, a_{11}, a_{02}^*, a_{30}, \cdots, a_{03})$, 其中

$$a_{00}^* = 0, \quad a_{10}^* = -\frac{153}{8} a_{12} - a_{30}, \quad a_{20}^* = \frac{615}{16} a_{12} + \frac{3}{2} a_{30}, \quad a_{02}^* = -\frac{13}{4} a_{12},$$

使 $b_0(\delta_0) = b_1(\delta_0) = b_2(\delta_0) = b_3(\delta_0) = 0$, 且有

$$b_4(\delta_0) = \frac{693}{16} \pi a_{12}, \quad b_5(\delta_0) = \frac{243243}{256} \pi a_{12}.$$

因此, 若 $a_{12} \neq 0$, 由定理 5.3.4 可知, 对 $(0, \delta_0)$ 附近的某些 (ε, δ) 系统 (5.3.10) 在原点附近有 4 个极限环.

下设未扰系统 (5.3.2) 有一个同宿环, 由一同宿轨 (记为 L_0) 和一个双曲鞍点组成, 可设同宿环由方程 $H(x, y) = 0$ 给出, 且鞍点在原点. 于是, 进一步可设在原点附近成立

$$H(x, y) = \frac{\lambda}{2}(y^2 - x^2) + \sum_{i+j \geqslant 3} h_{ij} x^i y^j, \quad \lambda > 0. \tag{5.3.12}$$

方程 (5.3.2) 在 L_0 的邻域内必有一族闭轨:

$$L_h : H(x, y) = h, \quad 0 < -h \ll 1.$$

此时函数 M 的定义域可从 $h = 0$ 的左侧延拓到 $h = 0$. 可证以下定理.

定理 5.3.6 [64]　设 (5.3.12) 成立. 则当 $0 < -h \ll 1$ 时

$$M(h,\delta) = N_1(h,\delta) + N_2(h,\delta)h\ln|h|,$$

其中

$$N_1(h,\delta) = \sum_{k\geqslant 0} c_{2k}h^k, \quad N_2(h,\delta) = \sum_{k\geqslant 0} c_{2k+1}h^k, \quad 0 \leqslant -h \ll 1.$$

进一步, 如果存在 $k > 0$, $\delta_0 \in D$ 使有 $c_k(\delta_0) \neq 0$, $c_j(\delta_0) = 0$, $j = 0, \cdots, k-1$, 则对一切充分靠近 $(0,\delta_0)$ 的 (ε,δ) 系统 (5.3.1) 在 L_0 的邻域内至多有 k 个极限环.

定理 5.3.7 [14]　设 (5.3.12) 成立. 又设存在 $k > 0$, $\delta_0 \in D$ 使有 $c_j(\delta_0) = 0$, $j = 0, \cdots, k$, 以及

$$\text{rank } \frac{\partial(c_0,\cdots,c_k)}{\partial(\delta_1,\cdots,\delta_m)}\bigg|_{\delta=\delta_0} = k+1, \quad m \geqslant k+1.$$

如果当 $c_j(\delta) = 0$, $j = 0, \cdots, k$ 时 (5.3.1) 在 L_0 的邻域内有一族闭轨, 则对一切充分靠近 $(0,\delta_0)$ 的 (ε,δ) 系统 (5.3.1) 在 L_0 的邻域内至多有 k 个极限环, 而且 k 个极限环必定可以出现. 若进一步, 函数 p 与 q 关于 δ 为线性的, 则对一切充分小的 ε 与 $\delta \in D$ 系统 (5.3.1) 在 L_0 的邻域内至多有 k 个极限环.

定理 5.3.8 [65]　设 (5.3.12) 成立. 又设

$$p(x,y,0,\delta) = \sum_{i+j\geqslant 0} a_{ij}x^i y^j, \quad q(x,y,0,\delta) = \sum_{i+j\geqslant 0} b_{ij}x^i y^j,$$

则当 $0 < -h \ll 1$ 时

$$M(h,\delta) = c_0(\delta) + c_1(\delta)h\ln|h| + c_2(\delta)h + c_3(\delta)h^2\ln|h| + O(h^2), \quad (5.3.13)$$

其中

$$c_0(\delta) = \oint_{L_0} (q\mathrm{d}x - p\mathrm{d}y)|_{\varepsilon=0},$$

$$c_1(\delta) = -\frac{a_{10} + b_{01}}{|\lambda|},$$

$$c_2(\delta) = \oint_{L_0} (p_x + q_y - a_{10} - b_{01})|_{\varepsilon=0}\mathrm{d}t + bc_1(\delta),$$

$$c_3(\delta) = \frac{-1}{2|\lambda|\lambda}\{(-3a_{30} - b_{21} + a_{12} + 3b_{03})$$

$$- \frac{1}{\lambda}[(2b_{02} + a_{11})(3h_{03} - h_{21}) + (2a_{20} + b_{11})(3h_{30} - h_{12})]\} + \bar{b}c_1(\delta).$$

上式中 b 与 $\bar{b}$ 为常数.

进一步, 如果存在 $\delta_0 \in \mathbf{R}^m$ 与 $1 \leqslant l \leqslant 3$ 使有

$$\bar{c}_l(\delta_0) \neq 0, \quad \bar{c}_j(\delta_0) = 0, \quad j = 0, \cdots, l-1,$$

$$\operatorname{rank} \frac{\partial(\bar{c}_0, \bar{c}_1, \bar{c}_2, \cdots, \bar{c}_{l-1})}{\partial(\delta_1, \cdots, \delta_m)}(\delta_0) = l,$$

其中 $\bar{c}_i = c_i$, $i = 0, 1$, $\bar{c}_j = c_j|_{c_1=0}$, $j = 2, 3$, 则对充分靠近 $(0, \delta_0)$ 的某些 (ε, δ) 系统 (5.3.1) 在 L_0 的邻域内必有 l 个极限环.

注 5.3.4   如果函数 H 在原点有如下展式:

$$H(x, y) = \frac{1}{2} y^2 - h_{20} x^2 + \sum_{i+j \geqslant 3} h_{i,j} x^i y^j, \quad h_{20} > 0,$$

则可令 $u = \sqrt{2h_{20}}\, x$, $t \to \sqrt{2h_{20}}\, t$ 得到

$$H(x, y) = \frac{1}{2} (y^2 - u^2) + \sum_{i+j \geqslant 3} h_{i,j} (2h_{20})^{-\frac{i}{2}} u^i y^j,$$

于是由定理 5.3.8 可知

$$c_0 = \oint_{L_0} (q \mathrm{d}x - p \mathrm{d}y)|_{\varepsilon=0},$$

$$c_1 = -\frac{\sqrt{2}}{2} |h_{20}|^{-\frac{1}{2}} (a_{10} + b_{01}),$$

$$c_2 = \oint_{L_0} (p_x + q_y - a_{10} - b_{01})|_{\varepsilon=0} \mathrm{d}t + b c_1,$$

$$c_3 = \frac{\sqrt{2}}{16} |h_{20}|^{-\frac{5}{2}} [-2h_{20}(3a_{30} + b_{21} + 2h_{20}a_{12} + 6h_{20}b_{03})$$

$$+ 2h_{20}(2b_{02} + a_{11})(6h_{20}h_{03} + h_{21}) + (2a_{20} + b_{11})(3h_{30} + 2h_{20}h_{12})] + \bar{b} c_1.$$

若函数 H 在原点附近满足

$$H(x, y) = \lambda xy + \sum_{i+j \geqslant 3} h_{i,j} x^i y^j,$$

则有

$$c_0(\delta) = M(0, \delta) = \oint_{L_0} (q\mathrm{d}x - p\mathrm{d}y)|_{\varepsilon=0},$$

$$c_1(\delta) = -\frac{a_{10} + b_{01}}{|\lambda|},$$

$$c_2(\delta) = \oint_{L_0} (p_x + q_y - a_{10} - b_{01})|_{\varepsilon=0}\mathrm{d}t + bc_1(\delta),$$

$$c_3(\delta) = \frac{-1}{|\lambda|\lambda}\{(a_{21} + b_{12}) - \frac{1}{\lambda}[h_{12}(2a_{20} + b_{11}) + h_{21}(a_{11} + 2b_{02})]\} + \bar{b}c_1(\delta).$$

注 5.3.5　文献 [66] 给出了计算定理 5.3.8 中函数 M 的展开式中更多个系数的一种方法, 并用来研究极限环的双同宿分支和退化同宿分支与退化双同宿分支, 见文献 [66,67]. 关于近哈密顿系统或近可积系统的同宿环、双同宿环与两点异宿环等产生极限环的个数研究, 见文献 [14] 及其参考文献.

例 5.3.4　考虑下列 Liénard 系统:

$$\dot{x} = y - \varepsilon(a_1 x + a_2 x^2 + a_3 x^3 + a_4 x^4), \quad \dot{y} = x - x^2. \tag{5.3.14}$$

对此系统, 我们有 $H(x,y) = \frac{1}{2}(y^2 - x^2) + \frac{1}{3}x^3$. 相应的周期轨族为

$$L_h : H(x,y) = h, \quad x > 0, \quad -\frac{1}{6} < h < 0,$$

易见当 $h \to 0$ 时 L_h 的极限是一同宿环, 记为 L_0. 可证 (5.3.14) 在 L_0 附近可以有 2 个极限环, 且至多有 2 个极限环.

为此, 设

$$M(h) = \oint_{L_h} (a_1 x + a_2 x^2 + a_3 x^3 + a_4 x^4)\mathrm{d}y, \quad h \in \left(-\frac{1}{6}, 0\right).$$

由分部积分公式或格林公式可得

$$M(h) = -a_1 I_0(h) - 2a_2 I_1(h) - 3a_3 I_2(h) - 4a_4 I_3(h)$$
$$= -a_1 I_0(h) - (2a_2 + 3a_3)I_1(h) - 4a_4 I_3(h),$$

其中

$$I_i(h) = \oint_{L_h} x^i y\mathrm{d}x, \quad i = 0, 1, 2, 3.$$

对 I_i 应用引理 5.3.2 可得

$$I_i'(h) = \oint_{L_h} x^i \mathrm{d}t, \quad i = 0, 1, 2, 3. \tag{5.3.15}$$

由于沿 L_0 成立 $y^2 = x^2 \left(1 - \dfrac{2}{3}x \right), 0 \leqslant x \leqslant \dfrac{3}{2}$, 于是

$$I_i(0) = \oint_{L_0} x^i y \mathrm{d}x = 2 \int_0^{\frac{3}{2}} x^{i+1} \sqrt{1 - \frac{2}{3}x}\, \mathrm{d}x, \quad i \geqslant 0,$$

$$I_i'(0) = \oint_{L_0} x^i \mathrm{d}t = 2 \int_0^{\frac{3}{2}} \frac{x^{i-1}\mathrm{d}x}{\sqrt{1 - \dfrac{2}{3}x}}, \quad i \geqslant 1.$$

直接计算可知

$$I_0(0) = \frac{6}{5}, \quad I_1(0) = I_2(0) = \frac{36}{35},$$

$$I_3(0) = \frac{12}{11} I_2(0) = \frac{72}{77} I_0(0), \tag{5.3.16}$$

$$I_1'(0) = 6, \quad I_2'(0) = 6, \quad I_3'(0) = \frac{36}{5}.$$

因此由 (5.3.12) 和 (5.3.15) 及定理 5.3.8 知

$$c_0 = -\frac{6}{5} \left(a_1 + \frac{12}{7} a_2 + \frac{18}{7} a_3 + \frac{288}{77} a_4 \right),$$

$$c_1 = a_1,$$

$$\bar{c}_2 = -6 \left(2a_2 + 3a_3 + \frac{24}{5} a_4 \right).$$

显然, 如果 $a_4 \neq 0$, 则

$$\operatorname{rank} \frac{\partial(c_0, c_1)}{\partial(a_1, a_2, a_3)} = 2, \quad \bar{c}_2 = -\frac{144}{55} a_4 \quad (\text{当 } c_0 = c_1 = 0 \text{时}).$$

故由定理 5.3.8, 当 $\left(\varepsilon, a_1, a_2 + \dfrac{3}{2}a_3 \right)$ 在 $\left(0, 0, -\dfrac{24}{11}a_4 \right)$ 附近时, 系统 (5.3.14) 在 L_0 附近可以有两个极限环.

进一步, 当 $c_0 = c_1 = \bar{c}_2 = 0$ 时, (5.3.14) 成为

$$\dot{x} = y + 2\varepsilon a_2 \left(-\frac{x^2}{2} + \frac{x^3}{3} \right), \quad \dot{y} = x - x^2.$$

由定理 4.6.3 (ii) 知上述系统以 $\left(1, \dfrac{1}{3}\varepsilon a_2 \right)$ 为中心, 围绕该中心的闭轨族的外边界是过鞍点的同宿环, 该同宿环位于 L_0 附近. 于是由定理 5.3.7 进一步可知, 对一切充分小的 ε 和有界参数 (a_1, a_2, a_3, a_4), (5.3.14) 在 L_0 附近至多有两个极限环.

一般可证下述系统[14]

$$\dot{x} = y - \varepsilon \sum_{i=1}^{n} a_i x^i, \quad \dot{y} = x - x^2$$

当 ε 充分小, 诸 a_i 有界时在全平面的极限环的最大个数是 $\left[\dfrac{2n-1}{3}\right]$.

在研究一些多项式系统的极限环个数时, 我们可以联合应用定理 5.3.3 $\sim$ 定理 5.3.8 来尽可能多地获得函数 M 在其定义域上根的个数, 下面看一个简单例子.

例 5.3.5　考虑系统

$$\dot{x} = y - y^2 - \varepsilon \sum_{i=1}^{3} a_i x^{2i-1}, \quad \dot{y} = x$$

的极限环个数.

首先, 为了能够利用 (5.3.15) 与 (5.3.16) 等, 将 x 与 y 对调, 则上述方程成为

$$\dot{x} = y, \quad \dot{y} = x - x^2 - \varepsilon \sum_{i=1}^{3} a_i y^{2i-1}. \tag{5.3.17}$$

令 $\delta = (a_1, a_2, a_3)$. 我们有

$$M(h, \delta) = -\oint_{L_h} (a_1 y + a_2 y^3 + a_3 y^5)\mathrm{d}x, \quad h \in \left(-\frac{1}{6}, 0\right), \tag{5.3.18}$$

其中 L_h 如例 5.3.4 中所述.

由 (5.3.9) 和注 5.3.1 知, 当 $0 < h + \dfrac{1}{6} \ll 1$ 时

$$M(h, \delta) = b_0(\delta)\left(h + \frac{1}{6}\right) + b_1(\delta)\left(h + \frac{1}{6}\right)^2 + O\left(\left(h + \frac{1}{6}\right)^3\right),$$

其中

$$b_0(\delta) = -2\pi a_1, \quad b_1(\delta) = -\pi\left(\frac{5\,a_1}{6} + 3\,a_2\right).$$

由定理 5.3.8, 并利用 (5.3.16) 可知, 当 $0 < -h \ll 1$ 时

$$M(h, \delta) = c_0(\delta) + c_1(\delta)h \ln|h| + c_2(\delta)h + O(h^2 \ln|h|),$$

其中

$$c_0(\delta) = \oint_{L_0} -(a_1 y + a_2 y^3 + a_3 y^5)\mathrm{d}x = -\left(\frac{6}{5}a_1 + \frac{108}{385}a_2 + \frac{1296}{17017}a_3\right),$$

$$c_1(\delta) = a_1,$$

$$c_2(\delta)|_{c_1=0} = \oint_{L_0} (-3a_2 y - 5a_3 y^3)\mathrm{d}x = -\left(\frac{18}{5}a_2 + \frac{108}{77}a_3\right).$$

$$(5.3.19)$$

易见 $c_0(\delta) = c_1(\delta) = 0$ 当且仅当 $a_1 = 0, a_2 = -\dfrac{60}{221}a_3$. 令 $\delta_0 = \left(0, -\dfrac{60}{221}a_3, a_3\right)$, 此时

$$c_2(\delta_0) = -\frac{7236}{17017}a_3, \quad b_0(\delta_0) = 0, \quad b_1(\delta_0) = \frac{180}{221}\pi a_3.$$

注意到当 $a_3 \neq 0$ 时, 函数 $M(h, \delta_0)$ 在 $h = -\dfrac{1}{6}$ 右侧和 $h = 0$ 左侧有相同的符号, 因此不能断定 $M(h, \delta_0)$ 在区间 $\left(-\dfrac{1}{6}, 0\right)$ 上是否有根. 直接利用定理 5.3.1 可知, 当 $a_3 \neq 0$ 时对 $(0, \delta_0)$ 附近的某些 (ε, δ) (例如, 当 $0 < |\varepsilon| \ll c_0 \ll -c_1 \ll a_3$ 时) 方程 (5.3.17) 在同宿环 L_0 附近有两个极限环.

当 $a_3 = 0$ 时, 由 (5.3.19) 知 $c_0(\delta) = 0$ 当且仅当 $a_1 = -\dfrac{18}{77}a_2$. 令 $\bar{\delta}_0 = \left(-\dfrac{18}{77}a_2, a_2, 0\right)$, 则有

$$c_1(\bar{\delta}_0) = -\frac{18}{77}a_2, \quad b_0(\bar{\delta}_0) = \frac{36}{77}\pi a_2.$$

当 $a_2 \neq 0$ 时函数 $M(h, \bar{\delta}_0)$ 在 $h = -\dfrac{1}{6}$ 右侧与它在 $h = 0$ 左侧的值是异号的, 故必有点 $h_0 \in \left(-\dfrac{1}{6}, 0\right)$ 使 $M(h_0, \bar{\delta}_0) = 0$, 且 h_0 是 $M(h, \bar{\delta}_0)$ 的奇重根, 如图 5.3.3 (a) 所示 (其中已设 $a_2 > 0$). 注意到当 $\dfrac{a_1}{a_2} < -\dfrac{18}{77}$ 时 $a_2 M(0-, \delta) > 0$, 从而当 $0 < -\left(\dfrac{a_1}{a_2} + \dfrac{18}{77}\right) \ll 1$ 时函数 $M(h, \delta)$ 关于 h 在区间 $\left(-\dfrac{1}{6}, 0\right)$ 上必有两个奇重根, 如图 5.3.3 (b) 所示. 于是利用定理 5.3.1 知, 当 $0 < |\varepsilon| \ll -\left(\dfrac{a_1}{a_2} + \dfrac{18}{77}\right) \ll 1$ 时方程 (5.3.17) 有两个极限环, 其中一个位于中心和同宿环之间, 另一个位于同宿环 L_0 附近.

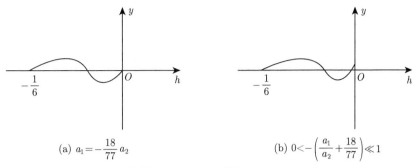

$$\text{(a) } a_1=-\frac{18}{77}a_2 \qquad\qquad \text{(b) } 0<-\left(\frac{a_1}{a_2}+\frac{18}{77}\right)\ll 1$$

图 5.3.3　曲线 $y = M(h, \delta)$ 的图形 $(a_3 = 0, a_2 > 0)$

当 $a_3 = a_2 = 0$ 时, 由 (5.3.18) 可知

$$M(h,\delta) = -\oint_{L_h} a_1 y \mathrm{d}x = -\frac{2}{3}a_1 \int_{x_1(h)}^{x_2(h)} \sqrt{-6\,x^3 + 9\,x^2 + 18\,h}\,\mathrm{d}x, \quad h \in \left(-\frac{1}{6}, 0\right),$$

其中 $x_i(h)$ 满足 $H(x_i(h), 0) = h, x_1(h) < x_2(h)$. 从上式容易看出, 当 $a_1 \neq 0$ 时, $M(h,\delta)$ 在 $\left(-\frac{1}{6}, 0\right)$ 上保持定号, 从而 $M(h,\delta)$ 在 $\left(-\frac{1}{6}, 0\right)$ 上没有根. 因此当 $a_3 = a_2 = 0$ 时方程 (5.3.17) 没有极限环.

下面我们换一种方式来讨论当 $a_3 = 0, a_2 \neq 0$ 时, 方程 (5.3.17) 极限环的变化方式. 不妨设 $a_2 = 1, a_1 = -a$. 由于沿 L_h 成立 $y^2 = 2h + x^2\left(1 - \frac{2}{3}x\right)$, 代入 (5.3.18)$|_{a_3=0}$ 可得

$$M(h,a) = (a - 2h)I_0(h) + \frac{2}{3}I_3(h) - I_2(h). \qquad (5.3.20)$$

将 (5.3.20) 改写为

$$M(h,a) = I_0(h)(a - P(h)), \quad h \in \left(-\frac{1}{6}, 0\right).$$

其中

$$P(h) = 2h + \frac{1}{I_0(h)}\left(I_2(h) - \frac{2}{3}I_3(h)\right).$$

注意到

$$P'(h) = 2 + \frac{1}{I_0^2(h)}\left[\left(I_2'(h) - \frac{2}{3}I_3'(h)\right)I_0(h) - \left(I_2(h) - \frac{2}{3}I_3(h)\right)I_0'(h)\right].$$

对函数 $I_i(h)$ 利用定理 5.3.3、注 5.3.1 与定理 5.3.8 (或利用 (5.3.15)) 可证

$$P\left(-\frac{1}{6}\right) = 0, \quad P(0) = \frac{18}{77} \equiv a_0, \quad P'(0-) = -\infty,$$

于是函数 $P(h)$ 在区间 $\left(-\frac{1}{6}, 0\right)$ 内必有极大值 $a^* = P(h^*)$, 且 $a^* > a_0$, 如图 5.3.4 所示.

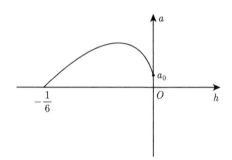

图 5.3.4　曲线 $a = P(h)$ 的图形

由此知, 对任一 $a \in (a_0, a^*)$, 函数 $M(h, a)$ 关于 h 在区间 $\left(-\frac{1}{6}, 0\right)$ 上有两个奇重根 (事实上可证都是单根). 从图 5.3.4 还可以发现, 方程 (5.3.17) 在 (a, ε) 平面有三条分支曲线: Hopf 分支曲线 $a = 0$ (利用注 5.3.2)、同宿分支曲线 $a = \tilde{a}_0(\varepsilon) = a_0 + O(\varepsilon)$ (利用推论 5.2.1) 和半稳定环分支曲线 $a = \tilde{a}^*(\varepsilon) = a^* + O(\varepsilon)$ (对后继函数及其导数利用隐函数定理). 注意到方程 (5.3.17) 关于参数 a 构成旋转向量场, 其极限环随 a 改变而单调变化[68], 可知方程 (5.3.17) 的极限环的变化规律如下: 对固定的 $\varepsilon \neq 0$, 当 $a \leqslant 0$ 时没有极限环, 当 a 从零变正时一个极限环从焦点 $(1, 0)$ 产生出来, 记其为 L_{1a}, 随着 a 的增加, L_{1a} 扩大, 当 a 增至 $\tilde{a}_0(\varepsilon)$ 时过鞍点 $(0, 0)$ 的分界线形成了一个同宿环 L_ε^*, 当 a 继续增加时同宿环破裂而产生一个极限环 L_{2a}, 这一新的极限环与 L_{1a} 具有不同的稳定性, 因此, 随着 a 的继续增加 L_{1a} 扩大, 而 L_{2a} 缩小, 直到 a 增至 $\tilde{a}^*(\varepsilon)$ 时这两个极限环合并成为一个半稳定环, 当 a 再增加时半稳定环就消失了, 此后任何极限环不复存在.

上述函数 $P(h)$ 称为探测函数, 通过分析探测函数的几何性质 (形状) 来获得函数 M 的根的方法称为探测函数方法. 这一方法由李继彬引入, 并对多项式系统有许多精巧的应用, 详见文献 [48, 69].

5.3.3　Bogdanov-Takens 分支

前面我们研究了近哈密顿系统的几类极限环分支问题, 建立了一些寻求极限

环个数上界与下界的理论与方法. 作为一个应用例子, 本节我们讨论出现于含多参数的平面系统的一类分支现象, 称之为 Bogdanov-Takens 分支 (分别由 R. I. Bogdanov 在 1976 年与 F. Takens 在 1974 年进行研究), 这类分支问题实际上就是探讨简单尖点在小扰动下的局部性态, 所出现的分支现象有鞍结点分支、Hopf 分支及同宿分支.

考虑光滑系统

$$\dot{x} = P(x, y, a), \quad \dot{y} = Q(x, y, a), \tag{5.3.21}$$

其中设 a 为向量参数. 设存在 a_0 与 (x_0, y_0) 使当 $a = a_0$ 时 (5.3.21) 以 (x_0, y_0) 为尖点 (见定理 4.3.4), 于是, 当 $a = a_0, (x, y) = (x_0, y_0)$ 时, 矩阵 $\dfrac{\partial(P, Q)}{\partial(x, y)}$ 非零且只有零特征值. 不失一般性, 设 $a_0 = 0$, $(x_0, y_0) = (0, 0)$, 且当 $a = 0$, $(x, y) = (0, 0)$ 时,

$$\frac{\partial(P, Q)}{\partial(x, y)} = \begin{pmatrix} 0 & 1 \\ 0 & 0 \end{pmatrix}.$$

于是, 类似于 (4.3.19), 当 $|a|$ 很小时在原点附近可将 (5.3.21) 化为下述形式:

$$\dot{x} = y, \quad \dot{y} = g(x, a) + f(x, a)y + O(y^2), \tag{5.3.22}$$

其中

$$g(x, a) = g_0(a) + g_1(a)x + g_2(a)x^2 + O(x^3),$$
$$f(x, a) = f_0(a) + f_1(a)x + O(x^2),$$
$$g_0(0) = g_1(0) = f_0(0) = 0.$$

我们设当 $a = 0$ 时 (5.3.22) 以原点为简单尖点, 即进一步设 $f_1(0)g_2(0) \neq 0$. 首先由 $g_2(0) \neq 0$ 知, 存在函数 $x_0(a) = O(a)$ 使 $g_x(x_0(a), a) = 0$, 将 g 在 $x = x_0(a)$ 展开可得

$$g(x, a) = g(x_0(a), a) + (g_2(0) + O(a))(x - x_0(a))^2 + O(|x - x_0(a)|^3).$$

又设

$$f(x, a) = f(x_0(a), a) + (f_1(0) + O(a))(x - x_0(a)) + O(|x - x_0(a)|^2).$$

下面引入关于扰动参数的一个非退化条件:

$$a = (a_1, a_2) \in \mathbf{R}^2, \quad \det \left. \frac{\partial(g_0, f_0)}{\partial(a_1, a_2)} \right|_{a=0} \neq 0. \tag{5.3.23}$$

注意到

$$g(x_0(a), a) = g_0(a) + O(|a|^2), \quad f(x_0(a), a) = f_0(a) + O(|a|^2).$$

上述非退化条件保证了变量替换

$$\mu_1 = g(x_0(a), a), \quad \mu_2 = f(x_0(a), a) \tag{5.3.24}$$

有反函数 $a = a^*(\mu_1, \mu_2)$. 于是将 $x - x_0(a)$ 作为新的 x, 在条件 (5.3.23) 下方程 (5.3.22) 可化为

$$\begin{aligned}
\dot{x} &= y, \\
\dot{y} &= \mu_1 + \mu_2 y + g_2^*(\mu) x^2 + f_1^*(\mu) xy + O(x^3 + x^2 y + y^2),
\end{aligned} \tag{5.3.25}$$

其中 $\mu = (\mu_1, \mu_2)$, μ_1 与 μ_2 满足 (5.3.24), 又

$$g_2^*(0) = g_2(0) \neq 0, \quad f_1^*(0) = f_1(0) \neq 0.$$

进一步, 对 (x, y, t) 可引入适当的尺度变换 (请读者自己完成), 可使 $f_1^*(\mu) = g_2^*(\mu) = 1$. 于是 (5.3.25) 成为

$$\begin{aligned}
\dot{x} &= y \equiv P, \\
\dot{y} &= \mu_1 + \mu_2 y + x^2 + xy + O(x^3 + x^2 y + y^2) \\
&\equiv Q(x, y, \mu_1, \mu_2).
\end{aligned} \tag{5.3.26}$$

下面我们研究当 μ_1 与 μ_2 充分小时方程 (5.3.26) 在原点附近解的定性性态.

因为

$$Q(x, 0, \mu_1, \mu_2) = \mu_1 + x^2 + O(x^3),$$

$$\frac{\partial(P, Q)}{\partial(x, y)} = \begin{pmatrix} 0 & 1 \\ 2x + y + O(x^2 + xy) & \mu_2 + x + O(x^2 + y) \end{pmatrix},$$

易知当 $\mu_1 > 0$ 时 (5.3.26) 无奇点, 当 $\mu_1 = 0$, $\mu_2 \neq 0$ 时 (5.3.26) 以原点为鞍结点, 当 $\mu_1 < 0$ 时 (5.3.26) 有鞍点 $(\sqrt{-\mu_1} + O(\mu_1), 0)$ 和指标 $+1$ 奇点 $A(\mu_1) = (-\sqrt{-\mu_1} + O(\mu_1), 0)$. 易知方程 (5.3.26) 在点 $A(\mu_1)$ 的特征方程具有形式:

$$\lambda^2 + \lambda(\mu_2 - \sqrt{-\mu_1} + O(\mu_1)) + 2\sqrt{-\mu_1} + O(\mu_1) = 0.$$

由此知存在函数

$$\begin{aligned}
\varphi_1(\mu_1) &= 2\sqrt{2}(-\mu_1)^{\frac{1}{4}} + (-\mu_1)^{\frac{1}{2}} + O(|\mu_1|^{\frac{3}{4}}), \\
\varphi_2(\mu_1) &= -2\sqrt{2}(-\mu_1)^{\frac{1}{4}} + (-\mu_1)^{\frac{1}{2}} + O(|\mu_1|^{\frac{3}{4}})
\end{aligned}$$

使当 $\varphi_2(\mu_1) < \mu_2 < \varphi_1(\mu_1)$ 时点 $A(\mu_1)$ 为焦点, 当 $\mu_2 > (=) \varphi_1(\mu_1)$ 或 $\mu_2 < (=)$ $\varphi_2(\mu_1)$ 时 $A(\mu_1)$ 为结点 (退化结点).

　　由此可知对每个 $\mu_2 \neq 0$, (5.3.26) 在 $\mu_1 = 0$ 出现鞍结点分支.

　　下面设 $\mu_1 < 0$ 并进一步讨论 (5.3.26) 的极限环的分支问题.

　　对方程 (5.3.26) 引入尺度变换

$$\mu_2 = -\delta|\mu_1|^{\frac{1}{2}}, \quad x = -u|\mu_1|^{\frac{1}{2}}, \quad y = v|\mu_1|^{\frac{3}{4}}, \quad t = -\tau|\mu_1|^{-\frac{1}{4}},$$

并用 (x, y, t) 代替 (u, v, τ) 可得

$$\dot{x} = y,$$
$$\dot{y} = 1 - x^2 + \tilde{\varepsilon}(\delta + x)y + O(\tilde{\varepsilon}^2),$$

其中 $\tilde{\varepsilon} = |\mu_1|^{\frac{1}{4}}$. 再令

$$u = \frac{1}{2}(x+1), \quad v = \frac{1}{2\sqrt{2}}y, \quad \tau = \sqrt{2}t,$$

仍将 (u, v, τ) 记为 (x, y, t), 则进一步可得

$$\begin{aligned} \dot{x} &= y, \\ \dot{y} &= x(1-x) + \varepsilon(\lambda + x)y + O(\varepsilon^2), \end{aligned} \tag{5.3.27}$$

其中 $\lambda = \frac{1}{2}(\delta - 1)$, $\varepsilon = \sqrt{2}\,\tilde{\varepsilon}$. 方程 (5.3.27) 的未扰系统与 (5.3.14) 相同, 有一族由哈密顿函数 $H(x, y) = \frac{1}{2}y^2 - \frac{1}{2}x^2 + \frac{1}{3}x^3$ 确定的闭轨族 L_h, $h \in \left(-\frac{1}{6}, 0\right)$, 其中边界由中心奇点 $(1, 0)$ 和过鞍点 $(0, 0)$ 的同宿环 (记为 L_0) 组成. (5.3.27) 的 Melnikov 函数为

$$M(h, \lambda) = \oint_{L_h} (\lambda + x)y\mathrm{d}x = \lambda I_0(h) + I_1(h).$$

　　由 (5.3.16) 知

$$M(0, \lambda) = \frac{6}{5}\lambda + \frac{36}{35} = \frac{6}{5}\left(\lambda + \frac{6}{7}\right).$$

故由推论 5.2.1 可知以下引理.

　　引理 5.3.4　存在常数 $\varepsilon_0 > 0$ 和函数 $\lambda^*(\varepsilon) = \lambda_0 + O(\varepsilon)$, 其中 $\lambda_0 = -\frac{6}{7}$, 使对一切 $0 < \varepsilon \leqslant \varepsilon_0$, $|\lambda - \lambda_0| \leqslant \varepsilon_0$, (5.3.27) 在 L_0 附近有 (唯一) 极限环当且仅当 $\lambda < \lambda^*(\varepsilon)$, 有同宿环当且仅当 $\lambda = \lambda^*(\varepsilon)$, 且同宿环是稳定的.

又由定理 4.6.3 及注 5.3.1 知, 当 $0 < h + \dfrac{1}{6} \ll 1$ 时,

$$M(h,\lambda) = 4\pi(\lambda+1)\left(h+\frac{1}{6}\right) + (-l + O(|\lambda+1|))\left(h+\frac{1}{6}\right)^2 + \cdots,$$

其中 $l > 0$ 为常数. 从而由注 5.3.2 知成立以下引理.

引理 5.3.5 存在 $\varepsilon_1 > 0$, $\lambda_1^*(\varepsilon) = -1 + O(\varepsilon)$, 使对一切 $0 < \varepsilon \leqslant \varepsilon_1$, $|\lambda + 1| \leqslant \varepsilon_1$, (5.3.27) 在中心点 $(1,0)$ 附近有 (唯一) 极限环当且仅当 $\lambda > \lambda_1^*(\varepsilon)$, 且该极限环是稳定的.

由以上讨论我们似可以看出, 对 $\lambda_1^*(\varepsilon) < \lambda < \lambda^*(\varepsilon)$ 极限环一直存在且唯一. 为证这一结论, 将函数 $M(h, \lambda)$ 写成下列形式:

$$M(h,\lambda) = I_0(h)(\lambda - P(h)),$$

其中 $P(h) = -\dfrac{I_1(h)}{I_0(h)}$. 往证以下结论.

引理 5.3.6 函数 $P(h)$ 在 $\left[-\dfrac{1}{6}, 0\right)$ 上为连续可微的, $P\left(-\dfrac{1}{6}\right) = -1$, $P(0-) = -\dfrac{6}{7}$, $P'\left(-\dfrac{1}{6}\right) = \dfrac{1}{2}$, 且在 $\left(-\dfrac{1}{6}, 0\right)$ 上 $P'(h) > 0$.

证明 由引理 5.3.4 与引理 5.3.5 的推理知 $P(0-) = -\dfrac{6}{7}$, $P\left(-\dfrac{1}{6}\right) = -1$. 注意到沿 L_h 成立 $y\,\mathrm{d}y = x\,\mathrm{d}x - x^2\,\mathrm{d}x$, $\dfrac{\partial y}{\partial h} = \dfrac{1}{y}$, 将 $I_1(h)$ 写成对 x 的定积分, 可知

$$I_1'(h) = \oint_{L_h} \frac{x\,\mathrm{d}x}{y} = \oint_{L_h} \frac{x\,\mathrm{d}x - y\,\mathrm{d}y}{y} = \oint_{L_h} \frac{x^2\,\mathrm{d}x}{y},$$

再对 $I_0(h)$ 进行分部积分可知

$$I_0(h) = -\oint_{L_h} x\,\mathrm{d}y = -\oint_{L_h} \frac{x^2\,\mathrm{d}x - x^3\,\mathrm{d}x}{y}$$

$$= \oint_{L_h} \frac{1}{y}\left(3h + \frac{3}{2}x^2 - \frac{3}{2}y^2 - x^2\right)\mathrm{d}x$$

$$= 3hI_0'(h) + \frac{1}{2}I_1'(h) - \frac{3}{2}I_0(h).$$

由此可得

$$5I_0 = 6hI_0' + I_1'. \tag{5.3.28}$$

同理, 对 I_1 分部积分可得

$$35I_1 = 6hI_0' + 6(1 + 5h)I_1'. \tag{5.3.29}$$

由 (5.3.28), (5.3.29) 可解得

$$I_1' = \frac{1}{1 + 6h}(7I_1 - I_0), \quad I_0' = \frac{1}{6h(1 + 6h)}[6(1 + 5h)I_0 - 7I_1].$$

因此得

$$\frac{\mathrm{d}P}{\mathrm{d}h} = -\frac{1}{I_0^2}[I_0I_1' - I_1I_0'] = \frac{-7P^2 + 6(2h - 1)P + 6h}{6h(1 + 6h)},$$

于是, 函数 $P = P(h)$ 是二维系统

$$\begin{aligned} \dot{h} &= 6h(1 + 6h), \\ \dot{P} &= -7P^2 + 6(2h - 1)P + 6h \end{aligned} \tag{5.3.30}$$

的轨线. 方程 (5.3.30) 是一二次系统, 以 $\left(-\dfrac{1}{6}, -1\right)$ 为鞍点, 以 $\left(0, -\dfrac{6}{7}\right)$ 为结点, 而 $P = P(h)$ 就是连接这两点的轨线, 故 $P(h)$ 在 $\left[-\dfrac{1}{6}, 0\right)$ 上为连续可微的. 又由于方程 (5.3.30) 在鞍点 $\left(-\dfrac{1}{6}, -1\right)$ 的线性变分方程为

$$\dot{x} = -6x, \quad \dot{y} = -6x + 6y.$$

该方程有分界线 $y = \dfrac{1}{2}x$, 它是曲线 $P = P(h)$ 在鞍点 $\left(-\dfrac{1}{6}, -1\right)$ 的切线, 故有 $P'\left(-\dfrac{1}{6}\right) = \dfrac{1}{2}$.

设 L_1 与 L_2 为等倾线

$$-7P^2 + 6(2h - 1)P + 6h = 0$$

所定义的双曲线的两支, 不妨设 L_1 位于 L_2 的上方, 则易知 L_1 通过点 $(0, 0)$ 与 $\left(-\dfrac{1}{6}, -\dfrac{1}{7}\right)$, 而 L_2 通过点 $\left(0, -\dfrac{6}{7}\right)$ 与 $\left(-\dfrac{1}{6}, -1\right)$, 且 L_2 在点 $\left(-\dfrac{1}{6}, -1\right)$ 的斜

率为 1. 又由于当 $-\dfrac{1}{6} < h < 0$ 时,

$$\dot{h} = 6h(1 + 6h) < 0,$$

$$\dot{P} \begin{cases} > 0, & \text{在 } L_1 \text{ 与 } L_2 \text{ 之间,} \\ = 0, & \text{沿 } L_1 \text{ 或 } L_2, \\ < 0, & \text{在 } L_1 \text{ 上方或 } L_2 \text{ 下方,} \end{cases}$$

故由 (5.3.30) 的向量场在 L_2 两侧的方向即知 $P = P(h)$ 必在带域 $-\dfrac{1}{6} < h < 0$ 内位于 L_2 下方, 如图 5.3.5 所示. 故必有 $P'(h) = \dfrac{\mathrm{d}P}{\mathrm{d}h} > 0$. 证毕. $\qquad\square$

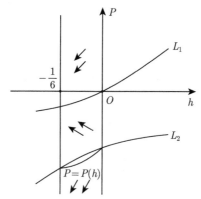

图 5.3.5   函数 $P(h)$ 的图像与等倾线 L_1 和 L_2

利用引理 5.3.4～ 引理 5.3.6 等可证下面定理.

定理 5.3.9   任给 $N > 1$, 存在 $\varepsilon^* > 0$, 及 $\lambda^*(\varepsilon) = -\dfrac{6}{7} + O(\varepsilon)$, $\lambda_1^*(\varepsilon) = -1 + O(\varepsilon)$ 使对一切 $0 < \varepsilon < \varepsilon^*$, $|\lambda| < N$, 方程 (5.3.27) 在有限平面内,

(1) 当 $\lambda > \lambda^*(\varepsilon)$ 时无极限环;

(2) 当 $\lambda = \lambda^*(\varepsilon)$ 时有稳定同宿环;

(3) 当 $\lambda_1^*(\varepsilon) < \lambda < \lambda^*(\varepsilon)$ 时有唯一稳定极限环;

(4) 当 $\lambda \leqslant \lambda_1^*(\varepsilon)$ 时无极限环.

证明   只需证明下列四个结论:

(i) 任给 $N > 1$, 存在 $\varepsilon_1^* > 0$, 使当 $0 < \varepsilon < \varepsilon_1^*$, $\lambda^*(\varepsilon) < \lambda < N$ 时 (5.3.27) 无极限环;

(ii) 存在 $\varepsilon_2^* > 0$, 使当 $0 < \varepsilon < \varepsilon_2^*$, $\lambda = \lambda^*(\varepsilon)$ 时 (5.3.27) 有稳定同宿环;

(iii) 存在 $\varepsilon_3^* > 0$, 使当 $0 < \varepsilon < \varepsilon_3^*$, $\lambda_1^*(\varepsilon) < \lambda < \lambda^*(\varepsilon)$ 时 (5.3.27) 有唯一稳定极限环;

(iv) 任给 $N > 1$, 存在 $\varepsilon_4^* > 0$, 使当 $0 < \varepsilon < \varepsilon_4^*$, $-N < \lambda \leqslant \lambda_1^*(\varepsilon)$ 时 (5.3.27) 无极限环.

若上述结论已证, 则取 $\varepsilon^* = \min\{\varepsilon_1^*, \varepsilon_2^*, \varepsilon_3^*, \varepsilon_4^*\}$ 即可.

我们只证结论 (i) 与 (iii) (结论 (ii) 由引理 5.3.4 即得, 而结论 (iv) 的证明与 (i) 类似). 用反证法. 设 (i) 不成立, 即使结论 (i) 成立的 ε_1^* 不存在, 则必有 $\varepsilon_n \to 0$ (当 $n \to +\infty$ 时), $\varepsilon_n > 0$, $\lambda^*(\varepsilon_n) < \lambda_n < N$, 使当 $(\varepsilon, \lambda) = (\varepsilon_n, \lambda_n)$ 时 (5.3.27) 有极限环 L_n^*. 因为 $\{\lambda_n\}$ 与 $\{L_n^*\}$ 均为有界集, 故不妨设 $\lambda_n \to \bar{\lambda}^*$, $L_n^* \to \Gamma^*$ (当 $n \to +\infty$ 时).

显然, $-\frac{6}{7} \leqslant \bar{\lambda}^* \leqslant N$, 而 Γ^* 必是 (5.3.27) 的未扰系统的不变闭曲线, 即存在 $h^* \in \left[-\frac{1}{6}, 0\right]$ 使 Γ^* 由方程 $H(x,y) = h^*$ 所确定. 易见成立 $M(h^*, \bar{\lambda}^*) = 0$, 即 $\bar{\lambda}^* = P(h^*)$, 故由引理 5.3.6 知 $-1 \leqslant \bar{\lambda}^* \leqslant -\frac{6}{7}$, 故必有 $\bar{\lambda}^* = -\frac{6}{7}$, 而 Γ^* 必是同宿环 L_0. 因为当 n 充分大时必有 $-\frac{6}{7} - \varepsilon_0 < \lambda_n < -\frac{6}{7} + \varepsilon_0$, $0 < \varepsilon_n < \varepsilon_0$, 从而由引理 5.3.4 知, 当 $\lambda > \lambda^*(\varepsilon_n)$ 时 (5.3.27) 在 L_0 附近没有极限环, 矛盾. 结论 (i) 得证.

再证结论 (iii). 仍用反证法. 若结论不成立, 则存在 $\varepsilon_n \to 0$, $\varepsilon_n > 0$, $\lambda_1^*(\varepsilon_n) < \lambda_n < \lambda^*(\varepsilon_n)$ 使当 $(\varepsilon, \lambda) = (\varepsilon_n, \lambda_n)$ 时 (5.3.27) 有两个极限环 $L_n^{(1)}$ 与 $L_n^{(2)}$. 同上可设 $\lambda_n \to \bar{\lambda}^* \left(\text{满足 } -1 \leqslant \bar{\lambda}^* \leqslant -\frac{6}{7}\right)$, $L_n^{(j)} \to \Gamma_j$ $(n \to \infty)$, $j = 1, 2$, 则必存在 $h_j \in \left[-\frac{1}{6}, 0\right]$ 使 Γ_j 由方程 $H(x,y) = h_j$ 所确定. 同上有 $M(h_j, \bar{\lambda}^*) = 0$, 从而必有 $\bar{\lambda}^* = P(h_1) = P(h_2)$, 即 $h_1 = h_2$.

若 $\bar{\lambda}^* = -1$, 则利用引理 5.3.5 可得矛盾, 若 $\bar{\lambda}^* = -\frac{6}{7}$, 则利用引理 5.3.4 可得矛盾, 若 $-1 < \bar{\lambda}^* < -\frac{6}{7}$, 则由引理 5.3.6 知,

$$M(h_1, \bar{\lambda}^*) = 0, \quad \frac{\partial M}{\partial h}(h_1, \bar{\lambda}^*) \neq 0,$$

故由定理 5.3.1 知, 当 $|\varepsilon| + |\lambda - \bar{\lambda}^*|$ 充分小时 (5.3.27) 在 $\Gamma_1 (= \Gamma_2)$ 附近至多有一个环, 这与当 $(\varepsilon, \lambda) = (\varepsilon_n, \lambda_n)$ 时 (5.3.27) 在 Γ_1 附近有两个极限环 ($L_n^{(1)}$ 与 $L_n^{(2)}$) 矛盾. 定理证毕. $\qquad\square$

注意到 $\mu_2 = -\delta|\mu_1|^{\frac{1}{2}} = -(2\lambda+1)|\mu_1|^{\frac{1}{2}}, \varepsilon = \sqrt{2}|\mu_1|^{\frac{1}{4}}$. 回到方程 (5.3.26), 由上述定理 (定理 5.3.9) 可得下列结果.

定理 5.3.10 存在 $\varepsilon_0 > 0$, 原点的邻域 U 及函数 $\psi_1(\mu_1) = |\mu_1|^{\frac{1}{2}} + O(|\mu_1|^{\frac{3}{4}})$ (对应 Hopf 分支), $\psi_2(\mu_1) = \dfrac{5}{7}|\mu_1|^{\frac{1}{2}} + O(|\mu_1|^{\frac{3}{4}})$ (对应同宿分支), 使对 $0 \leqslant -\mu_1 \leqslant \varepsilon_0, |\mu_2| \leqslant \varepsilon_0$, 方程 (5.3.26) 在 U 内有唯一极限环当且仅当 $\psi_2(\mu_1) < \mu_2 < \psi_1(\mu_1)$.

上面我们详细研究了众所周知的 Bogdanov-Takens 分支, 这里对这一分支问题的处理是从含多参数的一般平面系统入手, 逐步过渡到近哈密顿系统 (5.3.27). 这样做是为了便于应用. 有关 Bogdanov-Takens 分支的主要结果归纳在定理 5.3.9 中, 其中对同宿分支中极限环的唯一性的最早的证明见文献 [60]. 对 Bogdanov-Takens 分支完整的论述曾在文献 [29] 中给出. 外文文献中都忽略了同宿分支中极限环的唯一性问题或者论证不严密 (其实, 函数 $P(h)$ 的严格单调性并不能保证同宿轨附近极限环的唯一性), 直到 2018 年文献 [70] 给予重新论证.

关于多项式系统的涉及极限环的各类分支已有很成熟的理论和方法, 获得了十分丰富的成果, 并对很多有实际背景的系统有很好的应用, 详见文献 [14,17,35, 42,43,47,55] 等. 为了叙述与论证上的方便, 以上我们所考虑的平面微分系统都是无穷次可微的. 笔者于 2018 年研究了有限次光滑的平面系统的极限环分支问题 [34], 建立了这类系统极限环的分支理论. 另一方面, 由于研究一般系统极限环的个数问题是一个异常困难的问题, 仍有很多很多的问题悬而未决. 有兴趣的读者可查阅书末的参考文献.

习 题 5.3

1. 证明引理 5.3.6 中的函数 P 满足

$$P(h) = -\frac{6}{7} - \frac{5}{7}h\ln(-h) + O(h), \quad 0 < -h \ll 1.$$

(提示: 利用 (5.3.16) 及定理 5.3.8.)

2. 证明引理 5.3.3.

3. 证明存在函数 $a(\varepsilon) < 0$, 使当 $|\varepsilon| > 0$ 充分小且 $a = a(\varepsilon)$ 时, 系统 $\dot{x} = y - \varepsilon(x^5 + ax^3 + x), \dot{y} = -x$ 有一二重环. 并求出 $a(0)$.

4. 研究三次系统 $\dot{x} = y - \varepsilon(x^3 - ax), \dot{y} = -x(1 \pm x^2)$ 的极限环分支, 并证明极限环的唯一性. 可参考文献 [14,29,47,55].

5. 考虑系统
$$\dot{x} = y - \varepsilon(a_1x + a_2x^3 - a_3^2x^5 + \varepsilon a_3x^7), \quad \dot{y} = -x,$$

试证明对每个固定的 $a = (a_1, a_2, a_3) \neq 0$ 和原点的邻域 U_a, 存在 $\varepsilon^*(a) > 0$, 使当 $0 < |\varepsilon| < \varepsilon^*(a)$ 时该方程在 U_a 中至多有两个极限环; 但若把 a 取作可变参数, 则任给原点的邻域 U, 都存在充分小的 $|\varepsilon| + |a|$ 使该方程在 U 中有三个极限环[14].

6. 证明定理 5.3.3. (提示: 参考文献 [15] [35] 或 [61].)

7. 证明定理 5.3.4.

8. 证明注 5.3.1.

9. 证明注 5.3.2.

10. 考虑 C^∞ 系统 (5.3.1), 其中 δ 为一维实参数. 假设存在 $h_0 \in J$, $\delta_0 \in \mathbf{R}$ 使其 Melnikov 函数 $M(h,\delta)$ 满足下列条件:

$$M(h_0,\delta_0) = M_h(h_0,\delta_0) = 0, \quad \mu \equiv M_\delta(h_0,\delta_0)M_{hh}(h_0,\delta_0) \neq 0,$$

则存在 $\varepsilon_0 > 0$, L_{h_0} 的邻域 V, 以及可微函数 $\delta(\varepsilon) = \delta_0 + O(\varepsilon)$, $|\varepsilon| < \varepsilon_0$, 使对 $|\delta - \delta_0| + |\varepsilon| < \varepsilon_0$, 当 $(\mathrm{sgn}\mu)(\delta - \delta(\varepsilon)) < 0(= 0, > 0)$ 时, (5.3.1) 在 V 中恰有两个极限环 (一个二重极限环, 没有极限环). (提示: 参考定理 5.2.6(i) 的证明.)

5.4　分支理论新进展

　　1900 年 8 月在巴黎举办的第二届国际数学家大会上, 德国数学家 D. 希尔伯特提出了 23 个数学问题, 这些问题引起了数学界的广泛关注, 对这些问题的研究极大地推动了数学的发展. 一个多世纪以来, 这些问题中的绝大多数都已经解决或部分解决, 而其中有些问题由于难度太大至今都没有解决, 例如第 16 问题. 这一问题的后半部分是寻求平面多项式系统的极限环的最大个数以及相应极限环的分布. 分支理论的许多研究就是围绕平面多项式系统极限环的个数来展开的, 最近十多年又有了一些新发展, 例如, 研究平面分段光滑系统的极限环的存在性与个数, 研究一维分段光滑的周期微分方程的周期解的存在性与个数, 研究高维自治系统与周期微分方程的周期解的存在性与个数, 以及混沌现象等等. 本节简单地论述在极限环和周期解的分支理论方面获得的某些新进展.

5.4.1　Melnikov 函数方法与平均法的等价性

　　考虑如下形式的平面哈密顿系统:

$$\dot{x} = H_y, \quad \dot{y} = -H_x, \tag{5.4.1}$$

其中 H 为定义于某平面区域 D 上的 C^∞ 函数, 且存在一开区间 J, 使得对每一个 $h \in J$ 方程 $H(x,y) = h$ 确定了一闭曲线 L_h. 这样就在区域 D 中有一个由闭曲线族组成周期带如下:

$$G = \bigcup_{h \in J} L_h.$$

　　对任一 $h_0 \in J$, 可取一点 $A_0 \in L_{h_0}$, 以及过点 A_0 的曲线 l, 使得 L_{h_0} 在 A_0 与 l 是横截的 (即不相切), 例如, 可取 l 是梯度系统 $\dot{x} = H_x$, $\dot{y} = H_y$ 过 A_0 的轨线. 当 h 在 h_0 附近时闭曲线 L_h 与曲线 l 有唯一交点, 记为 $A(h)$, 使得 $H(A(h)) = h$.

易见 $A(h_0) = A_0$. 曲线 l 可以不断延伸, 使得交点 $A(h)$ 对一切 $h \in J$ 都存在, 这样就得到一个函数 $A(h): J \longrightarrow l$, 使得成立

$$l = \{A(h)|\ h \in J\}. \tag{5.4.2}$$

现考虑下述扰动系统:

$$\dot{x} = H_y + \varepsilon f(x, y, \varepsilon, \delta), \quad \dot{y} = -H_x + \varepsilon g(x, y, \varepsilon, \delta), \quad (x, y) \in D, \tag{5.4.3}$$

其中 $\varepsilon \in \mathbf{R}$ 为小参数, $\delta \in V \subset \mathbf{R}^n$, V 为紧集, 函数 f 与 g 在其定义域上为无穷次可微的. 设 (5.4.3) 从点 $A(h)$ 出发的正半轨绕 L_h 一周后与曲线 l 相交于点 $B(h, \varepsilon, \delta)$, 则由 (5.4.3) 可得

$$H(B) - H(A) = \varepsilon \int_0^{\tilde{\tau}} (H_x f + H_y g) \mathrm{d}t \equiv \varepsilon F(h, \varepsilon, \delta), \tag{5.4.4}$$

其中 $\tilde{\tau} = \tilde{\tau}(h, \varepsilon, \delta)$ 表示 (5.4.3) 的从 $A = A(h)$ 到 $B = B(h, \varepsilon, \delta)$ 所用的时间. 对任一正整数 $k \geqslant 1$, 我们有

$$\varepsilon F(h, \varepsilon, \delta) = \sum_{i=1}^{k} \varepsilon^i M_i(h, \delta) + O(\varepsilon^{k+1}). \tag{5.4.5}$$

我们称上式中的 M_i 为微分方程 (5.4.3) 的第 i 阶 Melnikov 函数.

由 (5.4.4) 易见

$$M_1(h, \delta) = \oint_{L_h} g\mathrm{d}x - f\mathrm{d}y|_{\varepsilon=0}, \quad h \in J.$$

利用定理 5.1.5 和隐函数定理可证以下结论[53].

引理 5.4.1 假设存在 $k \geqslant 1$ 使得 $M_k(h, \delta) \not\equiv 0$, 而 $M_j(h, \delta) \equiv 0$, $j = 1, \cdots, k-1$. 如果对每个 $\delta \in V$ 函数 M_k 关于 h 在 J 中至多有 m 个根 (包括重数在内), 则对充分小的 $\varepsilon > 0$ 和所有的 $\delta \in V$ 系统 (5.4.3) 至多有 m 极限环从周期带 G 分支出来 (包括重数在内). 如果存在 $\delta \in V$ 使得 M_k 关于 h 在 J 中有 m 个单根, 则对充分小的 $\varepsilon > 0$ 系统(5.4.3) 必有 m 个极限环从周期带 G 分支出来.

上述结果常称为研究近哈密顿系统 (5.4.3) 极限环分支的 Melnikov 函数方法. 下面再来介绍研究这一系统的平均方法.

设 $(x, y) = q(t, h)$ 为系统 (5.4.1) 的周期轨 L_h 的时间参数表示, 其中 $0 \leqslant t < T(h)$, $q(0, h) = A(h)$, $T(h)$ 表示 L_h 的 (最小正) 周期. 文献 [71] 证明了下列引理.

引理 5.4.2 变量变换

$$(x,y) = q\left(\frac{T(h)}{2\pi}\theta, h\right) \equiv G(\theta,h), \quad 0 \leqslant \theta < 2\pi, \quad h \in J \tag{5.4.6}$$

把系统 (5.4.3) 变为

$$\dot{\theta} = \frac{2\pi}{T(h)}\left(1 - \varepsilon\frac{\partial G}{\partial h} \wedge (f(G,\varepsilon,\delta), g(G,\varepsilon,\delta))\right),$$
$$\dot{h} = \varepsilon\left(H_y(G), -H_x(G)\right) \wedge (f(G,\varepsilon,\delta), g(G,\varepsilon,\delta)), \tag{5.4.7}$$

其中 $(a_1, a_2) \wedge (b_1, b_2) = a_1 b_2 - a_2 b_1$.

注意到方程 (5.4.7) 的右端函数关于 θ 为 2π 周期的, 于是可得下述 C^∞ 的 2π 周期方程

$$\frac{\mathrm{d}h}{\mathrm{d}\theta} = \varepsilon R(\theta, h, \varepsilon, \delta). \tag{5.4.8}$$

易证, 对充分小的 $\varepsilon > 0$ 以及任一 $h_0 \in J$, 系统 (5.4.3) 从点 $A(h_0)$ 出发的轨道是周期的当且仅当方程 (5.4.8) 满足 $h(0) = h_0$ 的解是 2π 周期的[71]. 对周期方程 (5.4.8) 成立下述平均定理 (其证明可见文献 [18] 第五章).

引理 5.4.3 任给 $k \geqslant 1$, 必存在 C^∞ 光滑的 2π 周期变换

$$\rho = h + \varepsilon\varphi_k(\theta, h, \varepsilon, \delta) \tag{5.4.9}$$

将方程 (5.4.8) 化为 C^∞ 光滑的 2π 周期方程

$$\frac{\mathrm{d}\rho}{\mathrm{d}\theta} = \sum_{i=1}^{k} \varepsilon^i \overline{R}_i(\rho,\delta) + \varepsilon^{k+1}\overline{R}_{k+1}(\theta, \rho, \varepsilon, \delta), \tag{5.4.10}$$

其中

$$\overline{R}_1(\rho,\delta) = \frac{1}{2\pi}\int_0^{2\pi} R(\theta, \rho, 0, \delta)\mathrm{d}\theta.$$

从而, 进一步可得如果存在整数 $k \geqslant 1$, 使有

$$\overline{R}_k(\rho,\delta) \not\equiv 0, \quad \overline{R}_j(\rho,\delta) \equiv 0, \quad j = 1, \cdots, k-1,$$

且对某 $\delta \in V$ 函数 $\overline{R}_k(\rho,\delta)$ 在 J 中有 m 个单根, 则对充分小的 $\varepsilon > 0$ 方程 (5.4.8) 或 (5.4.10) 就必有 m 个 2π 周期解, 其值域含于 J.

现设 $h(\theta, h_0, \varepsilon, \delta)$ 为 (5.4.8)满足 $h(0, h_0, \varepsilon, \delta) = h_0$ 之解, 则 (5.4.8) 的 Poincaré 映射为 $P(h_0, \varepsilon, \delta) = h(2\pi, h_0, \varepsilon, \delta)$. 文献 [72] 证明了下述定理.

定理 5.4.1 设 $\varepsilon > 0$ 充分小, 则对任何正整数 $k \geqslant 1$ 都有

$$P(h,\varepsilon,\delta) - h = \varepsilon F(h,\varepsilon,\delta) = \sum_{i=1}^{k} \varepsilon^i M_i(h,\delta) + O(\varepsilon^{k+1}), \quad h \in J. \qquad (5.4.11)$$

进一步成立 $M_1(h,\delta) = 2\pi \overline{R}_1(h,\delta)$, 且对 $2 \leqslant l \in \mathbf{N}$ 如果 $M_j(h,\delta) \equiv 0, j = 1,\cdots,l-1$, 则 $M_l(h,\delta) = 2\pi \overline{R}_l(h,\delta)$.

　　上述结果表明, 研究 (5.4.3) 极限环问题的 Melnikov 函数方法与平均方法是等价的. 因此, 如果存在 $k \geqslant 1$, 使 $\overline{R}_j(\rho,\delta) \equiv 0, j = 1,\cdots,k-1$, 而 $\overline{R}_k(\rho,\delta) \not\equiv 0$, 且对每个 $\delta \in V$ 函数 $\overline{R}_k(\rho,\delta)$ 关于 h 在区间 J 上至多有 m 个根 (包括重数在内), 则对充分小的 $\varepsilon > 0$ 以及所有的 $\delta \in V$ 方程 (5.4.3) 至多有 m 个极限环从周期带 G 分支出来 (包括重数在内). 又, 如果首个不恒为零的函数 $\overline{R}_k(\rho,\delta)$ 在区间 J 上有 m 个单根, 则由隐函数定理可知对充分小的 $\varepsilon > 0$ 周期带 G 能够产生方程 (5.4.3) 的 m 个极限环.

5.4.2　分段光滑微分方程

　　本小节简单介绍有关分段光滑微分方程的极限环与周期解的一些研究结果. 首先考虑平面系统. 设有一 C^k 光滑曲线 $\Sigma : x = \varphi(y), y \in \mathbf{R}, k \geqslant 1$. 该曲线将平面 $\mathbf{R}^2$ 分为两部分 $\Omega^+ = \{(x,y)|x > \varphi(y), y \in \mathbf{R}\}$ 与 $\Omega^- = \{(x,y)|x < \varphi(y), y \in \mathbf{R}\}$, 于是

$$\mathbf{R}^2 = \Omega^+ \cup \Omega^- \cup \Sigma.$$

设 $P^\pm(x,y)$ 与 $Q^\pm(x,y)$ 为分别定义于 $\Omega^\pm \cup \Sigma$ 上的 C^k 函数, 则可定义一个分段 C^k 光滑的平面系统如下:

$$\dot{x} = f(x,y), \quad \dot{y} = g(x,y), \qquad (5.4.12)$$

其中

$$f(x,y) = \begin{cases} f^+(x,y), & (x,y) \in \Omega^+, \\ f^-(x,y), & (x,y) \in \Omega^-, \end{cases} \quad g(x,y) = \begin{cases} g^+(x,y), & (x,y) \in \Omega^+, \\ g^-(x,y), & (x,y) \in \Omega^-. \end{cases}$$

设系统 (5.4.12) 有一条顺时针定向的穿越曲线 Σ 两次的闭轨线, 记为 $L = L^+ \cup L^-$, 使得 $L \cap \Sigma = \{A,B\}, L^+ = \widehat{AB} \subset (\Omega^+ \cup \Sigma), L^- = \widehat{BA} \subset (\Omega^- \cup \Sigma)$, 以及

$$\left| \begin{matrix} \varphi' & 1 \\ f^\pm & g^\pm \end{matrix} \right|_{A,B} \neq 0. \qquad (5.4.13)$$

如图 5.4.1 所示.

易见, L^+ 与 L^- 分别是右子系统

$$\dot{x} = f^+(x,y), \quad \dot{y} = g^+(x,y) \tag{5.4.14}$$

与左子系统

$$\dot{x} = f^-(x,y), \quad \dot{y} = g^-(x,y) \tag{5.4.15}$$

的轨线段. 又设

$$A = (\varphi(a_0), a_0), \quad B = (\varphi(b_0), b_0), \quad a_0, b_0 \in \mathbf{R}.$$

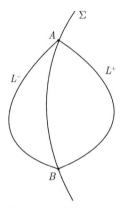

图 5.4.1　穿越闭轨 L

那么对 a_0 附近的 a (5.4.14)从点 $A_1(\varphi(a), a)$ 出发的轨线 $L_1^+(a)$ 必到达一点 $B_1(\varphi(b), b)$. 同理, 方程 (5.4.15) 从点 B_1 出发的轨线 $L_1^-(b)$ 必到达某点 $A_2(\varphi(c), c)$. 注意到 $L_1^+ = \widehat{A_1 B_1}$ 与 $L_1^- = \widehat{B_1 A_2}$ 均为 C^k 光滑的, 且 φ 为 C^k 函数. 由(5.4.13) 和隐函数定理知 $b = P_1(a) \in C^k$, $c = P_2(b) \in C^k$. 这样我们就可以定义 (5.4.12) 在 L 的 Poincaré 映射如下:

$$c = P_2(P_1(a)) \equiv P_L(a). \tag{5.4.16}$$

易见,

$$P_1(a_0) = b_0, \quad P_2(b_0) = a_0, \quad P_L(a_0) = a_0,$$

且对 a_0 附近的所有 a, 有 $P_L = P_2 \circ P_1 \in C^k$.

令 $d(a) = P_L(a) - a$, 则函数 d 在 a_0 附近为 C^k 的, 且 $d(a_0) = 0$. 利用函数 d 可以定义闭轨线 L 稳定性与重数, 即有以下定义.

定义 5.4.1　设 a_0 为函数 d 的孤立根, 则称 L 为方程 (5.4.12) 的穿越极限环, 简称为极限环. 如果当 $|a - a_0| > 0$ 充分小时有 $(a - a_0)d(a) < 0$, 则称 L 为稳定极限环, 否则 (即 L 不是稳定的), 称其为不稳定极限环. 如果有正整数 l, 满足 $1 \leqslant l \leqslant k$ 且使得

$$d^{(l)}(a_0) \neq 0, \quad d^{(j)}(a_0) = 0, \quad 0 \leqslant j \leqslant l - 1,$$

则称 L 为方程 (5.4.12) 的 l 重极限环. 特别当 $l = 1$ 时称其为单重极限环或双曲极限环.

文献 [53] 证明了下述基本引理.

引理 5.4.4　对 (5.4.12) 的 Poincaré 映射 P_L, 成立

$$P_L'(a_0) = \frac{K_1}{K_2} \exp(I(L)), \tag{5.4.17}$$

其中

$$K_1 = (f^+(A) - \varphi'(a_0)g^+(A))(f^-(B) - \varphi'(b_0)g^-(B)),$$

$$K_2 = (f^+(B) - \varphi'(b_0)g^+(B))(f^-(A) - \varphi'(a_0)g^-(A)),$$

$$I(L) = \int_{\widehat{AB}} \text{tr}\frac{\partial(f^+, g^+)}{\partial(x, y)}\mathrm{d}t + \int_{\widehat{BA}} \text{tr}\frac{\partial(f^-, g^-)}{\partial(x, y)}\mathrm{d}t.$$

故 L 为单重极限环当且仅当 $\dfrac{K_1}{K_2} \exp(I(L)) \neq 1$, 且当 $\dfrac{K_1}{K_2} \exp(I(L)) < 1$ $\left(\text{或 } \dfrac{K_1}{K_2} \cdot \right.$ $\exp(I(L)) > 1\Big)$ 时它是稳定的 (或不稳定的).

不难看出, 如果将 "φ 为 C^k 函数" 减弱为 "存在常数 $\varepsilon_0 > 0$ 使得 φ 在 $(a_0 - \varepsilon_0, a_0 + \varepsilon_0) \cup (b_0 - \varepsilon_0, b_0 + \varepsilon_0)$ 上为 C^k 函数", 则引理 5.4.4 的结论仍成立.

现考虑含参数系统

$$\dot{x} = F(x, y, \mu), \quad \dot{y} = G(x, y, \mu), \tag{5.4.18}$$

其中

$$(F(x, y, \mu), G(x, y, \mu)) = \begin{cases} (F^+(x, y, \mu), G^+(x, y, \mu)), & x > \varphi(y), \\ (F^-(x, y, \mu), G^-(x, y, \mu)), & x < \varphi(y), \end{cases}$$

且 $\mu \in \mathbf{R}^n, n \geqslant 1$, $F^\pm, G^\pm \in C^k$, 以及

$$F^\pm(x, y, 0) = f^\pm(x, y), \quad G^\pm(x, y, 0) = g^\pm(x, y).$$

如前定义 (5.4.18) 的 Poincaré 映射 $\tilde{P}(a,\mu)$ 为右系统

$$\dot{x} = F^+(x,y,\mu), \quad \dot{y} = G^+(x,y,\mu)$$

和左系统

$$\dot{x} = F^-(x,y,\mu), \quad \dot{y} = G^-(x,y,\mu)$$

的 Poincaré 映射 $P_1(a,\mu)$ 与 $P_2(a,\mu)$ 的复合, 即 $\tilde{P}(a,\mu) = P_2(P_1(a,\mu),\mu)$. 显然, $\tilde{P}(a,0) = P_L(a)$. 于是对函数 $\tilde{P}(a,\mu) - a$ 应用定理 5.1.3 即得以下定理[53].

定理 5.4.2　设未扰系统 (5.4.12)有一 l 重穿越极限环 L, $1 \leqslant l \leqslant k$. 则存在常数 $\varepsilon_0 > 0$ 与 L 的邻域 U 使对所有的 $|\mu| < \varepsilon_0$ 方程 (5.4.18)在 U 中至多有 l 个极限环 (包括重数在内).

再来研究 (5.4.18) 的 Hopf 分支问题. 此时我们要做的一个基本假设是其未扰系统 (5.4.12) 有一个形如焦点的 "奇点", 为了方便, 可设该点位于原点, 且有 $\varphi(0) = 0$. 我们引入下述定义.

定义 5.4.2　考虑分段 C^k 光滑系统 (5.4.12) 且 $\varphi(0) = 0$. 又设存在常数 $\varepsilon_2 > \varepsilon_1 > 0$ 使有

(i) 对任一 $a \in (0,\varepsilon_1)$, 方程 (5.4.14) 从点 $(\varphi(a),a)$ 出发的正半轨与曲线 Σ 交于点 $(\varphi(b),b)$, 记 $b = P_1(a) \in (-\varepsilon_2,0)$, 满足 $P_1(0+) = 0$;

(ii) 对任一 $b \in (-\varepsilon_1,0)$, 方程 (5.4.15) 从点 $(\varphi(b),b)$ 出发的正半轨与曲线 Σ 交于点 $(\varphi(c),c)$, 记 $c = P_2(b) \in (0,\varepsilon_2)$, 满足 $P_2(0-) = 0$.

令 $P_0(a) = P_2(P_1(a))$. 如果对所有的 $a \in (0,\varepsilon_1)$, 均有 $P_0(a) \neq a$, 则称原点为方程 (5.4.12)的焦点. 如果对所有的 $a \in (0,\varepsilon_1)$, 均有 $P_0(a) = a$, 则称原点为方程 (5.4.12)的中心奇点 (简称为中心). 进一步, 如果对所有的 $a \in (0,\varepsilon_1)$, 均有 $P_0(a) < a$ (或 $P_0(a) > a$), 则说原点为方程 (5.4.12) 的稳定 (不稳定) 焦点.

非光滑系统 (5.4.12) 在原点的焦点或中心可分为如下四类. 如果原点同时是系统 (5.4.12) 的左右子系统的奇点, 则称原点为系统 (5.4.12) 的 FF 型奇点, 如果原点仅仅是系统 (5.4.12) 的左子系统的奇点, 则称原点为系统 (5.4.12) 的 FP 型奇点. 类似可定义 PF 型与 PP 型奇点. 这里 "P" 与 "F" 分别取自英文单词 parabola(抛物线) 与 focus(焦点) 的首个字母. 下列定义给出了非光滑系统以原点为初等焦点或中心的概念.

定义 5.4.3　设原点是 (5.4.12) 的焦点或中心, 且原点附近的轨线为顺时针定向的. 我们称原点为初等的焦点或中心, 如果

(i) 当原点是 PP 型时成立

$$H_P^\pm: \ f^\pm(0,0) = 0, \ f_y^\pm(0,0) > 0, \ \pm g^\pm(0,0) < 0; \tag{5.4.19}$$

(ii) 当原点是 FF 型时成立

$$H_{\mathrm{F}}^{\pm}: \begin{cases} f^{\pm}(0,0) = 0, \ g^{\pm}(0,0) = 0, \ f_y^{\pm}(0,0) > 0, \\ (f_x^{\pm}(0,0) - g_y^{\pm}(0,0))^2 + 4f_y^{\pm}(0,0)g_x^{\pm}(0,0) < 0. \end{cases} \tag{5.4.20}$$

(iii) 当原点是 PF 型 (或 FP 型) 时成立 H_{P}^- 与 H_{F}^+ (或成立 H_{P}^+ 与 H_{F}^-).

下面为了方便, 假设 $\varphi = 0$, 且 $F^{\pm}, G^{\pm} \in C^{\infty}$, 此时在原点附近可以定义系统 (5.4.12) 的一个后继函数 $d(a)$ 如下[73].

$$d(a) = \begin{cases} P_2(P_1(a)) - a, & 0 < a \ll 1, \\ 0, & a = 0, \\ P_1(P_2(a)) - a, & 0 < -a \ll 1. \end{cases}$$

易见, 函数 $d(a)$ 在 $a = 0$ 附近有一个正根当且仅当它有一个负根. 文献 [74] 证明如果原点是初等焦点或中心, 则函数 d 对 $0 \leqslant a \ll 1$ 为 C^{∞} 的, 从而就有下列形式展式

$$d(a) = \sum_{i \geqslant 1} V_i a^i, \quad 0 \leqslant a \ll 1. \tag{5.4.21}$$

类似地, 如果对所有适当小的 $|\mu|$, 方程 (5.4.18) 都以原点为初等焦点或中心, 则可以定义其后继函数 $\tilde{d}(a, \mu)$, 其中 $0 < |a| \ll 1$. 由改进的泰勒公式知, 存在函数 $d_1 \in C^{\infty}$ 使 $\tilde{d}(a, \mu) = a d_1(a, \mu)$, $0 \leqslant |a| \ll 1$. 注意到 PF 型与 FP 能够互换 (将 x 换成 $-x$), 我们只需要考虑 FF, PP 与 FP 型的焦点或中心即可.

首先, 由文献 [73,75] 对后继函数的讨论, 应用定理 5.1.3 可得下述结果[53].

定理 5.4.3 假设 (i) $d(a) = V_k a^k + O(a^{k+1})$, 其中 $V_k \neq 0$, $k \geqslant 2$; (ii) 对一切充分小的 $|\mu|$, 原点是 (5.4.18) 的 FF 型或 FP 型初等焦点, 则对一切充分小的 $|\mu|$, 方程 (5.4.18) 在原点的某小邻域内至多有 $k - 1$ 个极限环 (包括重数在内).

现设原点是 (5.4.12) 的 PP 型焦点, 文献 [75] 引入了下述函数:

$$F_0(a) = \begin{cases} P_1(a) - P_2^{-1}(a), & a > 0, \\ 0, & a = 0, \\ P_1^{-1}(a) - P_2(a), & a < 0, \end{cases}$$

并证明当 $|a|$ 充分小时 $F_0(a) = O(a^2) \in C^{\infty}$, 且该函数的形式展开式

$$F_0(a) = \sum_{i \geqslant 2} V_i^* a^i, \quad |a| \ll 1 \tag{5.4.22}$$

满足

$$V_{2k+1}^* = O(|V_2^*, V_4^*, \cdots, V_{2k}^*|), \quad k \geqslant 1.$$

进一步, (5.4.21) 中的系数 V_i 与 (5.4.22) 中的系数 V_i^* 满足

$$V_i = (-1)^{i+1} V_i^* + O(|V_2^*, V_3^*, \cdots, V_{i-1}^*|), \quad i \geqslant 3,$$

由此可得

$$V_{2k+1} = O(|V_2, V_4, \cdots, V_{2k}|), \quad k \geqslant 1.$$

如果当 $|\mu|$ 充分小时原点是方程 (5.4.18)初等的 PP 型焦点, 则可定义满足 $\widetilde{F}(a,0) = F_0(a)$ 的 C^∞ 函数 $\widetilde{F}(a,\mu)$ 如下:

$$\widetilde{F}(a,\mu) = \sum_{i \geqslant 2} \widetilde{V}_i(\mu) a^i, \quad |a| \ll 1,$$

其中

$$\widetilde{V}_{2j+1}(\mu) = O(|\widetilde{V}_2(\mu), \widetilde{V}_4(\mu), \cdots, \widetilde{V}_{2j}(\mu)|), \quad j \geqslant 1.$$

注意到函数 $\widetilde{F}(a,\mu)$ 在 $a = 0$ 附近关于 a 有正根 (或负根) 当且仅当方程 (5.4.18) 在原点附近有极限环. 对函数 $\widetilde{F}$ 应用定理 5.1.3 可得下列定理[53].

定理 5.4.4 设当 $|\mu|$ 充分小时原点是方程 (5.4.18) 初等的 PP 焦点. 如果存在 $k \geqslant 1$ 使有

$$V_2 = V_4 = \cdots = V_{2k} = 0, \quad V_{2k+2} \neq 0,$$

则对充分小的 $|\mu|$ 系统 (5.4.18) 在原点附近至多有 k 个极限环 (包括重数在内).

下面我们考虑如下形式的分段光滑的近哈密顿系统:

$$\begin{pmatrix} \dot{x} \\ \dot{y} \end{pmatrix} = \begin{cases} \begin{pmatrix} H_y^+(x,y) + \varepsilon p^+(x,y,\varepsilon,\delta) \\ -H_x^+(x,y) + \varepsilon q^+(x,y,\varepsilon,\delta) \end{pmatrix}, & x > 0, \\ \begin{pmatrix} H_y^-(x,y) + \varepsilon p^-(x,y,\varepsilon,\delta) \\ -H_x^-(x,y) + \varepsilon q^-(x,y,\varepsilon,\delta) \end{pmatrix}, & x \leqslant 0, \end{cases} \quad (5.4.23)$$

其中 $H^\pm, p^\pm$ 与 $q^\pm$ 均为 C^∞ 函数, ε 为小参数, δ 为有界向量参数. 假设 (5.4.23) 满足下列条件.

(I) 存在开区间 $J = (\alpha, \beta)$ 与两点 $A(h) = (0, a(h))$ 和 $B(h) = (0, b(h))$ 使对 $h \in J$,

$$H^+(A(h)) = H^+(B(h)) = h,$$

$$H^-(A(h)) = H^-(B(h)), \quad a(h) > b(h).$$

(II) 方程 $H^+(x, y) = h$ 在 $x \geqslant 0$ 定义了曲线段 L_h^+, 始于 $A(h)$ 而终于 $B(h)$; 而方程 $H^-(x, y) = H^-(A(h))$ 在 $x \leqslant 0$ 上定义了曲线段 L_h^-, 始于 $B(h)$ 且终于 $A(h)$, 使得方程 $(5.4.23)|_{\varepsilon=0}$ 有一族顺时针定向的闭轨线 $L_h = L_h^+ \cup L_h^-$.

(III) 对每个 $h \in J$ 曲线 $L_h^{\pm}$ 都不与切换线 $x = 0$ 相切. 换言之, $H_y^{\pm}(A)H_y^{\pm}(B) \neq 0$, $h \in J$.

易见, 在条件 (I)~(III) 之下, 闭曲线族 $\{L_h\}$ 形成了一个穿越周期带 (crossing period annulus). 文献 [73] 利用 H^+ 和 (5.4.23) 的轨线建立了一个分支函数 F, 如下式所给出:

$$H^+(\bar{A}_\varepsilon) - H^+(A) = \varepsilon F(h, \varepsilon, \delta),$$

其中 $\bar{A}_\varepsilon$ 表示方程 (5.4.23) 从点 A 出发的正半轨与直线 $x = 0$ 的第二次交点, 并使得 $\lim\limits_{\varepsilon \to 0} \bar{A}_\varepsilon = A$. 令 $M(h, \delta) = F(h, 0, \delta)$, 称其为方程 (5.4.23) 首阶 Melnikov 函数. 文献 [73] 获得了函数 M 的公式, 文献 [76] 对这一公式做了一点简化, 得到下式:

$$M(h, \delta) = \int_{\widehat{AB}} (q^+ \mathrm{d}x - p^+ \mathrm{d}y)|_{\varepsilon=0} + \frac{H_y^+(A)}{H_y^-(A)} \int_{\widehat{BA}} (q^- \mathrm{d}x - p^- \mathrm{d}y)|_{\varepsilon=0}, \quad h \in J.$$

$$(5.4.24)$$

由 (5.4.24) 可看出 $M \in C^{\infty}(J)$. 文献 [73, 76, 77] 等利用函数 $M(h, \delta)$ 研究了极限环的分支问题, 包括周期带的扰动分支、一些广义同宿环的扰动分支以及初等中心的扰动分支等等. 对固定的 $h \in J$, 当 $|\varepsilon|$ 充分小时函数 F 为无穷次可微的 (理由是这样的: 首先由条件 (I)~(III), 利用解对初值与参数的连续依赖性和可微性定理及隐函数定理可知 $\bar{A}_\varepsilon$ 关于 h, ε, δ 为 C^{∞} 的, 于是 $H^+(\bar{A}_\varepsilon) - H^+(A)$ 为 h, ε, δ 的 C^{∞} 函数, 再由改进的泰勒公式又知函数 F 为 C^{∞} 的), 从而有下列展式:

$$F(h, \varepsilon, \delta) = \sum_{j \geqslant 0} M_j(h, \delta) \varepsilon^j,$$

其中 $M_j \in C^{\infty}(J)$, $M_0 = M$. 对函数 F 应用定理 5.1.5 和隐函数定理, 可得下列分支定理 (这一较圆满的叙述是文献 [53] 给出的).

定理 5.4.5 考虑近哈密顿系统 (5.4.23), 并假设条件 (I)~(III) 成立. 又设存在 $k \geqslant 0$ 使 $M_k \neq 0$, 以及

$$F(h, \varepsilon, \delta) = \sum_{j \geqslant k} M_j(h, \delta) \varepsilon^j.$$

如果对每个 δ 函数 M_k 关于 $h \in J$ 至多有 l 个根 (包括重数在内), 则当 $|\varepsilon| > 0$ 充分小, δ 有界时方程 (5.4.23) 至多有 l 个极限环从由 L_h 确定的周期带分支出来 (包括重数在内). 进一步, 如果存在某个 δ 使得函数 M_k 关于 $h \in J$ 有 l 个单根, 则当 $|\varepsilon| > 0$ 充分小时方程 (5.4.23) 必有 l 个单重极限环从由 L_h 确定的周期带分支出来.

如果我们所考虑的系统是近可积系统, 即有如下形式:

$$\begin{pmatrix} \dot{x} \\ \dot{y} \end{pmatrix} = \begin{cases} \begin{pmatrix} f_1^+(x,y) + \varepsilon f_2^+(x,y,\varepsilon) \\ g_1^+(x,y) + \varepsilon g_2^+(x,y,\varepsilon) \end{pmatrix}, & x > 0, \\ \begin{pmatrix} f_1^-(x,y) + \varepsilon f_2^-(x,y,\varepsilon) \\ g_1^-(x,y,) + \varepsilon g_2^-(x,y,\varepsilon) \end{pmatrix}, & x \leqslant 0, \end{cases}$$

其中 $f_1^{\pm}, f_2^{\pm}, g_1^{\pm}$ 与 $g_2^{\pm}$ 为 C^{∞} 函数, 使得有函数 μ_1 与 μ_2(积分因子) 以及 H^+ 与 H^-(首次积分) 满足

$$\mu_1 f_1^+ = H_y^+, \quad \mu_1 g_1^+ = -H_x^+, \quad x > 0,$$

$$\mu_2 f_1^- = H_y^-, \quad \mu_2 g_1^- = -H_x^-, \quad x \leqslant 0,$$

则相应的 Melnikov 函数为

$$M(h) = \int_{\widehat{AB}} \mu_1(g_2^+ \mathrm{d}x - f_2^+ \mathrm{d}y)|_{\varepsilon=0} + \frac{H_y^+(A)}{H_y^-(A)} \int_{\widehat{BA}} \mu_2(g_2^- \mathrm{d}x - f_2^- \mathrm{d}y)|_{\varepsilon=0}.$$

利用上述定理以及 Melnikov 函数在其定义区间之端点处的展开式可以研究微分方程 (5.4.23) 的 Hopf 分支与同宿分支等, 在一定条件下可以获得极限环之个数上界, 见文献 [76,77] 等.

再来考虑一类分段光滑的一维周期微分方程. 设 $T > 0$ 与 $\varepsilon_0 > 0$ 为常数, J 为一开区间, 考虑 T 周期微分方程

$$\frac{\mathrm{d}x}{\mathrm{d}t} = \varepsilon F(t, x, \varepsilon, \delta), \tag{5.4.25}$$

其中 $\varepsilon \in \mathbf{R}$, $|\varepsilon| < \varepsilon_0$, $\delta \in V \subset \mathbf{R}^n$, V 是一紧集, 函数 F 在区域 $0 \leqslant t \leqslant T$, $x \in J$ 上由下式分段给出:

$$F(t, x, \varepsilon, \delta) = \begin{cases} F_1(t, x, \varepsilon, \delta), & (t, x) \in D_1, \\ F_2(t, x, \varepsilon, \delta), & (t, x) \in D_2, \\ \quad\quad \cdots\cdots \\ F_k(t, x, \varepsilon, \delta), & (t, x) \in D_k, \end{cases}$$

这里
$$D_j = \{(t,x)|\ h_{j-1}(x) \leqslant t < h_j(x), x \in J\}, \quad j = 1, \cdots, k,$$
函数 $h_j(x)$ 在区间 J 上为 C^r 的, 且满足

$$h_0(x) = 0 < h_1(x) < \cdots < h_{k-1}(x) < T = h_k(x), \quad x \in J, \ k \geqslant 2, \ r \geqslant 1.$$

又设对 $j = 1, \cdots, k$, 存在包含闭包 $\bar{D}_j$ 的开集 $U(\bar{D}_j)$, 使得函数 $F_j(t,x,\varepsilon,\delta)$ 在 $U(\bar{D}_j)$ 上为 C^r 的.

定义
$$l_j = \{(t,x)|t = h_j(x), x \in J\}, \quad j = 1, \cdots, k-1.$$
称这些曲线 $l_1, \cdots, l_{k-1}$ 为方程 (5.4.25) 的切换线, 并称 (5.4.25) 为 k-分段 C^r 光滑周期方程.

设
$$f(x,\delta) = \int_0^T F(t,x,0,\delta)\mathrm{d}t = \sum_{j=1}^{k} \int_{h_{j-1}(x)}^{h_j(x)} F(t,x,0,\delta)\mathrm{d}t.$$

对 $x_0 \in J$, 令 $x(t,x_0,\varepsilon,\delta)$ 表示方程 (5.4.25) 满足 $x(0) = x_0$ 的解. 由解对参数的连续性知, 当 ε 充分小时, 解 $x(t,x_0,\varepsilon,\delta)$ 对一切 $t \in [0,T]$ 都有定义. 如同光滑情形, 定义微分方程 (5.4.25) 的 Poincaré 映射如下:

$$P(x_0,\varepsilon,\delta) = x(T,x_0,\varepsilon,\delta) = x_0 + \varepsilon\bar{g}_k(x_0,\varepsilon,\delta). \tag{5.4.26}$$

文献 [78] 证明函数 $\bar{g}_k$ 满足 $\bar{g}_k(x,0,\delta) = f(x,\delta)$, 且对 J 的任一闭子区间 I, 都存在 $\varepsilon^* > 0$, 使得函数 $\bar{g}_k(x_0,\varepsilon,\delta)$ 对 $x_0 \in I$, $|\varepsilon| < \varepsilon^*$ 与 $\delta \in V$ 有定义且为 C^r 光滑的. 于是利用函数 $P(x_0,\varepsilon,\delta) - x_0$ 可以定义周期解的稳定性与重数, 且利用下述展开式

$$\bar{g}_k(x,\varepsilon,\delta) = \sum_{j=1}^{r} f_j(x,\delta)\varepsilon^{j-1} + o(\varepsilon^{r-1}) \tag{5.4.27}$$

可以讨论周期解的个数问题, 其中 $x \in I$, $|\varepsilon| < \varepsilon^*$ 和 $\delta \in V$, 且成立

$$f_j(x,\delta) = \frac{1}{(j-1)!}\frac{\partial^{j-1}\bar{g}_k}{\partial\varepsilon^{j-1}}(x,0,\delta) \in C^{r-j+1}, \quad f_1(x,\delta) = f(x,\delta).$$

对 (5.4.27) 应用定理 5.1.5 与隐函数定理即得下述一般形式的平均定理的完整叙述[53].

定理 5.4.6 考虑周期微分方程 (5.4.25). 设存在整数 $l \geqslant 1, m \geqslant 1$, 满足 $l + m \leqslant r + 1$ 使得

$$f_l(x,\delta) \neq 0, \quad f_j(x,\delta) \equiv 0, \quad 1 \leqslant j \leqslant l-1.$$

如果对一切 $\delta \in V$ 函数 f_l 关于 x 在区间 J 上至多有 m 个根 (包括重数在内), 则对任一闭区间 $I \subset J$, 都存在常数 $\varepsilon_1 = \varepsilon_1(I) > 0$, 使当 $0 < |\varepsilon| < \varepsilon_1, \delta \in V$ 时微分方程 (5.4.25) 至多有 m 个值域含于区间 I 的 T 周期解 (包括重数在内). 进一步, 如果存在某个 $\delta \in V$ 使得函数 f_l 关于 x 在区间 J 上有 m 个单根, 则必存在闭区间 $I \subset J$, 和常数 $\varepsilon^* > 0$, 使当 $0 < |\varepsilon| < \varepsilon^*$ 时微分方程 (5.4.25) 恰有 m 个值域含于区间 I 的 单重 T 周期解.

注 5.4.1　如果在微分方程 (5.4.25) 中 $F(t,0,\varepsilon,\delta) = 0, J = (0,+\infty)$, 且首个非零函数 f_l 关于 $x \in J$ 至多有 m 个根 (包括重数在内), 其中 $\delta \in V$, 则对任一 $N > 0$, 存在 $\varepsilon_1 = \varepsilon_1(N) > 0$, 使当 $0 < |\varepsilon| < \varepsilon_1, \delta \in V$, 微分方程 (5.4.25) 至多有 m 个值域含于区间 $(0,N]$ 上的周期解 (包括重数在内).

文献 [21] 给出了下列公式:

$$f_2(x,\delta) = \int_0^T \left(D_x \tilde{F}_1(t,x,\delta) \int_0^t \tilde{F}_1(s,x,\delta)ds + \tilde{F}_2(t,x,\delta) \right) \mathrm{d}t,$$

其中

$$\widetilde{F}_1(t,x,\delta) = F(t,x,0,\delta),$$

$$\widetilde{F}_2(t,x,\delta) = \begin{cases} \dfrac{\partial F_1(t,x,\varepsilon,\delta)}{\partial \varepsilon}\big|_{\varepsilon=0}, & (t,x) \in D_1, \\[2mm] \dfrac{\partial F_2(t,x,\varepsilon,\delta)}{\partial \varepsilon}\big|_{\varepsilon=0}, & (t,x) \in D_2, \\[1mm] \quad\quad\cdots\cdots \\[1mm] \dfrac{\partial F_k(t,x,\varepsilon,\delta)}{\partial \varepsilon}\big|_{\varepsilon=0}, & (t,x) \in D_k \end{cases}$$

$$\equiv \frac{\partial F(t,x,0,\delta)}{\partial \varepsilon},$$

$$D_x \widetilde{F}_1(t,x,\delta) = \sum_{j=1}^k \chi_{D_j} D_x F_j(t,x,0,\delta),$$

$$\chi_{D_j}(t,x) = \begin{cases} 1, & (t,x) \in D_j, \\ 0, & (t,x) \notin D_j. \end{cases}$$

最近, 文献 [20] 把光滑周期系统的平均法发展到分段光滑周期微分方程, 并证明在研究近可积系统的周期轨道时 Melnikov 函数方法与平均法是等价的.

5.4.3 含双小参数的微分方程

本小节考虑含有两个小参数的微分方程的极限环的分支问题. 首先考虑下述形式的平面 C^∞ 近哈密顿系统

$$
\begin{aligned}
\dot{x} &= H_y(x, y, \lambda) + \varepsilon f(x, y, \lambda, \delta), \\
\dot{y} &= -H_x(x, y, \lambda) + \varepsilon g(x, y, \lambda, \delta),
\end{aligned}
\tag{5.4.28}
$$

其中 $\varepsilon, \lambda \in \mathbf{R}$, $0 < |\varepsilon| \ll |\lambda| \ll 1$, $\delta \in V \subset \mathbf{R}^n$, V 为紧集. 假设对充分小的 $|\lambda|$, 存在开区间 J_λ, 使对 $h \in J_\lambda$, 方程 $H(x, y, \lambda) = h$ 确定了一闭曲线 $L_\lambda(h)$, 那么系统 (5.4.28) 的首阶 Melnikov 函数为

$$
M(h, \lambda, \delta) = \oint_{L_\lambda(h)} g\mathrm{d}x - f\mathrm{d}y, \quad h \in J_\lambda.
$$

记 $J = \lim_{\lambda \to 0} J_\lambda$, $L(h) = \lim_{\lambda \to 0} L_\lambda(h)$. 则对每一固定的 $h \in J$ 函数 M 关于 λ 为 C^∞ 的, 从而当 $|\lambda|$ 充分小时, 任给正整数 $k \geqslant 1$, 我们有展开式

$$
M(h, \lambda, \delta) = \sum_{j=0}^{k} \bar{M}_j(h, \delta)\lambda^j + O(\lambda^{k+1}).
\tag{5.4.29}
$$

显然,

$$
\bar{M}_0(h, \delta) = \oint_{L(h)} g\mathrm{d}x - f\mathrm{d}y, \quad h \in J.
$$

文献 [79] 给出了函数 $\bar{M}_1$ 的公式, 并在一定条件下给出了 $\bar{M}_2$ 的公式. 例如, $\bar{M}_1$ 的公式如下

$$
\bar{M}_1(h, \delta) = \oint_{L(h)} g_1\mathrm{d}x - f_1\mathrm{d}y - \oint_{L(h)} H_1(x, y)[f_{0x} + g_{0y}]\mathrm{d}t, \quad h \in J,
$$

其中

$$
H_1 = \left.\frac{\partial H}{\partial \lambda}\right|_{\lambda=0}, \quad (f_0, g_0) = (f, g)|_{\lambda=0}, \quad (f_1, g_1) = \left.\left(\frac{\partial f}{\partial \lambda}, \frac{\partial g}{\partial \lambda}\right)\right|_{\lambda=0}.
$$

对函数 $M(h, \lambda, \delta)$ 利用定理 5.1.5, 然后再应用引理 5.4.1 即得以下定理[53].

定理 5.4.7 设存在 $k \geqslant 1$ 使方程 (5.4.29) 满足下列条件:

$$
\bar{M}_j = 0, \quad j = 0, \cdots, k-1, \quad \bar{M}_k \neq 0.
$$

如果对每个 $\delta \in V$ 函数 $\bar{M}_k$ 关于 $h \in J$ 至多有 l 个根 (包括重数在内), 则对任一紧集 $D \subset \Omega = \bigcup\limits_{h \in J} L(h)$, 都存在 $\varepsilon_0 = \varepsilon_0(D, V) > 0$ 使当 $\delta \in V, 0 < |\varepsilon| \ll |\lambda| < \varepsilon_0$ 时方程 (5.4.28) 在区域 D 至多有 l 个极限环 (包括重数在内). 进一步, 如果存在某个 $\delta \in V$ 使得函数 $\bar{M}_k$ 关于 $h \in J$ 有 l 个单根, 则当 $0 < |\varepsilon| \ll |\lambda| \ll 1$ 时方程 (5.4.28) 必在 Ω 内有 l 个单重极限环.

在上述定理的条件

$$\bar{M}_j = 0, \quad j = 0, \cdots, k-1, \quad \bar{M}_k \neq 0$$

之下也可以利用 $\bar{M}_k$ 研究极限环的 Hopf 分支问题.

下面我们考虑含双小参数 ε 与 λ 的分段光滑的近哈密顿系统

$$\begin{pmatrix} \dot{x} \\ \dot{y} \end{pmatrix} = \begin{cases} \begin{pmatrix} H_y^+(x, y, \lambda) + \varepsilon p^+(x, y, \delta, \lambda) \\ -H_x^+(x, y, \lambda) + \varepsilon q^+(x, y, \delta, \lambda) \end{pmatrix}, & x > 0, \\[4mm] \begin{pmatrix} H_y^-(x, y, \lambda) + \varepsilon p^-(x, y, \delta, \lambda) \\ -H_x^-(x, y, \lambda) + \varepsilon q^-(x, y, \delta, \lambda) \end{pmatrix}, & x \leqslant 0, \end{cases} \tag{5.4.30}$$

其中 $H^{\pm}$, $p^{\pm}$ 与 $q^{\pm}$ 为 C^{∞} 函数, ε 与 λ 满足 $0 < \varepsilon \ll \lambda \ll 1$, 而 $\delta \in V \subset \mathbf{R}^n$, V 为紧集. 假设 (5.4.30) 满足:$(\mathrm{I}^*) \sim (\mathrm{III}^*)$.

(I^*) 存在区间 J_λ 使对每个 $h \in J_\lambda$ 都有两点 $A_\lambda(h) = (0, a(h, \lambda))$ 与 $B_\lambda(h) = (0, b(h, \lambda))$ 满足

$$H^+(A_\lambda(h), \lambda) = H^+(B_\lambda(h), \lambda) = h,$$

$$H^-(A_\lambda(h), \lambda) = H^-(B_\lambda(h), \lambda), \quad a(h, \lambda) > b(h, \lambda).$$

(II^*) 对每个 $h \in J_\lambda$, 方程 $H^+(x, y, \lambda) = h$ 在 $x \geqslant 0$ 上定义了始于 $A_\lambda(h)$ 终于 $B_\lambda(h)$ 的曲线弧 $L_\lambda^+(h)$, 而方程 $H^-(x, y, \lambda) = H^-(A_\lambda(h), \lambda)$ 在 $x \leqslant 0$ 上定义了始于 $B_\lambda(h)$ 终于 $A_\lambda(h)$ 的曲线弧 $L_\lambda^-(h)$, 从而使得方程 $(5.4.30)|_{\varepsilon=0}$ 有一族闭轨道 $L_\lambda(h) = L_\lambda^+(h) \cup L_\lambda^-(h)$.

(III^*) 对每个 $h \in J_\lambda$, 曲线段 $L_\lambda^{\pm}(h)$ 在端点 $A_\lambda(h)$ 与 $B_\lambda(h)$ 均不与切换线 $x = 0$ 相切, 也即

$$H_y^{\pm}(A_\lambda(h), \lambda) \neq 0, \quad H_y^{\pm}(B_\lambda(h), \lambda) \neq 0, \quad h \in J_\lambda.$$

由式 (5.4.24) 可知, 在条件 $(\mathrm{I}^*) \sim (\mathrm{III}^*)$ 之下, 微分方程 (5.4.30) 的首阶

Melnikov 函数为

$$M(h,\delta,\lambda) = \int_{L_\lambda^+(h)} q^+ \mathrm{d}x - p^+ \mathrm{d}y + \frac{H_y^+(A_\lambda,\lambda)}{H_y^-(A_\lambda,\lambda)} \int_{L_\lambda^-(h)} q^- \mathrm{d}x - p^- \mathrm{d}y, \quad h \in J_\lambda.$$
$$(5.4.31)$$

同前, 记 $J = \lim\limits_{\lambda \to 0} J_\lambda$, 则对每一固定的 $h \in J$, 当 $|\lambda|$ 充分小时, 我们有形式展开式

$$M(h,\delta,\lambda) = \sum_{j \geqslant 0} \widetilde{M}_j(h,\delta)\lambda^j.$$

令 $L^\pm(h) = \lim\limits_{\lambda \to 0} L_\lambda^\pm(h)$, $A(h) = \lim\limits_{\lambda \to 0} A_\lambda(h)$. 又设

$$H^\pm = H_0^\pm + O(\lambda), \quad p^\pm = p_0^\pm + O(\lambda), \quad q^\pm = q_0^\pm + O(\lambda),$$

则易见成立

$$\widetilde{M}_0(h,\delta) = \int_{L^+(h)} q_0^+ \mathrm{d}x - p_0^+ \mathrm{d}y + \frac{H_{0y}^+(A(h))}{H_{0y}^-(A(h))} \int_{L^-(h)} q_0^- \mathrm{d}x - p_0^- \mathrm{d}y, \quad h \in J.$$

最近文献 [80] 利用 (5.4.31) 给出了 $\widetilde{M}_1(h,\delta)$ 的公式, 并在一条件下给出了 $\widetilde{M}_2(h,\delta)$ 的公式.

与定理 5.4.7 类似, 成立以下定理[53].

定理 5.4.8 设

$$M(h,\delta,\lambda) = \sum_{j \geqslant k} \widetilde{M}_j(h,\delta)\lambda^j, \quad \widetilde{M}_k \neq 0, \quad k \geqslant 0.$$

如果对每个 $\delta \in V$ 函数 $\widetilde{M}_k$ 关于 $h \in J$ 至多有 l 个根 (包括重数在内), 则对任一紧集 $D \subset \Omega = \bigcup\limits_{h \in J} (L^+(h) \cup L^-(h))$ 都存在 $\varepsilon_0 = \varepsilon_0(D,V) > 0$ 使当 $\delta \in V$, $0 < |\varepsilon| \ll |\lambda| < \varepsilon_0$ 时方程 (5.4.30) 在 D 至多有 l 个极限环 (包括重数在内). 进一步, 如果存在某个 $\delta \in V$ 使得函数 $\widetilde{M}_k$ 关于 $h \in J$ 有 l 个单根, 则当 $0 < |\varepsilon| \ll |\lambda| \ll 1$ 时方程 (5.4.30) 必在 Ω 内有 l 个单重极限环.

最后, 我们考虑一类含双小参数的一维周期微分方程. 假设所考虑的微分方程有如下形式:

$$\dot{x} = F_0(t,x,\lambda) + \varepsilon F(t,x,\lambda), \quad (5.4.32)$$

其中 $0 < \varepsilon \ll \lambda \ll 1$, F_0 和 F 为 C^∞ 函数, 它们关于 t 为 T 周期的, 且 $F_0(t,x,0) = 0$. 设当 $\varepsilon = 0$ 时方程 (5.4.32) 有一族周期解 $x = p(t,x_0,\lambda)$, $x_0 \in J_\lambda$, 且 $p(0,x_0,\lambda) =$

x_0. 则由定理 3.4.1 与定理 3.4.2 的证明知, 方程 (5.4.32) 有下述形式的后继函数

$$d(x_0, \varepsilon, \lambda) = \varepsilon \bar{d}(x_0, \varepsilon, \lambda),$$

$$\bar{d}(x_0, 0, \lambda) = \int_0^T \left[\frac{\partial p}{\partial x_0}(t, x_0, \lambda) \right]^{-1} F(t, p(t, x_0, \lambda), \lambda) \mathrm{d}t.$$

那么成立 $\bar{d} \in C^\infty$, 令 $J = \lim\limits_{\lambda \to 0} J_\lambda$, 则对固定的 $x_0 \in J$, 当 λ 充分小时有展开式

$$\bar{d}(x_0, 0, \lambda) = \sum_{j \geqslant 0} \widetilde{d}_j(x_0) \lambda^j. \tag{5.4.33}$$

于是, 应用定理 5.1.5 和隐函数定理可得下述定理[53].

定理 5.4.9　考虑微分方程 (5.4.32). 假设存在 $k \geqslant 0, l \geqslant 1$ 使得展开式 (5.4.33) 满足

$$\widetilde{d}_k(x_0) \not\equiv 0, \quad \widetilde{d}_j(x_0) \equiv 0, \quad 0 \leqslant j \leqslant k - 1.$$

如果函数 $\widetilde{d}_k$ 关于 $x_0 \in J$ 至多有 l 个根 (包括重数在内), 则对任一闭区间 $I \subset J$, 都存在 $\delta_0 > 0$, 使得对 $0 < \varepsilon \ll \lambda < \delta_0$ 方程 (5.4.32) 至多有 l 个值域含于 I 的周期解 (包括重数在内). 进一步, 如果 $\widetilde{d}_k$ 关于 $x_0 \in J$ 恰有 l 个单根, 则存在闭区间 $I_1 \subset J$ 和常数 $\delta_1 > 0$, 使得对 $0 < \varepsilon \ll \lambda < \delta_1$ 方程 (5.4.32) 恰有 l 个值域含于 I_1 的周期解.

文献 [16] 给出了 $\widetilde{d}_j(x_0)$ 的递推公式.

本节罗列了一系列有关极限环或周期解个数的分支定理, 可用来判定给定含参数系统在某个范围内出现极限环或周期解的最大个数 (包括个数的上界和下界). 在应用这些定理时, 一个关键且困难的问题是研究某一函数 (一阶或高阶 Melnikov 函数或平均函数) 的零点个数问题. 这一问题之所以难是因为, 一般来说这个函数无法用显式表达, 有关这一问题的研究方法介绍和进展见文献 [81, 82] 等.

参 考 文 献

[1] 韩茂安, 周盛凡, 邢业朋, 等. 常微分方程. 2 版. 北京: 高等教育出版社, 2018.

[2] 赵爱民, 李美丽, 韩茂安. 微分方程基本理论. 北京: 科学出版社, 2011.

[3] 傅希林, 范进军. 非线性微分方程. 北京: 科学出版社, 2011.

[4] 马知恩, 周义仓. 常微分方程定性与稳定性方法. 北京: 科学出版社, 2001.

[5] Robinson C R. 动力系统导论. 韩茂安, 邢业朋, 毕平, 译. 北京: 机械工业出版社, 2007.

[6] Hale J K, Kocak H. Dynamics and bifurcations. New York: Springer-Verlag, 1991.

[7] Teschl G. 常微分方程与动力系统. 金成桴, 译. 北京: 机械工业出版社, 2011.

[8] Yoshizawa T. Stability Theory by Liapunov's second method. Takyo: The Math. Soc. of Japan, 1966.

[9] 廖晓昕. 稳定性理论、方法和应用. 武汉: 华中理工大学出版社, 1999.

[10] 廖晓昕. 动力系统稳定性理论和应用. 北京: 国防工业出版社, 2001.

[11] 时宝, 张德存, 盖明久. 微分方程理论及其应用. 北京: 国防工业出版社, 2005.

[12] 钱祥征, 戴斌祥, 刘开宇. 非线性常微分方程理论方法应用. 长沙: 湖南大学出版社, 2006.

[13] Hale J K. Ordinary Differential Equations. 2nd ed. Huntington, N Y: Robert E. Krieger Publishing Co., Inc., 1980.

[14] 韩茂安. 动力系统的周期解与分支理论. 北京: 科学出版社, 2002.

[15] 韩茂安. 数学研究与论文写作指导. 2 版. 北京: 科学出版社, 2022.

[16] Sheng L, Wang S, Li X, et al. Bifurcation of periodic orbits of periodic equations with multiple parameters by averaging method. J. Math. Anal. Appl., 2020, 490(2): 124311, 14pp.

[17] Chow S N, Hale J. Methods of Bifurcation Theory. New York: Springer-Verlag, 1982.

[18] 韩茂安. 常微分方程基本问题与注释. 北京: 科学出版社, 2018.

[19] Han M. On the maximal number of periodic solutions of piecewise smooth periodic equations by average method. J. Appl. Anal. and Comput., 2017, 7(2): 788-794.

[20] Liu S, Han M, Li J. Bifurcation methods of periodic orbits for piecewise smooth systems. J. Differential Equations, 2021, 275: 204-233.

[21] Llibre J, Mereu A C, Novaes D D. Averaging theory for discontinuous piecewise differential systems. J. Differential Equations, 2015, 258(11): 4007-4032.

[22] Han M, Sun H, Balanov Z. Upper estimates for the number of periodic solutions to multi-dimensional systems. J. Differential Equations, 2019, 266: 8281-8293.

[23] Lloyd N G. A note on the number of limit cycles in certain two-dimensional systems. J. London Math. Soc., 1979, 20(2): 277-286.

[24] Neto L. On the number of solutions of the equation $\dfrac{\mathrm{d}x}{\mathrm{d}t} = \sum\limits_{j=0}^{n} a_j(t)x^j$, $0 \leqslant t \leqslant 1$, for which $x(0) = x(1)$. Invent. Math., 1980, 59(1): 67-76.

[25] 盛丽娟, 韩茂安. 一维周期方程的周期解问题. 中国科学, 2017, 47(1): 171-186.

[26] Palis J, De Melo W. Geometric Theory of Dynamical Systems: An Introduction. New York: Springer-Verlag, 1982.

[27] 朱德明, 韩茂安. 光滑动力系统. 上海: 华东师范大学出版社, 1993.

[28] Hartman P. On local homeomorphisms of Euclidean spaces. Bol. Soc. Mat. Mexicana, 1960, 5: 220-241.

[29] 韩茂安, 朱德明. 微分方程分支理论. 北京: 煤炭工业出版社, 1994.

[30] Robinson C. Dynamical Systems. Boca Raton: CRC Press Inc., 1995.

[31] Van derbauwhede A. Van Gils S A. Center manifolds and contractions on a scale of Banach spaces. J. Funct. Anal., 1987, 72(2): 209-224.

[32] Medved M. Fundamentals of Dynamical Systems and Bifurcation Theory. Bristol: Adam Hilger Ltd., 1992.

[33] 张芷芬, 丁同仁, 黄文灶, 董镇喜. 微分方程定性理论. 北京: 科学出版社, 1985.

[34] Han M, Sheng L, Zhang X. Bifurcation theory for finitely smooth planar autonomous differential systems. J. Differential Equations, 2018, 264(5): 3596-3618.

[35] Han M. Bifurcation Theory of Limit Cycles. Beijing: Science Press, 2013.

[36] Andronov A A, Leontovich E A, Gordon I E, et al. Theory of Bifurcations of Dynamic Systems on a Plane. New York: Wiley, 1975.

[37] Hassard B D, Kazarinoff N D, Wan Y H. Theory and Applications of Hopf Bifurcation. Cambridge: Cambridge University Press, 1981.

[38] Guckenheimer J, Holmes P. Nonlinear Oscillations, Dynamical Systems, and Bifurcations of Vector Fields. 4th ed. New York: Springer-Verlag, 1993.

[39] 韩茂安. 中心与焦点判定定理证明之补充. 大学数学, 2011, 27(1): 142-147.

[40] Chicone C. Ordinary Differential Equations with Applications. New York: Springer-Verlag, 1999.

[41] Dumortier F, Llibre J, Artés J.C. Qualitative Theory of Planar Differential Systems. New York: Springer, 2006.

[42] Han M, Yu P. Normal Forms, Melnikov Functions and Bifurcations of Limit Cycles (Applied Mathematical Sciences Vol. 181). New York: Springer-Verlag, 2012.

[43] 刘一戎, 李继彬. 平面向量场的若干经典问题. 北京: 科学出版社, 2011.

[44] 李承治. 关于平面二次系统的两个问题. 中国科学 (A 辑), 1982, 12: 1087-1096.

[45] 叶彦谦, 等. 极限环论. 2 版. 上海: 上海科学技术出版社, 1984.

[46] 叶彦谦. 多项式系统定性理论. 上海: 上海科学技术出版社, 1995.

[47] 张芷芬, 李承治, 郑志明, 李伟固. 向量场的分岔理论基础. 北京: 高等教育出版社, 1997.

[48] Li J. Hilbert's 16th problem and bifurcations of planar vector fields. Internat. J. Bifur. Chaos, 2003, 13: 47-106.

[49] Han M, Li J. Lower bounds for the Hilbert number of polynomial systems. J. Differential Equations, 2012, 252(4): 3278-3304.

[50] Han M. Liapunov constants and Hopf cyclicity of Liénard systems. Ann. Differential Equations, 1999, 15(2): 113-126.

[51] Han M, Zang H, Zhang T. A new proof to Bautin's theorem. Chaos, Solitons & Fractals, 2007, 31(1): 218-223.

[52] Li C, Llibre J. Uniqueness of limit cycles for Liénard differential equations of degree four. J. of Differential Equations, 2012, 252(4): 3142-3162.

[53] Han M, Yang J. The maximum number of zeros of functions with parameters and application to differential equations. J. Nonlinear Model. Anal., 2021, 3(1): 13-34.

[54] Coll B, Gasull A, Prohens R. Bifurcation of limit cycles from two families of centers, Dyn. Contin. Discrete Impuls. Syst. Ser. A Math. Anal., 2005, 12(2): 275-287.

[55] Chow S N, Li C, Wang D. Normal Form and Bifurcations of Planar Vector Fields. Cambridge: Cambridge University Press, 1994.

[56] 韩茂安, 顾圣士. 非线性系统的理论和方法. 北京: 科学出版社, 2001.

[57] 李继彬, 冯贝叶. 稳定性、分支与混沌. 昆明: 云南科技出版社, 1995.

[58] Tian Y, Yu P. An explicit recursive formula for computing the normal form and center manifold of general n dimensional differential systems associated with Hopf bifurcation. Int. J. Bifurc. Chaos, 2013, 23(6): 1350104, 18pp.

[59] 张锦炎. 常微分方程几何理论与分支问题. 北京: 北京大学出版社, 1981.

[60] 罗定军, 韩茂安, 朱德明. 奇闭轨分支出极限环的唯一性 (I). 数学学报, 1992, 3: 407-417.

[61] Han M. On Hopf cyclicity of planar systems. J. Math. Anal. Appl., 2000, 245: 404-422.

[62] Han M. Bifurcation Theory of Limit cycles of Planar Systems, Handbook of Differential Equations// Canada A, Drabek P, Fonda, ed. Ordinary Differential Equations, Volume 3, Amsterdam: Elsevier B.V. 2006: 341-433.

[63] Han M, Yang J, Yu P. Hopf Bifurcations for near-Hamiltonian Systems, Internat. J. Bifur. Chaos, 2009, 19(12): 4117-4130.

[64] Roussarie R. On the number of limit cycles which appear by perturbation of separatrix loop of planar vector fields. Bol. Soc. Brasil. Mat., 1986, 17(2): 67-101.

[65] Han M, Yang J, Tarta A A, et al. Limit cycles near homoclinic and heteroclinic loops, J. Dyn. Diff. Equat., 2008, 20: 923-944.

[66] Tian Y, Han M. Hopf and homoclinic bifurcations for near-Hamiltonian systems. J. Differential Equations, 2017, 262(4): 3214-3234.

[67] Yang J, Yu P, Han M. On the Melnikov functions and limit cycles near a double homoclinic loop with a nilpotent saddle of order m. J. Differential Equations, 2021, 291: 27-56.

[68] Han M. Global behavior of limit cycles in rotated vector fields. J. Differential Equations, 1999, 151(1): 20-35.

[69] 李继彬. 浑沌与 Melnikov 方法. 重庆: 重庆大学出版社, 1989.

[70] Han M, Llibre J, Yang J. On uniqueness of limit cycles in general Bogdanov-Takens bifurcation. Internat. J. Bifur. Chaos, 2018, 28(9): 1850115, 12pp.

[71] Han M. Bifurcations of invariant tori and subharmonic solutions for periodic perturbed systems. Sci. China Ser. A, 1994, 37(11): 1325-1336.

[72] Han M, Romanovski V G, Zhang X. Equivalence of the Melnikov function method and the averaging method. Qual. Theory Dyn. Syst., 2016, 15(2): 471-479.

[73] Liu X, Han M. Bifurcation of limit cycles by perturbing piecewise Hamiltonian systems. Internat. J. Bifur. Chaos Appl. Sci. Engrg., 2010, 20(5): 1379-1390.

[74] Han M, Zhang W. On Hopf bifurcation in non-smooth planar systems. J. Differential Equations, 2010, 248(9): 2399-2416.

[75] Liang F, Han M. Degenerate Hopf bifurcation in nonsmooth planar systems. Internat. J. Bifur. Chaos Appl. Sci. Engrg., 2012, 22(3): 1250057, 16pp.

[76] Liang F, Han M. Limit cycles near generalized homoclinic and double homoclinic loops in piecewise smooth systems. Chaos Solitons Fractals, 2012, 45(4): 454-464.

[77] Han M, Sheng L. Bifurcation of limit cycles in piecewise smooth systems via Melnikov function. J. Appl. Anal. Comput., 2015, 5(4): 809-815.

[78] Han M. On the maximum number of periodic solutions of piecewise smooth periodic equations by average method. J. Appl. Anal. Comput., 2017, 7(2): 788-794.

[79] Han M, Xiong X. Limit cycle bifurcations in a class of near-Hamiltonian systems with multiple parameters. Chaos Solitons Fractals, 2014, 68: 20-29.

[80] Han M, Liu S. Further studies on limit cycle bifurcations for piecewise smooth near-Hamiltonian systems with multiple parameters. J. Appl. Anal. Comput., 2020, 10(2): 816-829.

[81] Li C. Abelian integrals and limit cycles. Qual. Theory Dyn. Syst., 2012, 11(1): 111-128.

[82] Novaes D D, Torregrosa J. On extended Chebyshev systems with positive accuracy. J. Math. Anal. Appl., 2017, 448(1): 171-186.